普通高等教育"十一五"国家级规划教材

面向 21 世纪课程教材

Textbook Series for 21st Century

园艺产品贮藏加工学

加 工 篇

（第 2 版）

罗云波　蒲　彪　主　编

叶兴乾　孟宪军　生吉萍　副主编

U0219077

中国农业大学出版社

·北京·

图书在版编目(CIP)数据

园艺产品贮藏加工学：加工篇/罗云波，蒲彪主编.—2版.—北京：中国农业大学
出版社，2011.5(2019.5重印)

ISBN 978-7-5655-0266-8

Ⅰ.①园… Ⅱ.①罗… ②蒲… Ⅲ.①园艺作物—加工 Ⅳ.①S609

中国版本图书馆 CIP 数据核字(2011)第 075863 号

书　名	园艺产品贮藏加工学：加工篇(第2版)		
作　者	罗云波　蒲　彪　主编		
策划编辑	张秀环	责任编辑	周　娜
封面设计	郑　川	责任校对	王晓凤　陈　莹
出版发行	中国农业大学出版社		
社　址	北京市海淀区圆明园西路2号	邮政编码	100193
电　话	发行部 010-62731190,2620	读者服务部	010-62732336
	编辑部 010-62732617,2618	出　版　部	010-62733440
网　址	http://www.cau.edu.cn/caup	e-mail	cbsszs@cau.edu.cn
经　销	新华书店		
印　刷	涿州市星河印刷有限公司		
版　次	2011年5月第2版　2019年5月第4次印刷		
规　格	787×1 092　16开本　18.25印张　415千字		
定　价	42.00 元		

图书如有质量问题本社发行部负责调换

全国高等学校食品类专业系列教材
编审指导委员会委员
（按姓氏拼音排序）

编 审 人 员

（第 2 版）

主　编　罗云波（中国农业大学）
　　　　蒲　彪（四川农业大学）

副主编　叶兴乾（浙江大学）
　　　　孟宪军（沈阳农业大学）
　　　　生吉萍（中国农业大学）

编　者　（按拼音顺序排名）
　　　　胡卓炎（华南农业大学）
　　　　刘　萍（中国农业大学）
　　　　刘兴艳（四川农业大学）
　　　　孟宪军（沈阳农业大学）
　　　　倪元颖（中国农业大学）
　　　　蒲　彪（四川农业大学）
　　　　生吉萍（中国农业大学）
　　　　王清章（华中农业大学）
　　　　叶兴乾（浙江大学）
　　　　张宝善（陕西师范大学）

主　审　周山涛（中国农业大学）

编审人员

（第1版）

主　编　罗云波　蔡同一（中国农业大学）

副主编　生吉萍（中国农业大学）

　　　　　陈昆松（浙江大学）

　　　　　蒲　彪（四川农业大学）

编　者　（按拼音顺序排名）

　　　　　蔡同一（中国农业大学）

　　　　　胡卓炎（华南农业大学）

　　　　　孟宪军（沈阳农业大学）

　　　　　倪元颖（中国农业大学）

　　　　　蒲　彪（四川农业大学）

　　　　　王清章（华中农业大学）

　　　　　叶兴乾（浙江大学）

　　　　　张宝善（陕西师范大学）

审　稿　周山涛（中国农业大学）

出版说明并代序

　　承蒙广大读者厚爱,食品科学与工程系列教材出版 6 年来,业已成为目前全国高等学校本科食品类专业教育使用最为广泛的教科书。出版之初,这套教材便被整体列为教育部"面向 21 世纪课程教材",至今已累计发行 33 万册,其中《食品生物技术导论》、《食品营养学》、《食品工程原理》、《粮油加工学》、《食品试验设计与统计分析》等书已成为"十五"、"十一五"国家级规划教材。实践证明,这套教材的设计、编写是成功的,它满足了这一时期我国食品生产发展和学科建设的需要,为我国食品专业人才培养做出了积极的贡献。

　　教材建设是学科建设的重要内容,是人才培养的重要支柱,也是社会和经济发展需求的反映。近年来,随着我国加入世界贸易组织,食品工业在机遇和挑战并存的形势下得以持续快速的发展,食品工业进入到了一个产业升级、调整提高的关键时期。食品产业出现了许多新情况和新问题,原有的教材无论在内容的广度上,还是在深度上,都已经难以满足时代的需要。教材建设无疑应该顺应时代发展,与时俱进,及时反映本学科科学技术发展的最新内容以及产业和社会经济发展的最新需求。正是在这样的思想指导下,我们重新修订和补充了这套教材。

　　在中国农业大学出版社的支持下,我们组织了全国 40 多所大专院校、科研院所的 300 多位一线专家教授,参与教材的编写工作,专家涉及生物、工程、医学、农学等领域。在认真总结原有教材编写经验的基础上,综合一线任课教师和学生的使用意见,对新增教材进行了科学论证和整体策划,以保证本套教材的系统性、完整性和实用性。新版系列教材在原有 15 本的基础上新增至 20 本,主要涉及食品营养、食品质量与安全、市场与企业管理等相关内容,几乎覆盖所有食品学科专业的骨干课程和主要选修课程。教材既考虑到对食品科学与工程最新理论发展的介绍,又强调了食品科学的具体实践。该系列教材力求做到每本既相对独立又相互衔接,互为补充,成为一个完整的课程体系。本套教材除可作为大专院校的教科书外,也可作为食品企业技术人员的参考材料和技术手册。

　　感谢参与策划、编写这套教材的所有专家学者,他们为这套教材贡献了经验、智慧、心血和时间,同时还要感谢各参与院校和单位所给予的支持。

　　由于本系列教材的编写工程浩大,加之时间紧、任务重,不足之处在所难免,希望广大读者、专家在使用过程中提出宝贵意见,以使这套教材得以不断完善和提高。

罗云波

2008 年 8 月 16 日

于马连洼

序　言

（第 1 版）

改革开放 20 多年来,我国经济有了长足的发展,广大国民基本上告别了短缺经济下食品供应不足的生活状态。但是,随着经济的发展,也出现了新的矛盾和问题:一方面,随着生活水平的提高,消费者对食品的感官品质、包装品质、安全品质、营养品质甚至保健作用等提出了更高的要求;另一方面,提供食品生产原料的农户和农业生产企业也正在面临新的挑战,即如何满足市场经济条件下市场变化不断对产品提出新的要求,以便脱贫致富,增产增收。

我国幅员辽阔,生态资源及种植资源十分丰富,对园艺作物的栽培已有数千年的历史。近年来,我国主要园艺产品的产量有了很大幅度的提高,并已排在世界的前列。据 1998 年的统计资料,我国水果总产量已达到 5.45×10^7 t,居世界首位;其中苹果 1.95×10^7 t,柑橘 8.7×10^6 t,梨 7.2×10^6 t。1999 年果品总产量达到 6.23×10^7 t,2000 年我国水果总产量约为 7×10^7 t,预计 2010 年将超过 1×10^8 t。此外,我国的花卉栽培面积与消费数量正在逐年提高。中国现已成为世界最大的园艺产品生产国。在我国,蔬菜和水果生产仅次于粮食,分别居种植业中第二位和第三位。

我国有近 9 亿农民,若不很好解决农民的收入问题,将不可能实现我国的现代化并成为世界经济强国。园艺产品,包括水果、蔬菜、花卉等,作为农产品中经济价值较高的产品,在农业结构调整的形势下正在日益受到重视,也是提高农民收入的重要途径。目前,园艺产品生产在农业和农村经济发展中的地位已十分重要,已成为很多地区农村经济的支柱产业。专家预测,当中国加入 WTO 后,它作为一种劳动密集型的产业,也仍将具备很高的比较优势和竞争优势。

尽管我国已成为果蔬、花卉产品生产的大国,在园艺产品的加工技术上也有较大的发展和进步,却仍是果蔬、花卉商品化的小国。以水果为例(1998 年统计),发达国家人均占有商品水果达每年 70 kg,而我国仅有 45 kg;世界平均水平为水果产量的 10% 参与国际贸易,而我国的水果出口量仅占水果总量的 1.16%。其中的主要原因在于商品品质规格不符合国际通行的标准。据统计,1999 年花卉出口额达 2.6 亿美元,比前几年有较大幅度增加,但不稳定,主要是符合国际市场品质标准的、能够形成批量的拳头产品太少,难以把握稳定的渠道和出口市场。

在贮藏保鲜方面,我国果蔬、花卉每年的采后损失率高达 20%～30%,而西方国家的采后损失率仅有 15% 左右。我国果蔬产品采后商品化处理水平也十分落后,经过采后分级、清洗、包装等商品化处理的水果、蔬菜产品不足 50%,而欧美各国则高达 90% 以上。我国果实采后的商业贮藏率仅占总产量的 10%,其中采用西方发达国家已广泛使用的气调贮藏方式者甚至不足 1%。在意大利,90％的水果要经过贮藏及商品化处理,80％的贮藏库为全自动气调库,从而做到了水果全年均衡上市。在美国通过高效率的运输设备和技术使果蔬、花卉市场不分南北东西都能充足供应。

在果蔬加工方面,我国也面临许多问题。例如,我国的果蔬产品收获后多是以原料鲜销,从而造成价格低下,旺季腐烂严重,淡季又缺乏供应;虽然果蔬生产数量巨大,却又缺乏适宜于加工的品种;技术设备陈旧落后,专业技术人员缺乏;加工量不足总产量的 10％,加工品种类单调,品质差,缺乏竞争能力。而欧美发达国家果蔬加工产品琳琅满目,品质高,风味好,形成了巨大的产业。一些跨国商业集团如都乐、大湖等公司已进入我国,以优良的技术和产品抢占了我国市场。

以上种种情况,与我国作为世界第一水果生产大国的地位极不相称。究其主要原因,是我国在园艺产品的贮藏加工技术设备、人才培养和科研工作等方面依然十分落后,与欧美等发达国家还有相当大的差距。

刚刚到来的 21 世纪,是知识经济的时代,也是全球经济一体化的时代。我国作为WTO 新的成员国,在面临众多机遇的同时,也面临严峻的挑战,而农产品,包括园艺产品,所受到的挑战首当其冲。

我国有近 13 亿人口,有着巨大潜力的园艺产品消费市场。然而,一边是我国水果产量雄居世界榜首而销售渠道不畅;一边是大量进口水果涌入我国市场而卖得红红火火。1997 年,我国首次出现进口大于出口。据海关统计,1998 年我国出口水果 6.33×10^5 t,而进口 6.5×10^5 t。在这种形势下,如何改善园艺产品的贮藏、加工、运输等条件,提供高质量、高附加值的产品,以参与国际竞争,开拓国内外市场,已是摆在我国农业工作者面前的重要问题。

同时,我国已确立了西部大开发的战略,我国西部大部分地区生产的园艺产品如苹果、梨、葡萄等已具有独特的优势,却缺乏相应的采后技术和设施。为了发展西部的农业,改变西部作为农产品单一原料供应地的落后状况,园艺产品的采后处理、加工、贮藏保鲜等技术的应用,也将起着举足轻重的重要作用。国家在第 10 个五年计划中,已把农产品贮藏加工放到了首要位置,而农产品的贮藏加工科学则是推动我国农产品贮藏加工技术发展的理论基础。

园艺产品贮藏加工学的研究目的,是探索园艺产品的采后成熟、衰老、品质变化,以及加工过程中各种变化的机理,从而指导园艺产品贮藏加工应用的具体实践。作为一门综合性的应用学科,它广泛涉及植物学、植物生理学、普通化学、生物化学、植物解剖学、微生物学、化工原理、机械制冷学以及生物技术等学科。正是因为这些基础学科的飞速发展,使得园艺产品贮藏加工学得以扩展,并成为一门蓬勃发展的新兴学科。因此,要学好园艺产品贮藏加工,首先必须打好相关学科的基础,掌握有关食物贮藏加工的基本科学原理,掌握今天已知的丰富的理论知识和实践经验,并以此为基础,为发展我国的园艺产品贮藏加工事业做出开拓性的、创造性的工作。

随着现代科学的迅猛发展,园艺产品的贮藏保鲜在理论上已经取得了极大的发展:从认识果蔬采后的呼吸现象,乙烯的生理效应,到认识乙烯生物合成途径的调控,进而认识果蔬采后成熟衰老的机理及分子生物学基础,其研究从观察宏观现象到深入细胞、亚细胞以及分子水平的微观世界。研究的发展不断运用于指导果蔬、花卉的贮藏保鲜实践,使园艺产品的贮藏保鲜方式有了可喜的进步。园艺产品贮藏从各种因地制宜的土法贮藏,发展到根据不同产品特性设计的通风贮藏、机械贮藏以及气调贮藏;从各种保鲜剂的开发利用,到利用基因工程技术提高果蔬及花卉自身耐贮能力。这些研究应用的进步和发展以及相关设备的开发和创新,为园艺产品的贮藏保鲜领域提供了极其丰富的新鲜内容,并为进一步的研究展示了广阔的空间。

在园艺产品加工领域,新技术同样层出不穷。从传统的罐藏、腌制、盐渍、糖制、榨制、酿造、干制等,到今天的膜分离技术、超临界萃取技术、微胶囊技术、基因工程技术,甚至最新的纳米技术在发酵、酿造、食品工业用酶、添加剂开发方面的利用,为果蔬产品的加工开发展示了诱人的前景。这些技术的利用大大提高了生产效率,降低了生产成本,提高了产品品质,增强了市场竞争能力。

然而,目前在园艺产品贮藏加工领域仍然存在着许多十分复杂的理论和应用问题。例如,在贮藏理论方面,衰老因子乙烯的生物合成调控、乙烯受体及信号转导的问题,以及贮藏期间生理病害的致病机理等仍是世界范围的研究热点;在加工方面,如何解决加工过程中果汁的后混浊问题,加工产品的褐变问题,加工产品中的香气成分和营养价值保存问题以及如何研究开发新的加工方法等诸多问题有待解决。

了解、学习和掌握果蔬贮藏加工的基本理论及实用技术,将为我国果蔬贮藏加工事业提供强大的技术后盾,满足我国园艺产品贮藏加工事业发展所必需的人才需求,进一步提高我国园艺产品的贮藏、加工、运输等一系列商品化处理水平。这对促进我国的农业结构调整、增加农产品的附加价值、满足多元化的市场需求、迎接世界经济全球化的挑战起到十分重要的作用。

本书的作者大多是具有博士、硕士学位的中青年教授、副教授,长期从事园艺产品的采后理论和技术的教学科研工作,经验丰富,精力充沛,善于捕捉新的信息,发现并反映关键问题,能引导学习者准确地掌握本学科的知识,结合我国实际,推动有待开发的事业。本书也将成为园艺产品的科研、生产、经营者的良师益友。

周山涛

2001 年春于北京

前　言

（第 2 版）

　　本教材是普通高等教育"十一五"国家级规划教材，也是教育部面向 21 世纪教学内容和课程休系改革 04-13 项目研究成果。本次编写，将贮藏与加工分开进行修订。"加工篇"着重阐述园艺产品加工的基本理论和该领域国内外的最新研究进展，通过大量的案例，介绍园艺产品加工的现代工艺和实用技术，力求体现该学科发展的特点，在内容和形式上有所创新。

　　加工篇分为 10 章，阐述了果蔬加工保藏原理与预处理、果蔬罐藏、果蔬制汁、果蔬速冻、果蔬干制、果蔬糖制、蔬菜腌制、果品制酒与制醋、其他果蔬制品和果蔬加工案例等。其中，蒲彪、刘兴艳编写第一章，叶兴乾编写第二章，倪元颖、刘萍编写第三章，胡卓炎编写第四章，王清章编写第五章，张宝善编写第六章，蒲　彪、刘兴艳编写第七章，孟宪军编写第八章，第九章的第一、三节由叶兴乾编写，第二节由王清章编写，第四、六节由蒲彪、刘兴艳编写，第五节由孟宪军编写，第七节由胡卓炎编写，第十章的柑橘、苹果、番茄加工案例分别由叶兴乾、孟宪军、王清章编写。加工篇由蒲彪负责统稿工作，本书主编罗云波负责"贮藏篇"和"加工篇"整体统稿工作。

　　本书从实用目的出发，既有最新理论和技术，又涉及到园艺产品加工中最具体的生产实际问题，努力做到理论和实践有机联系为一体。同时，本书图文并茂，简明易懂，既可作为教材，又可作为从事实际工作者的参考书。近十年来，本教材得到了兄弟院校广大师生的厚爱和好评，多次印刷，销售颇多。

　　本书由全国多所院校共同参与编写，汇集了东南西北中各方的力量，是集体智慧的结晶。为将最新的研究成果引入本教材，编者们分头更新内容，最终进行汇集整理，形成了本教材的新版。

　　在编写审稿过程中，承蒙周山涛教授的悉心指导和中国农业大学出版社的大力协助。由于涉及果品、蔬菜、观赏植物，知识面广，内容丰富，作者又各居异地，书中疏漏和不妥之处在所难免，衷心期待诸位同仁和读者的指正。

罗云波　蒲　彪

2011 年 3 月于北京

前　言

（第 1 版）

　　本教材是国家教育部面向 21 世纪教学内容和课程体系改革 04-13 项目研究成果，根据"面向 21 世纪课程教材"的编写要求，着重阐述园艺产品贮藏加工的基本理论和该领域国内外的最新研究进展，通过大量的案例，介绍贮藏加工中实用技术，力求体现园艺学科发展的特点，在内容和形式上有所创新。

　　本教材分为贮藏篇和加工篇。贮藏篇分为 7 章，阐述了园艺产品的采后生理、采后生物技术、影响贮藏的因子、采后处理与运销、采后病害及防治、采后贮藏方式和管理、贮藏案例等。加工篇分为 10 章，分别阐述了果蔬保藏原理与预处理、罐藏、制汁、速冻、干制、糖制、腌制、果酒与果醋酿造、其他果蔬制品的生产技术和果蔬加工案例。

　　贮藏篇中，陈昆松、生吉萍编写第 1 章，生吉萍、罗云波、陈昆松编写第 2 章，刘兴华编写第 3 章，李正国编写第 4 章，田世平编写第 5 章，郁志芳编写第 6 章，7.1、7.2 由以上作者分工编写，7.3 由赵九洲编写。本篇由生吉萍负责统稿工作。

　　加工篇中，蔡同一、蒲彪编写第 1 章，叶兴乾编写第 2 章，倪元颖编写第 3 章，胡卓炎编写第 4 章，王清章编写第 5 章，张宝善编写第 6 章，蒲彪编写第 7 章，孟宪军编写第 8 章，9.1、9.3 由叶兴乾编写，9.2 由王清章编写，9.4、9.6 由蒲彪编写，9.5 由孟宪军编写，9.7 由胡卓炎编写，第 10 章的案例分别由叶兴乾、孟宪军和王清章编写。本篇由蒲彪负责统稿工作。本书主编罗云波负责全书的统稿工作。

　　本书从实用目的出发，既有最新理论和技术，又涉及贮藏加工中最具体的生产实际问题，努力做到理论和实践有机联系为一体。同时，本书图文并茂，简明易懂，既可作为教材，又可作为从事实际工作者的参考书。

　　本书由全国多所院校共同参与编写，汇集了东南西北各方的力量，是集体智慧的结晶。在编写审稿过程中，承蒙周山涛教授的悉心指导和中国农业大学出版社的大力协助。由于涉及果品、蔬菜、观赏植物，知识面广，内容丰富，作者又各居异地，书中疏漏和不妥之处在所难免，衷心期待诸位同仁和读者的指正。

罗云波　生吉萍

2001 年 5 月于北京

目　　录

目录

目
录

chapter *1*

第1章
果蔬加工保藏原理
与预处理

▶▶ **教学目标**

1. 了解果蔬原料的加工特性,熟悉果蔬的主要化学成分与加工的关系
2. 了解食品败坏的原因,掌握根据保藏原理划分的果蔬加工保藏的主要方法
3. 熟悉果蔬加工原料预处理的基本工艺方法
4. 熟练掌握去皮、护色、半成品保藏的原理和方法

主题词

果蔬加工　原料化学成分　加工特性
保藏原理　保藏方法　预处理　半成品保藏

果蔬加工是以果品、蔬菜为原料，依其不同的理化特性，采用不同的加工方法，制成各种加工制品的过程。主要制品有果蔬罐头、果蔬汁、果干、菜干、果酒、果醋、蜜饯、果脯、果酱、蔬菜腌制品、冷冻果蔬和果蔬综合利用制品等。

果蔬为含水量丰富的鲜活易腐农产品，极易因微生物和酶的作用而造成腐烂变质。从食品保藏角度讲，果蔬原料只有通过加工才能达到长期保藏的目的，因此，加工也是一种保藏，常称为加工保藏。

要进行加工保藏，除了要具备食品工程基础外，还应掌握果蔬本身的原料特性、食品的主要败坏原因等，才能科学地制定出适合于原料品质的加工工艺，最大限度地保持原料品质。

1.1 果蔬的化学成分与加工

果蔬除 $75\%\sim90\%$ 的水分外，含有各种化学物质，某些成分还是一般食物中所缺少的。在加工和制品的贮存过程中，这些化学成分常常发生各种不同的化学变化，从而影响制品的食用品质和营养价值。果蔬加工的目的除了防止腐败变质外，还要尽可能地保存制品的营养成分和风味品质，这实质上是控制果蔬化学成分的变化。因此，有必要了解果蔬的主要化学成分的基本性质及其加工特性。

1.1.1 水分

水分（moisture）是影响果蔬嫩度、鲜度和味道的重要成分，同时也是果蔬贮存性差、容易腐烂变质的原因之一，部分果蔬产品水分含量见表1-1。

表1-1 几种果品蔬菜的水分含量 %

名称	水分	名称	水分
苹果	84.60	辣椒	82.40
梨	89.30	冬笋	88.10
桃	87.50	萝卜	91.70
梅	91.10	白菜	95.00
杏	85.00	洋葱	88.30
葡萄	87.90	甘蓝	93.00
柿	82.40	姜	87.00
荔枝	84.80	芥菜	93.00
龙眼	81.40	马铃薯	79.90
无花果	83.60	蘑菇	93.30

1.1.1.1 游离水和结合水

游离水——存在于果蔬组织细胞的液泡与细胞间隙中，占比例大，约 70%，以溶液形式存在，具稀溶液性质，可以自由流动，很容易被脱除。

在游离水中，部分与结合水相毗邻，其性质与普通游离水不同，是以氢键结合的水。

这部分水不能完全自由运动,但加热时仍较易除去,占水分总量的7%～17%,有的学者将其称为准结合水。

结合水——是与蛋白质、多糖等胶体微粒结合,并包围在胶体微粒周围的水分子膜,不能溶解溶质,不能自由移动,不能为微生物所利用,冰点降至−40℃以下,在食品中含量为0～7%。

对食品中微生物、酶和化学反应影响起决定作用的不是食品的水分总量,而是有效水分(游离水)的含量,但由于通常所测定的食品含水量中,既包括游离水,也包括结合水,不能准确表达有效水分情况,故有必要引入水分活度概念。

1.1.1.2 水分活度

水分活度$A_w = P/P_0$,即食品中水的蒸汽压P与相同温度下纯水的饱和蒸汽压P_0之比值。纯水时,$A_w = 1$;完全无水时,$A_w = 0$。

微生物不能利用结合水,结合水蒸气压低于游离水蒸气压,当结合水含量增加时,则水分活度降低,可被微生物利用的水分就减少。各种微生物生长发育,有各自适宜和最低的水分活度界限。大多数腐败菌(如肉毒杆菌、沙门氏菌、葡萄球菌等)只宜在0.9以上的A_w值下生长活动。霉菌、酵母在$A_w = 0.8 \sim 0.85$时,仍能在1～2周内造成食品腐败变质。只有在$A_w \leqslant 0.75$时,食品的腐败才得以显著减缓,在1～2个月内可保持不变质,若要贮藏1～2年,则常温下需要$A_w \leqslant 0.65$。而大多数新鲜食品,包括新鲜果蔬,$A_w \geqslant 0.99$,对各种微生物均适宜,属于易腐食品。

1.1.2 碳水化合物

果蔬干物质中最主要的成分是碳水化合物(carbohydrate),碳水化合物在加工中会发生种种变化,对制品的品质产生各种影响。果蔬中碳水化合物的种类很多,已发现的有40种以上。与加工关系密切的主要有单糖、双糖、淀粉、纤维素、果胶物质等。

1.1.2.1 单糖和双糖

(1)主要的单糖、双糖 果蔬中主要的单糖是葡萄糖(glucose)和果糖(fructose),主要的双糖是蔗糖(sucrose),此外还含有少量的核糖(ribose)、木糖(xylose)和阿拉伯糖(arabinose)等。

不同的果蔬种类含有不同的糖,一般来说,仁果类以果糖为主,葡萄糖、蔗糖次之;核果类以蔗糖为主,葡萄糖、果糖次之;浆果类主要含葡萄糖、果糖;柑橘类以蔗糖为主;樱桃、葡萄则几乎不含蔗糖;叶菜类、茎菜类含糖量较低,加工中也不显重要。表1-2列举了几种水果和浆果的含糖情况。

(2)单糖、双糖的某些加工特性

①糖是果蔬体内贮存的主要营养物质,是影响果蔬制品风味和品质的重要因素。

②糖是微生物的主要营养物质,结合果蔬含水量高的特点,加工中应注意糖的变化及卫生条件,如糖渍初期、甜型果酒等的发酵变质等。

③还原糖与氨基化合物共存时,是发生美拉德非酶褐变的重要反应底物,影响制品色泽。

④糖在高温下自身的焦化反应,影响制品色泽。

表 1 - 2　某些水果和浆果的含糖情况
(K·C·彼德诺夫斯基,1981)　　　　　　　　　%

名称	果糖	葡萄糖	蔗糖
杏子	0.1～0.3	0.1～3.4	2.8～10.4
菠萝	0.6	1	8.6
香蕉	8.6	4.7	13.7
樱桃	3.8～4.4	3.8～5.3	0.2～0.8
梨	6～9.7	0.9～3.7	0.4～2.6
桃子	3.9～4.4	4.2～6.9	5～7.1
李子	0.9～2.7	1.5～4.1	4～9.3
欧洲樱桃	3.4～6.1	5.3～7.7	0.4～0.7
苹果	6.5～11.8	2.5～5.5	1.5～5.3
柿子	9.2	6.6	0
葡萄	7.2～8	7.2～8	0
草莓	2.6～3.8	2.4～3.3	0
刺李	2.1～3.8	1.2～3.6	0.1～0.6
山茱萸	4.1～4.7	4.1～4.5	0
树莓	2.5～3.4	2.3～3.3	0～0.2
红醋栗	1.6～2.8	1.1～1.3	0
白醋栗	2.5～2.7	1.9～2.6	0～0.57
欧洲越橘	2.8～3.9	1.8～2.7	0.1～0.6

1.1.2.2　淀粉

淀粉(starch)是由 α - 葡萄糖脱水缩合而成的多糖,作为贮存物质,在谷物和薯类中大量存在(14%～25%),果蔬中仅在未成熟果实中含量较高,如在未熟的青香蕉中可达20%～25%,但在成熟果实中仅香蕉(1%～2%)、苹果(1%)含量较高,其余含量较低。而在柑橘、葡萄果实的发育过程中,则未见淀粉积累。淀粉与加工相关的特性:

①淀粉不溶于冷水,当加温至 55～60℃时,即产生糊化,变成带黏性的半透明凝胶或胶体溶液,这是含淀粉多的果蔬罐头汤汁混浊的主要原因。

②淀粉在与稀酸共热或淀粉酶的作用下,水解生成葡萄糖。这是成熟香蕉、苹果淀粉含量下降、含糖量增高的主要原因,也是谷物、干果酿酒中添加糖化酶的主要依据。

1.1.2.3　纤维素与半纤维素

纤维素(cellulose)是由葡萄糖脱水缩合而成的多糖,往往与木质素共存,是植物细胞壁的主要成分。半纤维素(hemicellulose)则是多聚戊糖、多聚己糖和混合聚糖等组成的一类复杂多糖,也是细胞壁的主要成分。纤维素和半纤维素的含量与存在状态,决定着细胞壁的弹性、伸缩强度和可塑性。幼嫩的果蔬中的纤维素,多为水合纤维素,组织质地柔韧、脆嫩,老熟时纤维素会与半纤维素、木质素、角质、栓质等形成复合纤维素,组织变得粗糙坚硬,食用品质下降。

纤维素和半纤维素性质稳定,不易被酸、碱水解,不能被人体吸收。就果蔬加工品品质而言,以纤维素、半纤维素含量较低为优,这样口感细腻,但它可刺激肠壁蠕动,帮助其他营养物质消化,有利于废物排泄,对预防消化道癌症、防止便秘等有一定意义。

根据纤维素特性可以将纤维素分为粗纤维(crade fibre)和膳食纤维(dietary fibre)。粗纤维通常是指中性洗涤法测定的不溶性纤维素、半纤维素、木质素、角质等多糖组分。膳食纤维指不能为人体消化道分泌的酶所分解的多糖类碳水化合物和木质素,包括植物细胞壁物质、非淀粉多糖及作为食品添加剂所添加的多糖(如琼脂、果胶、羧甲基纤维素等可溶性多糖)。由于膳食纤维来源广泛,成分复杂,迄今尚无一种简单而准确的分析方法能测定上述定义范围内的全部膳食纤维含量。膳食纤维不具有营养功能,但能刺激肠胃蠕动,促进消化液的分泌,提高蛋白质等营养物质的消化吸收率,同时还可以防治或减轻如肥胖、便秘等许多现代"文明病"的发生,是维持人体健康必不可少的物质,故现在将纤维素与水、碳水化合物、蛋白质、脂肪、维生素、矿物质统称为维持生命健康的"七大要素"。

1.1.2.4 果胶物质

果胶物质存在于植物的细胞壁与中胶层,是由多聚半乳糖醛酸脱水聚合而成的高分子多糖类物质。果胶广泛存在于各种水果和蔬菜中,不同的水果和蔬菜中果胶含量不同(表1-3)。在果蔬中果胶物质以原果胶(protopectin)、果胶(pectin)和果胶酸(pectic acid)三种不同形式存在。在不同生长发育阶段,果胶物质的形态会发生变化。

$$
\text{原果胶} \xrightarrow[\text{或酸}]{\text{原果胶酶}}
\begin{cases}
\text{纤维素} \\
\text{果} \quad \text{胶} \xrightarrow[\text{或酸、碱}]{\text{果胶酶}}
\begin{cases}
\text{甲} \quad \text{醇} \\
\text{果胶酸} \xrightarrow{\text{果胶酸酶}}
\begin{cases}
\text{还原糖} \\
\text{D-半乳糖醛酸}
\end{cases}
\end{cases}
\end{cases}
$$

原果胶存在于未成熟的果蔬中,是可溶性果胶与纤维素缩合而成的高分子物质,不溶于水,具有黏结性,在胞间层与蛋白质、钙、镁等形成蛋白质-果胶-阳离子黏合剂,使相邻的细胞紧密黏结在一起,赋予未成熟果蔬较大的硬度。

随着果实成熟,原果胶在原果胶酶的作用下,分解为可溶性果胶与纤维素。可溶性果胶是由多聚半乳糖醛酸甲酯与少量多聚半乳糖醛酸连接而成的长链分子,存在于细胞汁液中,相邻细胞间彼此分离,组织软化。但可溶性果胶仍具有一定的黏结性,故成熟的果胶组织还能保持较好的弹性。当果实进入过熟阶段时,果胶在果胶酶的作用下,分解为果胶酸与甲醇。果胶酸无黏结性,相邻细胞间没有黏结性,组织就变得松软无力,弹性消失。因此在进行果蔬加工时,必须根据加工制品对原料的要求,选择不同的成熟度。

表1-3　几种果蔬的果胶含量　　　　　　　　　　　　　　%

种类	果胶含量	种类	果胶含量
梨	0.5~1.2	柠檬皮	4.0~5.0
李子	0.6~1.5	橘皮	1.5~3.0
杏	0.5~1.2	苹果芯	0.45
山楂	3.0~6.4	苹果渣	1.5~2.5
桃	0.6~1.3	苹果皮	1.2~2.0
柚皮	6.0	鲜向日葵托盘	1.6
甜瓜	3.8	南瓜	7.0~17.0
番茄	2.0~2.9	胡萝卜	8.0~10.0

果胶的加工特性：

①利用原果胶可在酸、碱、酶的作用下水解和果胶溶于水而不溶于酒精等性质，可以从富含果胶的果实中(如柑橘皮、苹果皮)提取果胶。

②果胶在人体内不能分解利用，但有帮助消化、降低胆固醇等作用，属膳食纤维范畴，是健康食品原料。

③果胶作为增稠剂且具很好的胶凝能力，广泛用于果酱、果冻、糖果及混浊果汁中。

④果胶酸不溶于水，能与 Ca^{2+}、Mg^{2+} 生成不溶性盐类，常作为果汁、果酒的澄清剂。

▶ 1.1.3 有机酸

不同的果蔬含有不同种类的有机酸(organic acid)，对于形成果蔬的特有风味有一定关系(表1-4)。不同的果蔬含酸量有很大不同，不仅直接影响口味，而且影响加工过程中的条件控制。有机酸与加工的关系主要表现在以下方面。

表 1-4　常见果蔬中的主要有机酸种类

名称	有机酸种类	名称	有机酸种类
苹果	苹果酸	菠菜	草酸、苹果酸、柠檬酸
桃	苹果酸、柠檬酸、奎宁酸	甘蓝	柠檬酸、苹果酸、琥珀酸、草酸
梨	苹果酸、果心含柠檬酸	石刁柏	柠檬酸、苹果酸
葡萄	酒石酸、苹果酸	莴苣	苹果酸、柠檬酸、草酸
樱桃	苹果酸	甜菜叶	草酸、柠檬酸、苹果酸
柠檬	柠檬酸、苹果酸	番茄	柠檬酸、苹果酸
杏	苹果酸、柠檬酸	甜瓜	柠檬酸
菠萝	柠檬酸、苹果酸、酒石酸	甘薯	草酸

1.1.3.1　对风味的影响

果蔬及其加工品的风味，在相当程度上决定于糖和酸的种类、含量与比例，人对酸味的感觉随温度而增强，这一方面是由于 H^+ 的解离度随温度增高而加大，另一方面也由于温度升高使蛋白质等缓冲物质变性，失去缓冲作用所致。

1.1.3.2　对杀菌条件的影响

酸或碱可以促进蛋白质的热变性，微生物细胞所处环境的 pH 值，直接影响微生物的耐热性，一般说来细菌在 pH 6～8 时，耐热性最强。在罐头生产中，将 pH 4.6 作为区分低酸性与酸性食品的界限，就是因为具有强烈产毒致病作用的肉毒梭状芽孢杆菌的芽孢在 pH 4.6 以下不发育为依据。因此，提高食品的酸度(降低 pH 值)，可以减弱微生物的耐热性，减少营养组分的损失和保持外观品质，这是果蔬罐头确定杀菌条件的主要依据。

1.1.3.3　对容器、设备的腐蚀作用

由于有机酸能与铁、铜、锡等金属反应，促使容器、设备的腐蚀，影响制品的色泽和风味，因此加工中凡与果蔬原料接触的容器、设备部位，均要求用不锈钢制作。

1.1.3.4　对加工制品色泽的影响

如叶绿素在酸性条件下脱镁，变成黄褐色的脱镁叶绿素；花色素在酸性条件下呈红

色,在中性、微碱性条件下呈紫色,在碱性条件下呈蓝色;单宁在酸性条件下受热,变成红色的"红粉"(或称鞣红)等。

有机酸护色的机理主要是,在酸性条件下参与酶促褐变的酶活性下降,加之氧气的溶解量在酸性溶液中比水中小,减少了溶氧量。

1.1.3.5 对加工品营养成分和其他加工特性的影响

如促使蛋白质水解成氨基酸和多肽片段;防止维生素 C 的氧化损失(含维生素 C 高的水果一般均味酸);导致蔗糖水解为转化糖;影响果胶的胶凝特性,等等。

▶ 1.1.4 维生素

果蔬所含维生素(vitamin)及其前体很多,是人体营养中维生素最重要的来源之一,保存和强化维生素的含量,是果蔬加工中的重要研究课题,果蔬中维生素的含量(表 1-5)受果蔬种类、品种、成熟度、部位、栽培措施、气候条件的影响而变化。加工中维生素的稳定性主要受下列因素影响。

表 1-5 几种果蔬中维生素的含量　　　　　　　　　　　　　mg/kg

名称	胡萝卜素	硫胺素	抗坏血酸	名称	胡萝卜素	硫胺素	抗坏血酸
苹果	0.08	0.01	5	枣	0.01	0.06	380
杏	1.79	0.02	7	番茄	0.31	0.03	11
山楂	0.82	0.02	89	青椒	1.56	0.04	105
葡萄	0.04	0.04	4	芦笋	0.73	17	21
柑橘	0.55	0.08	30	青豌豆	0.15	0.54	14

热不稳定性:维生素 A、维生素 K、维生素 B_1、维生素 B_2、泛酸、叶酸、维生素 C 等。温度越高损失越大,如贮存 2 天的菠菜中的维生素 C,0℃时损失率为 0,20℃时达 70%。

氧化损失:维生素 A、维生素 D、维生素 E、维生素 K 及维生素 B_1、维生素 B_2、维生素 B_6、维生素 B_{12}、维生素 C 等,均易氧化损失。

光敏感性:日光,尤其是紫外光,具有破坏维生素的作用,故应提倡铝箔或棕色瓶包装。

酸、碱、重金属离子的影响:如醋酸、柠檬酸会破坏维生素 A、维生素 D 和泛酸,但可保护维生素 C;碱(如小苏打)可破坏维生素 K、维生素 B_1、泛酸和维生素 C;Cu^{2+}、Fe^{2+} 影响维生素 C 含量等。

几种常见的维生素的加工稳定性见表 1-6。

1.1.4.1 维生素 C

维生素 C 又称抗坏血酸,广泛存在于果蔬组织及果皮中。目前已有研究表明维生素 C 能阻止致癌物质二甲基亚硝胺的形成,从而具有一定的抗癌作用。

果蔬的抗坏血酸含量以刺梨(900～1 300 mg/100 g)、西印度樱桃(1 300 mg/100 g)、枣(300～500 mg/100 g)、猕猴桃等含量为高;核果类和仁果类含量不高;蔬菜中以青椒、花椰菜、番茄、豌豆、黄瓜等为高。

表 1-6   维生素的加工稳定性

种 类	pH 影响			空气或氧气	光线	热	最大烹饪损失率/%
	中性	酸性	碱性				
维生素 A	S	U	S	U	U	U	40
维生素 C	U	S	U	U	U	U	100
维生素 H	S	S	S	S	S	U	60
胡萝卜素	S	U	S	U	U	U	30
胆碱	S	S	S	U	S	S	5
维生素 B_{12}	S	S	S	U	U	S	10
维生素 D	S	S	U	U	U	U	40
叶酸	U	U	S	U	U	U	100
肌醇	S	S	S	S	S	U	95
维生素 K	S	S	U	U	U	S	5
尼克酸	S	S	S	S	S	S	75
泛酸	S	U	U	S	S	U	50
维生素 B_6	S	S	S	S	U	U	40
核黄素	S	S	U	U	U	S	75
硫胺素	U	S	U	U	S	U	80
维生素 E	S	S	S	U	U	S	55

注:S—代表稳定;U—代表不稳定。

抗坏血酸为单糖衍生物,在体内可在抗坏血酸氧化酶的作用下被氧化成脱氢抗坏血酸,此反应可逆。脱氢抗坏血酸同样具有维生素 C 的功能,因此,通常所说的维生素 C 应为这两者的总和。脱氢抗坏血酸一般所占比例不大,进一步氧化可生成酮古洛糖酸,致使失去生物活性。

维生素 C 为水溶性物质,稳定性差,极易氧化,高温和碱性环境促进氧化,铜、铁等金属离子可大大增加维生素 C 的氧化速度,溶液或产品若接受光照,特别是紫外光照射将大大加速氧化,酸性条件维生素 C 相对稳定,在干态商品中非常稳定。果蔬加工中须注意这些特性,特别是要避免长时间暴露于空气中。

由于上述氧化特性及营养学上的要求,维生素 C 也常用作营养强化剂、抗氧化剂和护色剂使用。

1.1.4.2   维生素 A(抗干眼病维生素)

天然果蔬中并不存在维生素 A,但在人体内可由胡萝卜素转化而来。按结构,理论上一分子 β-胡萝卜素可转化成两分子维生素 A,而 α-胡萝卜素和 γ-胡萝卜素却只能形成一分子维生素 A。果蔬中含量以杏、柑橘类、甜瓜、番茄、胡萝卜、黄瓜等为高。

维生素 A 是维持眼睛生命活动的必需维生素,同时近年研究显示也有一定的抗癌作用。维生素 A 不溶于水,而溶于脂肪,较维生素 C 稳定,但在氧气条件下也能被氧化失去活性,在果蔬一般加工条件下相对较稳定。

1.1.4.3   维生素 B_1

维生素 B_1 又名硫胺素,耐热性强,在酸性条件下稳定,碱性下易受破坏,pH 3 时很稳定,pH 5时则分解速度加快。氧气、氧化剂、紫外线、γ射线和金属离子均可加速破坏,果蔬的维生素 B₁ 含量普遍不高。

除此之外,果蔬中还含有维生素 B₂、尼克酸,柑橘类还含有类黄酮(维生素 P)等维生素类物质,他的果皮和种子还含有一定数量的维生素 E。

1.1.5　含氮物质

1.1.5.1　果蔬中含氮物质的种类和特点

种类:主要含蛋白质、氨基酸,也含少量酰胺、铵盐、硝酸盐、亚硝酸盐等。

特点:含量普遍不高,水果中为 0.2%～1.2%,以核果类、柑橘类为高,仁果类、浆果类少;尽管含量不高,却是形成"味浓、味鲜"的重要成分。

1.1.5.2　与加工的关系

①经加工后的果蔬制品,游离氨基酸含量上升(蛋白质水解之故)。

②氨基酸或蛋白质与还原糖发生美拉德反应,产生非酶褐变。

③利用蛋白质与单宁结合产生沉淀,用于果酒、果汁的澄清。

④与风味相关:果蔬各自的特殊氨基酸组成,构成了产品独特风味,某些特殊氨基酸如谷氨酸和谷氨酰胺,可能与梨、李、桃、菠萝和樱桃罐头的某些变味有关。

⑤防止掺假:某些特殊氨基酸的含量和比例,可作为检测掺假的指标,如用脯氨酸作为检测柑橘汁掺假的一个参考指标。

1.1.6　色素

果蔬中的天然色素(pigment)是果蔬赖以呈色的主要物质。天然色素一般对光、热、酸、碱和某些酶均比较敏感,从而影响产品的色泽。果蔬中所含的色素按溶解性分为脂溶性的叶绿素、类胡萝卜素和水溶性的花色素、类黄酮等。

1.1.6.1　叶绿素

(1)种类与加工特性　果蔬中的叶绿素(chlorophyll),主要是叶绿素 a 和叶绿素 b,其含量比约为 3∶1,溶于乙醇,不溶于水,加工中对叶绿素影响最大的因素是酸、碱、热、酶和光辐射等。

在酸性条件下,叶绿素分子中的 Mg^{2+} 被 H^+ 取代,生成暗橄榄褐色的脱镁叶绿素,加热可加速反应进行。

在稀碱溶液中,叶绿素亦发生水解,除去植醇部分,生成鲜绿色的脱植基叶绿素、叶绿醇、甲醇和水溶性的叶绿酸等,叶绿酸呈鲜绿色,加热可加速反应速度;在强碱性条件下,叶绿酸进一步与碱结合生成绿色的叶绿酸钠或钾盐,且更为稳定,这是蔬菜加工中保绿的理论依据之一。

有人发现脂肪氧合酶能产生使叶绿素降解的游离基,从而使豌豆和菜豆中的叶绿素降解成非叶绿素化合物。

透明包装的脱水绿色制品易发生光氧化和变色,γ射线辐照食品及其在贮藏过程中,易使叶绿素降解。

(2)绿色的保持　总的来说,在果蔬加工,特别是在蔬菜加工中,如何保持天然绿色的问题,有大量研究报道和应用,但至今未取得全面成功,仍有待攻克。目前保持绿色常用的方法有以下 3 种。

①对于蔬菜类,采用加入一定浓度的 $NaHCO_3$(小苏打)溶液浸泡,并结合烫漂处理。

②用 Cu^{2+}、Zn^{2+} 等取代 Mg^{2+},如用叶绿素铜钠盐染色、葡萄糖酸锌处理等。

③挑选品质优良的原料,尽快加工并在低温下贮藏。

1.1.6.2　类胡萝卜素

类胡萝卜素(carotenoid)是一类使植物呈黄色和红色的脂溶性色素,是杏、黄桃、番茄、胡萝卜等果蔬的主要赋色物质。其化学结构是由 8 个异戊二烯单位组成的含共轭双键的四萜类发色基团,目前已证实的类胡萝卜素多达 130 种以上,果蔬中主要有胡萝卜素(carotene)、叶黄素(xanthophyll)、番茄红素(lycopene)等三类。在未成熟果蔬中含量极少,成熟时含量上升。类胡萝卜素的主要加工特性有以下几方面。

(1)胡萝卜素是维生素 A 源物质　胡萝卜素分子式为 $C_{40}H_{56}$。根据分子两端环化情况不同分 α、β、γ 三种类型,在人体内经酶的作用降解成为具生物活性的维生素 A,β- 胡萝卜素含两个 β-紫罗酮环,可降解成两分子维生素 A,α、γ 胡萝卜素只含一个 β- 紫罗酮环,只分解为 1 分子维生素 A,所以,胡萝卜素不仅作为色素,而且作为营养物质。叶黄素和番茄红素由于分子中不含 β- 紫罗酮环,而不具维生素 A 功能。

(2)加工中相对稳定　尽管类胡萝卜素分子中含很多双键,但却相对不易氧化,这可能因为它与蛋白质呈结合态有关。类胡萝卜素耐高温,对酸碱亦较稳定,且在碱性介质中比酸性中更稳定。在有氧条件下,易发生氧化,虽然对产品色泽影响不大,但可能会导致产品产生异味。

(3)作为着色剂　人工合成的 β- 胡萝卜素可作为食品着色剂和营养强化剂,用于奶油、柑橘汁、蛋黄酱、冰淇淋和膨化食品中。

1.1.6.3　花色素

花色素(anthocyanin)是一大类以糖苷形式存在的红色水溶性色素,是果蔬、花卉呈色的主要色素,又称花色苷或花青素。果蔬中主要有天竺葵色素、芍药花色素、矢车菊色素、牵牛花色素、飞燕草色素和锦葵花色素等 6 种类型。主要存在于如葡萄、樱桃、李、苹果、草莓等水果的果皮、果肉中及蔬菜、花卉中。其主要加工特性有以下几方面。

(1)受 pH 值影响而变色　花色素在不同的 pH 条件下呈不同的颜色。酸性条件下呈红色;中性、微碱性条件下呈紫色;碱性条件下呈蓝色。

(2)易被亚硫酸及其盐类退色　花色素与亚硫酸发生加成反应生成无色的色烯 - 2 - 磺酸,此反应可逆,一旦加热脱硫,又可复色。这种变化在 pH 低时不能发生,因此时结合态 SO_2 不易游离脱掉。因此,含花色素的水果半成品用亚硫酸保藏会退色,但去硫后仍有色。

(3)在有抗坏血酸存在的条件下,花色素会分解退色　即使在花色素红色较稳定的 pH 2.0 条件下,抗坏血酸对其的破坏作用仍很强,这已为许多学者证实,但其机理尚不完全清楚,可能与抗坏血酸降解过程中的中间产物过氧化物有关。

(4)氧气、高温、光线、金属离子等使花色素发生不良变化　如氧气、紫外光使其分解产生沉淀,在杨梅汁、草莓汁、树莓汁中常易出现。高温下花色素与果蔬中褐变产物糖醛、羟甲基糖醛结合,发生降解,形成色泽较深的褐变产物,使草莓酱呈深色。许多用透明包装的果蔬制品,货架期间受日光照射而使花色素退色。花色素与铁、铜、锡等金属离子反应,生成蓝色或灰紫色。

尽管天然花色素的稳定性较差,不耐光、热、氧化剂等,但由于资源丰富,人们仍在努力探索,以克服其稳定性差的缺点。

1.1.6.4 类黄酮

类黄酮(flavonoid)又称黄酮类化合物或花黄素,是一类结构与花色素类似的黄酮类物质,常见的主要有槲皮素、圣草素、橙皮素等,主要以糖苷形式存在于果蔬中。广泛存在于柑橘、苹果、洋葱、玉米、芦笋等果蔬中,以柑橘类果皮中含量最多。参见糖苷部分。

▶ 1.1.7 单宁

单宁(tannin)又名单宁酸、鞣质、鞣酸(因将兽皮制成皮革而得名),是一类由儿茶酚、焦性没食子酸、根皮酚、原儿茶酚和五倍子酸等单体组成的复杂混合物,其结构和组成因来源不同而有很大差异。市售的单宁酸的分子式为 $C_{75}H_{52}O_{46}$,分子质量 1 701,由 9 分子没食子酸和 1 分子葡萄糖组成。单宁可使口腔黏膜蛋白质凝固,使之发生收敛性作用而产生涩味。

食品中的单宁包括两种类型:一类是水解型单宁(焦性没食子酸单宁),分子中具酯键和苷键,在稀酸、酶、加热条件下水解成单体;另一类是缩合型单宁(儿茶酚类单宁),为儿茶素的衍生物,结构复杂,但不含酯键、苷键,当与稀酸共热时,不分解为单体,而进一步缩合为高分子无定型物质。自然界以缩合型单宁分布最广,果蔬中也以此类单宁为主。

随着果蔬的成熟,可溶性单宁的含量降低。当人为采取措施使可溶性单宁转变为不可溶性单宁时,涩味减弱,甚至完全消失。无氧呼吸产物乙醛可使单宁发生聚合反应,使可溶性单宁转变为不溶性酚醛树脂类物质,涩味消失,所以生产上人们往往通过温水浸泡、乙醇或高浓度二氧化碳等,诱导柿果产生无氧呼吸而达到脱涩的目的。

1.1.7.1 对风味的影响

当单宁与糖酸共存,并以适合比例存在时,形成水果良好的风味。单宁可以增加清爽感,能强化有机酸的酸味,增加葡萄酒的饱满圆润口感。但单宁具有强烈的收敛性,含量过多会导致舌头味觉神经麻痹而使人感到强烈的涩味。

1.1.7.2 对色泽的影响

单宁引起的变色是果蔬加工中最常见的变色现象之一。由单宁引起的变色主要有以下几方面。

(1)导致酶褐变 是由酶和单宁类物质引起的褐变,在苹果、梨、香蕉、樱桃、草莓、桃等水果中经常遇到;而柑橘、菠萝、番茄、南瓜等果蔬,由于缺乏诱发褐变的多酚氧化酶,因而很少出现褐变。

(2)遇金属离子变色 水解型单宁遇三价铁离子变为蓝黑色,缩合型单宁遇铁变绿黑色。单宁遇锡呈玫瑰色,故应防止金属污染。

（3）遇碱变色　在碱性条件下，单宁变成黑色，这在碱液去皮时应特别注意。

（4）遇酸变色　在酸性条件下变色，形成红色的单宁聚合物"红粉"，在有机酸中已述。

1.1.7.3　与蛋白质发生凝固、沉淀作用

利用单宁与蛋白质发生凝固、沉淀作用的特性，皮革工业上用于制革，果蔬加工中用于果酒、果汁下胶澄清。

▶ 1.1.8　糖苷类

糖苷类（glycoside）是糖与其他物质如醇类、醛类、酚类、甾醇、嘌呤等配糖体脱水缩合的产物，广泛存在于植物的种子、叶、皮内，与果蔬加工关系密切的糖苷主要有以下几种。

1.1.8.1　苦杏仁苷

存在于多种果实的种子中，以核果类含量为多，如银杏、扁桃仁（2.5%～3%）、苦杏仁（0.8%～3.7%）、李（0.9%～2.5%）。

苦杏仁苷本身无毒，但在酶、酸或加热的作用下会水解，生成葡萄糖、苯甲酸和氢氰酸。氢氰酸为剧毒物质。由于苦杏仁苷在人体内能发生上述反应，产生氢氰酸，故食用过量会使人畜中毒死亡。食用苦杏仁、银杏等产品时，应进行预处理，如在热水中煮制或加酸煮制，使之除去氢氰酸。另外，上述反应产生的苯甲醛收集之后可作为食品香料。

$$C_{20}H_{27}NO_{11} + 2H_2O \longrightarrow 2C_6H_{12}O_6 + C_6H_5CHO + HCN$$

苦杏仁苷　　　　　　　葡萄糖　　苯甲醛　　氢氰酸

1.1.8.2　黑芥子苷

普遍存在于十字花科蔬菜中，芥菜、萝卜、辣根、油菜等含量较多。它具有特有的苦辣味，在酸和酶的作用下发生水解，生成具有特殊风味的芳香物质芥子油、葡萄糖及硫酸氢钾，由于这种变化，使腌渍菜常具有特殊的香气。

$$C_{10}H_{16}NS_2KO_9 + H_2O \longrightarrow CSNC_3H_5 + C_6H_{12}O_6 + KHSO_4$$

黑芥子苷　　　　　　黑芥子油　　葡萄糖　　硫酸氢钾

1.1.8.3　茄碱苷

茄碱苷又称龙葵苷或龙葵素，存在于马铃薯、番茄、茄子等茄科植物中。茄碱苷有毒，其毒性极强，即使在煮熟情况下也不易被破坏。在一般情况下茄碱苷的含量很小，所以不会使食用者发生中毒。正常的马铃薯块茎含量为0.002%～0.01%，大部分集中在块茎的外层。当马铃薯在阳光下暴露而发绿或马铃薯发芽后，其绿色部位和芽眼部位的含量剧增，当含量达0.02%时即可发生食后中毒。其一般中毒症状为腹痛、呕吐、颤栗、呼吸及脉搏加速、瞳孔散大，严重者发生痉挛、昏迷甚至虚脱。故食用发芽或发绿马铃薯时应注意切去这些部位。

茄碱苷在酶或酸的作用下，可水解为茄碱、葡萄糖、半乳糖与鼠李糖。茄碱苷和茄碱不溶于水，而溶于热酒精和酸溶液中。

$$C_{45}H_{73}O_{15}N + 3H_2O \longrightarrow C_{27}H_{43}ON + C_6H_{12}O_6 + C_6H_{12}O_6 + C_6H_{12}O_6$$

茄碱苷　　　　　　茄碱　　葡萄糖　　半乳糖　　鼠李糖

1.1.8.4　柑橘类糖苷

存在于柑橘类果实中,以果皮的白皮层、橘络、囊衣和种子中含量较多,果汁中含量较少,主要有橙皮苷、柚皮苷、枸橘苷和圣草苷等几种,均是一类具有维生素 P 活性的黄酮类物质,具有防止动脉血管硬化、心血管疾病之功能。因此,柑橘皮、橘络、白皮层是提取维生素 P 的良好原料。

柑橘类糖苷易溶于乙醇、丙酮、热水和碱溶液,但不溶于冷水和乙醚,其溶解度随 pH 值的升高和温度的升高而增大。在稀酸和酶的作用下会水解,在果实成熟或贮藏期间,含量会由于酶的降解作用而下降。橙皮苷在酸性溶液中析出白色结晶,因而会造成橘瓣罐头的白色混浊、沉淀,其结晶对混浊柑橘汁有一定影响。

柚皮苷、枸橘苷具强烈的苦味,含量达 20 mg/L 时就会感到明显苦味,属柑橘的前苦味物质,是葡萄柚汁、宽皮柑橘汁产生苦味的主要原因之一。

柑橘类的苦味物质除上述糖苷类物质外,还有一类萜类化合物,主要是类柠碱(limonoids),包括柠碱(limonin)、黄柏酮(obacunone)、脱乙酰基柠碱(deacety limonin)和诺米林(nomilin)等许多物质。柠碱苦味很强,在纯水中的阈值为 1 mg/L。柑橘中主要存在于种子、白皮层、囊衣及轴心部分,含量达 6 mg/L 就会感到明显苦味。与柚皮苷、枸橘苷等前苦味物质不同的是,柠碱以柠碱 D - 环内酯这种非苦味前体物质存在于完整的果实之中,在加工前并不表现苦味,当柑橘榨汁后数小时或加热时,柠碱 D - 环内酯这类苦味前体物质在柠碱 D - 环内酯酶和酸的作用下转化为柠碱,形成后苦味,故称为后苦味物质。此类物质是橙汁及其他柑橘汁的主要苦味物质之一。柑橘汁的脱苦,除了选择苦味物质含量少的原料和改进取汁方法外,主要有酶法脱苦、代谢脱苦、吸附或隐蔽脱苦等方法,详见第 3 章果蔬制汁有关内容。

除了上述糖苷物质外,果蔬中的花色素、单宁及其他许多物质也常以糖苷形式存在。

▶ 1.1.9　矿物质

矿物质(mineral),又称无机质,是构成动物机体,调节生理机能的重要物质。果蔬中含丰富的矿物质,含量为干重的 1%～5%,主要有钙、镁、磷、铁、钾、钠、铜、锰、锌、碘等,是人体矿质营养的主要来源,其含量可查《食物营养成分表》,他们少部分以游离态存在,大部分以结合态存在,如以硫酸盐、磷酸盐、碳酸盐、硅酸盐、硼酸盐或与有机质如有机酸、糖类、蛋白质等结合存在。

人类摄取的食物,按其燃烧后灰分所呈的反应分为酸性和碱性,硫、磷含量高时呈酸性反应,钾、钠含量高时呈碱性反应,这种反应与体内代谢反应的结果基本一致。以此为依据划分的酸性食品和碱性食品,与食品自身的酸味无关。果蔬灰分中,钾往往占 50% 以上,钾、钠、钙、镁占 80% 以上,一般为碱性食品,谷物、肉类、奶类一般为酸性食品。

矿物质在果蔬加工中一般比较稳定,其损失往往是通过水溶性物质的浸出而流失,如热烫、漂洗等工艺,其损失的比例与矿物质的溶解度呈正相关。矿质成分的损失并非均有害,如硝酸盐的损失对人体健康是有益的。

矿物质,特别是一些微量元素,往往在加工中还可以通过与加工设备、加工用水及包装材料的接触而得到补充,除某些特殊食品,如运动员饮料、某些富含微量元素的保健食品外,一般不作补充。

某些特征微量元素的含量及比例,可作为检测食品掺假的参考指标。

▶ 1.1.10 芳香物质

果蔬特有的芳香是由其所含的多种芳香物质(volatile aromatic compound)所致,此类物质大多为油状挥发性物质,故又称挥发性油。由于其含量极少,也称精油。果蔬中的芳香物质虽然含量极微,但结构极其复杂,种类繁多,有上百种,甚至几百种之多。其主要成分为醇、酯、醛、酮、烃以及萜类和烯烃等。也有少量的果蔬芳香物质是以糖苷或氨基酸形式存在的,在酶的作用下分解,生成挥发性物质才具备香气,如苦杏仁油、蒜油等。芳香物质不仅赋予果蔬及其制品香气,而且能刺激食欲。

芳香物质在果品中的存在部位随种类不同而异,柑橘类存在于果皮中较多;苹果等仁果类存在于果肉和果皮中;核果类则在核中存在较多,但核与果肉的芳香常有一定的差异;许多蔬菜的芳香成分存在于种子中。

芳香物质与果蔬加工的关系大致有以下几方面。

1.1.10.1 提取香精油

由于许多果蔬含有特有的芳香物质,故可利用各种工艺方法提取与分离,作为香精香料使用,添加到各种香气不足的制品中。

1.1.10.2 氧化与挥发损失

大部分果蔬的芳香物质为易氧化物质和热敏物质,果蔬加工中长时间加热可使芳香物质挥发损失,某些成分会发生氧化分解,出现其他风味或异味。

1.1.10.3 含量影响制品风味

芳香物质在制品中的含量应以其风味表现的合适值为宜,过高或过低均有损于风味。若柑橘汁中芳香物质含量过高,不但风味不佳,且易氧化变质,一般以 1 000 mg/kg 左右为宜。

1.1.10.4 抑菌作用

某些芳香物质,如大蒜精油、橘皮油、姜油等具有一定的防腐抑菌作用。

▶ 1.1.11 酶

果蔬在生长与成熟以及贮藏后熟中均有各种酶(enzyme)进行活动,在加工时,酶是影响制品品质和营养成分的重要因素。与果蔬加工有关的主要有氧化酶和水解酶。

氧化酶的作用是使物质氧化,较重要的有多酚氧化酶、抗坏血酸氧化酶、过氧化物酶、过氧化氢酶、脂肪氧化酶等。多酚氧化酶是导致果蔬褐变的主要酶;抗坏血酸氧化酶使维生素 C 遭受损失;过氧化物酶则可作为烫漂的指标。水解酶中较重要的有果胶酶类、淀粉酶、蛋白酶、纤维素酶、各种糖苷分解酶等。表 1-7 是与食品加工有关的酶。

表 1 - 7　与食品加工有关的酶

项　目	酶	催化反应	品质变化
与香味有关	脂类水解酶(脂肪酶、酯酶等)	酯类水解	水解性酸败
	脂肪加氧酶	多聚不饱和脂肪酸氧化	氧化性败坏(香味劣变)
	过氧化物酶/过氧化氢酶	催化过氧化氢氧化系列底物	香味劣变
	蛋白酶	蛋白质	苦味、异味
与色泽有关	多酚氧化酶	多酚类氧化	褐变
组织硬度	淀粉酶	淀粉水解	软化、黏度下降
	果胶甲酯酶	果胶脱甲氧化	软化、黏度下降
	聚半乳糖醛酸酶	果胶链水解	软化、黏度下降
营养价值	抗坏血酸氧化酶	L-抗坏血酸氧化	维生素 C 含量下降
	硫胺酶	硫胺素的水解	维生素 B_1 含量下降

　　果蔬加工中常常需要钝化酶活性,防止品质劣变。有些来源于微生物的酶较果蔬本身的酶抗热,而且有些食品中的酶在贮藏过程中还有可能复活。所以,食品加工中应根据情况,采用适当的方法钝化酶活性。果蔬加工也常利用一些生物酶,改善食品品质或加工工艺,如利用果胶酶来澄清果汁与果酒,利用淀粉酶分解淀粉制糖,利用柚皮苷酶脱苦等。

▶ 1.1.12　脂质

　　广义的脂质(lipid)是脂肪和类脂的统称,是指含有一个或多个长链脂肪酸,不溶于水而溶于氯仿、乙醚等有机溶剂的复合物。果蔬的脂质主要包括油脂和蜡质及角质,此外也包括膜物质及一些代谢产物。

　　油脂是甘油和高级脂肪酸形成的酯,不溶于水,而溶于各种有机溶剂,据其饱和链的多少,其稳定性和性质相差很大。油脂在空气中易发生氧化变质并有特殊的"油膻味",铜、铁、光线、温度、水汽等对其均有催化作用。果蔬加工制品不应混入各种油脂,否则会影响制品的质量。油脂在普通果实中含量很少,但在各种果蔬的种子中含量丰富,一般在 15%~30% 之间,油料作物花生可达 45%,核桃可达 65%。含油的果实及果蔬种子是提取油脂的良好原料。

　　果蔬的另一大类酯质为其表面的角质与蜡质,蜡质是由高级脂肪酸与高级一元醇形成的高分子酯,不溶于水,溶点在 40~100℃,在常温下呈"假结晶"状态,主要的蜡质碳链长为 C_{20}~C_{35},终端有一个氧化的功能基(主要为醇与脂肪酸等),且一般碳原子偶数出现。蜡质与角质是一种保护组织,对于果蔬的健康生长影响很大,加工中一般应去除。

1.2.1 食品败坏

食品败坏——广义地讲是指改变了食品原有的性质和状态,而使质量变劣,不宜或不堪食用的现象。一般表现为变色、变味、长霉、生花、腐烂、混浊、沉淀等现象,引起食品败坏的原因主要有以下三方面。

1.2.1.1 微生物败坏

有害微生物的生长发育是导致食品败坏的主要原因。由微生物引起的败坏通常表现为生霉、酸败、发酵、软化、腐烂、产气、变色、混浊等,对食品的危害最大,轻则使产品变质,重则不堪食用,甚至误食造成中毒死亡。

果蔬营养丰富,在加工生产的过程中,原料不洁,清洗不足,加工用水、加工机械不符合卫生要求、杀菌不完全等因素均易导致微生物的污染。引起果蔬败坏的微生物主要是细菌、酵母和霉菌等,其中新鲜果蔬主要有霉菌,包括青霉属、芽孢菌属、交链孢霉属;在加工果酱类、糖渍制品中主要为一些耐渗酵母菌属;罐藏品主要有杆菌,如巴氏固氮梭状芽孢杆菌、乳酸杆菌、肉毒梭状芽孢杆菌以及引起平酸菌腐败的嗜热脂肪芽孢杆菌和凝结芽孢杆菌等;在高酸性果汁制品(pH 小于 3.7)如葡萄汁、柠檬汁中,主要有乳酸菌、酵母菌和霉菌;葡萄酒常会受酒花菌和醋酸菌的危害。

1.2.1.2 酶败坏

如脂肪氧化酶引起的脂肪酸败,蛋白酶引起的蛋白质水解,多酚氧化酶引起的褐变,果胶酶引起的组织软化等。造成食品的变色、变味、变软和营养价值下降。

1.2.1.3 理化败坏

如在加工和贮存过程中发生的各种不良理化反应,如氧化、还原、分解、合成、溶解、晶析、沉淀等,理化败坏与微生物败坏相比,一般程度较轻,无毒,但会造成色、香、味和维生素等营养组分的损失,这类败坏与果蔬所含的化学组分密切相关。

1.2.2 果蔬的加工保藏方法

针对上述败坏原因,按保藏原理不同,可将食品保藏方法分为以下五类。

1.2.2.1 维持食品最低生命活动的保藏方法

主要用于果蔬等鲜活农副产品的贮藏保鲜,采取各种措施以维持果蔬最低生命活动的新陈代谢,保持其天然免疫性,抵御微生物入侵,延长有效贮藏寿命。

新鲜果蔬是有生命活动的有机体,采收后仍进行着生命活动,表现出来最易被察觉到的生命现象是其呼吸作用,所以必须创造一种适宜的冷藏条件,使蔬采后正常衰老进程抑制到最缓慢的程度,尽可能降低其物质消耗的水平。通常采用低温、气调等方式进行果蔬产品的长期贮藏。

1.2.2.2 抑制微生物活动的保藏方法

利用某些物理、化学因素抑制食品中微生物和酶的活动的保藏方法,如冷冻保藏、高渗透压保藏等。

①大部分冷冻食品能保存新鲜食品原有的风味和营养价值,受到消费者的欢迎。预煮食品冻制品的出现以及耐热复合塑料薄膜袋和解冻复原加工设备的研究成功,已使冷冻制品在国外成为方便食品和快餐的重要支柱。我国冷冻食品工业近些年发展迅速,速冻蔬菜、速冻春卷、烧卖及肉、兔、禽、虾等已远销国外。

果蔬速冻是目前国际上一项先进的加工技术,也是近代食品工业上发展迅速且占有重要地位的食品保存方法。

②果蔬干制是通过减少果蔬中所含的大量游离水和部分胶体结合水,使微生物不能正常生长繁殖,酶活性被抑制一种果蔬加工保藏方法。脱水是在人工控制条件下促使食品水分蒸发的工艺过程。干制品水分含量一般为 $5\%\sim10\%$,最低的水分含量可达 $1\%\sim5\%$。

③糖制和腌制都是利用一定浓度的食糖或食盐溶液来提高制品渗透压的加工保藏方法。

食糖本身对微生物并无毒害作用,它主要是降低了制品水分活性,并借渗透压导致微生物细胞质壁分离,得以抑制微生物活动。为了保藏食品,糖液浓度至少要达到 $50\%\sim75\%$,以致 $70\%\sim75\%$,其产生的渗透压才能抑制微生物的危害。1% 的食盐溶液能产生 0.618 MPa 的渗透压。如果 $15\%\sim20\%$ 的食盐溶液就可产生 $9.27\sim12.36$ MPa 的渗透压,一般细菌的渗透压为 $0.35\sim1.69$ MPa,当食盐浓度为 10% 时,各种腐败杆菌就完全停止活动,15% 的食盐溶液可使腐败球菌停止发育。

1.2.2.3 利用发酵原理的保藏方法

利用发酵原理的保藏方法称发酵保藏法或生化保藏法。某些有益微生物的活动产生和积累的代谢产物,能抑制其他有害微生物活动,如乳酸发酵、酒精发酵、醋酸发酵。乳酸抑制微生物主要是氢离子的作用,抑制作用强弱不仅取决于含酸量的多少,更主要的是取决于其解离出的氢离子的浓度,即 pH 值的高低。发酵的含义是指在缺氧条件下糖类分解的产能代谢。

1.2.2.4 运用无菌原理的保藏方法

是指通过热处理、微波、辐射、过滤等工艺手段,使食品中腐败菌的数量减少或消灭到能使食品长期保存的商业无菌,并通过抽空、密封等处理防止再感染,从而使食品得以长期保藏的一类食品保藏方法。食品罐藏就是典型的无菌保藏法。

最广泛应用的杀菌方法是热杀菌,可分为 100℃ 以下 70~80℃ 杀菌的巴氏杀菌法和 100℃ 或 100℃ 以上杀菌的高温杀菌法。超过一个大气压力的杀菌为高压杀菌法。冷杀菌法即是不需提高产品温度的杀菌方法,如紫外线杀菌法、超声波杀菌法、原子能辐照和放射线杀菌法等。

1.2.2.5 应用防腐剂的保藏方法

防腐剂是一些能杀死或防止食品中微生物生长发育的化学药剂。防腐剂必须是低毒、

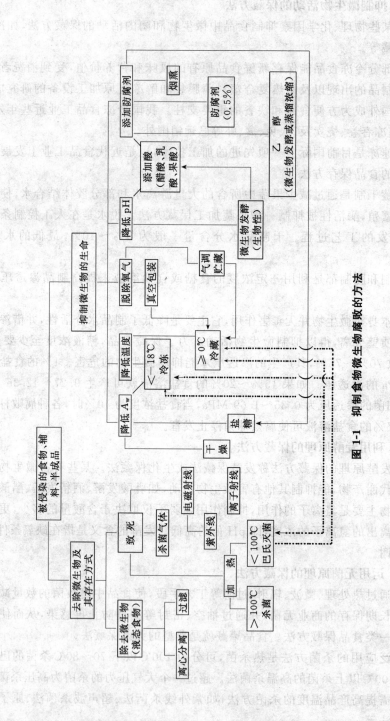

图 1-1 抑制食物微生物腐败的方法

高效、经济实用、不妨碍人体健康、不破坏食品营养成分。防腐剂使用要严格执行食品添加剂使用卫生标准(GB 2760—2007),并应着重注意利用天然防腐剂,如大蒜素、芥子油等。利用防腐剂保藏主要用在半成品保存上。

抑制食物微生物腐败的方法见图1-1。

1.3 果蔬加工对原料的要求及预处理

果蔬加工方法较多,其性质相差较大,不同的加工方法和制品对原料均有一定的要求,在加工工艺和设备条件一定的情况下,原料的好坏就直接决定着制品的质量。果蔬加工对原料总的要求是要有合适的种类、品种,适当的成熟度和良好、新鲜完整的状态。

果蔬加工原料的预处理,对其制成品的影响很大,如处理不当,不但会影响产品的质量和产量,而且会对以后的加工工艺造成影响。

尽管果蔬种类和品种各异,组织特性相差很大,加工方法也有很大的差别,但加工前的预处理过程却基本相同。果蔬加工原料的预处理包括选别、分级、洗涤、去皮、修整、切分、烫漂(预煮)、护色、半成品保存等工序。

▶ 1.3.1 果蔬加工对原料的要求

1.3.1.1 原料的种类和品种

果品蔬菜的种类和品种繁多,但不是所有的种类和品种都适合于加工,更不是都适合加工同一种类的加工品。就果蔬原料的加工特性而言,果品相对单纯,但也存在结构、物理性质和理化成分的不同,蔬菜就更为复杂,因为器官或部位不同,其结构与性质也相差很大,因此,正确选择适合于加工的种类、品种是生产品质优良加工品的首要条件。而如何选择合适的原料,这就要根据各种加工品的制作要求和原料本身的特性来决定。

制作果汁类产品时,一般选汁液丰富、取汁容易、可溶性固形物含量高、酸度适宜、风味芳香独特、色泽良好及果胶含量适宜的种类和品种为原料。理想的制汁原料有:葡萄、柑橘、苹果、梨、菠萝、番茄、黄瓜、芹菜等。有的果蔬汁液含量并不丰富,如胡萝卜及山楂等,但他们具有特殊的营养价值及风味色泽,可以采取特殊的工艺处理而加工成澄清或混浊型的果汁饮料。

制作干制品时,要求选择干物质含量较高,水分含量较低,可食部分多,粗纤维少,风味及色泽好的种类和品种作为原料。果蔬较理想的原料有:枣、柿子、山楂、苹果、龙眼、杏、胡萝卜、马铃薯、辣椒、南瓜、洋葱、姜及大部分食用菌。但某一适宜的种类中并不是所有的品种都可以用来加工干制品,例如脱水胡萝卜制品,新黑田五寸就是最佳加工品种,而有的胡萝卜品种则不宜加工干制品。

用于罐藏、果脯及冷冻制品的原料,要求选肉厚、可食部分大、质地紧密、糖酸比适当、色香味好的种类和品种。一般大多数的果蔬均可适合此类加工制品的加工。

对于果酱类的制品,其原料要求含有丰富的果胶物质、较高的有机酸含量、风味浓、香气足。例如水果中的山楂、杏、草莓、苹果等就是最适合加工这类制品的原料种类。而蔬菜类的番茄酱加工对番茄红素的要求甚为严格。目前认为最好的番茄加工品种有红玛瑙140、新番4号等品种。

蔬菜腌制对原料的要求不太严格，一般应以水分含量低、干物质较多、肉质厚、风味独特、粗纤维少为好。

1.3.1.2 原料的成熟度和采收期

在果蔬加工学上，一般将成熟度分为三个阶段，即可采成熟度、加工成熟度和生理成熟度。

可采成熟度是指果实充分膨大长成，果实个头不再增大，但风味还未达到顶点。这时采收的果实，适合于贮运并经后熟后方可达到加工的要求，如香蕉、西洋梨等水果。一般工厂为了延长加工期常在这时采收进厂入贮，以备加工。

加工成熟度是指果实已具备该品种应有的加工特征，分为适当成熟与充分成熟。根据加工类别不同而要求成熟度也不同。如制造果汁类，要求原料充分成熟，色泽好；制造干制品类，果实也要求充分成熟，否则缺乏应有的果香味，制成品质地坚硬，有的果实如杏，若青绿色未退尽，干制后会因叶绿素分解变成暗褐色，还会影响外观品质；制造果脯、罐头类，则要求原料成熟适当，这样果实因含原果胶类物质较多，组织比较坚硬，可以经受高温煮制；而果糕、果冻类加工时，则要求原料具有适当的成熟度，其目的是利用果胶含量高，使制成品具有凝胶特性。

生理成熟度是指果实质地变软，风味变淡，营养价值降低，一般称这个阶段为过熟。这种果实除了可做果汁、果酒和果酱外（因不需保持形状），一般不适宜加工其他产品。

▶ 1.3.2 果蔬加工的预处理

1.3.2.1 原料的选别、分级与清洗

（1）原料的选别与分级 进厂的原料绝大部分含有杂质，且大小、成熟度有一定的差异。果蔬原料选别与分级的主要目的首先是剔除不合乎加工的果蔬，包括未熟或过熟的，已腐烂或长霉的果蔬。还有混入果蔬原料内的砂石、虫卵和其他杂质，从而保证产品的质量。其次，将进厂的原料进行预先的剔选分级，有利于以后各项工艺过程的顺利进行，如将柑橘进行分级，按不同的大小和成熟度分级后，有利于指定出最适合于每一级的机械去皮、热烫、去囊衣的工艺条件，保证以后工艺处理的一致性，使其具有良好的产品质量和数量，同时也降低能耗和辅助材料的用量。

果蔬的分级包括按大小分级、按成熟度分级和按色泽分级几种，视不同的果蔬种类及这些分级内容对果蔬加工品的影响而分别采用一种或多种分级方法。

在我国，按成熟度分级常用目视估测的方法进行。在果蔬加工中，桃、梨、苹果、杏、樱桃、柑橘、豆类、黄瓜、芦笋、竹笋等常先按成熟度分级，可分成低、中、高三级，以便能合理地制定后续工序。豆类中的豌豆等在国内外也常用盐水浮选法进行分级，因为成熟度高的含有较多的淀粉，故比重较大，在特定比重的盐水中利用其上浮或下沉的原理即可将其分开。在美国，将能在比重1.04的盐水中上浮的规定为特级，下沉的为标准级，再用比重

为 1.07 的盐水浮选,上浮的为标准 2 级,下沉者次之。此种分级方法受豆粒内空气含量的影响,故有时将此分级步骤改在烫漂后装罐前进行。速冻酸樱桃常用灯光法进行色泽和成熟度分级。

按色泽分级与按成熟度分级在大部分果蔬中是一致的,一般按色泽的深浅分开。除了在预处理以前分级外,大部分罐藏果蔬在装罐前也要按色泽分级。

按大小分级是分级的主要方法,几乎所有的加工果蔬均需按大小分级。其方法有手工分级和机械分级两种。

①手工分级:在生产规模不大或机械设备较差时常用手工分级,同时可配备简单的辅助工具,如圆孔分级板、蘑菇大小分级尺等。分级板由长方形板上开不同孔径的圆孔制成,孔径的大小视不同的果蔬种类而定,这种分级同样适合于圆形的蔬菜和蘑菇。根据同样原理设计而成的分级筛,适用于豆类、马铃薯、洋葱及部分水果,分级效率高,比较实用。

②机械分级:采用机械分级可大大提高分级效率,且分级均匀一致,目前常用的机械有以下几种。

滚筒式分级机:主要部件为滚筒,是一个圆柱形的筒状筛,用 1.5～2.0 mm 的不锈钢板冲孔后卷成。其上有不同孔径的几组漏孔,依原料从进口至出口方向,孔径逐渐增大,每组滚筒下装有集料斗。为使原料从筒内向出口处运动,整个滚筒装置一般有 3°～5° 的倾角(图 1-2)。滚筒分级机适用于山楂、蘑菇、杨梅及豆类。

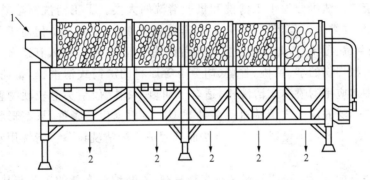

图 1-2 蘑菇分级机
1. 进料 2. 出料

振动筛:是常用的果蔬分级机械,多数水果可利用此机分级,本身为带有孔的金属板,用铜或不锈钢制成,操作时,机体沿一定方向作往复运动,出料口有一定倾斜度。因机体摆动和倾斜角的作用,筛面上的果蔬以一定速度向前移动,在移动过程中进行分级。小于第一层筛孔的果实,从第一层筛子落入第二层筛子,依此类推。大于筛孔的果实,从各层的出料口挑出,为一级,每级筛子的出料口都可得到一级果实。此机适用于一些圆形果实,苹果、梨、李、杏、桃、柑橘、番茄等都可用。使用和购买时应注意筛孔的大小与果实是否相符。

分离输送机:为一种皮带分级机,其分级部分是由若干组成对的长橡皮带构成,每对橡皮带之间的间隙由始端至末端逐渐加宽,形成"V"形。果实进入输送带始端,两条输送带以同样的速度带动果实往末端动,带下装有各档集料斗,小的果实先落下,大的后落下,以此分级。此种设备简单,效率高,适合于大多数果品。缺点是调整较费时,分级不太严格。

除了各种通用机械外,果蔬加工中还有许多专用的分级机械,如蘑菇分级机、橘瓣分级机和菠萝分级机等。

(2)原料的清洗　果蔬原料清洗的目的在于洗去果蔬表面附着的灰尘、泥沙和大量的微生物以及部分残留的化学农药,保证产品的清洁卫生,从而保证制品的质量。

洗涤时常在水中加入盐酸、氢氧化钠、漂白粉、高锰酸钾等化学试剂(表1-8),既可减少或除去农药残留,还可除去虫卵,降低耐热芽孢数量。近年来,更有一些脂肪酸系的洗涤剂如单甘油酸酯、磷酸盐、糖脂肪酸酯、柠檬酸钠等应用于生产。

表1-8　几种常用化学洗涤剂及使用方法

药品种类	浓　　度	温度处理时间	处理对象
盐酸	0.5%～1.5%	常温 3～5 min	苹果、梨、樱桃、葡萄等具蜡质的果实
氢氧化钠	0.1%	常温数分钟	具果粉的果实如苹果
漂白粉	600 mg/L	常温 3～5 min	柑橘、苹果、桃、梨、番茄等
高锰酸钾	0.1%	常温 10 min 左右	枇杷、杨梅、草莓、树莓等

果蔬的清洗方法可分为手工清洗和机械清洗两大类。手工清洗简单易行,设备投资少,适用于任何种类的果蔬,但劳动强度大,非连续化作业,效率低。但对于一些易损伤的果品如杨梅、草莓、樱桃等,此法较适宜。果蔬清洗的机械种类较多,有适合于质地比较硬和表面不怕机械损伤的李、黄桃、甘薯、胡萝卜等原料的滚筒式清洗机,番茄酱、柑橘汁等连续生产线中常应用的喷淋式清洗机,适合于胡萝卜、甘薯、芋头等较硬物料的桨叶式清洗机以及用途广泛的压气式清洗机等多种类型。应根据生产条件、果蔬形状、质地、表面状态、污染程度、夹带泥土量以及加工方法而选用适宜的清洗设备。清洗用水应符合饮用水标准。

近年来果蔬加工行业对原料清洗越来越重视,不断地探索新的工艺与技术,如臭氧水清洗、超声波清洗等,尽管尚未得到工业化应用,但已显示出良好的应用前景。使用臭氧对果蔬类食品进行清洗、杀菌,工艺简单,而且臭氧的浓度可以较低,故使用率高,应用范围广。据报道,清水洗净后的细菌数可减少到 1/10,臭氧水处理后可再减少至 1/10～1/100,可明显延长其货架期。而超声波清洗则能通过超声波在液体中的空化作用,将物体表面的污物层剥离,从而达到清洗的目的。

1.3.2.2　果蔬的去皮

除叶菜类外,大部分果蔬外皮较粗糙、坚硬,虽有一定的营养成分,但口感不良,对加工制品有一定的不良影响。如柑橘外皮含有精油和苦味物质;桃、梅、李、杏、苹果等外皮含有纤维素、果胶及角质;荔枝、龙眼的外皮木质化;甘薯、马铃薯的外皮含有单宁物质及纤维素、半纤维素等;竹笋的外壳高度纤维化,不可食用。因而,一般要求去皮。只有在加工某些果脯、蜜饯、果汁和果酒时,因为要打浆、压榨或其他原因才不用去皮。加工腌渍蔬菜也常常无需去皮。

果蔬去皮的方法主要有以下几种。

(1)手工去皮 手工去皮是应用特别的刀、刨等工具人工削皮,应用范围较广。其优点是去皮干净、损失率少,并兼有修整的作用,还可去心、去核、切分等同时进行。在果蔬原料质量较不一致的条件下能显示出其优点。但手工去皮费工、费时、生产效率低、不适合大规模生产。

(2)机械去皮 采用专门的机械进行,常用的去皮机主要有下述三种类型。

①旋皮机:主要原理是在特定的机械刀架下将果蔬皮旋去,适合于苹果、梨、柿、菠萝等大型果品。

②擦皮机:利用内表面有金刚砂,表面粗糙的转筒或滚轴,借摩擦力的作用擦去表皮。适用于马铃薯、甘薯、胡萝卜、荸荠、芋等原料,效率较高,但去皮后的表面不光滑。此种方法常与热力去皮法结合使用,如甘薯去皮即先行加热,再喷水擦皮。

③专用去皮机:青豆、黄豆等采用专用的去皮机来完成,菠萝也有专门的菠萝去皮、切端通用机。

机械去皮比手工去皮的效率高、质量好,但一般要求去皮前原料有较严格的分级。另外,用于果蔬去皮的机械,特别是与果蔬接触的部分应用不锈钢制造,否则会使果肉褐变,且由于器具被酸腐蚀而增加制品内的重金属含量。

(3)碱液去皮 碱液去皮是果蔬原料去皮中应用最广的方法之一。桃、李、杏、苹果、胡萝卜等果蔬,外皮为角质、半纤维素等组成,果肉为薄壁细胞组成,果皮与果肉之间为一层中胶层,富含果胶物质,将果皮与果肉连接。当果蔬原料与碱液接触时,果皮的角质、半纤维素易被碱液腐蚀而变薄乃至溶解,中胶层的果胶被碱液水解而失去胶凝性,果肉的薄壁细胞膜比较抗碱。因此,碱液处理能使果蔬的表皮剥落而保存果肉。

常用的碱为氢氧化钠,其腐蚀性强且价廉,也可用氢氧化钾或二者的混合液,但氢氧化钾较贵。有时也用碳酸氢钠等碱性较弱的碱。为了提高去皮效果可加入一些表面活性剂和硅酸盐,因他们可降低果蔬的表面张力,使碱液分布均匀,促进碱液渗透,加强去皮效果。在甘薯、苹果、梨等较难去皮的果蔬常采用。据报道,用0.05%的蔗糖脂肪酸酯,0.4%的三聚磷酸钠,0.4%的氢氧化钠混合液在50～55℃下处理橘瓣2 s,可冲洗去皮,能使碱液在低浓度下迅速达到很好的去皮效果。番茄去皮时在碱液中加入0.3%的2-乙基己基磺酸钠或甲基萘磺酸盐,可降低用碱量,增加表面光滑性,减少清洗水的用量。

碱液去皮时,碱液的浓度、处理的时间和碱液温度为三个重要参数,应视不同的果蔬原料种类、成熟度和大小而定。碱液浓度高、处理时间长及温度高会增加皮层的松离及腐蚀程度。适当增加任何一项,都能加速去皮作用。如温州蜜柑囊瓣去囊衣时,0.3%左右的碱液在常温下需12 min左右,而35～40℃时只需7～9 min,在0.7%的浓度下45℃仅5 min即可。故生产中必须视具体情况灵活掌握,只要处理后经轻度摩擦或搅动能脱落果皮,且果肉表面光滑即为适度的标志。几种果蔬的碱液去皮参考条件如表1-9所示。

经碱液处理后的果蔬必须立即在冷水中浸泡、清洗,反复换水,除去果皮渣和黏附的余碱,漂洗至果块表面无滑腻感,口感无碱味为止。漂洗必须充分,如若不然,有可能导致果蔬制品,特别是罐头制品的pH值偏高,导致杀菌不足,使产品败坏,同时口感也不良。为了加速降低pH值和清洗,可用0.1%～0.2%的盐酸或0.25%～0.5%的柠檬酸水溶液浸泡,兼有防止变色的作用。盐酸比柠檬酸好,因盐酸解离的氢离子和氯离子对氧化酶有一定的抑制作用,而柠檬酸较难解离。同时,盐酸和余碱可生成盐类,抑制酶活性,更兼有价格低廉的优点。

表 1-9　几种果蔬的碱液去皮参考条件[①]

果蔬种类	NaOH 浓度/%	液温/℃	处理时间/min	备　注
桃	1.5～3	90～95	0.5～2	淋碱或浸碱
杏	3～6	90 以上	0.5～2	淋碱或浸碱
李	5～8	90 以上	2～3	浸碱
	8～12	90 以上		浸碱
苹果	20～30	90～95	0.5～1.5	浸碱
海棠果	8～12	90 以上	2～3	浸碱
梨	0.3～0.75	30～70	3～10	浸碱
全去囊衣橘瓣[②]	0.2～0.4	60～65	5～10	浸碱
半去囊衣橘瓣	10～20	95～100	3～5	浸碱
猕猴桃	5	95	2～5	浸碱
枣	5～7	95	2～3	浸碱
青梅	3～4	95～100	1～3	浸碱
胡萝卜	3～6	90 以上	4～10	浸碱
甘薯	8～10	90 以上	4～10	浸碱
马铃薯	2～3	90～100	3～4	浸碱
莲子(干)	3～5	95～100	1～2	浸碱
番茄	15～20	85～95	0.3～0.5	浸碱

注:①综合不同资料;②全去囊衣先酸处理,半去囊衣则视情况而定。

碱液去皮的处理方法有浸碱法和淋浸法两种。

①浸碱法:可分为冷浸与热浸,生产上以热浸较常用。将一定浓度的碱液装在特制的容器(热浸常用夹层锅)中,将果实浸泡一定的时间后取出搅动、摩擦去皮、漂洗即成。

大量生产可用连续的螺旋推进式浸碱去皮机或其他浸碱去皮机械。其主要部件均由浸碱箱和清漂箱两大部分组成。切半后或整果的果实,先进入浸碱箱的螺旋转筒内,经过箱内的碱液处理后,随即在螺旋转筒的推进作用下,将果实推入清漂箱的刷皮转筒内,由于螺旋式鬃毛刷皮转笼在运动中边清洗、边刷皮、边推动的作用,将皮刷去,原料由出口输出。

②淋碱法:将热碱液喷淋于输送带上的果品上,淋过碱的果蔬进入转筒内,在冲水的情况下与转筒的边翻滚边摩擦去皮。杏、桃等果实常用此法。

碱液去皮优点甚多,首先是适应性广,几乎所有的果蔬均可应用碱液去皮,且对原料表面不规则、大小不一的原料也能达到良好的去皮效果。其次,碱液去皮掌握合适时,损失率较少,原料利用率较高。第三,此法可节省人工、设备等。但必须注意碱液的强腐蚀性,注意安全,设备容器等必须由不锈钢制成或用搪瓷、陶瓷,不能使用铁或铝。

(4)热力去皮　果蔬先用短时间的高温处理,使之表皮迅速升温而松软,果皮膨胀破裂,与内部果肉组织分离,然后迅速冷却去皮。此法适用于成熟度高的桃、杏、枇杷、番茄、甘薯等。

热力去皮的热源主要有蒸汽(常压和加压)与热水。蒸汽去皮时一般采用近100℃的处理温度,这样可以在短时间内使外皮松软,以便分离。具体的蒸汽处理时间,可根据原料种类和成熟度而定。

用热水去皮时,少量的可用夹层锅内加热的方法。大量生产时,采用带有传送装置的蒸汽加热沸水槽进行。果蔬经短时间的热水浸泡后,用手工剥皮或高压水冲洗。如番茄即可在95~98℃的热水中烫10~30 s,取出冷水浸泡或喷淋,然后手工剥皮;桃可在100℃的蒸汽下处理8~10 min,然后边喷淋冷水边用毛刷辊或橡皮辊刷洗;枇杷经95℃以上的热水烫2~5 min即可剥皮。

除上述两种热处理方法外,科研上还有研究用火焰进行加温的火焰去皮法、红外线加温去皮法等。据报道,将番茄在1 500~1 800℃的红外线高温下受热4~20 s,用冷水喷射即可除去外皮,效果较好。

热力去皮原料损失少,色泽好。但只适用于皮层易剥离、充分成熟的原料,对成熟度低的原料不适用。

(5)酶法去皮　柑橘的囊瓣,在果胶酶(主要是果胶酯酶)的作用下,可使果胶水解,脱去囊衣。如将橘瓣放在1.5%的703果胶酶溶液中,在35~40℃,pH 1.5~2.0的条件下处理3~8 min,可达到去囊衣的目的。酶法去皮条件温和,产品质量好。其关键是要掌握酶的浓度及酶的最佳作用条件如温度、时间、pH值等。

1981年Bruemmer等发明的一种柑橘酶法去皮技术包括洗净、加热、划破果皮、加酶、抽气和去皮。适用于橙、葡萄柚等果皮难剥离的果实。如对于甜橙,先在50~80℃的热水中浸泡10 min至1 h,使果面温度上升到40~60℃,果心温度至20~40℃,取出后在果面用小刀纵划6刀,使整个果皮6等份,也可以少划或多划,深浅要求不伤及囊瓣,然后将其浸于25~30℃的果胶酶水溶液中,浓度随酶的性质而异,从500~4 500 mg/L不等。接着,在抽空容器内达真空度至85~102 kPa,也可重复抽气,使果实内部渗入酶液,再在30~60℃下保持15~120 min,则橙皮很易去除且分瓣容易,果瓣完整,合格率为100%。

(6)冷冻去皮　将果蔬在冷冻装置内达轻度表面冻结,然后解冻,使皮层松弛后去皮,此法适用于桃、杏、番茄等。有报道,番茄在液氮为介质的冷冻机内冻5~15 s,然后浸入热水中解冻、去皮。此法无蒸煮过程,去皮损失率为5%~8%,质量好,但费用高。

(7)真空去皮　将成熟的果蔬先行加热,使其升温后果皮与果肉易分离,接着进入有一定真空度的真空室内,适当处理,使果皮下的液体迅速"沸腾",皮与肉分离,然后破除真空,冲洗或搅动去皮。此法适用于成熟的果蔬如桃、番茄等。

综上所述,果蔬去皮的方法很多,且各有其优缺点,应根据实际的生产条件、果蔬的状况而采用。而且,许多方法可以结合在一起使用,如碱液去皮时,为了缩短浸碱或淋碱时间,可将原料预先进行热处理,再行碱处理。

1.3.2.3　原料的切分、破碎、去心(核)、修整

体积较大的果蔬原料在罐藏、干制、腌制及加工果脯、蜜饯时,为了保持适当的形状,需要适当切分。切分的形状则根据产品的标准和性质而定。制作果酒、果蔬汁等制品,加工前需破碎,使之便于压榨或打浆,提高取汁效率。核果类加工前需去核、仁果类则需去

心。有核的柑橘类果实制罐头时需去种子。枣、金柑、梅等加工蜜饯时需划缝、刺孔。

罐藏或果脯、蜜饯加工时,为了保持良好的外观形状,需对果块在装罐前进行修整,以便除去果蔬碱液未去净的皮,残留于芽眼或梗洼中的皮,部分黑色斑点和其他病变组织。全去囊衣橘瓣罐头则需除去未去净的囊衣。

上述工序在小量生产或设备较差时一般手工完成,常借助于专用的小型工具。如枇杷、山楂、枣的通核器;匙形的去核心器;金柑、梅的刺孔器等。

规模生产常有多种专用机械,主要的有以下几种。

①劈桃机:用于将桃切半,主要原理是利用圆盘锯将其锯成两半。

②多功能切片机:是目前采用较多的切分机械,可用于果蔬的切片、切块、切条等。设备中装有可换式组合刀具架,可根据要求选用刀具。

③专用的切片机:在蘑菇生产中常用蘑菇定向切片刀,除此之外,还有菠萝切片机、青刀豆切端机、甘蓝切条机等。

果蔬的破碎常由破碎打浆机完成。刮板式打浆机也常用于打浆、去籽。制造果酱时果肉的破碎也可采用绞肉机进行。果泥加工还用磨碎机或胶体磨。

葡萄的破碎、去梗、送浆联合机为葡萄酒厂的常用设备,成穗的葡萄送入进料斗后,经成对的破碎辊破碎、去梗后,再将果浆送入发酵池中,自动化程度很高。

1.3.2.4 烫漂

果蔬的烫漂,生产上常称预煮,即将已切分的或经其他预处理的新鲜果蔬原料放入沸水或热蒸汽中进行短时间的热处理。其主要目的在于:

(1)钝化活性酶、防止酶褐变 果蔬受热后氧化酶类等可被钝化,从而停止其本身的生化活动,防止品质的进一步败坏,这在速冻与干制品中尤为重要。一般认为抗热性较强的氧化还原酶可在 $71 \sim 73.5 ℃$、去氧化酶可在 $80 \sim 95 ℃$ 的温度下一定时间内失去活性。

(2)软化或改进组织结构 烫漂后的果蔬体积适度缩小,组织变得适度柔韧,罐藏时,便于装罐。同时由于部分脱水,易保证有足够的固形物含量,干制和糖制时由于改变了细胞膜的透性,使水分易蒸发,糖分易渗入,不易产生裂纹和皱缩,尤其干制时加碱液烫漂后更明显。热烫过的干制品复水也较容易。

(3)稳定或改进色泽 由于空气的排除,有利于罐头制品保持合适的真空度;对于含叶绿素的果蔬,色泽更加鲜绿;不含叶绿素的果蔬则变成所谓的半透明状态,更加美观。

(4)除去部分辛辣味和其他不良风味 对于苦涩味、辛辣味或其他异味重的果蔬原料,经过烫漂处理可适度减轻,有时还可以除去一部分黏性物质,提高制品的品质。如罐藏青刀豆通过烫漂可除去部分可溶性含氮物质,避免苦味并减少容器的腐蚀。

(5)降低果蔬中的污染物和微生物数量 果蔬原料在去皮、切分或其他预处理过程中难免受到微生物等污染,经烫漂可部分杀灭微生物,减少对原料的污染,这对于速冻制品尤为重要。

但是,烫漂同时要损失一部分营养成分,热水烫漂时,果蔬视不同的状态要损失相当的可溶性固形物。据报道,切片的胡萝卜用热水烫漂 1 min 即损失矿物质 15%,整条的也要损失 7%。另外,维生素 C 及其他维生素同样也受到一定损失(表 1-10)。

表 1-10　蔬菜烫漂与冷却过程中维生素 C 和维生素 B_1 的损失百分率

（Fennema，1975）　　　　　　　　　　　　%

种　类	维生素 C	维生素 B_1
芦笋	10（6～15）	
青豆	23（12～42）	9（0～14）
莱马豆	24（19～40）	36（20～76）
硬化甘蓝	36（12～50）	
抱子甘蓝	22（21～25）	
花菜	20（18～25）	
豌豆	21（1～35）	11（3～23）
菠菜	50（40～76）	60（41～80）

　　果蔬烫漂常用的方法有热水和蒸汽两种。热水烫漂的优点是物料受热均匀,升温速度快,方法简便,缺点是可溶性固形物损失多。在热水烫漂过程中,其烫漂用水的可溶性固形物浓度随烫漂的进行不断加大,且浓度越高,果蔬中的可溶性物质起初损失较多,以后则损失逐渐减少,故在不影响烫漂外观效果的条件下,不应频繁更换烫漂用水。

　　加工罐头用的果品也常用糖液烫漂,同时兼有排气作用。为了保持绿色果蔬的色泽,常在烫漂水中加入碱性物质,如碳酸氢钠、氢氧化钙等。但此种物质对维生素 C 损失影响较大。葡萄干常用碳酸钾、氢氧化钠和植物油的混合液或亚硫酸盐与植物油的混合液进行烫漂。豌豆常在 0.08%～0.1% 的叶绿素铜钠染色液中烫漂兼染色。

　　果蔬烫漂可用手工在夹层锅内进行,现代化生产常采用专门的连续化预煮设备,依其输送物料的方式,目前主要的预煮设备有链带式连续预煮机和螺旋式连续预煮机等。

　　果蔬烫漂的程度,应根据果蔬的种类、块形、大小、工艺要求等条件而定。一般情况下,特别是罐藏时,从外表上看果实烫至半生不熟,组织较透明,失去新鲜果蔬的硬度,但又不像煮熟后那样柔软即被认为适度(表 1-11)。烫漂程度也常以果蔬中最耐热的过氧化物酶的钝化作标准,特别是在干制和冷冻时更是如此。过氧化物酶活性的检查可用 0.1% 的愈创木酚酒精溶液(或 0.3% 的联苯胺溶液)及 0.3% 的过氧化氢溶液作试剂。方法是将试样切片后,随即浸入愈创木酚或联苯胺溶液中或在切面上滴几滴上述溶液,再滴上 0.3% 的过氧化氢数滴,数分钟后,愈创木酚变褐色、联苯胺变蓝色即说明酶未被破坏,烫漂程度不够,否则即说明酶被钝化,烫漂程度已够。

表 1-11　几种果蔬烫漂的参考条件

种　类	温度（℃）	时间（min）	备　注
桃	95～100	4～8	罐头常用 0.1% 的柠檬酸液
梨	98～100	5～10	罐头常用 0.1%～0.2% 的柠檬酸液
金柑	90～95	15～20	罐藏用 2% 的食盐水
苹果	90～95	15～20	罐藏常加柠檬酸
豌豆	100	3～5	
青刀豆	100	3～4	
花椰菜	95	3～4	

种 类	温度(℃)	时间(min)	备 注
蘑菇	100	5～8	罐藏用0.1%的柠檬酸液
莲子	100	10	常用0.1%的柠檬酸液
蚕豆	100	10～20	0.2%的柠檬酸液
荸荠	100	20	0.015%的磷酸钠液
莲藕	100	10～15	0.4%的柠檬酸液
胡萝卜	95～100	10～20	0.1%～0.15%的柠檬酸液
黄秋葵	95	2～4	0.2%的柠檬酸液
石刁柏	90～95	2～5	
带穗甜玉米	95	2	
菠菜	95	2	
芹菜	95	2	

烫漂后的果蔬要及时浸入冷水中冷却,防止过度受热,组织变软。近年来,对果蔬的热烫研究甚多,美国有些厂家20世纪70年代应用热风加蒸汽的方法钝化酶,效果很好。方法是将果蔬置于温度高达150℃、风速107 m/s的热风隧道中短时间处理。据认为,此法的优点是无常规烫漂所排出的大量废水,成本低30%,且果蔬营养成分保存得很好。

1.3.2.5 工序间的护色

果蔬去皮和切分之后,与空气接触会迅速变成褐色,从而影响外观,也破坏了产品的风味和营养品质,这种褐变主要是酶促褐变。所谓酶促褐变是指由于果蔬中的多酚氧化酶氧化具有儿茶酚类结构的酚类化合物,最后聚合成黑色素的现象。酶褐变的要件有酚类底物、酶和氧气,因为底物不可能除去,一般护色措施均从排除氧气和抑制酶活性两方面着手,在果蔬加工预处理中所用的方法主要有以下几种。

(1)烫漂护色 烫漂可钝化活性酶、防止酶褐变、稳定或改进色泽,如前述。

(2)食盐溶液护色 将去皮或切分后的果蔬浸于一定浓度的食盐溶液中可护色。原因是食盐对酶的活力有一定的抑制和破坏作用;另外,氧气在盐水中的溶解度比空气小,故有一定的护色效果。果蔬加工中常用1%～2%的食盐水护色。

(3)亚硫酸盐溶液护色 亚硫酸盐既可防止酶褐变,又可抑制非酶褐变,效果较好。常用的亚硫酸盐有亚硫酸钠、亚硫酸氢钠和焦亚硫酸钠等。罐头加工时应注意采用低浓度,并尽量脱硫,否则易造成罐头内壁产生硫化斑。但干制等可采用较高的浓度。

(4)有机酸溶液护色 有机酸溶液既可降低pH值、抑制多酚氧化酶活性,又可降低氧气的溶解度而兼有抗氧化作用,大部分有机酸还是果蔬的天然成分,所以优点甚多。常用的有机酸有柠檬酸、苹果酸或抗坏血酸,但后二者费用较高,故除了一些名贵的果品或速冻果品时加入外,生产上一般都采用柠檬酸,浓度在0.5%～1%。

(5)抽空护色 某些果蔬如苹果、番茄等,组织较疏松,含空气较多(表1-12),对加工特别是罐藏不利,易引起氧化变色,可采用抽空护色处理,即将原料置于糖水或无机盐水等介质里,在真空状态下,使内部的空气释放出来。果蔬抽空的方法有干抽和湿抽两种方法。

表 1-12　几种果蔬组织中的空气含量 ％

种类	含量	种类	含量
桃	3～4	梨	5～7
番茄	1.3～4.1	苹果	12～29
杏	6～8	樱桃	0.5～1.9
葡萄	0.1～0.6	草莓	10～15

①干抽法:将处理好的果蔬装于容器中,置于 90 kPa 以上的真空罐内抽去组织内的空气,然后吸入规定浓度的糖水或水等抽空液,使之淹没果面 5 cm 以上,当抽空液吸入时,应防止真空罐内的真空度下降。

②湿抽法:将处理好的果实,浸没于抽空液中,放在抽空罐内,在一定的真空度下抽去果肉组织内的空气,抽至果蔬表面透明为度。果蔬所用的抽空液常用糖水、盐水、护色液三种,视种类、品种、成熟度而选用,原则上抽空液的浓度越低,渗透愈快;浓度越高,成品色泽越好。

1.3.2.6　半成品保藏

果蔬加工大多以新鲜果蔬为原料,由于同类果蔬的成熟期短,产量集中,一时加工不完,为了延长加工期限,满足周年生产,生产上除采用果蔬贮藏方法对原料进行短期贮藏外,常需对原料进行一定程度的加工处理,以半成品的形式保藏起来,以待后续加工制成成品。

(1)盐腌保藏　主要用于某些蜜饯、果脯和凉果以及腌菜类,其保藏原理与腌制的具体方法将在第 7 章蔬菜腌制和第 6 章果蔬糖制中详述。

(2)亚硫酸保藏　在果蔬加工中,应用亚硫酸及亚硫酸盐处理是半成品保藏和果蔬干制最重要的措施之一。用亚硫酸来保藏果蔬原料较之其他方法有许多优点。首先是此法无须冷热处理,可保持原料新鲜的状态和质地,较好地保持原料品质;其次是亚硫酸用量低,价格低廉,保藏方法简便又经济;再就是 SO_2 易挥发,去硫较方便,在加工制品中不至于残留过量的 SO_2。但亚硫酸保藏也有其不良的一面,如它可使含花青素的果蔬退色,不能抑制果胶水解酶,使果胶的胶凝力受到一定的破坏,果实硬度下降等。另外,近年来也有一些发达国家的食品管理条例中限制使用亚硫酸盐,如在蘑菇中限制用亚硫酸盐。

①亚硫酸的保藏作用:用于果蔬原料保藏的有亚硫酸及其盐类和 SO_2。亚硫酸为一种强还原剂,易被氧化,可以减少溶液中或植物组织中氧的含量,微生物常因得不到氧而窒息死亡;亚硫酸还能抑制氧化酶的活性,可以防止果品、蔬菜中的维生素 C 的损失,未解离的亚硫酸分子,抑制作用最为有效。一旦解离成离子状态(HSO_3^-、SO_3^{2-})或与其他物质成结合态,则没有效果。

亚硫酸为不稳定化合物,容易解离成 SO_2 和水。反应式如下:

$$H_2SO_3 \Longleftrightarrow H_2O + SO_2$$

此反应可逆,SO_2 在水中也可以变成亚硫酸,从而具有保藏效应,所以生产上应用时也常以 SO_2 的浓度来表达亚硫酸及其盐类的含量。SO_2 对霉菌和细菌的抑制效果比对酵母菌,溶液中浓度达 0.01% 时,即可抑制大肠杆菌及多种细菌的生长发育;达 0.15% 时,可防止霉菌类的繁殖;达 0.3% 左右时,可抑制有害酵母菌的活动。

SO_2 能与原生质的某些基团起作用,如能与水解酶和氧化酶的醛基结合,破坏酶的活性,从而使微生物和果蔬本身的系列活动受阻,达到抑制目的。

SO_2 还能与许多有色化合物(特别是花色苷类)结合变为无色衍生物,使红色果蔬退色,失去光泽,但是,若脱除 SO_2,色泽仍可复现。SO_2 对类胡萝卜素影响不大,对叶绿素则无影响。

各种亚硫酸盐因为在一定的条件下可离解出 SO_2,因而也用作保藏剂。但他们的 SO_2 含量各不相同(表 1-13),应根据需要计算其用量。

表 1-13 亚硫酸中有效的 SO_2 含量　　　　　　　　　　　　%

名　　称	有效 SO_2	名　　称	有效 SO_2
液态二氧化硫(SO_2)	100	亚硫酸氢钾($KHSO_3$)	53.31
亚硫酸(H_2SO_3)	6	亚硫酸氢钠($NaHSO_3$)	61.95
亚硫酸钙($CaSO_3 \cdot 2H_2O$)	23	偏重亚硫酸钾($K_2S_2O_5$)	57.65
亚硫酸钾(K_2SO_3)	33	偏重亚硫酸钠($Na_2S_2O_5$)	67.43
亚硫酸钠(Na_2SO_3)	50.84		

②影响亚硫酸保藏作用及用量的因素

pH 值:介质的 pH 值直接影响亚硫酸的保藏效果,一般需低 pH 值条件。亚硫酸的解离程度与介质的 pH 值密切相关。pH 值 3.5 即开始解离,pH 值越高,解离越多,保藏效果越差。SO_2 也同样在酸性条件下才有较好的保藏效果。亚硫酸盐只有在酸性条件下才可释放出 SO_2,故同样要求有较低的 pH 值环境。所以,同样的亚硫酸盐类,在低 pH 值环境时比高 pH 值环境时用量可适当减少。

原料的性质:原料的化学成分会影响亚硫酸保藏效果。SO_2 易与原料中的糖、纤维素、单宁、果胶等结合而降低其保藏能力。一般来说,这种结合与介质的 pH 值有关,pH 值愈低,结合速度愈慢。原料的质地不一致,SO_2 的渗透速度也不同,李、杏、桃等组织致密的果品用量应高些;相反,苹果、蘑菇等结构疏松的果蔬以及浆果类用量可少些。另外,新鲜原料用量可少些,而不新鲜的原料则用量宜加大。

温度和容器的密封状况:温度较低,SO_2 的挥发损失较少,使用 SO_2 的量可少些,而温度较高则反之。经硫处理过的原料,宜保存在密闭的条件下,否则 SO_2 易挥发损失,同时,亚硫酸也会由于氧化变成硫酸,失去保藏能力。

③硫处理的方法

熏蒸法:将需要保藏的果品原料放置在密闭的室内或塑料薄膜帐内,接受一定时间的 SO_2 处理后,密闭保存。此法多用于果蔬干制,也用于葡萄的贮藏保鲜。

操作时,将果箱堆成垛,各箱之内留有一定的空隙,然后在密闭的条件下通入 SO_2 气体,它可由硫磺燃烧而成,也可由钢瓶直接压入。若用硫磺,也可在密闭的室内直接燃烧,一般浓度为 200 g/m³。应选纯净、含杂质少的硫磺。熏硫的程度以果肉色泽变淡、核窝内有水滴,果肉 SO_2 含量达 0.1% 左右为宜。熏硫后的原料应在低温下密闭保存,贮藏期间,SO_2 的含量不应低于 0.02%。

浸渍法和加入法:用一定浓度的亚硫酸或亚硫酸盐溶液浸渍果蔬原料或直接加入到果蔬半成品内,以备日后加工,此法较简单。原料经预处理后放入耐酸腐蚀的容器中,注入亚硫酸或其盐类溶液至覆盖原料,置于冷凉处密封保藏。所用亚硫酸液的浓度可据实际要求预先计算,一般以果品内 SO_2 含量达 0.15%～0.2% 为度。

浸渍法保藏时由于亚硫酸和 SO_2 对果胶酶活性抑制甚小,一些水果经硫处理后就会使果肉变软,导致质地变差,为防止这种现象,可在亚硫酸中加入适量石灰,借以生成酸式亚硫酸钙[$Ca(HSO_3)_2$],使之既具有 Ca^{2+} 的增加硬度作用,又有亚硫酸的保藏作用,这对于一些质地柔软的水果如草莓、樱桃等比较合适。

在果汁半成品、果饴糖浆和葡萄酒发酵用葡萄汁或浆中,亚硫酸可直接按允许剂量加入。

④应用亚硫酸保藏的注意事项:亚硫酸和 SO_2 对人体有毒,人的胃中如有 80 mg 的 SO_2 即会产生有毒影响。国际上规定为每人每日允许摄入量为 0～0.7 mg/kg 体重。对于成品中的亚硫酸含量,各国的规定不同,但一般要求在 20 mg/kg 以下。应用亚硫酸保藏原料和半成品时首先应注意到这一点。

亚硫酸由于会解离成 SO_2,与马口铁发生作用,生成硫化铁,所以罐藏的果蔬原料不用亚硫酸保藏,如若采用,必须要有脱硫措施。亚硫酸保藏适宜于干制、糖制、果酒等。SO_2 与花色苷发生作用生成无色衍生物这一现象同样应引起注意。

亚硫酸在应用时应严格掌握质量标准,特别是重金属含量和砷的含量,如日本规定添加于食品中的亚硫酸钠中结晶砷的含量应在 5 mg/kg 以下,其他重金属含量为 50 mg/kg 以下。各种亚硫酸盐均有其规定的质量标准,可参阅有关的添加剂手册。

亚硫酸保藏的原料或半成品在加工或食用前应脱硫,使 SO_2 的残留量达到规定值以下。脱硫的方法有加热、搅动、充气、抽空等。

(3)浆状半成品的大罐无菌保藏 所谓大罐无菌保藏即将经巴氏杀菌的浆状果蔬半成品在无菌条件下灌入预先杀菌的密闭大金属容器中,保持一定的气体内压,以防止产品内的微生物发酵变质,从而保藏产品的一种方法。此法始于 20 世纪五六十年代即大量应用于果蔬加工中,常用于保藏再加工用的番茄浆、各种果汁及蔬菜汁。半成品可以为浓缩产品(如番茄浆),也可以是天然果蔬浆(汁),除了作为工厂贮存半成品外,大罐无菌保藏原理也用在产品的大包装和运输中。

大罐无菌保藏的优点在于经济、卫生,对绝大多数的果蔬加工厂的周年生产具有重要的意义,虽然它会增加工厂的一次性投资,但综合每批产品的生产成本,则此法非常经济。

①大罐系统的组成:大罐无菌保藏系统主要由巴氏杀菌系统、管路、大罐以及附属设施如空气过滤器、空气压缩机或氮气发生器组成(图 1-3)。

大罐一般用不锈钢制作,也可用普通的碳钢作材料,内涂抗酸树脂涂料。大罐的容积大部分在 24 m³ 左右,大的可达 100 m³ 以上。其基本结构如图 1-4 所示。

大罐顶部有一通气管,此管上可接三通,用于通蒸汽和压缩空气使大罐杀菌和冷却,同时若取部分产品时,此管用于加入压缩气体。在大罐的一端有进料阀用于产品的灌入,中下部有进出口用作人工进入大罐内清洗和修补。底部有底阀供产品放出和杀菌时冷凝水放出。大罐一般为卧式,也可是立式,立式大罐较易使黏度高的产品排出,但内表面的

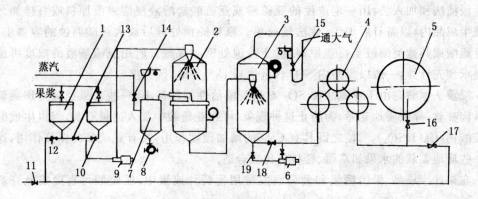

图 1-3 大罐无菌保藏系统示意图
1. 容器 2. 杀菌器 3. 预冷器 4. 管道换热器 5. 大罐 6,9. 泵
7. 冷凝器 8. 冷凝阀 10～19. 阀门

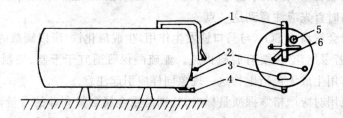

图 1-4 大罐构造示意图
1. 顶部通气管 2. 进料阀 3. 进出口 4. 底阀 5. 气压表 6. 三通接头

修补和清洗较困难。卧式大罐的卸空较难。

巴氏杀菌系统由蒸汽喷射式杀菌机、直接喷射式预冷桶、管式或板式热交换器组成，用于进入大罐前产品的杀菌。在蒸汽直接喷射杀菌机内，常用 216 kPa 的高压蒸汽杀菌，产品由安装于上部的喷头进入，蒸汽由中下部的管道喷入，加热处理后的产品聚集在容器底部。由于杀菌机内的高压，产品自动地送入喷射式预冷桶内，此处与大气相通，作用在于破除高压并预冷。一般产品杀菌温度可以达 135℃ 左右，杀菌系统与大罐通过管路连接。

②大罐无菌保藏系统的操作要点

A. 大罐的准备

大罐的清洗与检修：新安装的大罐使用前打开各种阀门，灌入 16～18℃ 的水，进行浸泡清洗，然后人工进入罐内，用 5%～10% 的柠檬酸，仔细清洗内表面。之后，用高压水冲洗至石蕊试纸呈中性为止，关闭大罐。

用过的大罐，先检查、清洗及检修各种装置，对于碳钢罐，应采用抗酸树脂涂料重新喷涂内表面，确保无金属露头。然后用 2% 的 NaOH 溶液进行清洗，并用刷子刷洗干净，再用 2% 的有机酸溶液进行清洗，最后用高压水冲洗至呈中性。

检漏：清洗后，关闭所有阀门，检查漏气情况，从装有三通的管道中泵入压缩空气至仪表中的读数为 59～69 kPa，在 1 周内注意读数，若气压下降，即说明漏气，将肥皂水涂抹所有的连接处,找出漏气的地方,更换部件或垫圈,确保不漏气。

B. 大罐的杀菌

大罐的升温与保温:将大罐顶部管道上装上三通管,分别连接蒸汽和石棉空气过滤机,先关闭通石棉空气过滤机的一端,向大罐内直接通入热蒸汽,至罐内压力达 50～70 kPa,然后部分打开底阀,放出冷凝水,保持罐内压力达 50 kPa,在此条件下缓慢升温至放出的冷凝水温度为 96～98℃,一般 24 m³ 大罐需 2 h 左右。升温之后,在此温度下保持 60～90 min。

石棉空气过滤机的消毒:在杀菌停止前 30～60 min,打开通入空气过滤机的蒸汽阀门,利用蒸汽使空气过滤机杀菌 30～60 min。空气过滤机必须有 25 张孔径小于 400 μm 的石棉滤网,每使用 5 罐后,应更换石棉滤网。

大罐的冷却:保温结束后,关小蒸汽量,打开空气压缩机,采用过滤压缩空气和蒸汽同时进入的方式冷却大罐,蒸汽的量随空气的增加而逐渐减少。20～30 min 之后,完全关闭蒸汽,此时只通无菌空气,保持内压为 50～70 kPa,周期性开启底阀几次以放出冷凝水,直至冷却至冷凝水温度为 30～35℃。冷却后关闭所有阀门,保持内部压力,并在所有阀门的盖上加上浸有福尔马林液的棉花塞,盖上外部铁盖,每天检查气压,有条件的应做微生物学检验。

C. 灌装用管路的安装与杀菌

管路的安装:灌装用管路安装如图 1-3 所示。采用活动接头接入大罐的进料阀内,并与其中的一个贮料容器 1 形成回路,便于清洗。连接好的管路系统用 2% 的 NaOH 溶液进行清洗。

蒸汽杀菌:主要管路杀菌依图 1-3,蒸汽通过阀门 14 从冷凝器 7 供给,条件为压力 1～1.5 kPa、温度 120～126℃,蒸汽通过杀菌机 2 和冷却器 3,此时关闭阀门 15、19,使其不能进入泵 6,而自然通过与 1 并列的另一贮料容器中,最后关闭阀门 13,使水温上升到 98～100℃,蒸汽杀菌大约进行 1 h。

热水杀菌:主要用于不能用蒸汽杀菌的泵杀菌,同时进一步使管道和各种连接处杀菌,需 15 min 左右,方法是打开螺旋泵 9 和阀门 13,将热水抽于杀菌器 2 和预冷器 3,关闭阀门 18,通过泵 6 通入管道换热器 4,最后通过管路到贮料容器中。

D. 产品的杀菌和灌装

热水循环约 15 min 后,在关闭热水的同时打开另一并列的贮料容器的阀门 10,通过螺旋泵 9 将物料输送至杀菌器 2 中,加热后进入通大气的预冷器,冷却至 98℃ 左右,最后用泵 6 送至冷却器冷却至 35℃ 左右,之后进入大罐。

视产品不同,浆状半成品可预先进行浓缩,如番茄浆一般浓缩至 14%～16%,各种果汁也可以浓缩至一定的程度。杀菌条件也视产品而异,常用如下:14%～16% 的番茄及甜椒酱 135～140℃、50 s 左右;澄清果汁 95～97℃、50～60 s;混浊果汁或果浆 110～120℃、50～60 s,蔬菜汁 121～125℃、50～60 s。

灌装时,最先进入大罐内的 200～300 kg 产品不冷却,以热的形式灌入,以便使管道和大罐再一次杀菌。之后灌入冷却至 35～40℃ 的产品,灌入时,部分打开顶部管道,使内部空气随产品的进入而排出,24 m³ 的大罐,装 22 m³ 左右,剩下的顶隙充满氮气,形成所谓的"气枕",保持大罐内部压力 50~70 kPa。

灌装时 1~3 个大罐同时组成管路,一次灌装,这样可节省管道杀菌时间,灌完一批后,管道内的产品收集起来进行利用,管道用清水洗净。

E. 大罐的管理

灌装完成后,关闭所有阀门。底阀及其他阀门口上放上浸有福尔马林液的棉花塞,盖上铁盖。每日记录罐内的压力。压力是保藏期间产品质量的重要指标,压力上升或下降,都必须找出原因,一般下述原因会引起压力的变化,如大幅度的温度变化、大罐的不密封、仪表的损坏、产品开始发酵变质等。

大罐内的产品,在保藏期间也可以取出做微生物检查,但此法操作较难,易引起产品的感染,一般不必采用。

从大罐中取出产品,最好为一次性,这时可打开顶部的管道阀门,破除压力。也可以一次取出一部分,这时必须在下部阀门中取出,上部管道在取出产品的同时重新充入无菌氮气,维持压力的稳定。大罐卸空后,应立即用清水清洗干净,保持清洁状态。

▶ 复习思考题 ◀

1. 简述糖、果胶、有机酸、维生素、含氮物质、色素、单宁、芳香物质等果蔬主要化学成分的加工特性。

2. 简述食品败坏的主要原因和根据保藏原理划分的果蔬加工保藏的主要方法。

3. 简述果蔬原料分级、清洗的目的和常用方法。

4. 简述果蔬原料去皮的主要方法,并说明其原理。

5. 说明果蔬原料烫漂的目的和方法。

6. 分析果蔬原料变色的主要原因,并制定工序间护色的措施。

7. 简述果蔬加工半成品保藏的常用方法,并阐述各方法的保藏原理和操作要点。

▶ 指定参考书 ◀

1. 陈学平.果蔬产品加工工艺学.北京:农业出版社,1995

2. 北京农业大学.果品贮藏加工学.北京:中国农业出版社,1996

3. 蔡同一.果蔬加工原理与技术.北京:北京农业大学出版社,1987

4. 叶兴乾.果品蔬菜加工工艺学.2 版.北京:中国农业出版社,2002

▶ 参考文献 ◀

1. 陈学平.果蔬产品加工工艺学.北京:农业出版社,1995

2. 北京农业大学.果品贮藏加工学.北京:中国农业出版社,1996

3. 蔡同一.果蔬加工原理与技术.北京:北京农业大学出版社,1987

4. 叶兴乾.果品蔬菜加工工艺学.2版.北京:中国农业出版社,2002

5. 赵丽芹.园艺产品贮藏加工学.北京:中国轻工业出版社,2007

6. 赵晨霞.果蔬贮藏加工技术.北京:科学出版社,2004

7. 邵宁华.果蔬原料学.北京:中国农业出版社,1996

8. 曾凡坤,高海生,蒲彪.果蔬加工工艺学.成都:成都科技大学出版社,1996

9. 华中农学院.蔬菜贮藏加工学.北京:农业出版社,1981

1

果蔬加工保藏原理与预处理

chapter **2**

第 2 章

果蔬罐藏

➤ 教学目标

- 果蔬罐藏的基本原理
1. 熟悉罐藏食品与杀菌的关系及影响因子
2. 熟悉罐藏产品与真空度的关系及影响因子
3. 熟悉微生物耐热性的几种表示方法及意义
- 了解罐藏容器、涂料的种类和特性
- 果蔬罐藏工艺
1. 了解果蔬罐藏一般工艺流程
2. 掌握装罐、排气、密封、杀菌、冷却的意义、操作要点及影响因素
3. 了解罐头食品杀菌技术的新进展和发展趋势
- 了解果蔬罐头检验的内容和常用方法
- 掌握几种主要果蔬罐头对原料的要求和工艺要点

主题词

果蔬罐藏　罐藏原理　商业无菌　D 值　Z 值　F 值　罐藏容器　罐藏工艺　顶隙　排气　封罐　杀菌　罐头败坏　罐头检验　罐藏原料

果蔬罐藏是将果蔬原料经预处理后密封在容器或包装袋中,通过杀菌工艺杀灭大部分微生物的营养细胞,在维持密闭和真空的条件下,得以在室温下长期保存的果蔬保藏方法。凡用罐藏方法加工的食品称为罐藏食品。

1810 年法国人阿培尔(Nicholas Appert)发表专著《密封容器贮藏食品之方法》,提出了加热和密封的食品保藏法,但由于对引起食品腐败变质的主要因素——微生物还没有认识,故技术上进展缓慢。1864 年法国科学家巴斯德(Louis Pasteur)发现了微生物,确认一切食品的腐败变质主要原因是微生物生长繁殖的结果,从理论上明白了罐藏的原理。1874 年美国人施赖弗(Shriver)发明了从外界通入蒸汽并配有控制设施的高压杀菌锅,从而缩短了杀菌时间并提高了操作的安全性,罐藏技术得到了普遍的推广。1920—1923 年比奇洛(Bigelow)和鲍尔(Ball)根据微生物耐热性和罐头容器及罐内食品的传热特性资料,提出了用数学方法来确定罐头食品合理杀菌的温度和时间的关系。1948 年斯塔博和希克斯(Stumbo & Hicks)进一步提出了罐头食品杀菌的理论基础 F 值,从而使罐藏技术趋于完善。目前,罐藏工业正在向连续化、自动化方向发展,容器也由以前的焊锡罐演变为电阻焊缝罐、层压塑料蒸煮袋等,罐盖向易拉盖和易撕盖发展。

世界罐头年产量有 4×10^7 t 左右,其中水果和蔬菜罐头占 70% 以上,主要的生产国有美国、日本、俄罗斯、澳大利亚、德国、英国、意大利、西班牙及加拿大等。

我国的罐头工业创建于 1906 年,新中国成立前仅在沿海的少数大城市有一点设备简单的罐头食品厂,年产近 500 t。新中国成立后得到较快发展,生产技术和设备也不断提高和完善,20 世纪 80 年代初 5×10^5 t,近年来罐头厂家已达 2 000 余家,产品不仅销售国内市场,还远销 100 多个国家和地区。2005 年,我国罐头总产量达到 3.55×10^6 t,出口量 2.05×10^6 t,创汇 15 亿美元。2010 年,我国罐头总产量达到 8×10^6 t,创汇 22 亿元。

作为一种食品的保藏方法,罐藏的优点有:①罐头食品可以在常温下保存 1~2 年;②食用方便,无须另外加工处理;③已经过杀菌处理,无致病菌和腐败菌存在,安全卫生;④对于新鲜易腐产品,罐藏可以起到调节市场,保证制品周年供应的作用。罐头食品更是航海、勘探、军需、登山、井下作业及长途旅行者的方便食品。

2.1 果蔬罐藏的基本原理

果蔬罐头的基本保藏原理在于杀菌消灭了有害微生物的营养体,同时应用真空,使可能残存的微生物芽孢在无氧的状态下无法生长活动,从而使罐头内的果蔬保持相当长的货架寿命。真空的作用还表现在可以防止因氧化作用而引起的各种化学变化。在腌渍蔬菜罐头或干果罐头加工中亦存在着低水分活度和食盐的保藏作用。

▶ 2.1.1 罐头与微生物

许多微生物能够导致罐头食品的败坏,罐头食品如杀菌不够,残存在罐头内的微生物当条件转变到适于其生长活动时,或由于密封不严而造成微生物重新侵入时,就能造成罐头食品的败坏。正常的罐藏条件下,霉菌和酵母不能在罐藏的热处理和在密封条件下活动。导致罐头食品败坏最重要的微生物是细菌,目前所采用的杀菌理论和计算标准都是以某类耐热细菌的致死为依据。细菌对环境条件的适应性各有不同,简述如下。

2.1.1.1　营养物质

细菌的生长繁殖必须要有营养物质的提供,而食品原料含有细菌生长活动所需要的全部营养物质,是微生物生长发育的良好培养基。微生物的大量存在是罐头食品败坏的重要原因,因此,原料的新鲜清洁和工厂车间的清洁卫生工作就显得很重要,必须加以充分的重视。

2.1.1.2　水分

细菌细胞含水量很高,一般在75%～85%之间,因此各种细菌需要从环境中吸收较多的水分才能维持生命活动,同时细菌对营养物质的吸收,也是通过水溶液的渗透和扩散作用实现的。果蔬原料及其罐头制品中含有大量的水分,可以被细菌利用,但随着盐水或糖液浓度的增高,水分活性降低,细菌能够利用的自由水分减少,这有利于抑制细菌的活动。因此,对于水分活性低的制品(如糖浆罐头、果酱罐头)杀菌温度相应低些,杀菌时间也可缩短。

2.1.1.3　氧气

依据细菌对氧的要求可将他们分为嗜氧、厌氧和兼性厌氧菌。在罐藏食品方面,嗜氧菌因罐头的排气密封而受到限制,而厌氧菌仍能活动,如果在加热杀菌时没有被杀死,则会造成罐头食品的败坏。

2.1.1.4　pH 值

pH 值对细菌的重要作用是影响其对热的抵抗能力,pH 值愈低,在一定温度下,降低细菌及孢子的抗热力愈显著,也就提高了杀菌的效应。

不同的细菌对适应的 pH 值范围要求不同,因而不同的食品 pH 值就限制了细菌活动范围。绝大多数罐头食品的 pH 值都在 7.0 以下,属于酸性。根据食品酸性强弱,可分为酸性食品(pH 4.5 以下)和低酸性食品(pH 4.5 以上)。也有将食品分为低酸性食品(pH 5.0～6.8)、中酸性食品(pH 4.5～5.0)、酸性食品(pH 4.5～3.7)和高酸性食品(pH 3.7～2.3)。在实际应用中,一般以 pH 值 4.5 作为划分的界限,在 pH 值 4.5 以下的为酸性食品(水果罐头、番茄制品、酸泡菜和酸渍食品等),通常杀菌温度不超过 100℃。在 pH 值 4.5 以上的为低酸性食品(大多数蔬菜罐头),通常杀菌温度要在 100℃以上。这个界限的确定是根据肉毒梭状芽孢杆菌(*Clostridium botulinum*)在不同 pH 值下的适应情况而定的,低于此值,生长受到抑制不产生毒素,高于此值适宜生长并产生致命的外毒素。

2.1.1.5　温度

根据微生物对温度的适应范围,细菌可分为嗜冷性细菌:生长最适温度在 10～20℃。嗜温性细菌:生长的最适温度在 25～36.7℃,是引起食品原料和罐头败坏的主要细菌,如肉毒梭状芽孢杆菌和脂肪芽孢杆菌(*C. sporogene*,即 P. A. 3679),对食品安全影响较大,还有很多不产毒素的腐败细菌适应这种温度。嗜热性细菌:生长最适温度在 50～55℃,有的可以在 76.7℃下缓慢生长。这类细菌的孢子是最耐热的,有的能在 121℃下幸存60 min

以上。这类细菌在食品败坏中不产生毒素。

在计算杀菌公式时,微生物的耐热性常由如下几个指标表示:

加热致死速度曲线(活菌残存曲线)和 D 值:以每毫升中的芽孢数的对数为纵坐标,以加热时间为横坐标,得到的一个近似直线即为加热致死速度曲线。曲线斜率的倒数即为 D 值,表示在一定的温度下,杀死 90% 的细菌或芽孢(即在纵坐标上减少一个对数循环时)所需的时间,称为加热致死时间(微生物的 D 值)。他表示微生物的抗热能力,显然 D 值越大,细菌的抗热力越强。

加热致死时间曲线(thermal death time curve,TDT)以加热致死时间的对数值为纵坐标,以加热杀菌的温度为横坐标而得近似直线图称之,图中曲线的斜率倒数为 Z 值。即 TDT 曲线中纵坐标通过一个对数循环时的温度差。亦即 D 值以 1/10 或 10 倍变化时,所相应的加热温度的变化。可见 Z 值越大,细菌具有越强的耐热性,同一温度下杀菌效果越差。

▶ 2.1.2 罐头食品杀菌 F 值的计算

2.1.2.1 罐头食品杀菌的意义

罐头食品杀菌的目的:一是杀死一切对罐内食品起败坏作用和产毒致病的微生物,二是起到一定的调煮作用,以改进食品质地和风味,使其更符合食用要求。杀菌目的不同于细菌学上的杀菌,后者是杀灭所有的微生物,而前者则只要求达到"商业无菌"状态。所谓商业无菌,是指罐头杀菌之后,不含有致病微生物和通常温度下能在其中繁殖的非致病微生物。

2.1.2.2 杀菌对象菌的选择

各种罐头食品,由于原料的种类、来源、加工方法和加工卫生条件等不同,使罐头食品在杀菌前存在着不同种类和数量的微生物。生产上总是选择最常见、耐热性最强、并有代表性的腐败菌或引起食品中毒的细菌作为主要的杀菌对象菌。一般认为,如果热力杀菌足以消灭耐热性最强的腐败菌时,则耐热性较低的腐败菌很难残留。芽孢的耐热性比营养体强,若有芽孢菌存在时,则应以芽孢菌作为主要的杀菌对象。罐头食品的酸度(pH值)是选定杀菌对象菌的重要因素。以 pH 4.5 为界,食品可以分为酸性和低酸性两大类。亦有研究者认为应分成 3~4 类,不同的分类及常见的腐败菌及其耐热性见罐头工业手册。一般来说,在 pH 值 4.5 以下的酸性或高酸性食品中,将霉菌和酵母这类耐热性低的微生物作为主要杀菌对象,所以比较容易控制和杀灭。而 pH 值 4.5 以上的低酸性罐头食品,对象菌为厌氧性细菌,这类细菌的孢子耐热力很强。在罐头工业上一般采用产生毒素的肉毒梭状芽孢杆菌和脂肪芽孢杆菌(P. A. 3679)为杀菌对象菌。

2.1.2.3 杀菌 F 值的计算

罐头食品合理的杀菌条件(杀菌温度和时间),是确保罐头产品质量的关键,罐头工业中杀菌条件常以杀菌效率值或称杀菌强度表示(F 值)。即在恒定的加热标准温度条件下(121℃或 100℃)杀灭一定数量的细菌营养体或芽孢所需要的时间(min)。

罐头食品杀菌 F 值的计算,包括安全杀菌 F 值的估算和实际杀菌条件下 F 值的计算的两个内容。

（1）安全杀菌 F 值的估算　　通过对罐头杀菌前罐内食品微生物的检验，检验出该种罐头食品经常被污染的腐败菌的种类和数量，并切实地制定生产过程中的卫生要求，以控制污染的最低限量，然后选择抗热性最强的或对人体具有毒性的那种腐败菌的抗热性 F 值作为依据（即选择确切的对象菌），这样估算出来的 F 值，就称之为安全杀菌 F 值。

（2）罐头杀菌的实际 F 值的计算　　即在安全杀菌 F 值的基础上根据实际的升温和降温过程，根据罐头内部中心温度的变化情况修正的 F 值。

F 值的计算具体方法可参阅《罐头工业手册》、《新编食品杀菌工艺学》和《食品罐藏工艺学》及《A Complete Course in canning》等书籍。

▶ 2.1.3　影响罐头杀菌的主要因素

2.1.3.1　微生物的种类和数量

不同的微生物抗热能力有很大的差异，嗜热性细菌耐热性最强，而芽孢又比营养体更加抗热。食品中细菌数量也有很大影响，特别是芽孢存在的数量，数量越多，在同样的致死温度下杀菌所需时间越长。

食品中细菌数量的多少取决于原料的新鲜程度和杀菌前的污染程度。所以采用的原料要求新鲜清洁，从采收到加工要及时，加工的各工序之间要紧密衔接，尤其是装罐以后到杀菌之间不能积压，否则罐内微生物数量将大大增加而影响杀菌效果。工厂还要注意卫生管理、用水质量以及与食品接触的一切机械设备和器具的清洗和处理，使食品中的微生物减少到最低限度。

2.1.3.2　食品的性质和化学成分

（1）原料的 pH 值　　原料 pH 值是影响细菌抗热力的一个重要因素。绝大多数能形成芽孢的细菌在中性基质中具有最大的抗热力，随着食品 pH 值的下降，其抗热力逐渐下降，甚至受到抑制，如肉毒杆菌在 pH 值 4.5 以下的食品中生长受到抑制，也不会产生毒素，所以细菌或芽孢在低 pH 值下不耐热处理，在低酸性食品中加酸（以不改变原有风味为原则），可以提高杀菌效果。

（2）食品的化学成分　　罐头内容物中的糖、淀粉、油脂、蛋白质、低浓度的盐水等能增强微生物的抗热性；而含有植物杀菌素的食品，如洋葱、大蒜、芹菜、生姜等，则具有对微生物抑菌或杀菌的作用，这些影响因素在制定杀菌式时应加以考虑。

在罐头的杀菌过程中，几乎所有的酶在 $80 \sim 90 \, ^\circ\text{C}$ 的温度下几分钟就可被破坏，但其中的过氧化物酶对高温有较大的抵抗力，所以在采用高温短时杀菌和无菌装罐时，应考虑此酶的钝化。

2.1.3.3　传热的方式和传热速度

罐头杀菌时，热的传递主要是借助热水或蒸汽为介质，因此杀菌时必须使每个罐头都能直接与介质接触。热量由罐头外表传至罐头中心的速度对杀菌效果有很大影响，影响罐头食品传热速度的因素主要有以下几方面。

（1）罐头容器的种类和型式　　马口铁罐比玻璃罐具有较大的传热速率，其他条件相同时，则玻璃罐的杀菌时间需稍延长。罐型越大，则热由罐外传至罐头中心所需时间越长，而以传导为主要传热方式的罐头更为显著。

（2）食品的种类和装罐状态　流质食品由于对流作用使传热较快。但糖液、盐水等传热速度随其浓度的增加而降低。块状食品加汤汁的比不加汤汁的传热快。果酱、番茄沙司等半流质食品，随着浓度的增高，其传热方式越趋向传导作用，故传热较慢，特别是有些半流质食品，当温度升到某种程度时，半流质逐渐变为胶冻状态（如甜玉米糊）使整个升温过程前快后慢。总之，各种食品含水量的多少、块状大小、装填的松紧、汁液的多少与浓度等都直接影响到传热速度。

（3）罐头的初温　罐头在杀菌前的中心温度叫初温。初温的高低影响到罐头中心达到所需杀菌温度的时间，因此在杀菌前注意提高和保持罐头食品的初温（如装罐时提高食品和汤汁的温度、排气密封后及时进行杀菌），就容易在预定时间内获得杀菌效果，这对于不易形成对流和传热较慢的罐头更为重要。

（4）杀菌锅的形式和罐头在杀菌锅中的状态　静置间隙的杀菌锅不及回转式杀菌锅效果好。因后者能使罐头在杀菌时进行转动，罐内食品形成机械对流，从而提高传热性能，加快罐内中心温度上升，缩短杀菌时间。

▶ 2.1.4　罐头真空度及其影响因素

2.1.4.1　真空度及其测定

罐头食品经过排气、封罐、杀菌和冷却后，罐头内容物和顶隙中的空气收缩，水蒸气凝结为液体，或通过真空封罐，抽去顶隙气体，从而使顶隙形成部分真空状态，它是保持罐头不败坏的重要因素，常用真空度表示。罐头真空度是指罐外大气压与罐内气压的差值，一般要求为 26.66～39.99 kPa。

罐头真空度常用简便的罐头真空计来测定，表身是一个带指针的圆盘，连着一个空心尖头针管，在针管的周围包有一个橡皮垫座，针尖不突出橡皮垫座。测定时用大拇指与食指紧握表盘，使橡皮垫座底部平放在罐盖平坦的部位，用力下压，针尖下伸刺穿铁皮，在 0.04 MPa 的真空度范围内，在真空计上读出的数值要比实际真空度低 50～70 Pa，因为表内和接头部有一段空隙含有空气。另外亦可用电子的真空度测定仪来测定。

2.1.4.2　影响罐头真空度的因素

（1）排气密封温度　加热排气时，罐头密封温度越高，则真空度越大。

（2）罐头顶隙大小　一定条件下罐内顶隙越大，真空度越大；但加热排气不充分时顶隙越大，真空度越小。

（3）果蔬原料的种类　各种原料均含有一定量的空气，空气含量越多，则产品的真空度越低。

（4）原料的新鲜度和温度　不新鲜的原料会产生分解作用而放出各种气体，导致高温杀菌后罐头的真空度下降。

（5）气温和气压　气温高，罐内残存气体受热膨胀，罐内压力提高，真空度降低。大气压越低，由于外压降低，罐头真空度下降，因此，随着海拔高度的提高，罐头的真空度亦下降。

（6）其他　原料的酸度越高,越有可能将罐头中的氢离子置换出来,降低产品的真空度;在同样的排气密封温度下,杀菌温度越高,亦使产品中的气体产生越多,降低真空度。

2.2　罐藏容器

罐藏容器对于罐头食品的长期保存起着重要的作用,而容器材料又是关键。供作罐头食品容器的材料,要求无毒、耐腐蚀、能密封、耐高温高压、与食品不起化学反应、质量轻、价廉易得、适合机械化操作等。国内外普遍使用的罐藏容器有马口铁罐和玻璃罐。此外,还有铝合金罐和塑料复合薄膜袋(亦称蒸煮袋)等。

▶ 2.2.1　马口铁罐

马口铁罐是由两面镀锡的低碳薄钢板(俗称马口铁)制成。由罐身、罐盖、罐底三部分焊接密封而成,称为三片罐,也有采用冲压而成的罐身与罐底相连的冲底罐,称作二片罐。马口铁生产所用的钢板,根据其耐腐蚀性能以及加工等要求的不同通常有 L 型、MR 型和 MC 型等,其中以 MR 型的耐腐蚀性能最好,目前使用量也最大。马口铁镀锡的均匀与否影响到铁皮的耐腐蚀性。镀锡可采用热浸法和电镀法,热浸法生产的马口铁称为热浸铁,所镀锡层较厚,$(1.5\sim2.3)\times10^{-3}$ mm[$(22.4\sim44.8)$ g/m²],耗锡量较多;用电镀法生产的称电镀铁,所镀锡层较薄,为$(0.4\sim1.5)\times10^{-3}$ mm[$(5.6\sim22.4)$ g/m²],且比较均匀一致,不但能节约用锡量,而且有完好的耐腐蚀性,故生产上得到大量使用。

由于锡是主要的战略资源,发达国家大多无此矿产,美国、日本等大量用镀铬铁生产罐头。但是镀铬铁要求两面都必须涂上防护性涂膜才能使用,而印涂过程会造成很严重的苯污染。因此,从 20 世纪 80 年代,即成功开发了以多层聚酯复合薄膜(厚度为 20～25 μm)为主的覆膜铁。我国的覆膜技术已经起步,但因采用的是低温黏合,所以,黏合牢度不及日本,尚需改进提高。

制造马口铁空罐需要一套专门的空罐加工机械,分两条生产线进行,一条是罐身的形成,一条是底盖的冲压制作,然后是罐身与罐底会合卷封而成空罐。传统的罐头制造采用焊锡法来生产罐身,目前罐身大多已采用电阻焊接缝来生产。其生产流程如图 2-1 所示。

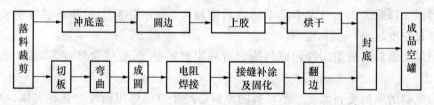

图 2-1　电阻焊空罐生产流程图

食品工业上使用的罐型和尺寸繁多,命名各有不同。一般罐型的命名包含有外形和尺寸大小等内容,罐的形状有圆形、方形、椭圆形、梯形、马蹄形等。我国轻工总会对马口铁罐型规格颁布标准 QBZ 2173,规定的罐型和编号如下:圆罐——按内径外高排列;冲底

园艺产品贮藏加工学·加工篇

圆罐——编号自 200 开始;方罐——自 300 开始;冲底方罐——自 400 开始;椭圆罐——自 500 开始;冲底椭圆罐——自 600 开始;梯形罐——自 700 开始;马蹄形罐——自 800 开始。如圆罐 15173 型(该罐外径 156.0 mm、外高 173.0 mm、内径 153.0 mm、内高 167.0 mm,计算容积 3 070.35 cm^3),即取内径的十位以前的数加上外高数作为该圆罐的型号。在生产中圆罐使用比重最大,其他罐型由于制作技术较复杂,因此只在少数罐头品种使用。生产上常把圆罐以外的空罐称为异形罐。国内外的罐头都有不同的分类和编号方式,可以参阅《罐头工业手册》。

金属罐方面今后应推广低厚度薄板的应用,镀锡薄板的厚度一般为 0.2~0.28 mm,锡层厚度约为钢基体的 0.5%,锡铁合金为 0.05%,目前已有更薄的薄板应用,如 0.16~0.18 mm。我国需引进薄板制罐的相应设备,如薄板印刷、焊接、加强罐身刚度等相关技术与设备。在设备方面需大批量生产的高速、高可靠性、高自动化生产线;引进充氮技术及扩大钢制二片罐的应用范围;异形罐技术的推广与应用;各类易开盖的推广与应用等。

▶ 2.2.2 玻璃罐

玻璃罐是用石英砂、纯碱和石灰石等按一定比例配合后,在 1 500 ℃高温下熔融,再缓慢冷却成型而成。在冷却成型时使用不同的模具即可制成各种不同容积、不同形状的玻璃罐。

质量良好的玻璃罐应是透明状,无色或微带青色,具有良好的化学稳定性和热稳定性,通常在加热或加压杀菌条件下不破裂,罐身应平整光滑,厚薄均匀,罐口圆而平整,底部平坦,罐身无严重的气泡、裂纹、石屑及条痕等缺陷。

玻璃罐的形式很多,但使用最多的是仿苏 CKO - 83 - 1 型(俗称胜利罐),其次是四旋罐。玻璃罐的关键是密封部分,包括金属罐盖和玻璃罐口。胜利罐由马口铁或涂料铁制成的罐盖、橡皮圈及玻璃罐身组成。封口时由封罐机的滚轮推压,将盖边及放入盖内的橡皮圈紧压在玻璃罐口边上的突缘上而密封,其密封性能好,能承受加热加压杀菌,但开启不便,造型还需改进,它的容积是 500 cm^3。四旋罐由马口铁制成的罐盖、橡胶或塑料垫圈及罐颈上有螺纹线的玻璃罐组成。当罐盖旋紧时,则罐盖内侧的盖爪与螺纹互相吻口而压紧垫圈,即达到密封的目的。

▶ 2.2.3 蒸煮袋

蒸煮袋(retort pouch)是由一种耐高压杀菌的塑料复合薄膜制成的袋状罐藏包装容器,俗称软罐头。这种包装由美国海军首先研究出来。日本于 1965 年开始工业化生产,是目前生产和应用最多的一个国家。我国已于 20 世纪 70 年代开始生产,目前已大量应用于罐头工业。蒸煮袋的特点是重量轻,体积小,易开启,携带方便,能较好地保持食品的色、香、味,可在常温下贮存,质量稳定。蒸煮袋包装材料一般采用聚酯、铝箔、尼龙、聚烯烃等薄膜借助胶黏剂复合而成,一般有 3~5 层,多者可达 9 层。外层是 12 μm 的聚酯,起加固及耐高温作用。中层为 9 μm 的铝箔,具有良好的避光性,防透气,防透水。内层为 70

μm 的聚烯烃(早期用聚乙烯,目前大多用聚丙烯),有良好的密封性能和耐化学性能,能耐 121℃高温,又符合食品卫生要求。

蒸煮袋的优点是方便,但缺点亦多,对果蔬来说不易保证果形完整,且大部分不透明。因此硬质的塑料杯应运而生。对于果蔬罐头,氧化造成的质量事故是产品不合格和保质期短的主要原因,因此需着重开发各种阻隔技术。复合工艺是现时各厂家最看好的阻隔技术。一般在内外层采用聚酯,阻隔层采用乙烯-乙烯醇(EVOH)、PEN 或尼龙的结构。由于 PEN 成本太高,较少使用。耐高温杀菌技术也是抗菌技术关注的重点。市场流行两种耐高温杀菌的食品包装:高温杀菌塑料罐与可挤压瓶。高温杀菌塑料罐材料组成为 PP/EVOH/PP,其特点在于夹层以 EVOH 为材料。用这种塑料罐包装的食品,保存期与罐头相同,常温下可保存两年,能取代金属罐。可挤压瓶材料组成也是 PP/EVOH/PP,具有良好的保气性和可挤压性,是果酱、调味酱料理想的高温杀菌包装。

▶ 2.2.4 涂料

由素铁薄板制成的罐头称为素铁罐,适用于许多食品,但有些食品在素铁罐中会产生严重的败坏现象,如退色、罐壁发生斑点等。为防止这类败坏现象的发生,须在素铁罐内壁用涂料加以保护。

食品罐头要求涂料:①无毒性;②无异味;③不影响食品的色泽和风味;④对食品和容器无不良影响;⑤易应用在薄板上;⑥在食品的杀菌和贮藏期中不应剥离或脱落;⑦对空罐制造无机械抗性;⑧经济。罐头内壁涂料按其作用而分,目前大致有抗酸涂料、抗硫涂料、脱膜涂料、冲拔罐抗硫涂料、接缝补涂料及其他专用涂料等。

2.2.4.1 抗酸涂料

抗酸涂料用以有效抵制罐内酸性腐蚀。一般是以环氧树脂为主组成的涂料。环氧酚醛树脂涂料耐酸腐蚀性能强,柔韧性好,有耐冲击性,能耐焊锡热,涂膜基本上无异味,同时具有一定的抗硫性。因而被广泛使用,既可作抗酸涂料,又可作抗硫涂料。

国内食品罐头常用的 214 环氧酚醛树脂涂料是由 609 环氧树脂和 703 酚醛树脂混合配制而成,其配比为 7∶3。214 涂料的涂膜色泽为金黄色,适用于调味类的肉禽罐头、水产罐头和一般蔬菜、豆类、果酱类罐头,也适于冲制各种瓶盖。当涂印方式为一涂一烘时,可用于一般抗酸场合;二涂一烘时,可作一般抗酸抗硫二用涂料;三涂两烘时,则为番茄酱罐头专用的抗酸涂料。

环氧脲醛树脂涂料无色透明,气味小,涂膜强韧度好,当环氧树脂和脲醛树脂的质量比为 7∶3 时,涂料性能最好。环氧脲醛树脂涂料专用作浅色水果罐头和果汁饮料罐头内涂料的底涂料,起到抗酸和护色的作用。

日、美等国亦有采用油树脂类涂料作为水果罐头的抗酸涂料。因为它耐有机酸(水果酸),涂布性好,涂膜量允许范围大,价格也便宜,但是它不耐焊锡热,容易焦化,往往给罐内食品(果蔬类)带来异味。

2.2.4.2 抗硫涂料

用以有效抵制罐内硫化腐蚀的内涂料。具有较强的抗硫化氢透过性,以酚醛树脂涂料和改性酚醛树脂涂料为较好。抗硫涂料加入吸硫剂,如氧化锌、碳酸锌等,可大大地提高涂膜的抗硫性能,避免罐头内壁变黑;也可加入铝粉增强涂膜隔绝作用,从而提高抗硫性能。

环氧酯氧化锌涂料,由于氧化锌的作用具有较高的抗硫性,但涂膜较软,不能单独使用,可作为抗硫涂料的底涂料。抗硫涂料的面涂料则可采用酚醛树脂涂料,其涂膜致密性良好,抗硫化氢透过性能较好,抗油脂等化学性能也较好,但涂膜脆性大,不耐冲击和弯折,加工性差。由环氧脂氧化锌底涂料和酚醛树脂面涂料构成的抗硫涂料就可彼此取长补短。国内使用的 617 环氧酯氧化锌涂料为底涂料,2126 酚醛树脂涂料为面涂料。其抗硫性好,耐冲击性较差,涂膜色泽为浅金黄色,特别适用于一些含硫量高的蔬菜。

2.2.4.3 其他涂料及安全性

罐头工业中还有许多内涂料,510 涂料专用于蘑菇罐头和荸荠罐头。冲拔罐抗硫涂料用于深冲罐。脱膜涂料用于防止食品与罐头内壁的粘连等。欧盟将对罐头食品中双酚环氧树脂、酚醛环氧树脂和邻酚环氧树脂的游离酚含量实施新规定,要求罐头食品中不得检出双酚 A 环氧树脂、酚醛环氧树脂,而邻酚环氧树脂酚含量必须小于 1 mg/kg。

2.3 果蔬罐藏工艺

果蔬罐藏工艺过程包括原料的预处理、装罐、排气、密封、杀菌与冷却等。其中原料预处理(如选别、洗涤、切分、破碎、去皮去核、预煮等)已在第 1 章 1.3 中提及,此处从装罐开始叙述。

2.3.1 装罐

2.3.1.1 空罐的准备

空罐在使用前要进行清洗和消毒,以清除污物、微生物及油脂等。马口铁空罐可先在热水中冲洗,然后放入清洁的沸水中消毒 30~60 s,倒置沥水备用。罐盖也进行同样处理。清洗消毒后的空罐应及时使用,不宜长期搁置以免生锈和重新污染。玻璃罐容器常采用带毛刷的洗瓶机刷洗,然后用清水或高压水喷洗数次,倒置沥水备用。

2.3.1.2 罐液的配制

除了液态食品(如果汁、菜汁)和浆状食品(如番茄酱、果酱等)外,一般都要向罐内加注液汁,称为罐液或汤汁。果品罐头的罐液一般是糖液,蔬菜罐头多为盐水。加注罐液能填充罐内除果蔬以外所留下的空隙,增进风味、排出空气、并加强热的传递效率。

(1)糖液的配制 糖液的浓度,依水果种类、品种、成熟度、果肉装量及产品质量标准而定。我国目前生产的糖水果品罐头,一般要求开罐糖度为 14%~18%。装罐时罐液的浓度计算方法如下:

$$Y = (W_3 Z - W_1 X)/W_2 \times 100\%$$

式中:Y——需配制的糖液浓度,%;

W_1——每罐装入果肉重量,g;

W_2——每罐注入糖液重量,g;

W_3——每罐净重,g;

X——装罐时果肉可溶性固形物含量,%;

Z——要求开罐时的糖液浓度,%。

糖液浓度常用白利(Brix)糖度计测定。由于液体密度受温度的影响,通常其标准温度多采用20℃,若所测糖液温度高于或低于20℃,则所测得的糖液浓度还需加以校正。生产中亦有直接用折光仪来测糖液浓度的,但在使用时应先用同温度的蒸馏水加以校正至零刻度时再用。

(2)盐水的配制　配制时,将食盐加水煮沸,除去上层泡沫,经过滤,然后取澄清液按比例配制成所需要的浓度,一般蔬菜罐头所用盐水浓度为1%~4%。测定盐液的浓度,一般采用波美比重计,它在17.5℃的盐水中所指的刻度,即是盐液的百分比浓度。对配制好的糖液或盐水,可根据产品规格要求,在糖液或盐水中加入少量的酸或其他配料,以改进产品的风味和提高杀菌效果。

2.3.1.3 装罐注意事项

①经预处理整理好的果蔬原料应尽快进行装罐,不应堆积过久,否则微生物生长繁殖,轻者影响杀菌效果,重者食品腐败变质造成损失。

②确保装罐量符合要求,要保证质量、力求一致。净重和固形物含量必须达到要求。净重是指罐头总重量减去容器重量后所得的重量,它包括固形物和汤汁。固形物含量是指固体物在净重中占的百分率,一般要求每罐固形物含量为45%~65%。各种果蔬原料在装罐时应考虑其本身的缩减率,通常按装罐要求多装10%左右。另外,装罐前要把罐头倒过来沥水10 s左右,以沥净罐内水分,这样才能保证开罐时的固形物含量和开罐糖度符合规格要求。

③保证内容物在罐内的一致性,同一罐内原料的成熟度、色泽、大小、形状应基本一致,搭配合理,排列整齐。有块数要求的产品,应按要求装罐。然后注入罐液,罐液温度应保持在80℃左右,以便提高罐头的初温,这在采用真空排气密封时尤为重要。

④罐内应保留一定的顶隙,所谓顶隙是指装罐后罐内食品表面(或液面)到罐盖之间所留空隙的距离。一般装罐时食品表面与翻边相距4~8 mm,待封罐后顶隙高度为3~5 mm。顶隙大小将直接影响到食品的装量、卷边的密封性能、产品的真空度、铁皮的腐蚀、食品的变色、罐头的变形或假胖等。

⑤保证产品符合卫生。装罐的操作人员应严守工厂有关卫生制度,勿使毛发、纤维、竹丝等外来杂质混入罐中,以免影响产品质量。

装罐的方法可分人工装罐与机械装罐。果蔬原料由于形态、大小、色泽、成熟度的不同,以及排列方式不一样,所以除少数产品采用机械装罐外,多数产品采用人工装罐。各种罐头产品,装入固形物均要保证达到规定重量,因此,装罐时必须每罐过秤。

利用机械装罐速度快,装量较均匀,管理方便,生产效率高。装罐机和注液机的设计类型很多,从半自动到全自动,有供特殊原料专用的,也有通用的,也有装罐注液在同一机械上进行的。在选择这类机械时,应注意装罐量要准确均匀,不沾污罐口,操作简便容易控制,能适于多种原料和多种罐装注液,便于变更罐型和装料,便于清洗和装卸。与食品接触的部位应采用不锈钢或其他抗腐蚀的材料制成。

▶ 2.3.2 排气

2.3.2.1 排气的目的与作用

排气的主要目的是将罐头顶隙中和食品组织中残留的空气尽量排出来,使罐头封盖后形成一定程度的真空状态,以防止罐头的败坏和延长贮存期限。除此之外,排气还具有以下几方面的作用。

①防止或减轻因加热杀菌时内容物的膨胀而使容器变形,影响罐头卷边和缝线的密封性;防止加热时玻璃罐的跳盖。

②减轻罐内食品色、香、味的不良变化和营养物质的损失。

③阻止好气性微生物的生长繁殖。

④减轻马口铁罐内壁的腐蚀。

⑤使罐头有一定的真空度,形成罐头特有的内凹状态,便于成品检查。

2.3.2.2 排气的方法

排气的方法主要有热力排气法、真空排气法和蒸汽喷射排气法 3 种。

(1)热力排气法 利用空气、水蒸气和食品受热膨胀冷却收缩的原理将罐内空气排除,常用的方法有以下两种。

①热装排气法:先将食品加热到一定的温度(75℃以上)后立即装罐密封。采用这种方法,一定要趁热装罐、迅速密封,否则罐内的真空度相应下降。此法只适用于高酸性的流质食品和高糖度的食品,如果汁、番茄汁、番茄酱和糖渍水果罐头等。密封后要及时进行杀菌,否则嗜热性细菌容易生长繁殖。

②加热排气法:将食品装罐后覆上罐盖,在蒸汽或热水加热的排气箱内,经一定时间的热处理,使中心温度达到 75～90℃,然后封罐。温度、时间,视原料性质、装罐方式和罐型大小而定,一般以罐心温度达到规定要求为原则。

热力排气除了排出顶隙空气外,还能去除大部分食品组织和汤汁中的空气,故能获得较高的真空度。但食品受热时间较长,对产品质量带来影响。排气温度愈高、时间愈长、密封时温度愈高,则其后形成的真空度也就愈高。一般来说,果蔬罐头选用较低的密封温度(60～75℃),并以相对较低温度的长时间排气工艺条件为宜。此法能充分排除产品内的空气;产生较好的真空度;可有某种程度的脱臭作用;有部分杀菌作用;但对果蔬罐头有软化组织,对色香味不利的作用,而且热利用效率低。

(2)真空排气法 装有食品的罐头在真空环境中进行排气密封的方法。常采用真空封罐机进行,因排气时间很短,所以主要是排除顶隙内的空气,而食品组织及汤汁内的空气不易排出。故对果蔬原料和罐液有事先进行抽气处理的必要。

采用真空排气法,罐头的真空度取决于真空封罐机密封室内的真空度和密封时罐头的密封温度,密封室真空度高和密封温度高,则所形成的罐头真空度亦高,反之则低。但密封室的真空度与密封温度要互相配合,若密封温度过高,超过当时真空度的沸点时,就会造成罐液的沸腾和外溢,从而造成净重不足,所以要达到罐头最大真空度,必须使密封室的真空度与密封温度互相补偿,即其中一个数值提高,则另一个数值必须相应地下降。一般密封室的真空度控制在31.98~73.33 kPa之间。采用真空封罐机封罐,生产效率高,减少一次加热过程,使成品质量较好。但此法不能很好地排出食品组织内部和罐头中下部空隙处的空气;密封过程中容易产生暴溢现象,造成净重不足,严重时可能产生瘪罐。此法是高速生产的基本方法。

(3)蒸汽喷射排气法 在罐头密封前的瞬间,向罐内顶隙部位喷射蒸汽,由蒸汽将顶隙内的空气排出,并立即密封,顶隙内蒸汽冷凝后就产生部分真空。为了保证有一定的顶隙,一般需在密封前调整顶隙高度。

▶ 2.3.3 密封

罐头通过密封(封盖)使罐内食品不再受外界的污染和影响,虽然密封操作时间很短,但它是罐藏工艺中一项关键性操作,直接关系到产品的质量。封罐应在排气后立即进行,一般通过封罐机进行。

2.3.3.1 封罐机及封罐过程

封罐机的型号很多,有手摇式、半自动、全自动及真空封罐机等。每台封罐机至少有一套封罐机组,每套封罐机组包含有下述4个部件,即第一道滚轮(卷边轮)、第二道滚轮(压边轮)、底座(底板)、顶板(压头)组成。第一、二道滚轮是由硬质合金钢制成,是使罐头密封的部件,钢材质地和制作工艺都要求较高。这两个滚轮的压边槽剖面各不相同。操作时,已经排气的罐头自动加盖后被送到封罐机组的底座上,机组前进时,底座上升使罐盖正好套在顶板上,底座的压力使罐身和罐盖固定在顶板与底座之间,封罐机组在前进中本身不断自转,另一方面第一滚轮逐渐向罐身与罐盖套合边缘靠拢,并向其继续压进,这时盖钩沿着滚轮压边槽的轮廓卷入到身钩的内部,形成罐头卷边的初步结构。第一滚轮完成工作后即自动离开压边位置,接着第二道滚轮逐渐向卷边靠拢并压进,使盖钩和身钩在第一次滚压的基础上进一步压紧,形成严密封闭的二重卷边(图2-2)。

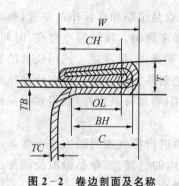

图2-2 卷边剖面及名称

T:卷边厚度 TB:自板厚度 TC:盖板厚度

W:卷边宽度 BH:身钩长度 CH:盖钩长度

OL:叠接长度 C:埋头度

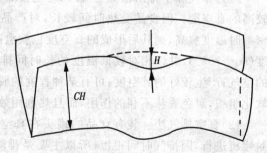

图2-3 盖钩接缝外垂唇示意图

CH:盖钩长度 H:内垂唇延伸长度

2.3.3.2 卷边的结构、名称与规格

正常的二重卷边包括五层马口铁皮和橡胶圈所组成(图2-3),内部和外部尺寸见表2-1。

表2-1 卷边外部和内部规格标准(马口铁皮厚度 0.25 mm)

卷边外部规格名称	头道卷边/mm	二道卷边/mm	卷边外部规格名称	头道卷边/mm	二道卷边/mm
卷边厚度	2.16~2.36	1.25~1.70	盖钩	1.83~1.78	1.85~2.10
卷边宽度	2.54~2.69	2.80~3.15	身钩	1.83~1.96	1.85~2.10
埋头度	3.00~3.18	3.10~3.25	盖钩空隙		<0.40
			身钩空隙		<0.25

测量卷边及其组成部分可以判断封罐机是否完全在正常情况下运转,因为封罐机正常与否,能充分反映在卷边的结构上,从卷边情况的好坏随时对封罐机进行调整。首先对卷边外形进行检查,用肉眼观察卷边表面是否平坦光滑,再以罐头卷边卡尺对卷边宽度、厚度及埋头度测量,能符合表2-1所列数值,则表明卷边基本正常。其次对卷边内部进行解剖检查,检查前先用扁锉将卷边切开,取出盖钩,对卷进内部情况作详细观察和测量,从测量盖钩、身钩的长度和盖钩上的皱纹等来计算和判断卷边叠接率、紧密度和接缝盖钩完整率,要求这三项指标都达到大于 50% 以上。

(1)卷边叠接率 是指卷边内盖钩与身钩相互叠接部分的长度占卷边宽度的百分率。可按下列公式计算:

$$OL = \frac{(BH + CH + 1.1t_{盖}) - W}{W - (2.6t_{盖} + 1.1t_{身})} \times 100\%$$

式中:OL——卷边叠接率,%;

BH——身钩长度,mm;

CH——盖钩长度,mm;

$t_{盖}$、$t_{身}$——盖钩铁皮厚度、身钩铁皮厚度,mm;

W——卷边的宽度,mm。

(2)紧密度 是指身钩与盖钩相互钩合紧贴的程度,要求钩合平服,盖钩上没有皱纹。以检查盖钩上的皱纹程度(指皱纹延伸程度)来判断卷边的紧密程度,皱纹延伸愈长,则紧密度愈差。检查时依整条盖钩上皱纹延伸最长的一条为依据。在实际应用上,常将皱纹分为4级,0级表示盖钩表面平坦没有皱纹或有轻微的皱纹痕迹,1级表示皱纹延伸达盖钩宽的1/3,2级具有明显的皱纹,已延伸到盖钩的1/2,3级有很大的皱纹,延伸程度占盖钩宽的3/4或以上。只有皱纹度在1级以内的卷边,其紧密度是良好的。达2级时,说明卷边不紧有可能发生漏气的危险(生产上称为慢性漏气),封罐机的第二道滚轮必须进行调整,达3级时说明卷边松离,漏气是不可避免的。直径在 85 mm 以下的圆罐的皱纹级别必须在 2 级以下,直径在 99 mm 以上的圆罐皱纹级别必须在 1 级以下。

(3)接缝盖钩完整率 是指罐身接缝处的盖钩完整程度的百分率,焊锡罐罐身接缝处铁皮层数增加和接缝焊锡的缘故,使接缝处往往比罐身的其他部位要厚,在卷边密封时,

接缝处往往被滚轮滚压而容易产生垂边。电阻焊罐则较好。一般卷边不允许有垂边出现，而身缝处垂边不允许超过卷边宽度的20%。由于接缝处是卷边密封的薄弱部分，所以检查此处盖钩的完整率最有代表性。量出盖钩的长度和内垂唇延伸的长度后，根据下列公式计算出盖钩的完整率。

$$JR = \frac{CH - H}{CH} \times 100\%$$

式中：JR——盖钩接缝完整率，%；

CH——盖钩长度，mm；

H——内垂唇延伸的长度，mm。

▶ 2.3.4　杀菌

罐头经排气和密封后，并未杀死罐内微生物，仅仅是排除了罐内部分空气和防止微生物的感染，只有通过杀菌才能破坏食品中所含的酶类和罐内能使食品败坏的微生物，从而达到商业无菌状态，得以长期保存。因此，杀菌是罐藏工艺中的一道把关的工序，它关系到罐头生产的成败和罐头品质的好坏，必须认真对待，严加操作。

依果蔬原料的性质不同，果蔬罐头杀菌方法可分为常压杀菌和加压杀菌两种。其过程包括升温、保温和降温三个阶段，可用下列杀菌式表示：

$$(t_1 - t_2 - t_3)/T$$

式中：T——要求达到的杀菌温度，℃；

t_1——使罐头升温到杀菌温度所需的时间，min；

t_2——保持恒定的杀菌温度所需的时间，min；

t_3——罐头降温冷却所需的时间，min。

2.3.4.1　常压杀菌

常压杀菌适用于 pH 值在 4.5 以下的酸性和高酸性食品，如水果类、果汁类、酸渍菜类等。常用的杀菌温度是 100℃或以下。用开口锅或柜子，锅（柜）内盛水，水量要漫过罐头10 cm 以上，用蒸汽管从底部加热至杀菌温度，将罐头放入杀菌锅（柜）中（玻璃罐杀菌时，水温控制在略高于罐头初温时放入为宜），继续加热，待达到规定的杀菌温度后开始计算杀菌时间（t_2），经过规定的杀菌时间，取出冷却。目前许多工厂已用一种长形连续搅动式杀菌器，使罐头在杀菌器中不断地自转和绕中轴转动，增强了杀菌效果，缩短了杀菌时间。在柑橘罐头中大力推广的"低温杀菌"则大部分采用开放式的滚动式杀菌器，具有自动控制温度和可以调节时间的优点，效果较好。

2.3.4.2　加压杀菌

加压杀菌是在完全密封的加压杀菌器中进行，靠加压升温来进行杀菌，杀菌的温度在100℃以上。此法适用于低酸性食品（pH 值大于 4.5），如蔬菜类及混合罐头。在加压杀菌中，依传热介质不同有高压蒸汽杀菌和高压水杀菌。目前大多采用高压蒸汽杀菌法，这对马口铁罐较理想。而对玻璃罐，则采用高压水杀菌较为适宜，可以减少玻璃罐在加压杀菌时的脱盖和破裂的问题。

加压杀菌器有立式和卧式两种类型,设备装置和操作原理大体相同。立式杀菌器为圆筒形,大型的部分安装在工作地面以下;卧式的则全部安装在地面上,有圆筒形和方形。操作规程如下:

(1)开始杀菌　所有的排气阀和泄气阀全部打开之后,通入蒸汽。整个杀菌期间,泄气阀应一直打开。

(2)排气　通入蒸汽后,排气阀必须开足,直至达到规定的时间和温度,以确保杀菌锅内所有的空气均被排出。如果排气不彻底,杀菌锅内装罐头的各个区域中仍残留有空气,这将会造成杀菌不足的后果。有时,打开杀菌锅底部的排水阀,以便排出排气初期聚集的冷凝水或残存的冷水。打开排水阀的目的并不是排气,除非排气方法中有特殊规定,否则当水排出后应关闭锅底的排水阀,而不致于防碍排气。排气必须用一个准确的钟表或计时器来计算时间,而不能用记录仪的图表来计时。排气温度的测定应以玻璃水银温度计显示为准。当排气温度与排气时间都达到或超过了规定之后,可以关闭排气阀,此时必须将温度与时间记录下来。

(3)升温时间　升温时间是指从通入蒸汽算起直至达到杀菌温度,并能维持到杀菌开始计时为止的这一阶段,其中包括排气时间,校对温度记录仪与玻璃水银温度计的读数是否一致,当杀菌温度稳定以后,必须把这些读数记录下来。

(4)杀菌时间　杀菌计时只有在杀菌锅经过充分地排气,水银温度计达到并稳定在杀菌温度之后,才能计算杀菌时间。杀菌温度只能由水银温度计来表示,而不是压力表。杀菌时间应该用一个准确的钟或计时器来计时,而不能用手表或其他记录仪图表。

(5)杀菌结束　关掉蒸汽前应核对如下项目。①用钟表或准确的计时器来核对是否达到了规定的杀菌时间;②核对记录仪图表,查看是否记录着规定的杀菌时间;③核对记录仪图表,查看是否有温度波动在规定的杀菌温度以下;④核对水银温度计,看是否指示着规定的杀菌温度。如果在上述检查中,发现有任何不满意之处,应当采取适当的措施以保证杀菌完全,若对于上述的各项检查均满意,就可以关闭蒸汽。

(6)消压降温阶段　关闭蒸汽阀门,同时打开所有泄气阀,使压力降至零,然后通入冷水降温。若用反压冷却,则杀菌结束关闭蒸汽后,通入压缩空气和冷水,使降温时罐内外压力达到基本平衡。

2.3.4.3　杀菌技术进展

长期以来,食品杀菌均采用热力杀菌,但在传热方式和杀菌器的种类上有很大的改进,出现了旋转式的杀菌装置、水静压杀菌装置、水封式杀菌装置、斯托克拉夫(Storklave)装置,研究了火焰杀菌装置。同位素辐射杀菌亦大量应用于某些食品中。无菌灌装(无菌加工,包括适合于消费者的小包装和适合于半成品的大包装)技术更是从根本上改变了近40年来世界各国的食品工业状况。近年来,新的杀菌技术研究速度大大加快,有的已应用或接近实用的水平,兹简介如下。

(1)超高压杀菌　将食品包装以后,置于 200 MPa 以上的超高压装置中进行加压处理,达到杀菌目的。其原理是压力对微生物有致死作用。超高压导致微生物的形态结构、基因、生理生化特性等多方面的变化,使其原有的功能发生不可逆的变化从而导致死亡。

超高压处理可以很好地保存食品的营养成分,特别是一些热敏性成分;有利于保持良好的色泽。研究表明,升高温度和降低食品的 pH 值有利于加强高压的效果;糖和盐的浓度提高会降低杀菌效果;微生物的营养体较易被杀灭。超高压杀菌技术已被广泛应用于肉制品、水产品、果酱、果冻、果汁甚至豆腐、黄酒(陈化)等。

(2)冲击波杀菌　超高压既可杀菌又可保持食品品质,为此,日本早川等人利用加压后的减压时产生的冲击力,获得了较高的杀菌率。试验结果表明,通过反复减压处理,效果明显,在 400 MPa 30 min 时效果更明显,原因是加压处理基础上,再进行减压处理能进一步破坏细菌孢子。

(3)欧姆杀菌(ohmic heating)　利用电极,将低频电流(50~60 Hz)直接通入食品中,由食品本身的介电性质产生热量,达到杀菌的目的。在颗粒食品中,他具有达到液体食品同样的杀菌速度。已有部分应用于高酸性食品中。其中以英国的 APV Baker 公司为最。影响因素有食品本身的性质、电流的强度等。

(4)超临界法杀菌(super critical CO_2)　超临界 CO_2 具有杀菌和杀酶的作用,日本已开发出连续处理装置,利用超临界 CO_2 处理进行杀菌。其过程包括向物料供给加压 CO_2、保持压力和减压三个过程。通过 CO_2 的急剧膨胀,破坏细菌的疏水区域,达到杀菌目的。试验表明,大肠杆菌、酵母菌和乳酸菌在 6 MPa 压力下,13 min 后完全失活。

(5)高压脉冲电场(high-electric field pulses)　其原理是依靠强烈的脉冲电场对微生物的杀菌作用,可由所谓的"介电破裂理论"来解释。即当细胞膜两边的电势超过约 1 V 的临界值,在带电分子间产生的斥力会使细胞膜产生空间,从而导致细菌死亡。

(6)振荡磁场脉冲(oscillating magnetic field pulses)　实验表明,包装的食品经一次或几次振荡磁场脉冲处理可杀灭微生物。有专利认为,振荡磁场将能量发至生物大分子的磁活性部振荡几次,当在一个分子中有大量的磁偶极子时,足够的能量可转移到分子中摧毁共价键,微生物中的敏感分子如 DNA 等经振荡磁场处理可被破坏。

(7)线性感应电子加速器杀菌(linear induction electron accelerator)　线性感应电子加速器通过加速电子撞击重金属转换器产生广谱的电离辐射。其杀菌原理与放射性同位素类似,但它的传递剂量速度比 ^{60}Co 快许多倍,具有可控制性,在断电的时候不存在辐射的好处,此外它还具有高能束和操作可靠的优点。

(8)微波处理(microwave treatment)　同样可以杀菌,且它的作用可被紫外线处理而加强。但目前还不清楚这种杀菌的原理是由于加热还是其他的机理或两者均有之。

(9)其他　有报道称强光脉冲(Intense light pulses)具有杀灭微生物的作用。大量天然产物被用来加强杀菌效果,如几丁质、溶菌酶、CO_2 等。

▶ 2.3.5　冷却

杀菌完毕后,应迅速冷却,罐头冷却是生产过程中决定产品质量的最后一个环节,处理不当会造成果蔬色泽和风味的变劣,组织软烂,甚至失去食用价值。此外,还可能造成嗜热性细菌的繁殖和加剧罐头内壁的腐蚀现象。因此,罐头杀菌后冷却越快越好,但对玻璃罐的冷却速度不宜太快,常采用分段冷却的方法,如 80℃、60℃、40℃ 三段,以免爆裂受损。

冷却方式,按冷却的位置,可分为锅外冷却和锅内冷却,常压杀菌常采用锅外冷却,采用卧式杀菌器加压杀菌常采用锅内冷却。按冷却介质有空气冷却和水冷却,以水冷却效果为好。水冷却时为加快冷却速度,一般采用流水浸冷法最为常见。冷却用水必须清洁,符合饮用水标准。

罐头冷却的最终温度一般控制在40℃左右,过高会影响罐内食品质量,过低则不能利用罐头余热将罐外水分蒸发,造成罐外生锈。冷却后应放在冷凉通风处,未经冷凉不宜入库装箱。

2.4 罐头检验和贮藏

▶ 2.4.1 罐头检验

罐头食品的检验是罐头质量保证的最后一个工序,主要有内容物的检查和容器外观检查。

2.4.1.1 罐头食品检验指标及标准

罐头食品的指标有感观指标、物理化学指标和微生物指标。感官指标主要有组织与形态、色泽、滋味和香气、异味、杂质等。糖水水果类、蔬菜类罐头滤去汤汁,然后倒入白瓷盘中;糖浆类罐头平倾于金属丝筛上,静置 3 min 进行检查。微生物指标中要求无致病菌,无微生物引起的腐败变质,不允许有肉毒梭状芽孢杆菌、沙门氏杆菌、志贺氏杆菌、致病性葡萄球菌、溶血性链球菌等 5 种致病菌。

2.4.1.2 罐头外部形态特征分析

①正常罐头底部与盖接近扁平,微微有些凹陷。平酸败坏(flat-sour spoilage)与正常罐外形特征一致,引起平酸败坏的主要原因是原料过度污染或杀菌条件不合理。

②轻度膨胀也称准胖听(flipper),特征是底和盖接近扁平,单面向外膨胀,用手按能成正常罐形,形成的原因是排气不足。

③弹性膨胀也称单面胖听(springer),罐头外鼓的程度比准胖听多,用手可将鼓出的一面按回,但另一面随之鼓出,或按回去有声音。原因是内容物组织产生氢气造成氢胀或内容物装填过多顶隙过小,或是密封不完全,有泄漏。

④双面膨胀:根据膨胀程度可分为软胀、硬胀。软胀(soft swell)即用手按可恢复原状,但手离开后又重新凸出。硬胀(hard swell)用手按不动,可承受 0.35 MPa 的压力,由于内压还会继续增大,最后可能由罐身接缝处发生爆裂。杀菌不足是低酸性罐头双面膨胀的主要原因;装填过满,由此引起的膨胀大多停留在弹性膨胀阶段;容器泄漏,如焊锡不完全,卷边不符合要求或密封胶不完全;杀菌不及时,半成品贮放期间内容物在微生物作用下发生分解,再进行高温杀菌时即会发生膨胀;制造与贮存的温差过大,由于温度变化造成罐头内压增大也会引起膨胀;注入的糖液若贮存不当引起发酵,也会产生胀罐。

⑤突角与瘪罐(buckling & Paneling)：与卷边相邻的部位出现角状称为突角。产生突角的原因有装填过多；内外压力不一致，内压太大；排气不足，罐内气体过多；冷却时降压太快；罐头底盖厚薄不当，膨胀线太深等。突角易影响卷边紧密度，降低罐头产品的安全性。瘪罐是由于罐内真空度过大，杀菌过程中压力控制不当。一般罐形较大的罐易瘪罐，因此罐形大的罐头真空度宜低些。

2.4.1.3 罐头食品保温与商业无菌检验

罐头入库后出厂前要进行保温处理，它是检验罐头杀菌是否安全的一种方法，将罐头堆放在保温库内维持一定的温度(37±2)℃和时间(5～7 d)，给微生物创造生长的条件，若杀菌不完全，残存的微生物遇到适宜的温度就会生长繁殖，产气会使罐头膨胀，从而把不合格的罐头剔出。糖(盐)水果蔬类要求在不低于 20℃的温度下处理 7 昼夜，若温度高于 25℃可缩短为 5 昼夜。含糖量高于 50%以上的浓缩果汁、果酱、糖浆水果、干制水果不需保温。

保温试验会造成果蔬罐头的色泽和风味的损失，因此，目前许多工厂已不采用，代之以商业无菌检验法。

此法首先要基于全面质量管理，主要有①审查生产操作记录，如空罐记录、杀菌记录等；②抽样：每杀菌锅抽两罐或 0.1%；③称重；④保温：低酸性食品在(36±2)℃下保温 10 d，酸性食品在(30±1)℃下保温 10 d，预定销往 40℃以上热带地区的低酸性食品在(55±1)℃下保温 5～7 d；⑤开罐检查：开罐后留样、测 pH 值、感官检查、涂片。如 pH 值、感官质量有问题即进行革兰氏染色、镜检，确定是否有微生物明显增殖现象；⑥接种培养；⑦结果判定，如该批(锅)罐头经审查生产操作记录，属于正常；抽样经保温试验未胖听或泄漏；保温后开罐，经感官检查、pH 测定或涂片镜检，或接种培养，确证无微生物增殖现象，则为商业无菌。如该批(锅)罐头经审查生产操作记录，未发现问题；抽样经保温试验有一罐或一罐以上发现胖听或泄漏；或保温后开罐，经感官检查、pH 测定或涂片镜检和接种培养，确证有微生物增殖现象，则为非商业无菌。具体方法可参阅 GB 4789.26—2003食品卫生微生物学检验罐头食品商业无菌检验。但此方法不适用于进口食品，有必要进一步改进。

▶ 2.4.2 罐头食品包装和贮藏

罐头的包装主要是贴商标、装箱、涂防锈油等。涂防锈油的目的是可隔离水与氧气，使其不扩散至铁皮。主要的种类有羊毛脂防锈油、磺酸钙防锈油、硝基防锈油。防止罐头生锈除了涂防锈油外还应注意控制仓库温度与湿度变化，避免罐头"出汗"。装罐的纸箱要干燥，瓦楞纸的适宜 pH 8～9.5。商标纸的黏合剂要无吸湿性和腐蚀性。

贮藏一般有两种形式：散装堆放和有包装堆放。无论采用何种方法都必须符合防晒、防潮、防冻，环境整洁，通风良好的库房，要求贮藏温度为 0～20℃，温度过高微生物易繁殖，色、香、味被破坏，罐壁腐蚀加速，温度低组织易冻伤。相对湿度控制在 75%以内。具体要求见 QB/T 3600—1999 罐头食品包装、标志、运输和贮存。

2.5.1　罐藏原料的要求

果蔬原料影响到制品的色泽、风味、质地、大小及原料的利用率。罐藏对果蔬原料的要求较其他制品更为严格,要生产出优质低耗的果蔬罐头产品,必须采用适于罐藏要求的新鲜优质原料和合理的加工工艺,虽然极大部分水果和多数蔬菜都可罐藏,但种类、品种和品系之间常有较大的差异,以至于常局限于少数品种,这些罐藏性能良好的品种称为罐藏品种或罐藏专用品种,它与鲜食品种虽有不少相同之处,但有其特殊的品种特性。

除了合适的品种以外,适当的成熟度和新鲜、完整、饱满的状态亦非常重要。

罐头生产是现代机械化程度较高的工业,它的正常生产和发展,必须依靠足够的原料供应,才能使生产顺利进行,尤其是像水果、蔬菜这类新鲜、容易腐烂的原料,不能靠冷冻运输调运的方法来解决。为此,罐头厂必须建立可靠的原料基地,以提供生产上需要的罐藏品种和足够的原料数量。

2.5.2　水果罐藏原料及工艺要点

罐藏对水果原料的要求包括品种栽培和加工工艺两个方面。品种栽培上要求树势强健,结果习性良好,丰产稳产,抗逆性强等,这是一切良种都必须具备的条件。工艺上的要求依当前的加工工艺过程和成品质量标准而定,使成品达到一定的色香味、大小、糖酸含量,以及无异味。在品种成熟期方面,要求早、中、晚熟品种搭配,但常以中、晚熟品种为佳,因后者品质常优于早熟,而且有较好的耐藏性,可以延长工厂的生产季节。在成熟度方面,要求有适当的工艺成熟度,以便于贮运、减少损耗、能经受工艺处理和达到一定的质量标准,这种成熟度往往略高于坚熟,稍低于鲜食成熟度,称之为罐藏成熟度。

罐头加工中原料处理及加热杀菌对原料有特殊要求。为了便于原料处理的机械化和自动化,要求果实形状整齐、大小适中,为避免预煮、酸碱处理和加热杀菌时果块软烂,汤汁混浊,要求果肉组织紧密,具有较好的煮制性。此外,为减少加工过程中的损耗,提高出成率,要求果皮、果核、果心等废弃部分要少。

2.5.2.1　桃

糖水桃是世界水果罐头中的大宗商品,生产量和贸易量均居世界首位,年产量近百万吨,其中北美约占 2/3。罐藏要求:①色泽金黄色至橙黄色,白桃应白色至青白色;②果尖、合缝线及核洼处无花色苷,不含无色花色苷。黄桃因含有大量的类胡萝卜素,若稍有变色也不如白桃明显,且具有波斯系及其杂种所特有的香气和风味,故品质远胜于白桃;③肉质要求不溶质(non-melting flesh),不溶质桃耐贮运及加工处理,劈桃损失少,生产效率高,原料吨耗低。而溶质品种,尤其是水蜜桃类型,不耐贮运,加工中破碎多,损耗大,成品常软烂、烂顶和毛边,质量低下,风味淡薄;④种核应为黏核,黏核种肉质组织致密,树胶质少,去核后核洼光洁,离核种则相反。所谓的"罐桃品种"常指黄肉、不溶质、黏核这一类品种。此外,罐藏用桃还要求果形大,果型圆整对称,核小肉厚,风味浓,无显著涩味和异味,香气浓,成熟度接近成熟,单果各部位成熟度一致,后熟缓慢等。

美国的罐桃品种最多,早熟种有泰斯康(tuscan)、福脱纳(fortuna)、莎斯塔(shasta)等。中熟种以 paloro 为主,晚熟种有菲力浦(phillips)、斯坦福(standford)和萨特(sutter)等,都是黄肉不溶质黏核品种。日本采用的黄桃品种有爱保大、晚黄金、罐桃 2、5、12 及14 号、锦、明星等;采用的白桃品种有白凤、大久保、冈山白、山下等。我国曾有丰黄、连黄、橙艳、奉罐 1、2 号、罐 5 及 14 号、明星等;另外,不溶质的 60 - 24 - 7、中州白桃、晚白桃、北京 24 号等白桃也用于罐藏。据报道,目前较好的自选品种有郑黄 2 号、罐桃 83、红明星、金秋、桂黄。日本的明星、美国的金童 7 号。

工艺要点:剔除病虫害和严重机械伤的果实,果实横径要求 51~75 mm,分为2~3 级。洗净,沿合缝线纵切成两片,去核,修整。碱液去皮,流水漂洗,于 95℃以上的热水中预煮8~10 min,修整后装罐。桃的去皮有浸碱和淋碱两种,浸碱法适合于不溶质果实,淋碱法适合于溶质果实。前者一般用 2%~3%的碱液 90℃以上约 1 min,后者以 90℃以上热碱喷淋,然后滚动喷洗去皮。去皮后的桃子洗净碱液后装罐,常压杀菌、冷却。

桃罐头视品种不同常有表面泛红现象,系无色花色苷和花色苷在酸性下的变色所致,通过选择合适的品种和添加适量的异抗坏血酸钠可有效地抑制这种变色。

2.5.2.2 柑橘

用来制取糖水橘片罐头的品种,由于工艺上须剥皮和分瓣,所以只有用宽皮柑橘。糖水橘片罐头有全去囊衣和半去囊衣两种,品质以全去囊衣为上,主要生产国有中国、西班牙、日本、摩洛哥、南非和以色列,其中以中国和西班牙产量最大,年出口 10 万多吨。

用于罐藏的柑橘,要求肉质紧密,色泽橙红鲜艳,糖酸含量高,糖酸比合适,果形扁圆,横经/纵经之比在 1.30 以上,橘片形状接近半圆,橙皮苷含量低,种子无或很少,果实横径50~70 mm(重 50~100 g),充分成熟。

世界橘片罐头主产国中西班牙、中国和日本用普通温州蜜柑制取,摩洛哥用克莱门丁(clementine)红橘制取。温州蜜柑中品系甚多,以中、晚熟的较好,因早熟温州蜜柑囊衣过薄,果肉较软,色浅味淡,不耐贮藏,成品白色沉淀多,故而质量欠佳。用于罐藏的普通温州蜜柑品系主要有尾张、山田、南柑 20 号、林温州等。几十年来全国选出的柑橘罐藏良种有浙江的宁红、海红、石柑及湖南涟源的 73 - 696、四川成都的成凤 72 - 1 等。本地早尤其是少核本地早亦用于罐藏。

工艺要点:橘片罐头需进行分级、烫漂、去皮、分瓣、去囊衣、装罐、密封、杀菌、冷却等工序加工而成。

分级以后的原料在 95℃以上的热水或蒸汽中热烫后去皮,同时分瓣,分开的橘瓣在酸和碱处理下去囊衣,整理后装罐。

柑橘罐头近年来大多采用"低温杀菌",在 82~85℃的水浴中滚动杀菌 15 min 左右,使产品的中心温度达到 75℃,产品的 pH 值控制在 3.2 以下。

柑橘罐头的主要问题有糖水的白色混浊或沉淀及罐头内壁腐蚀。研究表明,白色沉淀主要是橙皮苷在酸性下析出之故。防止的方法主要有：①选择橙皮苷含量少的品种或充分成熟；②酸碱处理后充分漂洗，使果肉表面的碱性物质充分洗净；③去囊衣时以软水为好，因为硬水易生成果胶酸钙，阻碍去囊衣效果，使碱液用量加重；④去囊衣中酸处理时间加长，碱处理缩短；⑤加用 CMC 10 mg/kg 或橙皮苷酶使产品内的橙皮苷不易溶出或分解。

2.5.2.3 菠萝

菠萝是重要的罐藏和果汁原料，罐藏品的风味比鲜食更好，国际上的销路较大。制品有圆片、扇块、碎块等。

要求果形大而呈长筒形，果实的果形指数（果实纵横径之比）应大于1，最好为 1.5，果实的锥度比（离果顶 1/4 长度处的横径与离果顶 3/4 处的直径之比）接近1，以在 0.95～1.05 之间为好；果心小而且居于中心，果眼浅，无损伤、缺陷（黑心、水渍、霉烂和褐斑）；果肉金黄色，组织致密，孔隙率小；风味浓，香气足，糖酸比适宜；果实在充分成熟时才能达到最好的风味和品质，故应在成熟时采收，不但能提高制品质量，而且还能获得较高的产量，但需尽快加工。

菠萝的罐藏品种有无刺卡因（smooth cayenne）、沙涝越（sarawak）。另外，巴厘、红色西班牙、皇后等亦可用作罐藏。

工艺要点：分级后的果实每隔 5～10 mm 分为一级，机械去皮和去心，剔除果眼。横切成圆片，片厚 11～15 mm。不完整的圆片可切成半圆片、扇形片或方块，另行装罐，常压下杀菌。

2.5.2.4 梨

要求梨果实中等大小，果形圆整或"梨形"，果面光滑，果心小，风味浓，香味浓郁，石细胞和粗纤维少，肉质细致，加工过程中无明显褐变，没有无色花色苷的红变现象，洋梨需适度后熟，果肉硬度达 7.7～8.63 kg（用顶尖直径 8 mm 的硬度计），耐贮运。

罐藏的梨品种以西洋梨为好。中国梨和日本梨缺乏香气，同时石细胞较多。巴梨（bartlett）是西洋梨中的罐藏专用种，其他还有大红巴梨（max-red bartlett）、拉·法兰西（la. france）、秋福（kieffer）、大香槟（grand champion）等均可用于罐藏。日本梨以长十郎为好，其他如八云、晚三吉、早生赤、黄蜜、今村秋等。中国梨用作罐藏的有莱阳慈梨和河北鸭梨、黄花梨亦表现较好的罐藏适应性。

2.5.2.5 苹果

苹果不是重要罐藏原料，也无罐藏专用种。一般要求果实大小适当，果径约 7 cm，果形圆整，果肉致密呈白色或黄白色，耐煮制，无明显的褐变现象，风味浓，香气好，成熟后果质硬而不发绵等。罐藏性能较好的有红玉、富士和醇露等，其他还有青龙、印度、柳玉、凤凰卵、国光等。英国常用布瑞母里实生（bramleys seedling）。日本采用金帅、惠、红元帅等。我国的小苹果类用来罐藏的有黄太平、白海棠和红铃果。

2.5.2.6 荔枝

荔枝为我国特产，现已在世界各地栽培。罐藏要求以果形较大而圆整，核小而肉厚，风味甜酸，涩味淡，酶褐变轻微，果肉洁白紧密，不易散苞。具体品种以乌叶最好，也可采用槐枝、尚书怀、桂味、绛纱兰、上番枝、下番枝等。黑叶种去皮困难，糯米枝虽核很小而果厚实,但加工后易红变和散苞,故不适于罐藏。荔枝罐头加工面临产品红变的影响,应研究少含多酚的品种。

2.5.3　蔬菜罐藏原料及工艺要点

蔬菜种类繁多,食用和加工的部位各异,从植物学的角度来看,有根、茎、叶、花、果乃至整个植株,故原料的差异很大,如同样以果实为取食的蔬菜,番茄要采收着色成熟的,而四季豆就要采收幼嫩无筋的。用作罐藏的蔬菜原料总的要求是色泽鲜明、成熟度一致、肉质丰富、质地柔嫩细致、粗纤维少,无不良气味,新鲜而无损伤,能耐高温处理。

2.5.3.1　番茄

番茄是世界性蔬菜,加工品种类较多,制品有整番茄(canned whole tomato)、番茄酱(tomato paste)、番茄汁(tomato juice)、番茄浆(tomato pulp or puree)和番茄沙司(调味番茄酱)(tomato catsup)等。

供罐藏的品种要求果实中等大小,果面平滑无凹痕,颜色鲜红而全果着色均匀,果肉丰厚,果心小,种子少,番茄红素、可溶性固形物及果胶含量高,酸度适当,香味浓而抗裂果。番茄红素的含量应在 6 mg/100 g 以上,可溶性固形物 4～5°Brix 以上。用作整番茄的果实,横径在 30～50 mm 之间,生产番茄汁的应选大果型为好,而生产番茄酱等制品应采用大果型番茄与小果型番茄混合搭配较好。

传统罐藏品种有美国的皮尔松(Pearson)、罗马(Roma)、奇果(Chico)、摩伦(Moran)、意大利的阿赛(Ace)、日本的赤福 3 号等。我国选出了北京早红、浙江 1 号、浙江 2 号、扬州红、扬州 24 号、罗城 1 号、浦红 1 号、佳丽矮红等。目前番茄加工品种很多为杂种一代,如浙杂 5 号、9 号,变化较快,但应符合上述要求。

番茄酱的糖度(以折光计)有稀(24%～27.9%)、中(28%～31.9%)、浓(32%～39.3%)和超浓(39.3%以上)几种。番茄浆的产品有稀(8.0%～10.1%)、中等(10.2%～11.2%)和浓(11.3%～14.9%)和超浓(15.0%～24.0%)几种。其加工工艺基本相同,需有破碎、脱籽、预热、打浆、浓缩、装罐杀菌冷却等。

番茄沙司为一种稀释的调味番茄浆,在产品内常含有食盐、醋、辣椒及肉桂、丁香、芥末、黑胡椒、洋葱等香辛料。由于传统的调料易造成产品瓶口发黑,目前大多采用调料香精或抽提液。

做番茄罐头采用小果型番茄为原料,有加用淡盐水和番茄汁两种,以后者为多,是西餐汤料的重要原料。加工工艺包括去皮(机械或手工)、分选装罐、加汤汁、排气、密封、杀菌、冷却等。番茄制品的 pH 值在 4.5 以下,可用常压杀菌。

2.5.3.2　石刁柏(芦笋)

芦笋为多年生宿根性植物,食用部分为其嫩茎,供加工的有两种类型:一种是在培土下生长的白色芦笋,在未形成叶绿素之前,于地下 15 cm 处切取,以肉质白嫩、清香者为上;另一种是长出地面的绿色芦笋,待其长到 10～15 cm 高时自地面切取。芦笋在采收后组织老化较快,应迅速进行加工处理。

优良的罐藏品种应抗病力强、生长旺盛、早熟、组织紧密、粗壮幼嫩、乳白色或绿色、粗细一致、不弯曲、不开裂、无空心。优良的罐藏品种有玛丽华盛顿、玛丽华盛顿 500、玛沙华盛顿(Martha Washington)、UC800、UC157 等。

2.5.3.3 蘑菇

罐藏的蘑菇以伞球质地厚实,未开伞,色泽洁白,无异味,有蘑菇特有的香气,菇柄切口平整,不带泥根和斑点,无病虫,新鲜饱满者为佳。菌盖直径应掌握在 15~33 mm,最大不超过 45 mm。蘑菇采收后极易褐变和开伞,采收后到加工前的处理要及时,或用亚硫酸盐溶液进行护色,尽量减少露空时间。品种如浙农 1 号、2 号、3 号,上海嘉定 29 号,上海南翔 3 号和索密塞尔 11 号等。

工艺要点:蘑菇罐头加工流程包括护色处理、预煮、分级、整理、切片、装罐、排气、密封、杀菌、冷却等。原料要求运输时间不超过 16 h,为了保证色泽,常采用 0.1% 的焦亚硫酸钠浸洗,以护色。蘑菇用 0.1% 的柠檬酸液进行预煮,装罐的汤汁中加有 2.5% 的盐、0.05%~0.06% 的柠檬酸和 0.01%~0.015% 的 EDTA、0.05% 的异抗坏血酸钠。蘑菇采用高压杀菌,迅速冷却。连续转动杀菌与冷却可以大大地改进产品的质量。

2.5.3.4 青豆(青豌豆)

要求丰产,植株生长一致,豆粒光滑饱满,质地鲜嫩,含糖量高,粒小有香气,色泽碧绿,种脐无色,植株上豆荚成熟一致。罐藏豌豆品种有两种类型,一种是光粒种,另一种是皱粒种。所谓皱粒种是指豌豆老熟干燥后的表现,在幼嫩时种皮仍是保持光滑的,此类品种成熟早,色泽保持好,风味香甜,但不及光粒种丰实。红花豌豆因种脐黑色,不宜用作罐藏。

最有名的罐藏品种是阿拉斯加(Alaska),此外还有派尔范新(Perfection)、大绿 537(Green Giants)。日本用冈山绵荚、白姬豌豆和滋贺改良白白花等。我国生产上常用小青荚、大青荚、宁科百号等,目前有中豌 4 号、中豌 6 号等。

工艺要点:青豆罐头的加工工艺包括原料、去荚、分级、预煮、冷却、装罐、密封、杀菌冷却等。进厂的原料要求新鲜,用去荚机脱粒,之后进行大小分级,在 5~10 mm 范围内分成 5 级,亦视不同的成熟度采用盐水分级。烫漂后装入涂料罐中,小号青豆的杀菌失重比大号豆要多,故应多装些。青豆罐头需高压杀菌,反压冷却。

青豆及其他的绿色蔬菜常进行染色处理,以保持较好的外观,常用的方法如下:①硫酸铜法,在 0.03% 的硫酸铜溶液中预煮 3~7 min,此法常会造成铜离子超标;②醋酸镁,方法为用沸水烫漂 3 min 后在 0.7% 碳酸钠和 0.12% 的醋酸镁混合液中浸 30 min,保持温度 70℃,浸泡后清洗装罐;③叶绿素铜钠盐,在 1% 的石灰液中浸 20~30 min,洗净后在 5% 的盐水中浸 15~20 min,青豆 1.5 份和 0.08%~0.1% 叶绿素铜钠染色液 1 份经 25~30 min 90℃ 以上的处理,清水漂洗。此法安全,但色泽不及硫酸铜。

2.5.3.5 甜玉米

玉米有粉质和糖质两种类型,粉质类型只作粮食和饲料,糖质类型主要用于罐藏和冷冻加工,因其含糖量甚高,口味甜糯,所以称为甜玉米。罐藏要求甜玉米含糖量高,质地柔糯,风味甜香,成熟期整齐一致。甜玉米罐头有玉米笋、玉米粒和玉米糊粒等几种,对成熟度要求差异甚大。加工玉米笋的原料,其玉米穗长到 6~9 cm,尚未吐出花丝时采收,加工玉米粒的原料是待玉米长至乳熟期时采收。不论加工何种制品,甜玉米采收后均应及时加工,否则糖分很快转化,甜度下降,品质变劣。为延长加工时期,可采用分期播种或不同成熟期品种相搭配的办法来解决。

罐藏甜玉米的品种变化很快,杂种一代大量应用,我国各地曾选育出的罐藏品种有甜单1号、华甜5号、农梅1号和甜玉26号等,目前较好的有日本的卡拉贝86、卡拉贝90、露茜90、鸡尾酒600。我国的甜单8号、特甜1号、超甜3号、华珍、准甜6号。除了露茜90为白粒,鸡尾酒600为黄白相间之外,其余均为黄粒种。

整粒甜玉米罐头的工艺包括去壳、去须、检验、切分、装罐加盐液、密封、杀菌、冷却。糊状罐头的工艺除了切分之外还需将一部分细粒刮下以形成糊,将其与玉米粒混合成一定稠度的糊,同时加糖盐和改性淀粉调节稠度。甜玉米罐头采用涂料铁装,高压杀菌,视不同的罐型,121℃下25～80 min,要求冷却迅速。加糖多的产品受热时间长后产品易褐变。

▶▶ 复习思考题 ◀◀

1. 食品依 pH 值可以分成几类,其杀菌条件有何不同?
2. 哪些因素会影响罐头的真空度?怎样影响?
3. 哪些因素影响罐头的杀菌效果?怎样影响?
4. 以什么标准选择罐头杀菌的对象菌?主要的对象菌有哪些?
5. 什么叫罐头排气?其目的是什么?
6. 高压杀菌的规程及注意事项有哪些?
7. 罐头胖听的常见类型及其原因有哪些?
8. 简述柑橘、桃、菠萝罐头对原料的要求及常用罐藏品种。
9. 简述甜玉米、青豆、芦笋罐头对原料的要求及常用罐藏品种。

▶▶ 指定参考书 ◀◀

1. 陈学平.果蔬产品加工工艺学.北京:农业出版社,1995
2. 李雅飞,等.食品罐藏工艺学.上海:上海交通大学出版社,1993
3. 北京农业大学.果品贮藏加工学.北京:农业出版社,1988
4. 无锡轻工业学院,天津轻工业学院合编.食品工艺学.北京:轻工业出版社,1985
5. 赵冠群,华懋宗.低酸性罐头食品的加热杀菌.北京:轻工业出版社,1987
6. Luh B S and Woodroof J G. Commercial vegetable processing. Westport Conn：The AVI Publishing Co. Inc.,1988
7. Woodroof J G and Luh B S. Commercial fruit processing. Westport Conn：The AVI Publishing Co. Inc.,1986
8. Lopez A. A Complete course in canning, 11th edt. Book1-basic information on

canning，New York：The canning trade，1981

参考文献

1. 叶兴乾.果品蔬菜加工工艺学.3 版.北京：中国农业出版社，2009

2. 李雅飞，等.食品罐藏工艺学.上海：上海交通大学出版社，1993

3. 北京农业大学.果品贮藏加工.北京：农业出版社，1988

4. 杨邦英.罐头工业手册.北京：轻工业出版社，2002

5. 无锡轻工业学院，天津轻工业学院合编.食品工艺学.北京：轻工业出版社，1985

6. 赵冠群，华懋宗.低酸性罐头食品的加热杀菌.北京：轻工业出版社，1987

7. 芝崎勋.新编食品杀菌工艺学.许有成译.北京：农业出版社，1990

8. Luh B S and Woodroof J G. Commercial vegetable processing. Westport Conn：The AVI Publishing Co. Inc. ，1988

9. Woodroof J G and Luh B S. Commercial fruit processing. Westport Conn：The AVI Publishing Co. Inc. ，1986

10. Somogyi L P and Ramaswamy H S Hui Y H. Processing fruit science and technology. Vol. 1. Biology，principle and application. Vol. 2. Major processed products. Culinary and hospitality industry publications services

11. Lopez A. A Complete course in canning，11th eds. Book 1-basic information on canning，The canning trade，Book Ⅱ processing procedures for canned food products. Baltimore Maryland，1981

12. Ashurst P R，Arthey D. Fruit processing nutrition，products，and quality management(2nd edit.)，Aspen Publishers，New York，USA

13. Arthey D Dennnis C. Vegetable processing. Blackie，Glasgow，1991

14. Tomas-Barberan，Robins R. J. Phytochemistry of fruit and vegetables. Oxford science publications P205 - 220，Oxford：Clarendon Press，1997

16. Wiley，R. C. Minimally processed refrigerated fruit and vegetables：New York：Chapman and Hall，1994

17. Barbosa-Canovas G V，Tapia M S，Cano M P. Novel food processing technologies. CRC press，2005

18. 稻垣长典总编集. 缶びん诘·レトルト食品事典. 东京：朝仓书店，1984

19. Mertens B，Knorr D. Developments of non-thermal processes for food preservation. Food Technology，1992(5)：124 - 132

20. 高福成.现代食品工程高新技术.北京：中国轻工业出版社，1997

第3章

果蔬制汁

> **教学目标**
>
> 1. 掌握原果蔬汁(包括澄清汁、混浊汁、浓缩汁)加工工艺流程,掌握澄清汁、混浊汁和浓缩汁加工工艺的关键工序及其异同点
> 2. 掌握原果蔬汁加工工艺各工序的操作要点
> 3. 了解果蔬汁饮料生产的原辅材料,了解最新的果蔬汁饮料包装技术
> 4. 掌握果蔬汁生产中易出现的问题,并能够分析解决
>
> **主题词**
>
> 果蔬汁　加工　工艺　澄清　过滤　脱气均质　浓缩　酶处理　无菌包装　无菌贮藏

3.1 果蔬汁的分类及对原料的要求

3.1.1 果蔬汁的分类

果蔬汁(fruit and vegetable juice)是指直接从新鲜水果或蔬菜取得的未添加任何外来物质的汁液。以果蔬汁为基料,加水、糖、酸或香料调配而成的液体饮品称为果蔬汁饮料。

3.1.1.1 根据 GB 10789—2007(饮料通则)分类

GB 10789—2007(饮料通则)将果蔬汁及其饮料产品分为如下 9 类。

(1)果汁(浆)和蔬菜汁(浆)[fruit/vegetable juices(pulps)] 采用物理方法,将水果或蔬菜加工制成可发酵但未发酵的汁(浆)液;或在浓缩果汁(浆)或浓缩蔬菜汁(浆)中加入浓缩时失去的等量的水,复原而成的制品。可以使用食糖、酸味剂或食盐,调整果汁、蔬菜汁的风味,但不得同时使用食糖和酸味剂调整果汁的风味。具有原水果果汁(浆)或蔬菜汁(浆)的色泽、风味和可溶性固形物含量(为调整风味添加的糖不包括在内)。

(2)浓缩果汁(浆)和浓缩蔬菜汁(浆)(concentrated fruit/vegetable juices(pulps)) 采用物理方法从果汁(浆)中除去一定比例的水分,加水复原后具有果汁(浆)或蔬菜汁(浆)应有特征的制品。可溶性固形物的含量和原汁(浆)的可溶性固形物含量之比≥2。

(3)果汁饮料和蔬菜汁饮料(fruit/vegetable juice beverage)

①果汁饮料(Fruit juice beverage):在果汁(浆)或浓缩果汁(浆)中加入水、食糖和(或)甜味剂、酸味剂等调制而成的饮料,可加入柑橘类的囊胞(或其他水果经切细的果肉)等果粒。果汁(浆)含量≥10%(质量分数)。

②蔬菜汁饮料(vegetable juice beverage):在蔬菜汁(浆)或浓缩蔬菜汁(浆)中加入水、食糖和(或)甜味剂、酸味剂等调制而成的饮料。蔬菜汁(浆)含量≥5%(质量分数)。

(4)果汁饮料浓浆和蔬菜汁饮料浓浆(concentrated fruit/vegetable juice beverage) 在果汁(浆)和蔬菜汁(浆)、或浓缩果汁(浆)和浓缩蔬菜汁(浆)中加入水、食糖和(或)甜味剂、酸味剂等调制而成,稀释后放可饮用的饮料。按标签标示的稀释倍数稀释后,其果汁(浆)含量≥10%(质量分数),蔬菜汁(浆)含量≥5%(质量分数)。

(5)复合果蔬汁(浆)及饮料(blended fruit/vegetable juice(pulp) beverage) 含有两种或两种以上的果汁(浆),或蔬菜汁(浆),或果汁(浆)和蔬菜汁(浆)的制品为复合果蔬汁(浆);含有两种或两种以上果汁(浆),蔬菜汁(浆)或其混合物并加入水、食糖和(或)甜味剂、酸味剂等调制而成的饮料为复合果蔬汁饮料。复合果汁(浆)饮料中果汁(浆)总含量≥10%(质量分数);复合蔬菜汁(浆)饮料中蔬菜汁(浆)总含量≥5%(质量分数);复合果蔬汁(浆)饮料中果汁(浆)蔬菜汁(浆)总含量≥10%(质量分数)。

(6)果肉饮料(nectar) 在果浆或浓缩果浆中加入水、食糖和(或)甜味剂、酸味剂等调制而成的饮料。含有两种或两种以上果浆的果肉饮料称为复合果肉饮料。果(浆)总含量≥20%(质量分数)。

（7）发酵型果蔬汁饮料(fermented fruit/vegetable juice beverage)　水果、蔬菜或果汁（浆）、蔬菜汁（浆）经发酵后制成的汁液中加入水、食糖和（或）甜味剂、食盐等调制而成的饮料。

（8）水果饮料(fruit beverage)　在果汁（浆）或浓缩果汁（浆）中加入水、食糖和（或）甜味剂、酸味剂等调制而成，但果汁含量较低的饮料。果汁（浆）含量≥5%（质量分数）。

（9）其他果汁饮料(other fruit juice beverages)　上述8类以外的果汁和蔬菜汁类饮料。

3.1.1.2　按工艺不同分类

（1）澄清汁　也称透明汁，不含悬浮物质，呈澄清透明的汁液。如苹果汁、葡萄汁、杨梅汁、冬瓜汁等。

（2）混浊汁　也称不澄清汁。他带有悬浮的细小颗粒，这一类汁一般是由橙黄色的果实榨取的。这种果实含有营养价值很高的胡萝卜素，它不溶于水，大部分存在于果汁悬浮微粒中。如橘子汁、菠萝汁、胡萝卜汁、番茄汁。

（3）浓缩汁　将新鲜果汁经过技术处理，使其去掉一部分水浓缩而成。浓缩果汁又称果汁露。

▶ 3.1.2　果蔬汁加工对原料的要求

3.1.2.1　影响果蔬汁加工原料品质的主要因素

影响果蔬汁加工原料品质的原因很多，人们常以下述公式来衡量：

$$果蔬质量指数 = \frac{营养 \cdot 耐藏性 \cdot 安全性 \cdot 接受性}{重量 \cdot 价格 \cdot 能源消耗}$$

由于果蔬原料具有种类（品种）、食用部位和生长要求（生长期等）的多样性，因此，自然条件、生态环境和农业技术等都会对果蔬的品质如营养成分、生理特性、加工适应性、耐藏性等产生很大的影响。

3.1.2.2　对果蔬原料质量的基本要求

（1）采收成熟度　加工果汁一般要求原料达到最佳加工成熟度，通常是介于采摘成熟度与质量成熟度之间，且不能进入衰老过熟阶段，具有该品种典型的色、香、味及营养成分特征。

一般来讲，采收过早，果实色泽浅，风味淡，香气不浓，酸度大，肉质生硬，产量低，品质较差；采收过晚，则组织变软，酸度降低，且不耐贮藏和热处理，影响产品脆度。过早或过晚采收的原料都不利于高品质果蔬汁产品的生产。

（2）原料新鲜度　在采摘后，水果原料内部立即开始进行一系列化学的、生物化学的和微生物的反应，水果原料的成分会发生一系列变化，甚至水果原料中的有效成分完全被破坏。因此，应选择新鲜度高的果蔬原料。

（3）原料清洁度　在加工前，果蔬原料必须通过清洗作业，尽可能使表面清洁、干燥和无损伤，而且还能减少产品表面的农药残留。由于在原料污垢中存在着大量的微生物，所以清洗作业是一道很重要的工序。

果蔬表面微生物含量对于能否达到完善的保藏(杀菌)作业从而保证果汁饮料的质量具有决定性的意义;另外,国际上现在已经规定某些特种食品不允许含有农药残留物。在任何情况下,都不允许使用被霉菌侵染的水果原料制造果汁饮料。某些霉菌,如扩张青霉(*Penicillium expansum*)、荨麻青霉(*Penicillium urtica*)和雪白丝衣霉(*Byssochlamis nivea*),会产生致癌作用、致畸作用和致突变作用的棒曲霉素(*Patulin*)。例如苹果浓缩汁中棒曲霉素是世界上许多国家的商检指标,它就是由榨汁原料带入的霉菌产生并残留,控制原料的污染是解决该问题的唯一办法。

所以,在判断水果原料的质量时,不仅要观察原料的"外观完好性",还要注重其内在质量。由于消费者对果汁饮料的质量和产量的要求越来越高,高质量的果蔬汁饮料,首先需要高质量的生产原料,落果、残次果、劣质鲜销原料是制造不出优质果蔬汁饮料的!

3.1.2.3 加工果蔬汁的原料应具有的品种特性

(1)出汁(浆)率高 出汁(浆)率一般是指从果蔬原料中压榨(或打浆)出的汁液(或原浆)的重量与原料重量的比值。出汁率低不仅会使成本升高,而且会给加工过程造成困难。

(2)甜酸适口 甜度和酸度对果蔬汁风味有很大影响,但二者相互配比关系对口味的影响更突出。仁果类水果糖酸比在(10~15):1较为适合制汁。苹果汁加工中苹果糖酸比在13:1左右,榨出的汁甜酸适口。浆果类水果原料的含酸量往往可以大一些。

(3)香气浓郁 每种水果都具有其典型香气,但不同种类、品种香气的浓淡差异极大,只有用于加工果蔬汁的原料具有该品种典型而浓郁香气时,才能加工出香气诱人的产品,同时还应考虑不同销售地区消费者的口味来选择具有不同香气特征的生产原料。

(4)色彩绚丽 果蔬在成熟时会表现出特有的色泽,良好的色泽能提高果蔬汁产品的吸引力。所以应选用具有本品种典型色泽,且在加工中色素稳定的原料来加工制汁。

(5)营养丰富且在加工过程中保存率高 人们饮用果蔬汁主要是为了摄入其中的营养素。果蔬汁包含了果实中绝大部分营养,但不同果蔬品种间,同一品种不同采收期,不同产地间的制汁原料的营养成分是不一样的,特别是该果蔬品种典型的对人体最有益的某种营养成分,因而应根据品种营养特性及其加工特性选择营养丰富的原料加工制汁。

(6)严重影响果蔬汁品质的成分含量要低 如用柑橘类果实中橙皮苷和柠碱含量高的品种制汁时,产品苦味重,品质差,不宜采用。红星苹果中酚类含量高,制汁过程中褐变严重,不宜采用。

(7)可溶性固形物含量高 可溶性固形物的含量低时,说明果蔬汁中溶质较少,营养成分含量较低,同时也会给加工带来困难,如加大机械负荷,能量消耗大等。

(8)质地适宜 水果的质地大致上与果肉的薄壁细胞大小、间隙大小、水分含量以及果皮厚薄等有关。随着成熟,肉质果实一般趋于软化,同时果皮保护作用加强。果品质地关系到果汁出汁率,质地太硬取汁困难,能量损失大;太软榨汁框架不易形成,也不利于出汁。

3.2 果蔬汁加工工艺

3.2.1 原果蔬汁加工工艺

3.2.1.1 工艺流程

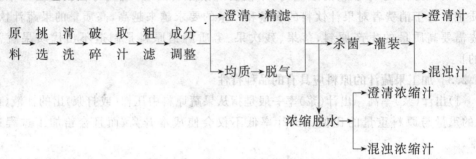

3.2.1.2 操作要点

（1）原料选择　加工果蔬汁的原料要求具有美好的风味和香味，无异味，色泽鲜艳而稳定，糖酸比合适，并且在加工贮藏中能保持这些优良的品质。此外，要求出汁率高，取汁容易。果蔬汁加工对原料的果形大小和形状虽无严格要求，但对成熟度要求较严，严格地说，未成熟或过熟的水果、蔬菜均不适合制作果蔬汁。剔除霉烂果、病虫果、未熟果和杂质，以保证果汁的质量。尤其是霉烂果，只要有少量混入，就会影响大量果蔬汁风味。

（2）清洗　果蔬原料必须充分冲淋、洗涤。浆果类果实清洗须十分小心，带皮榨汁的原料更应重视洗涤。为了减少农药污染，可用一定浓度的盐酸或氢氧化钠溶液浸泡，然后清水冲洗；对于微生物污染，可用一定浓度的漂白粉或高锰酸钾溶液浸泡，然后用清水冲洗干净。此外，还应注意洗涤用水的清洁，不用重复的循环水洗涤。

（3）破碎　许多果蔬如苹果、梨、菠萝、葡萄、胡萝卜等榨汁前须破碎，特别是皮和果肉致密的果蔬，更需借助破碎来提高出汁率，这是因为果实的汁液均含于细胞质内，只有打破细胞壁才可取出汁液。但果蔬破碎必须适度，过度细小，使肉质变成糊状，造成压榨时外层的果蔬汁很快地被压出，形成一厚饼，使内层的果蔬汁反而不易出来，造成出汁率降低。破碎程度视种类品种不同而异，苹果、梨、菠萝等用辊压机破碎时，碎片以 $3\sim4$ mm 大小为宜；草莓和葡萄以 $2\sim3$ mm 为好；樱桃可破碎成 5 mm；番茄等浆果则可大些，只需破碎成几块即可。打浆是广泛应用于加工带肉果汁和带肉鲜果汁的一种破碎工序。

果蔬破碎一般用破碎机或磨碎机进行，有辊压式、锤磨式破碎机和打浆机、绞肉机等。不同的果蔬种类采用不同的机械，如番茄、梨、杏宜采用辊式破碎机；葡萄采用联合破碎去梗送浆机；带肉胡萝卜、桃汁可采用打浆机或绞肉机。

许多果蔬破碎后、取汁前须进行热处理，其目的在于提高出汁率和品质。因为首先加热使细胞原生质中的蛋白质凝固，改变细胞的结构，同时使果肉软化，果胶部分水解，降低了果蔬汁黏度；另外，加热抑制多种酶类，如果胶酶、多酚氧化酶、过氧化酶等活性，从而不使产品发生分层、变色、产生异味等不良变化;再者,对于一些含水溶性色素的果蔬,加热有利于色素的提取,如杨梅、山楂、红色葡萄等;柑橘类果实中的宽皮橘类加热有利于去皮,橙类也有利于降低精油含量;胡萝卜等具有不良风味的果蔬,加热有利除去不良风味,如将对切的胡萝卜置于一定的食用酸溶液中煮即可基本除去特殊臭味。图3-1所示为日本最近报道的瞬时加热破碎装置。原料首先由漏斗经密闭转式导向阀,然后送入破碎机,下方为莫诺泵的密闭系统。装入原料之后通入蒸汽来加热,同时进行破碎。破碎后的物料用泵送出,并在压紧筒内保持一定的滞留时间后,再用间接式冷却装置冷却。此装置适合于苹果、梨、甜瓜、番茄、葡萄等果蔬。优点在于提高品质、降低营养成分在加热中的溶出,更由于加热、破碎同时进行,故氧化变色大为减少。另外还具有节约用水、布局面积小、易于清洗、用途广泛等优点。

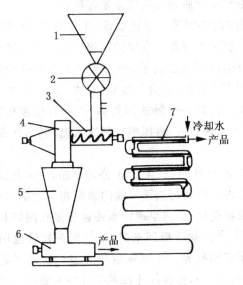

图 3-1　瞬间加热破碎机示意图
1. 装料斗　2. 密封旋转导向阀　3. 加压进料
4. 破碎机　5. 承受漏斗　6. 泵　7. 冷却装置

此外,一些酶处理也可以提高出汁率,如果胶酶、纤维素、半纤维素酶。使用时,应注意与破碎后的果蔬充分混合,根据原料品种控制使用量,根据酶的性质不同掌握适当的 pH 值、温度和作用时间。同样,酶制剂的品种和用量不适合有时也会降低果蔬汁品质和产量。

(4)取汁　果蔬取汁有压榨和渗出两种,大多果蔬含有丰富的汁液,故以压榨法为多,仅有山楂、李、干果、乌梅等果干采用渗出法。杨梅、草莓等浆果有时也用渗出法来改善色泽和风味。

压榨方法主要有液压式压榨机、轮辊式压榨机、螺旋式压榨机、特殊的压榨机(如柑橘压榨机)等。果蔬压榨效果取决于果蔬的质地、品种和成熟度。压榨时的汁液流出量可用下式来估算。

$$V = \frac{\pi r^4 pt}{8\eta l}$$

式中：V——果蔬汁流出量，cm^3/s；

　　　p——果蔬浆上施加的压力，kPa；

　　　r——毛细管半径，cm；

　　　l——毛细管长度，cm；

　　　η——果蔬汁的黏度，cp；

　　　t——果蔬汁流出时间，s。

由此可见，降低压榨层厚度，即减短毛细管长度，加入一些疏松物质，增加毛细管半径，有利于提高出汁率。降低果蔬浆糖度也有同样的效果。压榨时，加入一些疏松剂可提高出汁率，据报道，葡萄、梨、苹果、桃、杏等水果中加入一种由烯烃聚合物的短纤维可有明显的效果，这种纤维的平均长度在 $0.5\sim50$ mm 之间，平均直径在 $1\sim500$ μm 之间，还具有使果蔬汁易澄清，降低酚类型物质和二价铁含量等优点。

果蔬汁加工所用压榨机必须符合下述要求：工作快速、压榨量大、结构简单、体积小、容量大、与原料接触有抗腐蚀性等等。主要的压榨机有以下几种类型。

①连续螺旋式压榨机：内部为螺旋轴，外围为具有不同孔径的筛网，在螺旋推进时产生压力，出汁率可通过间距来控制，适合于葡萄、柑橘、番茄、菠萝、各种浆果和蔬菜。

②气动压榨机：基本结构是一个卧式圆筒筛，排列有压榨布料，里面有一个粗橡皮管能充压缩空气。果浆装入压榨机后，将压缩空气充入充气管，在旋转中对布料内的果浆施加压力而榨取汁液。

③卧篮式压榨机：系瑞士 Bucher - Cuyer 公司产品，一多孔筒上有一个带绞链带的料口，果蔬浆由料口注入篮内。借助在篮子一端的装配在筒上活塞中的圆压板压迫物料，当活塞移动伸入篮子时，物料受到压力，果蔬汁水便通过多孔圆筒和排在压板和固定端之间的多孔尼龙软管流入收集槽。圆压板回来时，这些尼龙软管也用来破碎渣饼。在一个压榨周期内，果蔬渣反复压榨和破碎。压榨完后打开盖子转动圆筒，果渣从料口排出，一个压榨周期内约 1 h，篮子可达 5 t，是目前压榨苹果汁的主要压榨机。

④带式压榨机：美国威斯康星州一家公司成功地应用带式压榨机于苹果汁的生产。原理是通过夹着原料的两根皮带运行于贴胶辊之间产生的压力来实现的。压力大小可在 $0\sim25$ MPa 之间。破碎后的物料均匀地送上皮带，随皮带进入楔形低压部分，压出的汁立即从混合物中分离。当皮带到达冲孔大辊周围时，果蔬汁逐渐从破碎的果蔬浆中榨出。最后，皮带接近于贴胶压缩孔而进入高压部分，果蔬浆在一大辊与绕其周围的五小辊压迫下榨出果蔬汁。渣在排料辊通过喷射冲刷从皮带剥离。

⑤序列式压榨机（In - line juice extractor）：系美国 FMC 公司产品。压榨装置为一系列具有梳齿的杯，装于环形可转动的台上，每杯可容纳一个果实，上、下两个杯形状大小不一样，合拢时梳齿可以完全契合，下杯内有若干细筒，当上杯压下时，果汁即由这些细筒流出。如此榨出的果汁可以不沾染果皮油和果皮汁液。

⑥布朗压榨机：为刻有纵纹的锥形取汁器组成，果实进入后先一切为二，然后在锥汁器内挤出果汁，该机有布朗 400、700 和 1100 等几种型号，适合橙类，不适合宽皮柑橘。

⑦安迪森压榨机：适合于宽皮柑橘类，图 3-2 为其示意图。果实自进口进入，经旋转锯切半，然后经压榨盘压榨，压力由压榨盘狭口到挡板的距离调节。果汁由挡板上的孔眼

流出,果渣则从另一端排出。

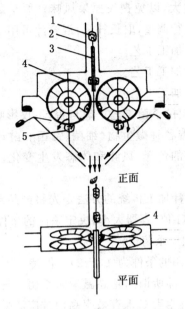

图 3－2　安迪森压榨机示意图
1. 原料果实　2. 进入导轨　3. 旋转锯
4. 旋转压榨盘　5. 旋转强出片

渗出法取汁最常用在乌梅、李干等果品中,在美国,50 kg 李干和 100 L 热水混合后,在 80℃ 或稍高的温度下抽提 2~4 h。取出汁液后,第二次每 50 kg 加 60 L 水,85℃ 下抽提 2~4 h,第三次加水 40 L 再抽提,合并所有的抽提液。

在我国,山楂也采用渗出法,方法有以下几种。

①一次浸泡法:软化温度 85~95℃,时间 20~30 min,软化后自然冷却 12~24 h,软化和浸泡总用水量约为鲜山楂的 3 倍。

②连续逆流浸泡法:可采用各种形式的渗出器,以卧式斜槽为例,用螺旋输送器推动物料均匀地由低向高逆流前进,浸提水由高至低,软化温度 80~95℃,时间 20~30 min;浸泡温度 65~80℃,浸提时间 90~120 min,总用水量为原料总重的 2~3 倍。

(5)粗滤　对于混浊果汁,主要在于去除分散于果蔬汁中的粗大颗粒和悬浮粒,同时又保存色粒以获得色泽、风味和典型的香味。对于澄清果汁,粗滤后还需精筛,或先行澄清处理后再过滤,务必除去全部悬浮颗粒。

新榨汁中悬浮物的类型和数量依榨汁方法和植物组织结构而异,其中粗大的悬浮来自于果蔬细胞的周围组织或来自于细胞壁。其中尤以来自于种子、果皮和其他食用器官的组织颗粒,不仅影响果蔬汁的外观、状态和风味,也会使果蔬汁变质。柑橘类还含有柚苷、柠碱等苦味物质。

生产上,粗滤可在压榨中进行,也可在榨汁后作为一独立的操作单元,前一种情况如设有固态分离筛的榨汁机的离心分离式榨汁机等,榨汁、筛滤可在同一机上完成,后一种可采用各种型号的筛滤机,另外,振动筛也常用以完成粗滤之目的。

（6）成分调整　为了使果蔬汁符合一定规格要求和改进风味,需进行适当的糖酸等成分调整,但调整的范围不宜过大,以免丧失原果风味。原果蔬汁一般利用不同产地、不同熟期、不同品种的同类原汁进行调整,取长补短;混合汁可用不同种类的果蔬汁混合。

（7）澄清过滤　见澄清汁加工工艺。

（8）脱气均质　见混浊汁加工工艺。

（9）浓缩脱水　见浓缩汁加工工艺。

（10）杀菌　果蔬汁及饮料的杀菌工艺正确与否,不仅影响到产品的保藏性,而且影响到产品的质量。果蔬中存在着各种微生物(细菌、霉菌和酵母),他们会使产品腐败变质;同时还存在着各种酶,使制品的色泽、风味和体态发生变化,杀菌的目的在于杀灭有害微生物和钝化酶活性。

①高温或巴氏杀菌:果蔬汁加工传统的方法是先将产品热灌装于容器中,密封后在热蒸汽中杀菌,视产品的种类 pH 值、容器大小,决定杀菌的条件,一般在 60～100℃,低酸性蔬菜汁则采用高于 100℃的加压杀菌。

②高温瞬时杀菌:一般采用的条件为(93±2)℃保持 15～30 s,特殊的低酸性制品可在120℃以上进行 3～10 s 杀菌,即所谓的超高温瞬时杀菌。现在超高温瞬时杀菌由于对果蔬汁风味、色泽较好,特别对维生素 C 保存效率高而被广泛采用。

（11）灌装　果蔬汁的灌装有冷灌装和热灌装两种。所谓冷灌装,即灌装前不行杀菌或杀菌、冷却后进行灌装,如冷冻浓缩果蔬汁和一些冷藏果蔬汁。大多数果蔬汁都趁热灌装或灌装后杀菌。热灌装后,果蔬汁应立即冷却,并在适宜环境下贮藏。

▶ 3.2.2　澄清果蔬汁的加工工艺

3.2.2.1　工艺流程

原料→挑选→清洗→破碎→取汁→澄清→过滤→杀菌→灌装→产品

加工中也有选用灌装、密封,后进行杀菌的。

3.2.2.2　操作要点

（1）从原料选择到成分调整的工艺　操作同原果蔬汁。

（2）澄清　果蔬汁为复杂的多分散相系统,含有细小的果肉粒子,胶态或分子状态及离子状态的溶解物质,这些粒子是果蔬汁混浊的原因。在澄清汁的生产中,必须加以除去。常用方法有如下几种。

①酶法:果胶物质是果蔬汁中主要的胶体物质。随果蔬种类不同,其含量在 70～4 000 mg/L 不等,果胶酶可以将其水解成水溶性的半乳糖醛酸。而果蔬汁中的悬浮颗粒一旦失去果胶胶体的保护,即很易沉降。生产时,果胶酶依其得到的方式不同和活性、理化特性不同,加入之前须做预先试验。

②明胶 - 单宁法:此法适用于苹果、梨、葡萄、山楂等果汁,它们含有较多的单宁物质。明胶或鱼胶、干酪素等蛋白质物质,可与单宁酸盐形成络合物,此络合物沉降的同时,果汁中的悬浮颗粒亦被缠绕而随之沉降。另外,试验证明果汁中的果胶、维生素、单宁及多聚戊糖等带负电荷,酸性介质中明胶、蛋白质、纤维素等则带正电荷,这样,正负电荷的相互作

用,促使胶体物质不稳定而沉降,果汁得以澄清。果汁中含有一定数量的单宁物质,生产中为了加速澄清,也常加入单宁。

明胶和单宁在果汁中的用量取决于果汁种类、品种及成熟度和明胶质量。常用为明胶100~300 mg/L果汁,单宁90~120 mg/L果汁。如苹果汁一般明胶加入量在80~100 mg/L果汁。使用时需预先试验,以加入明胶和单宁后产生大量的片状凝絮,2 h内可发生沉降,容易过滤,滤液透明、澄清为好。

此法在酸性和温度较低条件下易澄清,以8~10℃为佳。不足之处在于对含花色苷果汁会发生部分退色,高温下时间过长,果汁易发酵。

③酶、明胶联合澄清法:对于仁果类果汁,此法应用最多,如苹果汁其方法为:新鲜的压榨汁采用离心或直接用酶制剂处理30~60 min,之后加入适量的明胶溶液,静置1~2 h或更长,用硅藻土过滤。当果汁中单宁物质含量很高时,为了防止它们对果胶酶的抑制作用,也可先加入明胶,其终点可通过测定黏度的方法来确定。

研究表明,此法酶的作用意义还在于破坏了少量的淀粉和纤维素,一般成熟度仁果类含有约1%的淀粉,若含量很高时,可将淀粉酶和果胶酶一起使用。

④硅藻土法:硅藻土是硅酸的水溶性胶体溶液(15%~30%),使用时,将其用蒸馏水稀释,当明胶、皂土等加入果蔬汁后,再在果蔬汁中加入一定量的硅藻土溶液,加温有利于加速澄清,这与酶法的温度一致(40~50℃)。此法除了可分离蛋白质,还可以促使混浊物形成絮状沉淀,可吸附和除去过剩的明胶。

⑤膜过滤澄清法:该方法是近年来发展起来的一种新技术,其特点是澄清效果好,对果汁成分影响小,是果汁澄清技术的发展方向之一。

⑥其他澄清法

A. 自然澄清法:长时间的静置,也可以促进果菜汁中悬浮物。这是由于果胶物质逐渐被水解,蛋白质和单宁等逐渐形成不溶性的单宁酸盐。但需时较长,果汁易败坏,因此仅用于由防腐剂保藏的果汁。

B. 加热澄清法:将果汁在80~90 s内加热至80~82℃,然后急速冷却至室温。由于温度的剧变,果汁中蛋白质和其他胶体物质变性凝固析出,从而达到澄清的目的。但一般不能完全澄清,且由于加热会损失一部分芳香物质。

C. 冷冻澄清法:冷冻使胶体浓缩脱水,改变了胶体的性质,故而在解冻后聚沉。此法特别适用于雾状混浊的果蔬汁,苹果汁用该法澄清效果较好。

此外,果汁沉淀还有加蜂蜜澄清法、加柠檬澄清法、果胶酶 - 蜂蜜澄清法、海藻酸钠 - 碳酸钙澄清法等澄清方法。

(3)过滤　澄清后必须过滤将果蔬汁中的固体微粒除去,固体微粒包括果肉微粒、澄清过程中的沉淀物及其他杂物。果蔬汁主要采用板框式过滤机、硅藻土过滤机、离心式分离机、过滤式离心机以及膜分离等。

①板框式过滤机:是目前最常用的分离设备之一。特别是近年来经常作为果蔬汁进行超滤澄清的前处理设备,对减轻超滤设备的压力十分重要。

②硅藻土过滤机:是在过滤机的过滤介质上覆上一层硅藻土助滤剂的过滤机。该设备在小型果蔬汁生产企业中应用较多。它具有成本低廉、分离效率高等优点。但由于硅

藻土等助滤剂容易混入果蔬汁给以后的作业造成困难。

③纸板过滤——深过滤:尽管有许多过滤工艺,但深过滤是迄今为止,在各个应用范围使用最广泛、效率最高和最经济的产品过滤工艺。其应用范围包括食品工业、生物技术、制药工业等,可用于粗过滤、澄清过滤、细过滤及除菌过滤等。利用深过滤过滤片所分离物质的范围可以从直径为几微米的微生物到分子大小的颗粒。深过滤过程有三种基本的过滤机理。

表面过滤:通过表面或筛过滤使大于过滤孔径的颗粒被截留在过滤片的表面;

深过滤:当颗粒进入到过滤片的内部,在细孔径处被机械地截留住;

吸附过滤:这种分离过滤是通过过滤片内部表面的吸附作用进行过滤的。过滤孔径大小为被过滤颗粒直径的 100 倍,一般来讲是由范德华力、氢键以及疏水和静电的转换作用来决定这种吸附作用的。

在实际过滤过程中,由于颗粒大小的广泛分布,这三种过滤机制单一出现的几率较小,都是在不同程度上共同作用来决定最终的过滤结果。

④膜分离技术:是近年来发展起来的新兴技术,但已在果汁加工业中显示了很好的前景。在果蔬汁过滤工艺中所采用的膜主要是超滤膜,用超滤膜澄清的果蔬汁无论从外观上还是从加工特性上都优于其他澄清方法制得的果蔬澄清汁,是该产业发展的方向。超滤分离由于其材料、断面物理状态的不同在果蔬汁生产中的应用也不尽相同。平板式超滤膜组件目前使用较为广泛。其原理和形式与常规的过滤设备相类似,优点是膜的装填密度高,结构紧凑牢固、能承受高压、工艺成熟、换膜方便、操作费用也较低。但浓差极化的控制较困难,特别是在处理悬浮颗粒含量高的液料时,液料通常会被堵塞。另一种在果蔬汁澄清分离工艺中广泛应用的是陶瓷膜,该膜具有耐温、耐酸碱、耐化学腐蚀、不需经常更换等优点,由于陶瓷膜以上的优点,该类膜已成为当今果蔬汁超滤大规模生产的主要材料。但该材料一次性投资较大,更换膜材料技术要求较高。

(4)杀菌、灌装等工艺操作 同原果蔬汁。

▶ 3.2.3 混浊汁及带果肉蔬汁加工工艺

3.2.3.1 工艺流程

原料→挑选→清洗→破碎→取汁→均质→脱气→杀菌→灌装→产品

加工中也有选用灌装、密封后进行杀菌的。

3.2.3.2 操作要点

(1)从原料选择到成分调整的工艺操作 同原果蔬汁。

(2)均质 生产混浊果蔬汁或带肉汁时,为了防止固体与液体分离而降低产品的外观品质,增进产品的细度和口感,常进行均质处理,特别是瓶装产品。均质即将果蔬汁通过一定类型的设备,使制品中的细小颗粒进一步破碎,使粒子大小均匀,使果胶物质和果蔬汁亲合,保持带肉汁的均一混浊状态。

高压均质机是最常使用的设备。胶体磨、超声波均质机等设备也可用于均质,其工作原理参见《食品工程原理》、《食品机械与设备》等教材。

（3）脱气 果蔬细胞间隙存在着大量的空气，在原料的破碎、取汁、均质和搅拌、输送等工序中又混入大量的空气，必须加以去除，这一工艺即称脱气或去氧。它的目的在于：脱除果蔬汁中的氧气，防止或减轻果蔬汁中的色素、维生素C、芳香成分和其他营养物质的氧化损失；除去附着于产品悬浮颗粒表面的气体，防止灌装后固体物上浮；减少装灌（瓶）和瞬时杀菌时的起泡；减少金属罐的内壁腐蚀。

脱气的方法主要有加热法、真空法、气体置换法、化学法和酶法等，常结合在一起使用。

①真空脱气法：采用真空脱气机，脱气时将果汁引入真空锅内，然后被喷射成雾状或注射成液膜，使果汁中的气体迅速逸出。真空锅内温度一般控制在 $40\sim50℃$，真空度为 $90.7\sim93.3\ kPa$，可脱除果蔬汁中 90％的空气。真空脱气法的缺点是会造成少量低沸点芳香物质被汽化除去，同时会有 2％～5％的水分损失。鉴此，可安装芳香物质回收装置，将汽化的芳香物质冷凝后再回加到产品中去。

②气体置换法：吸附的气体通过 N_2、CO_2 等惰性气体的置换被排除。

③化学脱气法：利用一些抗氧化剂或需氧的酶类作为脱气剂，效果甚好。如对果蔬汁加入抗坏血酸即可起脱气作用，但应注意抗坏血酸不适合在含花色苷丰富的果蔬汁中应用，因为它会使花色苷分解。

④酶法脱气法：在果蔬汁中加入需氧酶类（如葡萄糖氧化酶）可以起良好的脱气作用，β-D-吡喃型葡萄糖脱氢酶是一种典型的需氧脱氢酶，可氧化葡萄糖成葡萄糖酸，同时耗氧达到脱气目的。

▶ 3.2.4 浓缩果蔬汁的加工工艺

3.2.4.1 工艺流程
原料→挑选→清洗→破碎→取汁→浓缩脱水→杀菌→灌装→产品

3.2.4.2 操作要点
（1）从原料选择到成分调整的工艺操作 同原果蔬汁。

（2）浓缩脱水 浓缩果蔬汁较之直接饮用的果蔬汁具有较多的优点，包括容量小，可溶性固形物可高达 65％～68％，可节省包装和运输费用，便于贮运；果蔬汁的品质更加一致；糖、酸含量的提高，增加了产品的保藏性；而且浓缩汁用途广泛。因此，近年来产量增加很快，橙汁和苹果汁尤以浓缩形式为多。理想的浓缩果蔬汁，在稀释和复原后，应和原果蔬汁的风味、色泽、混浊度相似。生产上常用的浓缩方法如下。

①真空浓缩：真空浓缩设备由蒸发器、真空冷凝器和附属设备组成。蒸发器由加热器、蒸发分离器和果蔬汁用的气液分离器组成。真空冷凝器由冷凝和真空泵组成。主要的果蔬汁浓缩装置有降膜式、平板蒸发式、搅拌蒸发器、强制循环式和离心薄膜式等。同时，芳香物质的回收是各种真空浓缩汁生产中不可缺少的一步，在加热浓缩过程中，果蔬中的部分典型的芳香成分将随着水分的蒸发而逸出，从而使浓缩汁失去果蔬原有的天然的风味。因此，有必要将这些逸出的芳香物质进行回收浓缩，加入到浓缩汁或稀

释复原的果蔬汁中。

②冷冻浓缩:果蔬汁的冷冻浓缩应用了冰晶与水溶液的固-液相平衡原理。当水溶液中所含溶质浓度低于共溶浓度,溶液被冷却后,水(溶剂)便部分成冰晶析出,剩余溶液的溶质浓度则大大提高,这即是冷冻浓缩果蔬汁的基本原理。其过程可有如下三步:结晶(冰晶的形成)、重结晶(冰晶的成长)、分离(冰晶与液相分开)。

冷冻浓缩的方法和装置较多,有间歇式和连续式两种。荷兰 Grenco 冷冻浓缩系统是目前食品工业中应用较成功的一种装置,在欧洲,二效和三效的 Grenco 果汁冷冻浓缩系统广泛应用于柑橘汁、菠萝汁、草莓汁和树莓汁等热敏性产品中,最终浓度可达 55°Brix。

冷冻浓缩避免了热力及真空的作用,没有热变性,挥发性芳香物质损失少,产品质量高。由于把水变成冰所消耗的热能远低于蒸发水所消耗的热能,因此能耗较低。不过冷冻浓缩效率不高,不能把果蔬汁浓缩到 55°Brix 以上,且除去冰晶时会带走部分果蔬汁而造成损失。此外,冷冻浓缩时不能抑制微生物和酶活性,浓缩汁还必须再经热处理或冷冻保藏。

③反渗透和超滤浓缩:属于现代膜分离技术,目前已广泛用于生产实践。膜技术的优点在于:不需加热;在密闭回路中进行操作,不受氧的影响;挥发性成分损失少;能耗低。但反渗透和超滤浓缩等膜技术目前还不能把果蔬汁浓缩到较高的浓度,现主要作为果蔬汁的预浓缩工艺。

▶ 3.2.5 果蔬汁半成品贮存

3.2.5.1 原果蔬汁的贮存原理

果蔬汁中各种营养成分十分丰富,适于众多微生物生长,如不加以防止,极易腐败变质,失去饮用价值,甚至还会造成毒害。为了防止果汁腐败变质,消除或抑制微生物的影响,商业上一般采取两类方法,即去除微生物(包括杀菌和从果汁中分离菌体)和通过改变微生物生存的环境条件,使之处于非适宜生长条件下,从而达到抑制其生长活动的目的。

3.2.5.2 原果蔬汁贮存方法

(1)去除微生物的方法

①巴氏杀菌:原果蔬汁巴氏杀菌作业有两个基本任务,即杀灭导致原果蔬汁腐败的微生物和钝化果蔬原汁中的酶。

原果蔬汁中的微生物主要来自果蔬原料的外表面。用未清洗的果蔬原料制成浆泥,细菌(微生物)含量往往在 $10^3 \sim 10^7$ 个/g 之间,用清洗过的果蔬原料制得的果蔬浆泥和原果蔬汁,细菌含量大大减少,但仍然在 $10^3 \sim 10^5$ 个/g 之间。在清洗前,如果果蔬原料的酵母菌(yeast cell)含量大于 2×10^6 个/g,或者霉菌孢子(mould spore)含量大于 2×10^5 个/g,那么这样的果蔬原料已不再适合用来制造果蔬原汁了。如果果蔬原汁的 pH 值大于4.5,就必须采用高温杀菌工艺,直至使每个容器内的原果蔬汁的耐热致腐细菌含量降低到 0.001 个为止,也就是说,经过高温杀菌之后,每 1 000 个容器内最多只允许含有 1 个活着的耐热致腐细菌。但是大部分果蔬原汁的 pH 值是小于 4.5 的,可以采用巴氏杀菌保藏作业。pH 值大于 4.5 还是小于 4.5,是决定原果蔬汁采用巴氏杀菌工艺还是高温杀菌的关键条件。

②热灌装：人们还可以采用热灌装工艺对原果蔬汁进行二次杀菌。用板式热交换器将原果汁加热到 $85\sim87℃$ ，趁热灌入预热后的玻璃瓶内，封口后再冷却。

③无菌过滤：所谓无菌过滤，就是用过滤的方法去除原果蔬汁中的微生物。超滤就是一种无菌过滤工艺。无菌过滤工艺是 20 世纪 30 年代问世的。由于它是一种冷法杀菌工艺，原果蔬汁的营养损失比加热杀菌工艺小得多，因此发展很快，衍生出不少新的工艺。

(2)抑制微生物活动的方法

①CO_2 保存：由瑞士人 Adolf Bohi 在 1912 年发明的，所以又称 Bohi 法。这种工艺就是用高压二氧化碳气体饱和果蔬原汁，然后将原果蔬汁贮存在温度不超过 $15℃$（一般均在 $10℃$ 以下）和压力在 740 kPa 左右的环境中。在饱和浓度下，二氧化碳能够抑制微生物，特别是抑制酵母菌和霉菌，但是并不能杀死微生物，因此，二氧化碳的保藏作用只是暂时的。

②低温保存：在较低的温度下，原果蔬汁的化学反应和微生物活动会大大减缓，因而冷藏和冻藏可以保存原果蔬汁。

③化学防腐剂保存：化学防腐剂能够抑制和杀灭微生物，从而防止原果蔬汁产生微生物腐败。常用的化学防腐剂有苯甲酸、山梨酸、蚁酸以及他们的衍生物和亚硫酸。

④浓缩保存：其原理就是提高果蔬汁的可溶性固形物的含量，除去一部分水分，减小水分活度，从而达到抑制微生物生长的目的。

3.2.5.3 贮存工艺

(1)无菌贮存工艺　这种工艺的本质，就是在无菌条件下把无菌的原果蔬汁灌注到无菌容器中去。

①工作元件：在现代果蔬汁制造企业中，所有的原果蔬汁中间贮存容器上都安装着 KZE(Kurz Zeit Erhitzung＝short time heating，短时加热)元件，KZE 元件只能用不锈钢制成。

②空气滤清器：为了防止蒸汽处理后的容器被外部空气二次污染，必须不断地向容器中鼓入无菌空气，直到容器冷却为止。

③容器的无菌处理：在灌注果蔬原汁前，要用蒸汽对容器进行高温杀菌处理。在高温杀菌前，要把容器以及所有的工作元件、密封件和阀门仔细地清洗干净，然后通入蒸汽进行杀菌处理作业，杀菌处理作业将结束时，再把压力表安装到 KZE 元件上，将无菌的冷空气压入容器中，保持一定压力，经过 $1\sim2$ d 后，检查无菌容器的压力是否产生了变化。如无明显变化，就可以贮存原果蔬汁了。

④热交换器和果蔬原汁管道的无菌处理：由于越来越多的企业把原果蔬汁冷却到 $20℃$ 以下再灌注到容器中贮存，所以板式热交换器的加热区和冷却区以及热交换器与容器之间的连接管道也必须进行无菌处理。

⑤原果蔬汁贮存：将原果蔬汁注入预贮罐，再使原果蔬汁流入容器。一般来说，果蔬原汁的平均温度应比贮存环境温度高 $2\sim3℃$ 。在灌注原果蔬汁时，要使容器中的空气溢出，并使容器中的压力保持恒定。

在整个贮存过程中，必须经常检查每一个 KZE 元件、阀门和容器内的原果蔬汁，进行物理的、化学的、微生物的和感官的等各方面性能的检查。灌注后的头两周,检查工作非常重要。如果在这段时间内容器内的压力或温度升高,或者在发酵管中出现越来越多的气泡,那么说明内装物已受微生物感染,或已开始腐败。但有时大气压力变化也能使发酵管中出现气泡。如果微生物试验说明原果蔬汁已经受到感染,那么必须立即取出原果蔬汁,对其重新进行巴氏杀菌后才能再次贮存在无菌容器中。

原果蔬汁贮存作业结束之后,必须立即清洗贮存设备,如板式热交换器、热水循环管道和容器等。清洗时,先将水泵入容器中,压出残留的原果蔬汁,然后用90℃的热水冲洗包括管道在内的所有设备,接着用清洗剂溶液清洗这些设备,然后再用90℃的中性热水进行一次清洗,最后用冷水将这些设备冷却到室温。

(2)热贮存工艺 在某些没有采用无菌贮存工艺的企业(主要是小型企业)中,或者当某种原果蔬汁的产量较小,人们常常在玻璃瓶和小型容器中用热贮存工艺贮存原果汁。所谓热贮存工艺,就是将经离心分离作业除去了粗大混浊物颗粒的原果汁加热到80℃左右,灌注到事先准备好的预热容器中,灌注结束后将容器封口。

①玻璃瓶热贮存:目前,还有少数企业采用25 L玻璃瓶贮存原果蔬汁。玻璃瓶用橡皮塞封口,放在木制底座上,码放在贮存室中。在冷却时,玻璃瓶内部会产生真空,吸紧橡皮塞从而使瓶密封。

②金属容器热贮存:为了减少微生物感染的可能性,一般均用循环热水作加热介质来处理热交换器及其附属管道和阀门,用低压蒸汽作加热介质处理容器内表面,在灌注时,最好采用上述能自动调节原果蔬汁出口温度的灌注设备。在灌注后,为了克服原果蔬汁质量下降,必须尽可能快地冷却原果蔬汁。尽管热贮存工艺既简单又安全,但它的最大缺点是会导致原果蔬汁质量下降。采用这种工艺,原果蔬汁的色、香、味均受到强烈损害。

(3)浓缩贮存工艺 果浓缩蔬汁可溶性固形物含量达65%~68%,水分活度下降,渗透压加大,微生物活动受抑制,从而达到抑菌作用。

(4)原果蔬汁贮存条件 无菌贮存的果蔬原汁,要求贮藏室温度不得高于15℃,以防止原果蔬汁产生导致质量下降的化学的和物理的变化。

微生物含量很低但是未经杀菌处理的原果蔬汁,可以贮存在0℃左右的环境中。但采用这种工艺,原果蔬汁的保存期限很短。贮存时间一长,原果蔬汁就有可能出现微生物问题。

添加了防腐剂的原果蔬汁,同样需要贮存在低温的环境中,最好贮存在0~4℃的环境中,最高不要超过8~12℃。

温度对果蔬浓缩汁,特别是对柑橘浓缩汁质量的影响,比普通浓度的原果蔬汁高得多。在温度相同的情况下,果蔬浓缩汁中各种反应的反应速度,如滋味变化、香味变化、非酶褐变、颜色变化和维生素C分解等反应的反应速度,比浓缩前果蔬原汁中相同反应的反应速度快得多。所以,果蔬浓缩汁必须贮存在温度不高于5℃的环境中,某些柑橘浓缩汁则必须冻藏在−18℃的环境中。只有这样,才能用浓缩汁作原料制造出优质果蔬汁饮料。

3.3 果蔬汁饮料加工工艺

▶ 3.3.1 果蔬汁饮料的原辅料

3.3.1.1 果蔬原汁、原浆或果蔬浓缩汁
如前所述的果蔬原汁、原浆或果蔬浓缩汁是果蔬汁饮料的主要原料。

3.3.1.2 色素
赋予果蔬汁饮料一定的色泽,也是主要的辅料。允许使用的有苋菜红、胭脂红、柠檬黄、日落黄、亮蓝、靛蓝。另有各种天然色素,如甜菜红、花色素、红曲色素、胡萝卜素、叶绿素、紫苏色素等,使用时应注意要与天然的果汁色泽相近。

3.3.1.3 其他
砂糖、柠檬酸、防腐剂、水等是果蔬汁饮料的必需成分。为了提高饮料的稳定性,加入柠檬酸钠、三聚磷酸钠、焦磷酸钠等;为了增加营养和抗氧化性,加用抗坏血酸或 D - 异构抗坏血酸钠;为了增加产品的稠度,改进口感,加用各种增稠剂,如果胶、卡拉胶、黄原胶、CMC、海藻酸钠等;为了改进风味,加用天然或人工配制的风味剂和香精。

▶ 3.3.2 果蔬汁饮料的加工工艺

3.3.2.1 果蔬汁饮料的加工工艺流程
原果蔬汁(浆)或浓缩果蔬汁 ┐
白砂糖(食盐)及食品添加剂 ──→均质→脱气→瞬时杀菌→灌装→密封→冷却→成品
软　　　　化　　　　水 ┘

3.3.2.2 果蔬汁饮料的工艺要点
(1)确定果蔬原汁含量和糖酸比　根据所要制造的果蔬汁饮料的种类确定果蔬原汁的最低含量,各国规定的果蔬原汁的最低含量各不相同,我国按 GB 10789—2007 执行。

绝大多数果汁的糖酸比在(13~15)∶1,果汁饮料的糖酸比一般大于果汁,适宜的糖酸比来源于市场调查。

(2)调配　调配是果蔬汁饮料生产的关键工艺。果汁饮料一般是先将白砂糖溶解配制成 55%~65% 的浓糖浆储存备用,再依次加入预先配制成一定浓度的甜味剂、防腐剂、柠檬酸、色素、香精等添加剂和原果汁。蔬菜汁饮料一般需用食盐、味精调配。最后用软化水定容、过滤。生产混浊果蔬汁饮料还需均质、脱气等。

(3)灌装、密封、杀菌、冷却　工艺操作与原果蔬汁相同,此处不再赘述。

3.3.2.3 果蔬汁饮料的包装
(1)包装材料　对食品、饮料的包装材料有如下要求:①对人体无毒害,包装材料中不

得含有危害人体健康的成分;②具有一定的化学稳定性,不能与盛装物品发生作用而影响其质量;③加工性能良好,资源丰富,成本低,能满足工业化的需要;④有优良的综合防护性能,如阻气性、防潮性、遮光性和保香性能等;⑤在保证商品安全方面有很好的可靠性,耐压、强度高,重量轻,不易变形破损,而且便于携带和装卸。

(2)果蔬汁的包装工艺　参看包装学课程教材,这里主要介绍无菌包装。无菌包装始于 20 世纪 60 年代,但在一段时间内发展缓慢,直到 20 世纪 70 年代末,随着无菌包装机的改进和完善,无菌包装发展极为迅速。食品采用无菌包装由于营养损失少,风味不变,不需冷藏保管,可长期贮存,这样使得食品生产厂家有很大的灵活性,经销人和消费者不必为商品变质而担忧,无菌包装食品一面世,就深受超级市场和顾客的欢迎。

所谓无菌包装是指食品在无菌环境下进行的一种新型包装方式。这种包装方式的程序是先对食物杀菌,杀菌通常采用蒸汽超高温瞬时杀菌方式,随后在无菌的环境下把食物放入已经杀菌的包装容器内,并进行封闭,容器一般用过氧化氢溶液或环氧乙烷气体进行灭菌,这种包装由于灭菌过程相当短,食物的色、香、味改变不大,较其他包装方式优越,其内容主要包括以下几点。

①物料本身无菌:食品灭菌是保证食品无菌的重要条件,灭菌方法很多,在无菌包装中常采用蒸汽超高温瞬时灭菌法(UHT 灭菌)。

②包装容器无菌:目前无菌包装中的容器大多数采用过氧化氢溶液灭菌,其次是用环氧乙烷灭菌。

③工作环境无菌:无菌包装技术的重要条件之一是包装时的工作空间要求无菌。

无菌包装设备主要有纸盒包装系统、塑料杯系统、蒸煮袋、无菌罐和无菌瓶系统。

3.4　果蔬汁生产中常出现的问题及处理方法

▶ 3.4.1　一般性问题及处理方法

3.4.1.1　果蔬汁败坏

果蔬汁表面长霉、发酵,同时产生 CO_2 及醇,或产生醋酸等而引起果蔬汁败坏。败坏原因主要有以下几种。

(1)细菌危害　如醋酸菌、丁酸菌等败坏苹果、梨、柑橘、葡萄等果汁。它们能在嫌气条件下迅速繁殖,对低酸性果汁具有极大的危害性。

(2)酵母菌危害　酵母菌是引起果汁败坏的主要微生物,可引起果汁发酵产生大量二氧化碳,发生胀罐,甚至会使容器破裂。

(3)霉菌危害　丝衣霉属的某些子囊孢子热稳定性很高,可导致果蔬汁霉变。红曲霉、拟青霉等会破坏果胶、改变果蔬汁原有酸味并产生新的酸而导致风味劣变。

为避免果蔬汁败坏,必须采用新鲜、无霉烂、无病害的果蔬作榨汁原料,注意原料榨汁前的洗涤消毒,尽量减少果实外表的微生物,严格车间、设备、管道、容器、工具的清洁卫生,防止半成品积压等。

3.4.1.2 风味的变化

一种果蔬汁能否满足消费者的要求,关键在于能否在贮藏期保持其风味。浓度越高的果蔬汁,风味变化越突出。风味的变化与非酶褐变形成的褐色物质有关。柑橘类果汁风味变化与温度有关,4℃下贮藏,风味变化缓慢。

3.4.1.3 营养成分的变化

不同的贮藏温度,对果蔬汁中维生素 C 的保存有很大的影响,汁液中类胡萝卜素、花青素和黄酮类色素受贮藏温度、贮藏时间、氧、光和金属含量的影响。要有适宜的低温,贮藏期不宜过长,避光,隔氧,采用不锈钢设备、管道、工具和容器,防止有害金属的污染。

蔗糖转化是果汁贮藏中重要变化之一,较高的贮藏温度会促进蔗糖转化。

3.4.1.4 罐内壁腐蚀

果汁一般为酸性食品,它对马口铁有腐蚀作用。提高罐内真空度,采用软罐包装(塑料包装),降低贮藏温度等可防止罐内腐蚀。

3.4.1.5 浓缩汁的败坏

浓缩汁的败坏常与遭受产双乙酰细菌的高度感染和低劣的贮藏条件有关。

3.4.1.6 絮状物的形成

当果汁中的果胶丧失胶凝化作用后,汁内非可溶性悬浮颗粒会集聚在一起,导致果汁形成一种可见的絮状物。果实成熟度、果汁温度,有无天然存在于汁中的果胶酶及用酶剂量的多少都会影响絮状物形成。果实品种的差异也会影响絮状物形成。

▶ 3.4.2 混浊果蔬汁稳定性变化

混浊果蔬汁,特别是瓶装混浊果蔬汁,保持均匀一致的质地对品质至关重要。要使混浊物质稳定,就要使其沉降速度尽可能降至零。其下沉速度一般认为遵循斯托克斯方程。

$$v=\frac{2gr^2(\rho_1-\rho_2)}{9\eta}$$

式中:v——沉降速度;

g——重力加速度;

r——混浊物质颗粒半径;

ρ_1——颗粒或油滴的密度;

ρ_2——液体(分散介质)的密度;

η——液体(分散介质)的黏度。

据此,为了使混浊果汁稳定,可从如下几方面着手。

3.4.2.1 减小颗粒的粒径

方法有机械均质、超声波均质和胶体磨处理。最近的研究表明,对苹果、甜瓜等果蔬的破碎果肉加入一种纤维素和果胶酶混合物进行处理,再进行均质,这样可进一步降低颗粒粒径。

3.4.2.2 增加分散介质的黏度

通常,果蔬汁中的黏度主要取决于其中的果胶物质含量,这就要求尽快钝化果胶酶,柑橘类果汁、番茄汁加工中均如此。另外,通过添加一些胶体物质来增加稠度同样是一种有效的手段。果胶、黄原胶、脂肪酸甘油酯、CMC 等都可作为食用胶加入。

3.4.2.3 降低颗粒和液体之间的密度差

通过加入高酯化和亲水的果胶分子作为保护分子包埋颗粒可降低密度差。相反,气泡和空气夹杂物会提高密度差,从这一角度看也需进行脱气。

▶ 3.4.3 绿色果蔬汁的色泽保持

绿色果蔬汁的色泽来源于叶绿体,其基本结构为四个吡咯环的共轭体系,其中 4 个氮与镁配合成金属配合物,在酸性条件下易被 H^+ 取代变成脱镁叶绿素,色泽变暗。据侯苹非等报道,绿色酸性蔬菜汁可用如下步骤获得。

(1)将清洗后的绿色蔬菜在稀碱液中浸泡 30 min,使游离出的叶绿素皂化水解为叶绿酸盐等产物,绿色更为鲜亮。

(2)用稀 NaOH 溶液烫漂,沸水中 2 min,使叶绿素酶钝化,同时中和细胞中释放出来的有机酸。

(3)用极稀的硫酸铜(如 0.02%,pH=8.0)浸泡 8 h,然后用流动水漂洗 30 min,最后使叶绿酸钠转变成叶绿酸铜钠。

▶ 3.4.4 柑橘类果汁的苦味与脱苦

柑橘类果汁在加工过程中或加工后常易产生苦味,主要成分是黄烷酮糖苷类和三萜类化合物。属于前一类的有柚皮苷、橙皮苷、枸橘苷等,称前苦味物质;后一类有柠碱、诺米林、艾金卡等,称后苦味物质。前苦味物质存在于白皮层、种子、囊衣中,是葡萄柚、早熟温州蜜柑的主要苦味物质。后苦味物质是橙类的主要苦味物质,在果汁加工中表现为所谓的"迟发苦味",即后苦味。主要防止措施如下。

(1)选择优质原料 加工柑橘类果汁应选择苦味物质含量少的种类、品种为原料,并要求果实充分成熟。

(2)改进取汁方法 压榨取汁时应尽量减少苦味物质的溶入,防止种子压碎。最好采用柑橘专用挤压锥汁设备取汁以代替切半锥汁。此外,还应注意缩短悬浮果浆与果汁接触的时间。

(3)酶法脱苦 采用柚皮苷酶和柠碱前体脱氢酶处理,以水解苦味物质,可有效减轻苦味。

(4)吸附或隐蔽脱苦 采用聚乙烯吡咯烷酮、尼龙-66 等吸附剂可有效吸附苦味物质;添加蔗糖、β-环状糊精、新地奥明和二氢查耳酮等物质,可提高苦味物质的苦味阈值,起到隐蔽苦味的作用。

3.5 果蔬汁生产实例

3.5.1 苹果汁

苹果既适合于制取澄清果汁,也用于制带肉果汁,极少量用于生产普通的混浊果汁,苹果浓缩汁是欧洲目前主要的浓缩果汁。

3.5.1.1 工艺流程

原料→清洗→检查→破碎→压榨→精滤→澄清与过滤→调整混合→杀菌→灌装→冷却→成品

若为浓缩果汁,则在调整混合后进行浓缩,至68%～70%可溶性固形物时,冷却贮藏,然后可散装或大包装形式贮运。

3.5.1.2 操作要点

进厂的苹果应保证无腐烂,在水中浸洗和喷淋清水洗涤,也有用1%NaOH和0.1%～0.2%的洗涤剂中浸泡清洗的方法。用苹果磨碎机或锤击式破碎机破碎至3～8 mm大小的碎片,然后用压榨机压榨,苹果常用连续的液压传动压榨机,也有用板框式压榨机或连续螺旋压榨机。压榨汁收集后在100～150目的筛中进行精滤。苹果汁采用明胶单宁法澄清,单宁0.1 g/L,明胶0.2 g/L,加入后在10～15℃下静置6～12 h,取上清液和下部沉淀分别过滤。现代苹果汁生产采用酶法和酶、明胶单宁联合澄清法。苹果饮用汁常制成可溶性固形物12%左右、酸0.4%左右,在93.3℃以上温度进行巴氏杀菌,苹果汁应采用特殊的涂料罐。

澄清苹果汁常加工成68%～70%的浓缩汁,然后在-10℃左右冷藏,使用大容量车运输,用于加工果汁和饮料。

苹果汁也有生产混浊汁的,它是筛滤后不经澄清直接进行巴氏杀菌灌装的产品,其生产关键在于破碎时应加入抗坏血酸以防止氧化褐变。

3.5.2 柑橘汁

柑橘类水果如甜橙、宽皮橘、葡萄柚、柠檬等均为重要的制汁原料,其制品为典型的混浊果汁。

3.5.2.1 工艺流程

原料→清洗和分级→压榨→过滤→均质、脱气去油→巴氏杀菌→灌装→冷却

3.5.2.2 操作要点

橙子、柠檬、葡萄柚严格分级后用压榨机和布朗锥汁机取汁,宽皮橘可用螺旋压榨机、刮板式打浆机及安迪生特殊压榨机取汁。果汁经0.3 mm筛孔进行精滤,要求果汁含果浆3%～5%,果浆太少,色泽浅,风味平淡;果浆太多,则浓缩时会产生焦煳味。精滤后的果

汁按标准调整,一般可溶性固形物13%~17%,含酸0.8%~1.2%。均质是柑橘汁的必需工艺,高压均质机要求在10~20 MPa下完成。柑橘汁经脱气后应保持精油含量在0.025%~0.15%之间,脱油和脱气可设计成同一设备。巴氏杀菌条件为在15~20 s内升温至93~95℃,保持15~20 s,降温至90℃,趁热保温在85℃以上灌装于预先消毒的容器中。柑橘原汁可装于马口铁罐中,它具有价格低廉和防止产品变黑的功能。装罐(瓶)后的产品应迅速冷却至38℃。

柑橘类果汁,特别是橙汁常加工成冷冻浓缩橙汁,利用低温降膜式蒸发器时需将果汁用热交换机在93.3℃、2~15 s条件下进行巴氏杀菌,以降低微生物含量和钝化酶。为改善品质,常将新鲜果汁回加到浓缩产品中,如先浓缩至55~65°Brix,再加入原汁降至42°Brix。浓缩橙汁在－18℃以下冷冻贮藏,可大包装或小包装用于配制饮料和再加工。

橙汁和葡萄柚汁也可脱水制成果汁粉,方法是将浓缩汁进行泡沫干燥,之后加入干燥剂密封干燥。

温州蜜柑及其他宽皮橘风味较平淡,有时制成带分散汁胞的粒粒果汁,方法是将汁胞分散、硬化后,回加到天然的橘汁中。

柑橘果汁还常常采用全果带皮制汁,方法是将果实清洗后,在水中预煮一段时间,以除去油和不清洁物质,然后破碎除去种子和部分果皮,在胶体磨中以最小的间距磨碎,之后用0.2%亚硫酸盐或0.5%~1%的山梨酸钾等防腐剂保藏,也可以罐藏杀菌或冷冻保藏,这种产品用作稀释配制饮料,故称饮料基质。

▶ 3.5.3 葡萄汁

葡萄主要用于制造澄清汁,有原汁和浓缩汁两种。

3.5.3.1 工艺流程

原料→清洗→破碎→预热→加酶和木纤维压榨→澄清→灌装→巴氏杀菌→冷却→成品

3.5.3.2 操作要点

最佳的葡萄汁用原料品种为康可,也可用玫瑰香、佳利酿等。前处理与葡萄酒加工类同,破碎后升温至60~62.7℃,使果皮中色素和单宁溶出,但不宜超过65℃。葡萄压榨时加入0.2%果胶酶和0.5%的精制木质纤维可提高出汁率。葡萄汁含有大量的酒石酸类物质,易以结晶形式析出,澄清方法有以下几种。

(1)冷藏法 在低温下冷藏,使酒石析出,但易遭微生物的败坏。

(2)冷冻法 装入容器内,在低温室内急剧冷冻,之后取出在通风房内尽快解冻,之后吸取上层澄清液,下层用助滤剂过滤。

(3)加盐法 加入苹果酸钙、乳酸盐或磷酸盐及酒石酸二钾可使果汁中酒石快速沉淀,从而除去。

(4)加入果胶酶和酪蛋白 也可起到加速澄清的作用。澄清的葡萄汁在79~85℃下巴氏杀菌,无菌灌装,或者预热至75℃以上装罐,装罐(瓶)后杀菌冷却。

▶ 3.5.4　带肉果菜汁

带肉果菜汁含有丰富的营养,口味良好,在直饮式果菜汁中占有相当重要的地位,苹果、桃、梨、李、杏、浆果类及热带水果等均可用来加工带肉果蔬汁。

3.5.4.1　工艺流程

原料→清洗→检查→去核、破碎→加热→打浆→混合调配→均质→脱气→杀菌→灌装(或灌装→杀菌)→成品

3.5.4.2　操作要点

各种果蔬须充分洗净,用专用破碎机破碎,核果类需去核,破碎颗粒在 6 mm 左右。仁果类、核果类等破碎后立即加热至 90℃ 以上,保持 6 min,梨、李等则需 15～20 min,草莓在 70～75℃ 下约 6 min,树莓则不需加热。加热后的果肉通过打浆机打浆,最后筛孔保持在 0.4～0.5 mm。许多果浆还需用胶体磨磨细。这种果浆可作为中间产品大罐贮藏或加入防腐剂保存,也可制成产品。

带肉果汁的果浆含量从 30%～50% 不等,除此之外,还加用糖、柠檬酸、维生素 C 和果胶溶液。混合带肉果汁是目前果汁发展的方向,如李与苹果,李与杏,苹果,李与杏,甜樱桃与草莓等混合。

配制混合后的产品在 10～30 MPa 压力下均质,之后真空脱气,在 (115±2)℃ 下 40～60 s 巴氏杀菌,冷却至 95～98℃,灌装于消毒的瓶或罐及其他容器中,灌装温度不得低于 90℃,然后迅速冷却至 45℃ 以下。带肉果汁也有采用先灌装后杀菌工艺的。

▶ 3.5.5　浆果类果汁

浆果类种类很多,我国东北地区及全国各地种类品种很多,有的还以野生状态存在,加工果汁利用潜力很大。

草莓有冷榨新鲜浆果、冷榨解冻草莓和热榨汁三种,以冷榨新鲜草莓汁得率较高。草莓汁常用果胶酶处理,除去果汁中果胶以增加稳定性。

杨梅是我国南方浙江、江苏、福建、广东等省的特产,其果汁有压榨、糖浸二种,据试验以后者为好,果汁果胶物质含量不太多,色泽稳定。以冷冻澄清为最好,产品须装于抗酸涂料罐中避光保藏。

樱桃采用热榨或冷榨,以热榨和冷榨解冻果实色泽较好,榨出的果汁应迅速加热至 87.7～93.3℃ 以钝化酶,之后加果胶酶澄清,产品应装入玻璃瓶中。

▶ 3.5.6　番茄汁

采用新鲜,成熟度高,出汁率高,番茄红素含量高,可溶性固形物含量在 5% 左右的番茄品种。先洗净泥土杂质,去除青绿部分,否则会影响色泽。

将番茄预热至皮与肉适度分离,即送入双层卧式打浆机。去皮籽后,使浆汁的可溶性

固形物在 4%～5%，再用砂糖等进行配料。

配制好的汁浆在 85℃左右进行加热脱气，破坏果胶酶，再经胶体磨或均质机进行均质处理。

采用螺旋榨汁机可减少空气混入。榨出的汁通过热交换器或可倾式夹层锅加热至 85～90℃，立即装罐、密封。然后在 100℃水中杀菌 15～20 min，立即冷却至 40℃左右。或用瞬间杀菌器在 125～127℃下，维持 30 s 杀菌，冷却至 90～95℃装罐密封，冷却。超高温瞬间杀菌必须严格控制时间，否则会对番茄红素有较大的破坏。

▶ 3.5.7　复合蔬菜汁

3.5.7.1　工艺流程

原料选择→挑选清洗→切分、去皮、预煮→破碎→热处理→榨汁→均质→超高温瞬时灭菌→罐装密封→冷却→成品检验→成品

3.5.7.2　操作要点

（1）原料的选择　选择产量高、营养丰富、生产上可以大量种植的番茄、胡萝卜、冬瓜、莴笋、芹菜、菠菜六种蔬菜作为加工原料。选新鲜度一致、成熟度一致、色泽一致、无机械伤、无病、无腐烂的蔬菜为制汁原料。番茄采用 UO－82B 品种，胡萝卜采用革命杆子红品种，冬瓜采用车轴粉皮品种，莴笋采用柳叶品种，芹菜采用细皮白品种。

（2）原料整理、清洗　去除污泥物，每种蔬菜单独用清水充分洗净，剔除不合要求部分。

（3）去皮、切分、预煮　胡萝卜采用热处理和化学处理方法去皮，番茄、芹菜、菠菜采用热处理，冬瓜、莴笋采用人工去皮再行预煮。热处理的目的在于破坏酶的活性，软化组织，提高出汁率。

表 3－1　几种蔬菜热处理时间　　　　　　　　　　　　　　　　min

种类	热处理（95～100℃）时间	种类	热处理（95～100℃）时间
番茄	2～2.5	莴笋	4～5
胡萝卜	3～4	芹菜	1～1.5
冬瓜	3～3.5	菠菜	0.5～1

热处理时间以氧化酶活性破坏所需时间来确定。氧化酶活性破坏的程度采用愈疮木酚或联苯胺配制的双氧水酒精溶液定性变色反应来测定。除番茄去皮直接榨汁外，其他几种蔬菜都需进行切分工序。切分过大或过小都不利于出汁率和榨汁质量。切分大小应尽可能均匀一致。可采用高效多用切菜机进行切分。

（4）榨汁　采用螺旋式榨汁机取汁，可以减少空气混入。首先是各种蔬菜单一榨汁，装入容器，分别保存。

六种蔬菜出汁率（出汁率为五次榨汁的平均数）：番茄，68.4%；莴笋，36.2%；胡萝卜，31.6%；芹菜，34.1%；冬瓜，72.6%；菠菜，37.3%。

榨汁后用 80～100 目不锈钢筛进行粗滤(番茄不进行粗滤工作)。

(5)复合配比　在复合蔬菜汁"维乐"中番茄汁占 70%,其他各汁占 30%。复合后用一定量柠檬酸调整复合汁 pH 值至 4.2 左右,加入少量精盐以调味。

(6)脱气　采用真空脱气机,脱气时将果汁引入真空锅内,然后被喷射成雾状或注射成液膜,使果汁中的气体迅速逸出。真空锅室内真空度为 90.7～93.3 kPa。

(7)均质　采用国产立式胶体磨进行两次均质,总时间 3～4 min,目的是保持蔬菜汁混浊态。

(8)杀菌　采用巴氏杀菌,杀菌温度为 70～80℃,杀菌时间 7～8 min。

(9)灌汁封盖　灌汁前,汁温不低于 70℃,蔬菜汁通过 GZ300 型双头灌汁机,注入已消过毒的 250 mL 玻璃瓶内。趁热灌汁,封盖密封,再在 90℃ 水槽中倒瓶 2～3 min,取出冷却。擦去瓶外残汁,贴标保存。

3.6　高新技术在果蔬汁中的应用

▶ 3.6.1　酶技术在果蔬汁中的应用

酶是生物细胞所产生的蛋白质生物催化剂。由于其作用条件温和,专一性强,能保持食物的色、香、味和营养成分,因而在食品工业中的应用日趋广泛。目前,先进的生产技术能使果蔬汁所富含的各种矿物质、维生素及其他有益人体健康的物质成分保留在果蔬汁饮料中,使其具有较高的营养和保健价值。水果中含有果胶、纤维素、蛋白质等成分,使得果蔬汁加工中存在压榨困难、出汁率低、混浊、褐变、产生苦味、稳定性差等问题。由于酶具有在温和条件下催化反应的特性,可以使果蔬汁生产天然高效。

3.6.1.1　酶在果蔬汁加工中的作用

酶在果蔬汁加工的作用主要体现在以下几个方面。

(1)液化水果,提高果蔬汁的出汁率　天然果蔬含有果胶物质、纤维素和半纤维素,直接进行榨汁比较困难,且出汁率很低,运用酶制剂预处理果浆,可以明显降低黏度,提高出汁率,改善其过滤速度和保证产品贮存稳定性等。利用酶解技术可使不同果蔬的出汁率提高 10%～35%,具体数值因不同果蔬中果胶含量和压榨方法的不同而不同。

(2)提高果蔬汁的澄清度以及避免果蔬汁的后沉淀　果蔬汁中含有大量的果胶、鞣质、纤维素、淀粉等大分子以及单宁、蛋白质的络合物等,这些物质在汁液中进行缓慢的物理变化和化学反应,导致果蔬汁在加工和贮藏、销售期间变色、变浑。果胶大分子阻碍了固体粒子的沉降,有很高的黏度,能阻止甚至使液体流动停止,固体微粒保持悬浮、汁液处于均匀的混浊状态,既难沉淀,又不易滤清,影响果蔬汁澄清。加果胶酶澄清处理后,黏度迅速下降,混浊颗粒迅速凝聚,使果蔬汁快速澄清,易于过滤,并减少后沉淀。

(3)果汁脱苦　柑橘类苦味物质主要分为两大类:一类是黄烷酮糖苷类化合物,如柚皮苷、新橙皮苷等;另一类是三萜系化合物,如柠檬苦素和诺米林等。由于柑橘类果汁特别是柚汁中,苦味的主要来源是柚皮苷,去除柚皮苷就会使果汁苦味减轻,所以采用柚皮苷酶(由 α - 鼠李糖苷酶和 β - 葡萄糖苷酶组成)可将柑橘类果汁中柚皮苷水解成樱桃苷和鼠李糖,樱桃苷的苦味约为柚皮苷的 1/3,因此苦味有所减轻;樱桃苷可在 β - 葡萄糖苷酶的继续作用下生成无苦味的柚皮素和葡萄糖,这是柑橘类果汁脱苦的主要方法之一。

(4)果蔬汁增香 果蔬汁香气与风味是影响其质量高低的主要因素,风味前体物通常与糖形成糖苷以键合态形式存在的风味物质。如单萜类化合物是嗅觉最为敏感的芳香物质,而果蔬中大多数单萜物质均与吡喃、呋喃糖以键合态形式存在,果蔬成熟过程中 β - 葡萄糖苷酶可游离释放出部分单萜类物质,但仍有大量键合态的萜类未被水解,因此可通过外加 β - 葡萄糖苷酶促进果蔬汁的香气与风味。

α - L - 鼠李糖吡喃糖苷酶是增加果蔬汁香气的一种相当重要的酶,将 α - L - 鼠李糖吡喃糖苷酶固定化到壳聚糖上已经越来越多地应用于增加果蔬汁(如樱桃、西番莲果、菠萝、杏、草莓、苹果、梨、番木瓜果、香蕉、番茄等)和葡萄酒的香气,并取得了较好的效果。果胶酶也具有使果蔬汁增香等作用,如果胶酶能显著提高荔枝出汁率、增加果香、抑制荔枝汁褐变。

(5)增加果蔬汁中的营养成分 采用传统工艺,果蔬加工后营养成分损耗较大,一般较难达到消费者喜好的口味,而且加工工艺繁琐,成本高昂。用酶法处理果浆,营养成分损失很少,且能较好地保持原有的风味和色泽。如重要的营养成分胡萝卜素,用酶处理的含量均大于非酶处理的含量。

(6)超滤膜的清洗 利用果胶酶清洗超滤膜能 100% 地进行生物降解,而且可以在最佳 pH、温度下作用,从而可以缩短清洗时间、增加超滤膜的通透量和使用寿命、增加产量、节省能源。因此,将超滤技术与酶技术联用对充分发挥超滤的作用至关重要。

3.6.1.2 果蔬汁生产中常用的酶

(1)果胶酶 果胶酶(pectolytic enzyme or pectinase)是指能够分解果胶物质的多种酶的总称。果胶酶可以分为 3 类:原果胶酶、解聚酶和果胶酯酶(PE)。解聚酶又可细分为果胶水解酶(PMG、PMGL)和果胶裂解酶(PG、PGL)。

(2)纤维素酶 纤维素酶是降解纤维素最终生成葡萄糖的一组酶的总称。主要由内切 β - 1,4 - 葡聚糖酶、外切葡聚糖酶和 β - 葡聚糖苷酶等构成的多组分复合酶。其中内切 β - 1,4 - 葡聚糖酶的作用是将天然纤维素水解成无定形纤维素,外切葡聚糖酶的作用是将无定形纤维素继续水解成纤维寡糖,β - 葡聚糖苷酶的作用是将纤维寡糖水解成葡萄糖。纤维素酶和半纤维素酶能使纤维素增溶和糖化,植物细胞壁降解,使细胞内的液体比较容易释放出来,增加果蔬的出汁率。0.1% 的果胶酶与 0.1% 的纤维素酶结合使用,效果更好。

另外,将纤维素酶用于果蔬汁的生产,可增加水溶性纤维的含量,使膳食纤维在果蔬汁中的比例增加,获得"全营养果蔬汁"。

(3)复合酶

①果胶复合酶制剂:商品化的果胶酶来源于黑曲霉,是一种复合酶制剂,含有原果胶酶、半纤维素酶、聚半乳糖醛酸酶、葡萄糖激酶、纤维素酶以及氧化酶等,他们之间有最佳的协同分解果胶作用。在许多国家,添加果胶酶已是制造澄清或浓缩的草莓汁、葡萄汁及梨汁的标准加工作业。

②粥化酶：粥化酶（maeeratingenzymes）又称软化酶，是由单一微生物培养产生的一种复合酶，其中各种酶的比例可根据使用要求的不同，通过菌种或营养、培养条件的改变而变化，通常具有较高的果胶酶、纤维素酶和木聚糖酶活力，所以能迅速分解细胞壁中的果胶、纤维素和半纤维素，使细胞壁容易破碎，释放细胞内的有效成分。另外，粥化酶还含有高活性的阿拉伯聚糖酶、蛋白酶和淀粉酶，因此，它不仅能够澄清由于果胶形成的混浊，而且也能够澄清由淀粉、蛋白引起的混浊。经过粥化酶处理过的果蔬汁的透光率大大提高，并使过滤或超滤的速度大大加快，提高滤膜的通透量，降低能耗。

3.6.2 膜分离技术在果蔬汁中的应用

膜分离技术是近几十年来迅速发展起来的高效分离技术。膜技术与酶催化合成、遗传工程、超临界流体萃取被称为21世纪食品、医药等工业的四大重要技术。目前全世界微滤膜的销售量在所有合成膜中居第1位。

与传统的分离技术相比，它具有设备简单、操作方便、分离效率高、造价低、无相变、可在常温下连续操作等优点，而且特别适合热敏性物质的处理等优点，现已应用于化工、环保、生物工程等方面，尤其在果蔬汁加工方面的应用有很好的前景。

膜分离技术（membrane separation technologies）是指用天然或人工合成的具有选择透过性膜，以外界能量或化学位差为推动力，对双组分或多组分的溶质和溶剂进行分离、分级、提纯和浓缩的边缘学科高新技术。膜分离技术主要有微滤（microfiltration，MF）、超滤（ultrafiltration，UF）、纳滤（nanofiltration，NF）、反渗透（reverse osmosis，RO）、电渗析（electrodialysis，ED）和渗透蒸馏（osmotic distillation，OD）等，这些膜分离技术在果蔬汁加工中均有应用。用于果蔬汁加工中的膜技术及其应用特性见表3-2。各种膜的截留分子量和物质段位分区见图3-3。

表3-2　用于果蔬汁的膜分离原理及应用特性

膜分离种类	膜分离原理	果蔬汁应用特性
超滤	压力差（0.1～1.0 MPa）	果蔬汁澄清
微滤	压力差（0～0.2 MPa）	果蔬汁澄清与除菌
反渗透	压力差（2～10 MPa）	果蔬汁浓缩
电渗析	电位差	果蔬汁脱酸，饮料原料除盐
纳滤	压力差（0.5～1.5 MPa）	果蔬汁浓缩
渗透蒸馏	水蒸气压力差	果蔬汁浓缩

各种膜分离技术均有各自的优点和局限性，而且实际的工业生产受到各种复杂因素的制约。为了使整个生产过程达到优化，采用任何单一膜分离技术都不能解决复杂的生产问题，需要把各种不同的膜分离技术合理地集成在一个生产循环中，这样在生产过程中采用的不是一个简单的膜分离步骤，而是一个膜分离系统。该系统可以包括不同的膜过程，也可包括非膜过程，称其为"集成膜过程"。

意大利的 Cassano 等人利用 UF、RO、OD 集成膜浓缩胡萝卜汁和雪橙汁,果蔬汁首先经 UF 除去果胶、蛋白质、纤维素等大分子物质,再经 RO 浓缩到 15～20°Brix,最后经 OD 在常温下浓缩到 60～63°Brix,且保持了良好的品质。其操作流程如图 3－4。

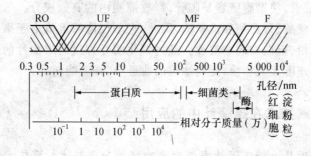

图 3－3　各种膜分离的截留区段

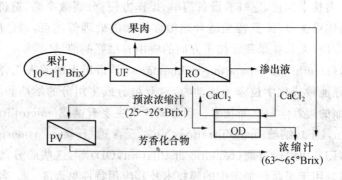

图 3－4　UF、RO、OD 集成膜技术流程

3.6.3　冷杀菌技术在果蔬汁中的应用

果蔬汁的腐败变质主要是由微生物和酶引起的,如何杀灭或钝化微生物和酶是果蔬汁加工的关键。自从罐藏和巴氏杀菌技术发明以来,热力杀菌成为食品工业中极为重要的杀菌技术,但是热力杀菌技术也存在一些难以克服的缺点,对一些产品特别是热敏性产品,如果蔬汁色、香、味功能性及营养成分等的品质会产生不良影响,经过热杀菌后新鲜产品失去了其原有的新鲜度,甚至还产生异味,影响产品的质量。近年来随着人们对食品的新鲜、营养、安全等品质的要求越来越高,非热加工技术的研究开发已成为食品科学研究的热点。冷杀菌技术不仅能保证食品在微生物方面的安全,而且能较好地保持果蔬汁的固有营养成分、色泽、质构和新鲜程度,提升果蔬汁的质量。目前先进的冷杀菌技术包括超高压杀菌、辐照杀菌、超高压脉冲电场杀菌、磁力杀菌、紫外线杀菌、臭氧杀菌、二氧化钛强催化杀菌、抗生酶杀菌等。这里主要介绍超高压杀菌、辐照杀菌和高压脉冲电场杀菌在果蔬汁生产中的应用。

3.6.3.1　超高压杀菌

20世纪80年代末出现了食品的超高压加工科学和技术,从而在食品加工业中引发了一次革命。由于食品的超高压加工技术具有诸多优越性,所以被人们称之为当今世界十大创新科技之一。

食品超高压技术(ultra - high pressure processing,UHP)是在常温条件下,对食品原料施加100~1 000 MPa的流体静压力,使在常压下达到的平衡(化学反应、相平衡以及分子结构等)因高压的作用而发生新的变化,从而达到灭菌、物料改性和改变食品的某些理化反应速率的效果。UHP只对非共价键产生影响,而共价键对UHP不敏感,故UHP仅影响到高分子成分,而不影响小分子物质(如维生素、色素、香料等),所以UHP可以使蛋白质变性、酶失活、微生物死亡等,而不破坏食品的营养成分、色泽及风味等,可以达到食品灭菌、保鲜及贮藏的目的,甚至可以使食品的风味得到改良,改善食品的组织结构或生成新型食品。

UHP处理基本上是一种物理过程,其主要特点:

①瞬间压缩,作用均匀,灭菌效果迅速,操作安全和耗能低;

②污染少;

③更好地保持食品的色、香、味和营养素;

④通过组织变性,得到新型食品;

⑤压力不同,作用性质不同。

果汁生产中的超高压处理是在密闭容器内,用水或油作为介质对软包装果汁施以400~600 MPa的压力,在此强压下,能杀死果汁中几乎所有的细菌、霉菌和酵母菌,钝化其中的酶的活性,并充分保持水果原有的色、香、味和营养成分。

3.6.3.2　高压脉冲电场杀菌技术

高压脉冲电场(pulsed electric fields,PEF)技术是将食品置于带有两个电极的处理室中,给予高压电脉冲,形成脉冲电场作用于处理室中的食品,从而杀灭微生物和钝化酶活性,使食品得以长期贮藏,是处于研究阶段的一种新型非热力杀菌技术。脉冲电场技术与热力杀菌相比具有显著优点:处理温度低,可以在常温下或更低的温度下进行杀菌;杀菌时间非常短,不足1 s,通常是几十微秒便可以完成;节省能源,不需要加热,不会污染环境;对产品的色、香、味和营养成分没有破坏,能保持产品的新鲜度。

PEF的获得有两种方法:一种是利用特定的高频高压变压器来得到持续的高压脉冲电场。因为变压时高频使变压器内部的电磁场的能量难以转化,高压又使磁芯发生涡流,用这种原理制作大型设备将会有很多困难。另一种是利用LC振荡电路的原理,先用高压电源对一组电容器进行充电,将电容器与一个电感线圈及处理室的电极相连,电容器放电时产生的高频指数脉冲衰减波加在两个电极上,形成高压脉冲电场。利用自动控制装置对LC振荡电路进行连续的充电与放电,可以在几十毫秒内完成杀菌处理。所以,一般采用LC振荡电路。

高压脉冲电场下,食品中微生物的细胞膜在强脉冲电场的作用下出现穿孔极化现象,产生不可修复的破裂或穿孔,从而使细胞膜的通透性和膜导电率增大,最后导致胞内物质泄漏甚至死亡;此外,高压脉冲电场还会使产品产生电离作用,电极附近产生的阴阳离子与膜内生命物质作用,阻断了膜内正常生化反应和新陈代谢过程。不过高压脉冲电场对不同种类的微生物作用具有差异性:霉菌＞大肠杆菌＞酵母菌。各种细菌对电场具有不同的敏感度,酵母菌比营养细菌更敏感;细菌细胞直径不同、细胞壁和细胞膜化学组成不同对电场有不同的敏感度,因此细菌在高压脉冲电场中存活率存在差异。

杀菌用的 PEF 一般的强度为 15～100 kV/cm,脉冲频率为 1～100 kHz,放电频率为 1～20 Hz。

3.6.3.3　辐射杀菌

辐照杀菌(radiation sterilization,RS)是利用一定剂量的波长极短的电离射线(如 γ 射线、X 射线电子射线)对食品进行杀菌。

其杀菌机理现在研究得很多,但还没有一个统一的解释。但是可以肯定的是辐照对微生物的杀灭主要是对其体内的蛋白质、核酸等物质产生了影响,从而使 DNA 遭到破坏。占主流地位的解释主要有以下两种:①在高能电子射线照射的作用下,微生物细胞间质发生电离和化学作用,DNA 被切断,使物质形成离子、激发态或分子碎片,并无法修复;②在高水分含量食品中,当食品中的水分受到辐照后,水分子被激发或电离,最后形成 H·、OH· 和 H_2O· ,这些自由基存在时间极短(少于 10^{-5} s),但反应能力很强,足以破坏细胞组织。

辐照杀菌技术的优势在于能够穿透整个食品,并杀灭已进入食品内部的病原菌,且产生的热量极少,以致可以忽略不计,这样就有助于保持食品的原有特征,不会出现在加热处理时的品质下降问题。同时,经研究证明,他几乎不会在食品内残留。

它最大的问题在于要充分达到杀菌效果,所需要的放射线剂量会很大,这样易产生"辐照臭",影响食欲。有研究表明,对橙汁进行 0.7 kGy 剂量的 γ 射线处理就会导致异味产生。其次,辐照处理并不会引起酶的失活,因此,在用此法灭菌时,最好先进行灭酶处理,使其失活。

▶▶复习思考题◀◀

1. 我们应如何努力跟上世界果蔬汁发展趋势?
2. 何为适宜的制作果蔬汁原料品质?
3. 试述原果蔬汁加工工艺流程。
4. 试述澄清汁、混浊汁和浓缩汁加工工艺流程及操作要点。
5. 简述原果蔬汁贮藏的原理及方法。
6. 对饮料的包装材料有何要求?为何无菌包装发展迅猛?
7. 简述果蔬汁加工中常出现的问题及处理方法。
8. 简述果蔬汁加工中所用的酶的种类及其作用原理。
9. 试述膜分离技术的原理及其在果蔬汁加工中的应用原理和特点。
10. 试述果蔬汁加工中常用的冷杀菌技术的原理和特点。

▶▶ 指定参考书 ◀◀

1. 陈学平.果蔬产品加工工艺学.北京:农业出版社,1995
2. 陈中,芮汉明.软饮料生产工艺学.广州:华南理工大学出版社,1998
3. 杜朋.果蔬汁饮料工艺学.北京:农业出版社,1992
4. 胡小松,等.现代果蔬汁加工工艺学.北京:轻工业出版社,1995

▶▶ 参考文献 ◀◀

1. 倪元颖,等.温带、亚热带果蔬汁原料及饮料制造.北京:中国轻工业出版社,1999
2. 肖家捷,等.果汁和蔬菜汁生产工艺学.北京:轻工业出版社,1988
3. 胡小松,等.现代果蔬汁加工工艺学.北京:轻工业出版社,1995
4. 杜朋.果蔬汁饮料工艺学.北京:农业出版社,1992

3 果蔬制汁

Chapter 4

第4章

果蔬速冻

速冻保藏(quick freezing and frozen storage)是利用人工制冷技术降低食品的温度，使其达到长期保藏而较好保持产品质量的最重要的加工方法之一。应用速冻技术保藏果蔬则可以较长期而又良好地保持果蔬原有新鲜状态的品质。

人类远在机械制冷方法发明之前，已利用冬季、天然冰和蒸发冷却降温来保存食品。19世纪中期英、法、美等国家机械制冷技术的开发，使冷冻保藏在肉类的长途运输开始实现工业应用，随后是冰淇淋和半成品果蔬的商业冷冻。直到20世纪30年代，冷冻食品、冷冻蔬菜进入零售市场。

我国的果蔬速冻加工在20世纪60年代已开始发展，尤其是蔬菜速冻，20世纪70年代初在上海、福建、江苏、广州等地陆续兴起，当时已有一定的数量出口外销。20世纪80年代初在国内市场也相继出现各种速冻蔬菜，尤其在东北地区冬季缺菜时，速冻蔬菜供应颇受消费者欢迎，一般在商品供应上以速冻蔬菜较多，速冻水果则多用于作其他食品（如果汁、果酱、蜜饯、点心、冰淇淋等）的半成品、辅料或装饰物。

近年来由于"冷链"(cold chain)配备的不断完善和家用微波炉的普及，发达国家冷冻食品在食物结构中占有相当大的比例，美国冷冻食品人均年消费量已超过60 kg，欧洲国家30～40 kg，日本达15 kg，而我国约为3 kg。由于速冻设备及技术的进步，速冻食品质量有了较大提高，食品速冻业获得迅速的发展，果蔬的速冻保藏也处于这样的趋势，可以说速冻保藏是较先进而理想的加工方法。

4.1　速冻原理

新鲜果蔬的水分含量很高，其中的游离水占总含水量的70%～80%，速冻保藏是要将其冻结成冰。一般果蔬中的游离水是含有溶质的溶液，其冻结点（freezing point）在－3.8～－0.6℃之间；其余的结合水则难以冻结，在－20℃以下也不能全部结冰。

果蔬速冻是要求在30 min或更短时间内将新鲜果蔬的中心温度降至冻结点以下，把水分中的80%游离水尽快冻结成冰，这样就必须应用很低的温度进行迅速的热交换，将其中热量排除，才能达到要求。果蔬在如此低温度条件下进行加工和贮藏，能抑制微生物的活动和酶的作用，可以在很大程度上防止腐败及生物化学作用，新鲜果蔬就能长期保藏下来，一般在－18℃下，可以保存10～12个月以上，其质量是其他加工方法所不能及的。食品速冻保藏的原理主要有以下几个方面。

▶ 4.1.1　低温对微生物的影响

防止微生物繁殖的临界温度是－12℃。微生物的生长与活动有适宜的温度范围，它们生长繁殖最快的温度称之为最适温度，超过或低于此温度，它们的活动就逐渐减弱直至停止或被杀死。大多数微生物在低于0℃的温度下生长活动可被抑制。一般酵母菌及霉菌比细菌耐低温的能力强，有些霉菌及酵母菌能在－9.5℃的未冻结基质中生活，有些嗜冷细菌也能在低温下缓慢活动。它们的最低温度活动范围：有些嗜冷细菌可在－8～0℃，有些霉菌、酵母菌可在-12～-8℃。冷冻不是杀菌措施，并不能完全杀死微生物，即使长久在低温下它们会逐渐死亡，但往往还有生存下来的(尤其是污染严重的产品和微生物的孢子和芽孢等)，在冻藏的条件下，幸存的微生物会受抑制，但解冻时在室温下会恢复活动。因此，冷冻食品的冻藏温度一般要求低于-12℃，通常都采用-18℃或更低温度。

冷冻食品中微生物的存在引起关注的有两个方面：一方面是冷冻食品的安全性问题，即存在有害微生物产生有害物质，危及人体健康；另一方面是造成产品的质量败坏或全部腐烂。

关于冷冻食品的贮藏对于某些产毒致病菌类，如肉毒杆菌、伤寒菌、霍乱菌以及其他致病菌的影响，已进行过很多的研究。虽然冷冻和长期的冻藏有可能使细菌在低温下逐渐死亡，但不是所有的细菌。冷冻既能保存食品，也保护了不少的微生物。Engley(1956)的研究结果表明，有的霉菌、酵母菌和细菌在冷冻食品中能生存数年之久(见表4-1)。

表4-1　冷冻食品中微生物的生存期(Engley，1956)

微生物	食品	贮藏温度/℃	生存期
芽孢菌			
肉毒梭状芽孢杆菌	蔬菜	-16	2年以上
肉毒梭状芽孢杆菌	罐头	-16	1年
生芽孢梭状芽孢杆菌	水果	-16	2年以上
肠道菌			
大肠埃希氏杆菌	冷冻鸡蛋	-9	14个月
大肠埃希氏杆菌	甜瓜	-20	1年以上
大肠埃希氏杆菌	蘑菇	-9.4	6个月
大肠埃希氏杆菌	樱桃汁	-17.8及-20	4个月以上
产气肠细菌	甜瓜	-20	1年以上
肠炎沙门氏菌	冰淇淋	-23.2	7年
鼠伤寒沙门氏菌	鸡肉炒面	-25.5	贮藏270 d,$1.7\times10^7\rightarrow3.4\times10^6$
伤寒杆菌	鸡蛋	-1，-9及-18	11个月以上
伤寒杆菌	青豆	-9	贮藏12周,$3.3\times10^7\rightarrow1.2\times10^5$
副伤寒杆菌	樱桃汁	-17.8及-20	4周
副志贺氏痢疾杆菌	冷冻鸡蛋	-9	3个月
普通变形杆菌	樱桃汁	-17.8及-20	4周以上
乳酸菌			
生芽孢乳杆菌	蔬菜及青豆	-10	2年
粪链球菌	蔬菜	-20	贮藏1年,70个试样中89%生存
葡萄球菌，微球菌			
金黄色葡萄球菌	冷冻鸡蛋	-9	12个月
金黄色葡萄球菌	糖渍草莓片	-18	按500个/g接种,6个月

微生物	食品	贮藏温度/℃	生存期
生芽孢微球菌	青豆	−17.8	贮藏 8 个月,44％试样中生存
生芽孢微球菌	玉米	−17.8	贮藏 8 个月,78.7％试样中生存
生芽孢微球菌	橙汁	−4	50 h
一般细菌	冷冻鸡蛋	−18	4 年以上
一般细菌	冷冻蔬菜	−17.8	9 个月以上
一般细菌	苹果汁	−7.0～−21	贮藏 1 个月,减少 90％～96％
一般细菌	草莓	−18	贮藏 6 周,不减少
一般细菌	草莓	−6.6	贮藏 6 周,1 900→280
霉菌	果汁	−23.3	3 年
霉菌	罐装草莓	−9.4	3 年
酵母	罐装草莓	−9.4	3 年
酵母	食品	−9.4	3～15 个月

当冷冻食品解冻后并在解冻状态下长时间存放时,腐败菌可能繁殖起来,足以使食品发生腐败,也可能是不安全的微生物繁殖起来,产生相当数量的毒素,使食品食用不安全。保证冷冻食品安全的关键是避免加工品与原料的交叉污染;在加工过程中坚持卫生的高标准;在加工流水线上避免物料积存和时间拖延;保持冷冻产品在合适的低温下贮藏。

▶ 4.1.2 低温对酶的影响

防止微生物繁殖的临界温度(−12℃)还不足以有效地抑制酶的活性及各种生物化学反应,要达到这些要求,还要低于−18℃。

一般食品内的水分被冻结达 90％时才能抑制微生物的活动和生物化学反应,这样才可以达到长期贮存的要求。

冷冻产品的色泽、风味、营养等变化,多数情况下有酶参与,由此造成褐变、变味、软化等现象。未冻结的水分在−18℃以上时仍有不少数量存在,这就为酶提供了活动条件;而且有些酶在温度低至−73.3℃时仍有一定程度的活性。至解冻时,酶活性会骤然增强,导致产品的变化。如整果(带果皮、核)荔枝速冻,在速冻前外果皮的多酚氧化酶活性是14.301 活性单位(Vit. C mg)/(kg·30 min),在解冻后则是 39.996 活性单位,酶的活性成倍增强,因而荔枝果皮很快变褐。多数果蔬都存在氧化酶系统,因此在冻结前要考虑钝化或抑制酶活性的处理措施,如采用烫漂或添加护色剂处理。从有效地抑制酶及其引起的反应方面考虑,一般长期冻藏的温度不能高过−18℃,有些还采用更低的温度。

▶ 4.1.3 冷冻过程

4.1.3.1 冷冻时水的物理特性

①水的冻结包括两个过程:降温与结晶。当温度降至冰点,接着排除了潜热时,游离水由液态变为固态,形成冰晶,即结冰;结合水则要脱离其结合物质,经过一个脱水过程后,才冻结成冰晶。

②使单位质量的某种物质升高(或降低)单位温度所吸收(或放出)的热量定义为该种物质的比热容(specific heat capacity)。水的比热容是 4.184 kJ/(kg·℃)。冰的比热容是 2.09 kJ/(kg·℃),冰的比热容只是水的 1/2。

水的冰点是 0℃,而 0℃的水要冻结成 0℃的冰时,每千克还要排除 334.72 kJ 的热量;反过来,当 0℃的冰解冻融化成为 0℃的水,每千克同样要吸收 334.72 kJ 的热量。这称之为"潜热"(latent heat),其热量数值颇大。

水的导热系数(thermal conductivity)为 2.09 kJ/(m·h·℃),冰的导热系数为 8.368 kJ/(m·h·℃),冰的导热系数是水的 4 倍,冻结时,冰层由外向里延伸,由于冰的导热系数高,有利于热量的排除使冻结快速完成。但采用一般的方法解冻时,却因冰由外向内逐渐融化成水,导热系数低,因而解冻速度慢。食品冻结和解冻时水和冰的导热系数见图 4-1。

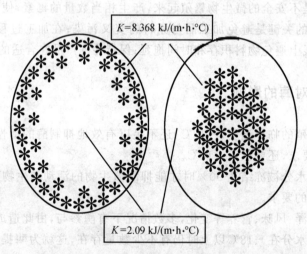

$K=8.368 \text{ kJ/(m·h·℃)}$

$K=2.09 \text{ kJ/(m·h·℃)}$

图 4-1 食品冻结和解冻时水和冰的导热系数(Nesvadba,2008)

③水结成冰后,冰的体积比水增大约 9%,冰在温度每下降 1℃时,其体积则会收缩 0.005%~0.01%,二者相比,膨胀比收缩大,因此含水量多的果蔬冻品,体积在冻结后会有所膨大。

冻结时,表面的水首先结冰,然后冰层逐渐向内伸展。当内部水分因冻结而膨胀时,会受到外部冻结了的冰层的阻碍,因而产生内压,这就是所谓"冻结膨胀压";如果外层冰体受不了过大的内压时,就会破裂。冻品厚度过大、冻结过快,往往会形成这样的龟裂现象。

4.1.3.2 冻结温度曲线和冻结率

食品在冻结过程中,温度逐步下降,表示食品温度与冻结时间关系的曲线,称之为"冻结温度曲线"(freezing time-temperature curve),见图4-2。曲线一般分为以下三段(也可以说是冻结过程的三个阶段)。

(1)初阶段　即从初温至冻结点(冰点),这时放出的是"显热",显热与冻结过程所排出的总热量比较,其量较少,故降温快,曲线较陡。其中还会出现过冷点(温度稍低于冻结点,见图4-2中的S点)。因为食品大多有一定厚度,冻结时其表面层温度降得很快,故一般食品不会有稳定的过冷现象出现。

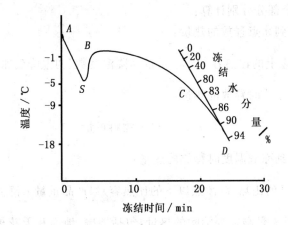

图4-2　冻结温度曲线和冻结水分量(冯志哲等,1984)

(2)中阶段　此时食品中水分大部分冻结成冰(一般食品从冻结点下降至其中心温度为-5℃时,食品内已有80%以上水分冻结),由于水转变成冰时需要排除大量潜热,整个冻结过程中的总热量的大部分在此阶段放出,故当制冷能力不是非常强大时,降温慢,曲线平坦。

(3)终阶段　从成冰后到终温(一般是-5～-18℃),此时放出的热量,其中一部分是冰的降温,一部分是内部余下的水继续结冰,冰的比热容比水小,其曲线应更陡,但因还有残余水结冰所放出的潜热大,所以曲线有时还不及初阶段陡峭。

在冻结过程中,要求中阶段的时间要短,这样的冻结产品质量才理想。中阶段冻结时间的快慢,往往与冷却介质导热快慢有很大关系。如在盐水中就比在空气中冻结来得迅速,在流动的空气中就比静止的空气中的冻结得快。因此速冻设备很重要,要创造条件使之快速冻结。

大部分食品在从-1℃降至-5℃时,近80%的水分可冻结成冰,此温度范围称为"最大冰晶生成区"(zone of maximum ice crystal formation),最好能快速通过此温度区域。这是保证冻品质量的最重要的温度区间。

冻结食品要在长期贮藏中能充分抑制微生物生长及降低生化反应,一般要求把食品中90%的水分冻结才能达到目的,这是保证冻品质量的"冻结率"(frozen water ratio)。

要求将食品内的水分全部冻结,温度最后要降至-60℃。这样低的温度,在加工工艺上难以应用,一般只要求中心温度在-18～-30℃。在-18℃时,已有94%的水分冻结;

−30℃时,有97%的水分冻结,这样就足以保证冻品的质量。

4.1.3.3 冷冻量的要求

从冻结温度曲线可知,需要排除大量的热量才能完成冻结过程的三个阶段。此后冷冻食品在冻藏和运销中,必须始终维持其内部水分处于冻结状态。两者都涉及到热的排除和防止外来热源的影响。冷冻量包括产品冷冻时需要排除的热量,以及冻藏中冻藏库墙壁门窗的漏热和照明、机械等引进的热量,这些热量都要通过制冷系统的作功来排除。因此设计时应考虑冷冻量包括以下三个方面。

(1)产品完成冷冻过程三个阶段(由初温降到冻藏温度)应排除的热量,计算时可用焓差法,也可按下列三个部分分别计算:

①产品由初温降到冰点释放的热量:

产品在冰点以上的比热容×产品重量×降温度数(初温降到冰点的度数)

②液态变为固态结冰时释放的热量:

物料的潜热×物料重量

③产品由冰点降到冻藏温度时释放的热量:

冻结产品的比热容(冰点以下的比热容)×产品重量×降温度数

(2)维持冻藏库低温贮藏需要消除的热量,包括墙壁、地面和天花板的漏热,例如墙壁的漏热计算如下:

墙壁漏热量=(导热系数×24×外墙面积×冻库内外温差)/绝热材料的厚度

(3)其他热源:包括照明、马达和操作管理人员工作时释放的热量。

上述三个方面的热源数据是冷冻设计规划的基本参考资料。实际应用时,一般还将上述总热量增加10%。

▶ 4.1.4 冰点及晶体的形成

食品的水分不是纯水,大多是含有各种无机盐和有机物的溶液,其冰点较低,要降至0℃以下才能结冰。冰晶开始出现的温度即是冻结点(冰点),一般植物性食品,如果品蔬菜的冻结点大多为−3.8～−0.6℃,各种食品的冻结点不同,有些还低些。尤其是在缓慢冻结过程中,结合水从其结合物质中脱水而结冰后,溶液浓度逐渐增大,其冻结点还会下降。

当温度下降至冻结点,潜热被排除后,开始液体与固体之间的转变,进行结冰。结冰包括晶核的形成(nuc leation)和冰晶体的增长(ice growth)两个过程。晶核的形成是极少一部分的水分子有规则地结合在一起,即结晶的核心,这种晶核是在过冷条件达到后才出现的。冰晶体的增长是其周围的水分子有次序地不断结合到晶核上面去,形成大的冰晶体。只有温度很快下降至比冻结点低得多时,则各种水分几乎同时析出形成大量的结晶核,这样才会形成细小而分布均匀的冰晶体。

当温度上下波动时,未冻结的水分和小冰晶会移动靠近大冰晶体或互相聚合,即会产生重结晶而使冰晶体体积增大,只有稳定的温度才能避免这个现象。

食品的中心温度从 $-1℃$ 下降至 $-5℃$ 所需的时间,在 30 min 以内可属于"快速冻结",超过则属于"缓慢冻结"。在 30 min 内通过 $-1\sim-5℃$ 的温度区域内所冻结形成的冰晶对食品组织影响最小,一般冻结速度越快,影响越小,冻品的质量越好。尤其是果蔬组织比较脆弱,冻结速度应要求更快。

冻结速度还可用单位时间内 $-5℃$ 的冻结层从食品表面伸延向内部的距离来判断(冻结速度 v 单位:cm/h)。并以此而将冻结速度分为三类:

快速冻结 $v=5\sim20$ cm/h

中速冻结 $v=1\sim5$ cm/h

缓慢冻结 $v=0.1\sim1$ cm/h

目前应用的各种冻结设备可以用上述的标准来判断其性能。如冷冻库为 0.2 cm/h,送风冻结器为 $0.5\sim2$ cm/h,悬浮冻结器(即流态床速冻器)为 $5\sim10$ cm/h,液氮冻结器 $10\sim100$ cm/h。前者只属于慢冻,其次是中速冻结,后二者才属于快速冻结,由此可见冻结设备的重要性。

冻结速度与冰晶分布的状况有密切的关系,一般冻结速度越快,通过 $-5\sim0℃$ 温区的时间越短,冰层向内伸展的速度比水分移动速度越快时,其冰晶的形状就越细小、呈针状结晶,数量无数;冰晶分布越接近新鲜物料中原来水分的分布状态。冻结速度慢的,由于细胞外的溶液浓度较低,首先就在那里产生冰晶,水分在开始时即多向这些冰晶移动,形成了较大的冰晶体,就造成冰晶体分布不均匀,如图 4-3 所示。

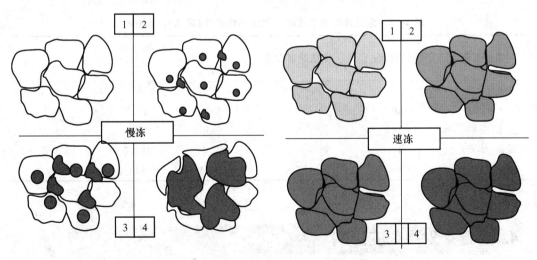

图 4-3 慢冻和速冻对冰晶体的形成和生长的影响示意图

(Ramaswamy Hosahalli and Marcotte Michèle, 2006)

从表 4-2 和表 4-3 可以看到,当采用不同的冻结方式或冻结介质时,由于冻结速度不同,因而形成冰晶的大小与状态不一样。

近年来,冷冻食品保藏引入了玻璃化转变理论(glass transition theory)的概念。当非晶高聚物的温度低于玻璃化转变的温度(T_g)时,高分子链段运动既缺乏足够的能量以越过内旋转所要克服的能量,又没有足够的自由体积,链段的运动受到约束,高分子材料失去柔软性,成为玻璃样的无定型的固体,称之为玻璃态。食品在冻结过程中,当冰晶核一旦形成和生长,体系向热动力学的平衡点靠近。当水从液态转变成固态(冰)时,液相中溶质的浓度增加,继而提高了液相黏度,假如溶质不发生结晶,水继续从液相转变为冰,液相的活动性受到很大的约束。浓度的提高和温度的降低造成黏度的增加,液相不再结冰,将使这一相态具有玻璃的特性。通过冻结浓缩途径达到的玻璃化可称为"最大冻结浓缩玻璃化"(maximally freeze-concentration glass),此时达到最大冻结浓缩玻璃化转变温度为T_g'。T_g'对冷冻食品的稳定性意义很大,由于当温度低于T_g'时,由扩散控制的物质交换及化学反应在动力学上受阻,因而体系具有良好的结构和化学稳定性。不同的组织和种类的食品有不同的T_g',因此,研究清楚各种食品的T_g',对探明冷冻食品在冻结和冻藏的过程中的稳定性非常重要。

表 4-2　冻结速度与冰晶状况的关系(鱼肉)(冯志哲等,1984)

通过 0~-5℃ 的冻结速度	冰晶			数量	冰层伸展速度 I 水分移动速度 ω
	位置	形状	大小(直径×长度)/μm		
数秒	细胞内	针状	$(1\sim5)\times(5\sim10)$	无数	$I\gg\omega$
1.5 min	细胞内	杆状	$(0\sim20)\times(20\sim500)$	多数	$I>\omega$
40 min	细胞内	柱状	$(5\sim100)\times100$ 以上	少数	$I<\omega$
90 min	细胞外	块状	$(50\sim200)\times200$ 以上	少数	$I\ll\omega$

表 4-3　龙须菜冻结速度与冰晶大小的关系(冯志哲等,1984)

冻结方法	冻结温度/℃	冻结速度次序	冰晶大小 /μm		
			厚	宽	长
液氮	-196	1	0.5~5	0.5~5	5~15
干冰+乙醇	-80	2	6.1	18.2	29.2
盐水(浸)	-18	3	9.1	12.8	29.7
平板(接近)	-40	4	87.6	163.0	320.0
空气	-18	5	324.4	544	920

4.2　速冻对果蔬的影响

4.2.1　速冻对果蔬组织结构的影响

冻结对果蔬组织结构的不利影响,如造成的组织破坏,引起的软化、流汁等,一般认为不是低温的直接影响,而是由于冰晶体的膨大而造成的机械损伤,细胞间隙的结冰引起细胞脱水、死亡,失去新鲜特性的控制能力。目前的解释主要集中在机械性损伤、细胞的溃解和气体膨胀三个方面。

4.2.1.1 机械性损伤(mechanical damage theory)

在冷冻过程中,细胞间隙中的游离水一般含可溶性物质较少,其冻结点高,所以首先形成冰晶,而细胞内的原生质体仍然保持过冷状态,细胞内过冷的水分比细胞外的冰晶体具有较高的蒸汽压和自由能,因而促使细胞内的水分向细胞间隙移动,不断结合到细胞间隙的冰晶核上面去,此时在这样条件下,细胞间隙所形成的冰晶体会越来越大,产生机械性挤压,使原来相互结合的细胞引起分离,解冻后不能恢复原来的状态,不能吸收冰晶融解所产生的水分而流出汁液,组织变软。

4.2.1.2 细胞的溃解(cell rupture theory)

植物组织的细胞内有大的液泡,水分含量高,易冻结成大的冰晶体,产生较大的"冻结膨胀压",而植物组织的细胞具有的细胞壁比动物细胞膜厚而又缺乏弹性,因而易被大冰晶体刺破或胀破,细胞即受到破裂损伤,解冻后组织就会软化流水,说明冷冻处理增加了细胞膜或细胞壁对水分和离子的渗透性。

在慢冻的情况下,冰晶体主要在细胞间隙中形成,胞内水分不断外流,原生质体中无机盐浓度不断上升,使蛋白质变性或不可逆地凝固,造成细胞死亡,组织解体,质地软化。

4.2.1.3 气体膨胀(gas expansion theory)

组织细胞中溶解于液体中的微量气体,在液体结冰时发生游离而体积增加数百倍,这样会损害细胞和组织,引起质地的改变。

果蔬的组织结构脆弱,细胞壁较薄,含水量高,当冻结进行缓慢时,就会造成严重的组织结构的改变。故应快速冻结,以形成数量多、体积细小的冰晶体,而且让水分在细胞内原位冻结,使冰晶体分布均匀,才能避免组织受到损伤。

冷冻果蔬的质地和外观与新鲜的果蔬比较,还是有差异的。组织的溃解、软化、流汁等的程度因果蔬的种类、成熟度、加工技术及冷冻方法等的不同而异。

▶ 4.2.2 果蔬在速冻和冻藏过程中的化学变化

果蔬冷冻过程中除了对其组织结构有影响外,还可能发生色泽、风味等化学或生物化学变化,因而影响产品的质量。一般在−12℃可抑制微生物的活动,但化学变化没有停止,甚至在−18℃下仍有缓慢的化学变化。

4.2.2.1 盐析作用引起的蛋白质变性

产品中的结合水是与原生质、胶体、蛋白质、淀粉等结合,在冻结时,水分从其中分离出来而结冰,这也是一个脱水过程,这个过程往往是不可逆的,尤其是缓慢的冻结,其脱水程度更大,原生质胶体和蛋白质等分子过多失去结合水,分子受压凝集,会破坏其结构;或者由于无机盐过于浓缩,产生盐析作用而使蛋白质等变性,这些情况都会使这些物质失掉对水的亲和力,以后水分不能再与之重新结合。这样,当冻品解冻时,冰体融化成水,如果组织又受到了损伤,就会产生大量"流失液"(drip),流失液会带走各种营养成分,因而影响了风味和营养,使食品在质量上受到损失,所以流失液的产生率是评定速冻产品的质量指标之一。

4.2.2.2　与酶有关的化学变化

果蔬在冻结和贮藏过程中出现的化学变化,许多都是与酶的活性和氧的存在相关的。如前所述,在一般的冷冻加工贮藏条件下酶仍然保持着其活性,只不过其催化的反应慢得多了,但造成的质量下降是很明显的,尤其是在解冻后更迅速,因为提供了它反应所需的条件。

有些无烫漂处理的果蔬在冻结和冻藏期间,果蔬组织中会累积羰基化合物和乙醇等,产生挥发性异味。原料中含类脂物多的果蔬,由于氧和脂肪氧化酶的氧化作用也会产生异味。曾有研究报道,豌豆、四季豆和甜玉米在低温贮藏中发生类脂化合物的变化,他们的类脂化合物中游离脂肪酸等都有显著的增加。

冷冻果蔬的组织软化,原因之一是果胶酶的存在,使原果胶水解变成可溶性果胶,造成组织结构分离,质地变软。

抗坏血酸(V_C)是果蔬中最重要的维生素,作为研究冷冻果蔬的一个重要营养质量指标。图4-4是不同贮藏温度冷冻豌豆(无烫漂处理)维生素C的变化情况。说明果蔬在 -12℃时维生素C还会损失,在-18℃下的损失就慢得多。

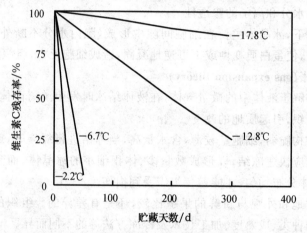

图4-4　不同贮藏温度冷冻豌豆维生素C的残存率
(**International institute of refrigeration,1972**)

蔬菜在冻结前的热烫以及冻结冻藏期间,由于加热、H^+、叶绿素酶、脂肪氧化酶等的作用,其中存在的叶绿素形成脱镁叶绿素,由绿色变为灰绿色或绿色减退。在烫漂溶液中加入碳酸钠等对保持绿色有一定效果,但有研究表明会降低热钝化酶效果而需延长热烫时间。

酶在解冻时,尤其是在组织受到损伤时,其活性会大大加强,因而引起一系列生化反应,造成变色、变味、营养损失等变化。这需要在冻结前用热处理或化学处理等方法来将酶破坏或抑制。蔬菜一般用热烫处理。对于无烫漂处理的果品,需硫处理或加入抗坏血酸作为抗氧化剂以减少氧化,或加入糖浆减少与氧的接触的机会,有利于保护果品的风味和减少氧化。

由此可知,果蔬应该进行快速冻结,使中心温度尽快达到-18℃或以下,让大部分水分未及脱水即冻结成冰晶,这是食品速冻的理由,也是当前食品速冻愈来愈向更低温度发展的原因。

4.3 果蔬速冻工艺

果蔬速冻加工工艺流程如图 4-5。

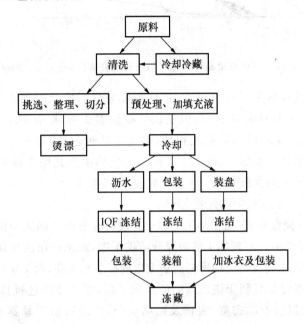

图 4-5 果蔬速冻加工工艺流程

◆ 4.3.1 预处理

4.3.1.1 原料选择及整理

加工原料的质量和温度的控制是影响冷冻果蔬质量的两个最重要的因素。而原料的质量则依赖于适宜的品种和成熟度,以及原料的产地、栽培条件、采收方法和贮运条件。

一般加工原料的品种特性要求有:突出的风味;出色和均匀的颜色;理想的质地;均一的成熟度;抗病虫害;高产;适合机械采收。对于速冻加工,有些果蔬原料不耐冻(抗冻性较差),易造成组织损伤。有些纤维质的原料(如菜心),冻后品质易劣变;番茄、草莓的细胞壁薄而含水量高,冻后易流水变软。因此,要注意选择宜于速冻加工的品种,主要是看解冻后的食用(鲜食或烹调)品质及价值。不同草莓品种解冻后的汁液流失率见图 4-6。

采收及采后处理,要考虑到能获得最优的原料质量。要求适时采收,成熟度适当,新鲜度好。一些冷冻蔬菜如豆类和甜玉米,达到最优质量的收获期很短,如果此时不采收而延缓,则原料中的糖很快转化成淀粉,甜味减退,出现粗硬的质地,产品不受消费者欢迎。

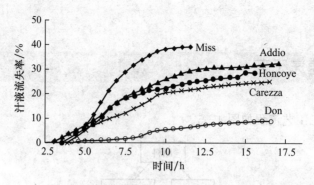

图 4-6　不同草莓品种解冻后的汁液流失率(Maestrelli，2000)

原料采收和运输应尽量避免机械伤,进厂检验合格后应及时加工。新鲜果蔬采收后放置而未加工,败坏虽不易明显看出,但是仍然很快丧失风味、甜味和组织硬化,质量下降。如豌豆、甜玉米等采收后风味损失很快,失去甜味也较快,原因是果蔬采后继续进行呼吸作用而消耗了糖分。如甜玉米在21℃下24 h之内损失其原含糖量的一半;同样如在0℃下24 h之内只损失原含糖量的5%。鲜豌豆在25℃下放置6 h就失去其原含糖量的1/3。故必要时原料可采用短期的冷藏保鲜。

速冻果蔬属于方便食品类,而在加工过程中并没有充分保证的灭菌措施,因此微生物污染的检测指标要求很严格。原料加工前应充分清洗干净,加工所用的冷却水要经过消毒(可用紫外灯),工作人员、工具、设备、场所的清洁卫生的标准要求高,加工车间要加以隔离。

从消费者食用方便及有利于快速冻结的要求考虑,原料要经过挑选,除了适宜整个加工的原料外,一般原料应予以去皮、去核及适当切分,切分后由于暴露于空气会发生氧化变色,可以用0.2%亚硫酸氢钠、1%食盐、0.5%柠檬酸或醋酸等溶液浸泡防止变色。需要注意的是,一些国家目前已限制使用亚硫酸盐。

有些蔬菜(如椰菜花、西兰花、菜豆、豆角、黄瓜等)要在2%～3%的盐水中浸泡20～30 min,以便将其内部的小害虫驱出,浸泡后应再漂洗。

速冻后的果蔬的脆性不免会减弱,可以将原料在含0.5%～1%的碳酸钙(或氯化钙)溶液中浸泡10～20 min,以增加其硬度和脆性。

利用渗透脱水技术在蔬菜冻结前脱去部分水分后再冻结,可以降低冷冻的要求和改良最终产品的质量。Biswal等人(1991)证实青豆在冻结前用氯化钠作渗透脱水剂进行部分脱水处理,产品的接受性与常规工艺冻结的相同。

速冻果品为考虑对品质的影响,往往不采用热烫。但为了防止产品变色和氧化,可和罐头加工一样,应用适当浓度的糖液作填充液,淹没产品,在填充液里可加入0.1%左右的抗坏血酸及0.5%柠檬酸(应考虑风味而定)等抗氧化与抑制酶活性的添加剂。也可用拌干糖粉的办法。

4.3.1.2　烫漂与冷却

烫漂(blanching)是蔬菜速冻、干制及罐藏等加工中一个重要的单元操作。如前所述,由于原料中酶的作用会使产品在加工和贮藏过程中发生颜色和风味的改变。为了避免这种不利的变化,原料可在速冻前进行烫漂处理,优点是能钝化酶的活性,使产品的颜色、质地、风味及营养成分稳定;杀灭微生物;软化组织有利于包装。不同烫漂时间,冷冻青豆在－18℃贮藏 5 个月和 10 个月后维生素 C 的残存量变化(见图 4 - 7)表明经烫漂处理维生素 C 的损失大大减少。

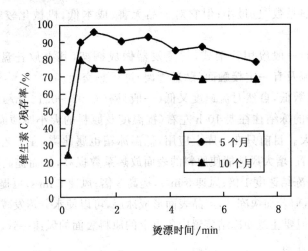

图 4 - 7　不同烫漂时间的冷冻青豆在－18℃贮藏维生素 C 的残存率

(Lester E. Jeremiah,1995)

烫漂主要是应用在蔬菜速冻产品上,一般进行短时间的热处理(2~3 min,95℃)以钝化酶活性。烫漂的方法有热水烫漂和蒸汽烫漂等(具体方法参见第 1 章 1.3.2.4)。酶有多种,由于过氧化物酶(POD:peroxidase)和过氧化氢酶(CAT:catalase)对热失活具有抵抗性,耐热性强,他们常用作指示酶,衡量烫漂处理是否适度。通过判定过氧化物酶的活性已被破坏,其他的酶即可达到同样效果。可应用试液或试纸进行检测,如无着色反应即可判断其活性已被破坏。以此来确定热烫时间。

热烫后应迅速加以冷却,否则等于将加热的时间延长,会带来一系列不良反应。而且将温度还相当高的原料直接送进速冻器里,既会增加制冷负荷,而且会造成冻结温度升高,因而降低产品质量。

冷却措施要求达到迅速降温的效果,一般有水冷和空气冷却,可以用浸泡、喷淋、吹风等方式。必要时将水及空气的温度降低些,使温度高达 80~90℃ 的原料迅速冷却。原料温度能冷却至 5~10℃ 最好,最高不应超过 20℃。

经过烫漂和冷却的原料带有水分,要加以沥干,可以用振动筛(或加吹冷风),有些还用离心机脱水,以免产品在冻结时黏结成堆。

▶ 4.3.2　速冻

4.3.2.1　冻结设备

用于食品冻结的装置有多种,按使用的冷冻介质及与食品接触的状况,其形式可分为以下几类:

间接冻结:静止空气冻结、送风冻结、强风冻结、接触冻结。

直接冻结:冰盐混合物冻结、液氮及液态二氧化碳冻结。

(1)间接冻结装置

①低温静止空气冻结装置:用空气作为冻结介质,其导热性能差,而且空气与其接触的物体之间的"放热系数"也最小;但它对食品无害、成本低、机械化较容易。因此是最早使用的一种冻结方式。

静止空气冻结,一般应用管架式,把蒸发器做成搁架,其上放托盘,盘上放置冷冻原料,靠空气自然对流及有一定接触面(贴近管架)进行热交换。

空气的导热系数低,自然对流速度又低(一般只有 0.03～0.12 m/s),因此原料的冻结时间长。果蔬产品的冻结往往要 10 h 左右(视温度及原料的大小厚薄而定),一般效果差,效率低、劳动强度大。目前只在小库上应用,低温冰箱也属此类,在工艺上已落后。

②送风冻结装置:增大风速能使原料的表面放热系数提高,从而提高冻结速度。风速达1.5 m/s 时,可提高冻结速度 1 倍;风速 3 m/s,提高 3 倍;风速 5 m/s,可提高 4 倍。虽然送风会加速产品的干耗,但若加快冻结,产品表面形成冰层,可以使水分蒸发减慢,减少干耗,所以送风对速冻有利。但要注意使冻结装置内各点上的原料表面的风速一致,见图 4-8 所示。

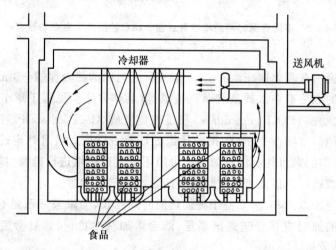

图 4-8　送风冻结装置
(徐进财,1995)

在静止空气冻结装置上装上风机称为半送风冻结装置。但一般的冷风速度如果在1～2 m/s 时,其各点上的风速会不均匀而造成温差。这在工艺上也颇为落后。

③强风冻结装置:以强大风机使冷风以 3 m/s 以上在装置内循环,有以下形式。

A. 隧道式:可以用轨道小推车或吊挂笼传送,一般以逆向送入冷风,或用各种形式的导向板造成不同风向。生产效率及效果还可以,连续化生产程度不高。

B. 传送带式:有各种形式。目前多用不锈钢网状输送带,原料在传送上冻结,冷风的流向可与原料平行、垂直、顺向、逆向、侧向。传送带速度可根据冻结时间进行调节。

有单向直走带式的,在传送带底部与一冷冻板(蒸发器)相贴紧。上部还装有风机。

有螺旋带式,此装置中间是一个大转筒,传送带围绕着筒形成多层螺旋状逐级将原料(装在托盘上)向上传送,如图 4-9 所示。冷风由上部吹下,下部排出循环,冷风与冻品呈逆向对流换热。原料由下部送入,上部传出,即完成冻结。

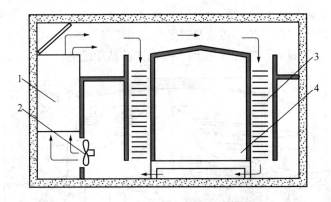

图4－9　螺旋带式连续冻结装置

(冯志哲等,1984)

1.蒸发器　2.风机　3.传送带　4.转筒

也有用链带形成传送装置,上挂托盘可以脱卸。头一段,托盘在最下层进入,逐层循链带呈S形回转上升,至最上层时进入下一段,再逐级回转下降,直至下一段的最下一层送出托盘,将之脱卸下来即完成整个冻结过程。装置内以多台风机侧向送入冷风。

这类形式的冻结装置,一般厚2.5～4 cm的产品,在40 min左右能冻至－18℃,薄一些的还会更快。可以连续进行生产,效率颇高,通风性强,适用于果蔬速冻。

C.悬浮式(也称流态床):冻结(fluidized freezing)装置一般采用不锈钢网状传送带,分成预冷及急冻两段,以多台强大风机自下向上吹出高速冷风,垂直向上的风速达到6 m/s以上,把原料吹起,使其在网状传送带上形成悬浮状态不断跳动,原料被急速冷风所包围,进行强烈的热交换,被急速冻结。一般在5～15 min就能使食品冻结至－18℃。生产率高、效果好、自动化程度高。由于要把冻品造成悬浮状态需要很大的气流速度,故被冻结的原料大小受到一定限制。一般颗粒状、小片状、短段状的原料较为适用。由于传送带的带动,原料是向前移动,在彼此不黏结成堆的情况下完成冻结,因此称为"单体速冻"(individual quick frozen,简称IQF),这是目前大多数颗粒状或切分的果蔬加工采用的一种速冻形式,见图4－10。

④接触冻结装置:平板冻结机即属此类。一般由铝合金或钢制成空心平板(或板内配蒸发管),制冷剂以空心板为通路,从其中蒸发通过。使板面及其周围成为温度很低的冷却面。原料就放置在板面上(即与冷却面接触)。一般用多块平板组装而成,可以用油压装置来调节板与板之间的距离,使空隙尽量减少,这样使原料夹在两板之间,以提高其热交换效率,由于原料被上、下两个冷却面所吸热,故冻结速度颇快。厚6～8 cm的食品,2～4 h即可完成冻结。原料形状应扁平,厚度有限制,适用于小型加工,多应用于水产品,如鱼、虾等,因此多应用于在渔船上加工。果蔬加工也可考虑采用。属间歇生产类型,生产效率不算高,可用多个冻结器配合,因此劳动强度较大些。

(2)直接冻结装置　目前多应用浸渍冻结装置,是用高浓度低温盐水(其冰点可降至－50℃左右)浸渍原料,原料与冷媒接触,传热系数高,热交换强烈,故速冻快,但盐水很咸,只适应水产品,不能用于果蔬制品。液态氮(－196℃)和液态二氧化碳(－78.9℃)也用来作为制冷介质(剂),可以直接浸渍产品,但这样浪费介质。一般多采用喷淋冻结装置,这种装置构造简单,可以用不锈钢网状传送带,上装喷雾器、搅拌小风机。即能超快速进行单体冻结。但介质不能回收,而且介质贵,他的运输及贮藏要应用特殊容器,成本高。对大而厚的产品还会因超快速冻结而造成龟裂。这种方法生产率高,产品品质优良。主要是成本问题。

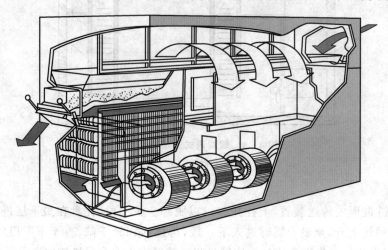

图4-10 悬浮冻结装置

(Mallett C.P.,1993)

4.3.2.2 速冻

经过预处理的原料,可预冷至0℃,这样有利于加快冻结。许多速冻(quick freezing)装置设有预冷段的设施。或者在进入速冻前先在其他冷库预冷后,再进入速冻设备进行速冻。

冻结速度往往由于果蔬的品种不同、块形大小、堆料厚度、进入速冻设备时品温、冻结温度等因素而有差异。必须在工艺条件上及工序安排上考虑紧凑配合。

果蔬产品的速冻温度在$-35\sim-30℃$,风速应保持在$3\sim5$ m/s,这样才能保证冻结以最短的时间通过最大冰晶生成区,使冻品中心温度尽快达到$-18\sim-15℃$以下,能够达到这样的标准要求,才能称之为"速冻果蔬"。只有这样才能使90%以上的水分在原来位置上结成细小冰晶,大多均匀分布在细胞内,从而获得具有新鲜品质,而且营养和色泽保存良好的速冻果蔬。

果蔬速冻生产以采用半机械化或机械化连续作业生产方式为理想,速冻装置以螺旋式(链带)连续速冻器或流态床速冻器为好。

▶ 4.3.3 包装

通过对速冻果蔬包装(packaging),可以有效地控制速冻果蔬在长期贮藏过程中发生的冰晶升华,即水分由固体冰的状态蒸发而形成干燥状态;防止产品长期贮藏接触空气而氧化变色,便于运输、销售和食用;防止污染,保持产品卫生。

果蔬速冻品加工完成后,应进行质量检查及微生物指标检测。包装前要经过筛选。

果蔬速冻品生产大多数采用先冻结后包装的方式。但有些产品为避免破碎可先包装后冻结。

冻结果蔬的包装有大、中、小 3 种形式,包装材料有纸、玻璃纸、聚乙烯薄膜(或硬塑)及铝箔等。包装材料的选择,主要为避免产品的干耗、氧化、污染而考虑采用透气性能低的材料。近年来已开发出能直接在微波炉内加热或烹调而且安全性能高的微波冷冻食品包装材料。此外,还应有外包装,大多用纸箱,每件重 10~15 kg。

包装的大小可按消费需求而定,半成品或厨房用料的产品,可用大包装。家庭应用及方便食品要用小包装(袋、小托盘、盒、杯等)。

在分装时,工场上应保证在低温下进行工作。同时要求在最短时间内完成,重新入库。工序要安排紧凑。一般冻品在 −4~−2℃ 时,即会发生重结晶。

▶ 4.3.4　冻藏与运销

4.3.4.1　冻藏

速冻完成包装好的冻品,要贮于 −18℃ 以下的冷库内,要求贮温控制在 −18℃ 以下,或者更低些,而且要求温度要稳定,少波动。并且不应与其他有异味的食品混藏。最好采用专库贮存。低温冷库的隔热效能要求较高,保温要好。一般应用双级压缩制冷系统进行降温。速冻果蔬产品的冻藏期一般可达 10~12 个月,条件好的可达 2 年。

在冻藏过程中,未冻结的水分及微小冰晶会有所移动而接近大冰晶与之结合,或者互相聚合而成大冰晶,但这个过程很缓慢,若库温波动则会促进这样的移动,大冰晶成长即加快,这就是重结晶现象。这样同样会造成组织的机械伤,因而使产品流汁。

4.3.4.2　运销

在流通上,要应用能制冷及保温的运输设施,以 −18~−15℃ 进行运输冻品。在运输销售上,要应用有制冷及保温装置的汽车、火车、船、集装箱专用设施,运输时间长的要控制在 −18℃ 以下,一般可用 −15℃,销售时也应有低温货架与货柜。整个商品供应程序也是采用冷链流通系统(见图 4−11)。能使产品维持在冻藏的温度下贮藏。由冷冻厂或配送中心运来的冷冻产品在卸货时,应立即直接转移到冻藏库中,不应在室内或室外的自然条件下停留。零售市场的货柜应保持低温,一般仍要求在 −18~−15℃。

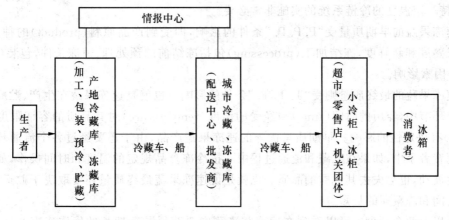

图 4−11　冷链流通系统模式

▶ 4.3.5 解冻与使用

冷冻食品在使用之前要进行解冻(thawing)复原,上升冻结食品的温度,融解食品中的冰结晶,回复冻结前的状态称为解冻。各种产品的性质不同,解冻情况有差异,对产品的影响变化表现不一。

从热交换看,冷冻食品在解冻与速冻的进行过程中是两个相反的传热方向,而且速度也有差异,非流体食品的解冻比冷冻要慢。解冻时的温度变化趋向于有利微生物的活动和理化变化的增强,恰好与冷冻情况相反。如前所述,冷冻并不能作为杀死微生物的措施,只是起抑制微生物的作用。食品解冻后,由于温度的升高,汁液(内容物)的渗出,有利于微生物的活动和理化特性的变化。因此,冷冻食品应在食用之前解冻,解冻后及时食用,切忌解冻过早或在室温下长时间搁置。冷冻水果解冻过程越短,对色泽和风味的影响就越小。

解冻方法,可以在冰箱中,室温下以及冷水或温水中进行。也可用微波或高频迅速解冻,但要注意产品的组织成分要均匀一致,否则容易造成产品局部的损害。

冷冻蔬菜的解冻,可根据品种形状的不同和食用习惯,不必先洗、再切而直接进行炖、炒、炸等烹调加工,烹调时间以短为好,一般不宜过分地热处理,否则影响质地,口感不佳。

冷冻水果一般解冻后不需要热处理,就可供食用。解冻终温以解冻用途而异,鲜吃的果实以半解冻较安全可靠。有些冷冻的浆果类,可作为糖制品的原料,经过一定的加热处理,仍能保证其产品的质量。

▶ 4.3.6 影响速冻果蔬质量的因素

通过大量试验及生产的总结,速冻果蔬商品从生产、贮藏至流通,其质量的优劣,主要是由"早期质量"与"最终质量"来决定。冷冻食品从生产到消费的过程中,所经过的冻藏、输送、贩卖店的销售状况等保持的温度都不一致,自生产工厂出货时开始是同一温度和品质(早期质量),但转到消费者手中时的品质(最终品质)将有不同,因此,以品质第一为前提,保持一定温度的冷链系统的实施非常必要。

速冻果蔬的早期质量受"P. P. P. "条件的影响,即受到产品原料(product)的种类(品种)、成熟度和新鲜度,冻结加工(processing)包括冻结前的预处理、速冻条件,包装(package)等因素影响。

速冻果蔬的最终质量则受"T. T. T. "条件的影响。也就是速冻果蔬在生产、贮藏及流通各个环节中,经历的时间(time)和经受的温度(temperature)对其品质的容许限度(tolerance)有决定性的影响。早期质量优秀的速冻果蔬产品,由于还要经过各个流通环节才能到消费者手中,如果在贮藏和流通过程中不按冷冻食品规定的温度和时间操作,如温度大幅度波动,也会失去其优秀的品质。也就是说速冻果蔬最终质量还要取决于贮运温度、冻结时间和冻藏期的长短。

从以上两个概念中可以看到在速冻与冻藏中要获得贮存期长的优质速冻产品,其关键环节的所在。

速冻果蔬的"T.T.T."研究中常用的是感官评价配合理化指标测定。

通过感官评价能感知品质变化时,期间所经过的贮藏天数因贮运中的品温而异,温度越低,能保持品质的不变化的时间越久。贮藏期的长短与贮运温度的高低之间的关系,一般称之为品质保持特性(keeping quality characteristic)。通过感官评价感知某一冷冻食品品质开始变化时所经过的天数(贮藏期),称为优质保持期(high quality life,简称HQL),此期间该冷冻食品仍保持其优良品质状态。实际上,感官评价冷冻食品品质时,常稍将条件放宽,以不失商品价值为度,这就是所谓的实用贮藏期(practicality storage life,简称PSL)。HQL和PSL的长短是由冷冻食品在流通环节中所经历的时间和品温决定的。

构成食品品质的诸要素如风味、质地、颜色等,除了用感官评价评定外,同时可进行一些理化方法的检测,如测定维生素C含量、叶绿素中脱镁叶绿素含量、蛋白质变性以及脂肪氧化酸败等。可根据冷冻果蔬的种类选择测定项目。

4.4 果蔬速冻生产实例

4.4.1 蔬菜速冻生产实例

4.4.1.1 马铃薯 (学名:*Solanum tuberosum* L. 英文:potato)

马铃薯速冻产品中,主要是马铃薯快餐食品。如速冻马铃薯薯条(france fry potato)的销售量和消费量随着快餐业的发展而呈直线上升趋势。

目前全世界大部分国家及地区均栽培马铃薯。发达国家马铃薯较多用于加工,占其总产量的40%以上,美国甚至达到70%。而我国的马铃薯加工利用率仅为3%左右。

从美国的情况看,美国有速冻薯条生产厂家300多家,如麦当劳、肯德基、Wendy's和汉堡王等。1993年其出口速冻薯条2.2×10^5 t,价值2.67亿美元,主要出口至日本、韩国和中国。

我国速冻薯条生产厂家不多,其中主要有中美合资组建的北京辛普劳食品有限公司(在内蒙古、张家口地区和北京市郊设有原料基地);另一中外合资企业是山西嘉顺食品有限公司,其生产的马铃薯食品供不应求。据初步估算,中国年进口薯条上万吨,仅北京麦当劳年消费量即为4 000~5 000 t。因此,发展我国马铃薯速冻系列产品有着广阔的市场前景。

(1)工艺流程

原料选择→清洗→去皮→修整→切条→分级→漂烫→干燥→油炸→沥油→预冷→速冻→称重包装→冻藏

(2)工艺要点

①原料选择:薯条加工品种要求为马铃薯原料淀粉含量适中,干物质含量较高,还原

糖含量较低的白肉马铃薯;薯形要求长柱形或长椭圆形,头部无凹,芽眼少而浅,表皮光滑,无裂纹空心;适合加工薯条的马铃薯品种要求休眠期长,抗菌性强。选择外观无霉烂、无虫眼、不变质、芽眼浅、表面光滑的马铃薯,剔除绿色生芽、表皮干缩的原料。

生产前应进行理化指标的检测,理化指标的好坏直接影响到成品的色泽。马铃薯的还原糖含量应小于0.3%,若还原糖过高,则应将其置于15~18℃的环境中,进行15~30 d的调整。

②清洗:可以在水力清洗机中清洗马铃薯,借助水力和立式螺旋机构的作用将其清洗干净。

③去皮:去皮方法有人工去皮、机械去皮、热力去皮和化学去皮。为了提高生产能力、保证产品质量,宜采用机械去皮或化学去皮。去皮时应防止去皮过度,增加原料损耗,影响产品质量。还要注意修整,去芽眼、黑点等。

④切条:去皮后的马铃薯经清水冲淋,洗去其表面黏附的马铃薯皮及渣料,然后由输送带送入切条机中切成条,产品的规格应符合质量要求,马铃薯条一般选择方形,截面尺寸为(5~10) mm×(5~10) mm,长度为50~75 mm。

⑤漂洗和热烫:漂洗的目的是洗去产品表面的淀粉,以免油炸过程中出现产品黏结现象或造成油污染。热烫目的是使马铃薯条中的酶失活,防止酶促褐变产生而影响产品品质,同时使薯条表层淀粉凝胶化,减少油的吸收。采用的方法有化学方法和物理方法,化学方法采用化学试剂(抗氧化剂、抗坏血酸等)溶液浸泡;物理方法即采用85~90℃的热水进行烫漂,时间因品种及贮藏时间的不同而异。

⑥干燥:干燥的目的是为了除去马铃薯条表面的多余水分,从而在油炸过程中减少油的损耗和分解。同时使烫漂过的马铃薯条保持一定的脆性。但应注意避免干燥过度而造成黏结,可采用压缩空气气流干燥。

⑦油炸:干燥后的马铃薯条由输送带送入油炸设备内进行油炸,油温控制在170~180℃,油炸时间为1 min左右。油炸后通过振动筛振动脱油。

⑧速冻:油炸后的产品经脱油、冷却和预冷后,进入速冻机速冻,速冻温度控制在-35℃以下,IQF冻结,保证马铃薯产品的中心温度在18 min内降至-18℃以下。

⑨包装:速冻后的薯条半成品应按规格重量迅速装入包装袋内,然后迅速装箱。包装袋宜采用内外表面涂有可耐249℃高温的塑料膜的纸袋。

⑩冻藏:包装后的成品置于-18℃以下的冷藏库内贮藏。

4.4.1.2 豌豆(学名:*Pisum sativum* L. 英文:pea)

豌豆荚(pea pod)又名荷兰豆荚,由于其具有青绿的颜色和鲜嫩的质地,深受消费者的欢迎。速冻豌豆荚是我国出口欧美、日本等国家的重要速冻蔬菜品种之一。

(1)工艺流程

原料选择→去蒂、去筋丝→洗涤→漂烫→冷却→速冻→称重包装→冻藏

(2)工艺要点

①原料选择与整理:选择新鲜无农药残留、无组织硬化及病虫害的嫩软荚豌豆,运送至工厂,选择长5~8 cm,厚度小于7 mm的豆荚,然后去蒂,去筋丝(豆荚两侧边缘的粗纤维),该工作费时很多,需注意加工处理时间,自采收至加工完毕的时间不超过24 h

为宜。经初选，去蒂及去筋丝的豌豆荚，在洗涤前复选一次，将色泽及规格不合格者剔除。

②洗涤：经去蒂及去筋的豌豆荚，以含有效氯5～10 mg/kg的清水洗涤，可用自动振动洗涤机洗涤，洗涤后沥干水分。

③烫漂：豌豆荚充分沥干后，即行烫漂。浸渍于沸水或含有3‰食盐的沸水中，加以搅拌，根据烫漂设备的不同与豌豆的多少而需时40 s至1 min。可根据过氧化物酶的活性是否被钝化作为烫漂时间的尺度。

④冷却：烫漂后的豌豆荚，应立即迅速冷却，以确保风味、质地及营养成分因热作用的损失最少。冷却方法一般采用清水冷却法，用不锈钢水槽，可分成两段冷却或采用两个冷却槽。为了提高冷却效果，有条件的可采用冰水冷却。冷却后豌豆荚应沥干水分，温度控制在20℃以下（最好在0～5℃）。

⑤冻结、包装、贮藏：冷却和沥干水分后的豌豆荚通过输送带提升至IQF冻结机入口的振动机筛分均匀和作最后的沥干水分，然后进入IQF冻结机冻结。冻结温度为－40～－35℃。冻结完后按规定重量进行包装，贮藏于－18℃的冻库。

4.4.1.3　菠菜(学名：*Spinacia oleracea* L. 英文：spinach)

(1)工艺流程

原料验收→挑选→整理→漂洗→烫漂→冷却→沥水→装盘→速冻→包冰衣→包装→冻藏

(2)工艺要点

①原料选择及整理：选择叶子茂盛的圆叶种。原料要求鲜嫩、浓绿色、无黄叶、无病虫害，长度为150～300 mm。原料采收与冻结加工间的时间间隔不要超过24 h。初加工时应逐株挑选，除去黄叶，切除根须。清洗时也要逐株漂洗，洗去泥沙等杂物。

②烫漂与冷却：由于菠菜的下部与上部叶片的老嫩程度及含水率不同，因此烫漂时将洗净的菠菜叶片朝上竖放于筐内，下部浸入沸水中30 s，然后再将叶片全部浸入烫漂1 min。为了保持菠菜的浓绿色，烫漂后应立即冷却到10℃以下。冷却后的菠菜要将水分沥干，然后按重量要求装盘，每盘可装500 g。

③速冻与冻藏：菠菜装盘后迅速进入速冻设备进行冻结，用－35℃冷风，在20 min内完成冻结。然后脱盘，将冻结好的菜体在清洁的冷水中浸泡一下即捞起，在菜体表面形成一层冰衣。用塑料袋包装封口，装入纸箱，在－18℃下冻藏。

▶ 4.4.2　果品速冻生产实例

4.4.2.1　荔枝(学名：*Litchi chinensis* Soun. 英文：litchi, lychee)

荔枝是岭南佳果，但不耐贮运，常温下2～3 d就会变色变味。通过速冻保藏则可保持新鲜品质一年以上。食用时需解冻。

(1)工艺流程

原料采收→挑选、清洗、分级→护色处理→冷却→速冻→包装→冻藏

(2)工艺要点　选择新鲜、成熟、无病虫害的荔枝，采收后迅速运至速冻加工厂，要剔

除破裂、受机械损伤和病虫害的果实,经预处理和冷却,在−35~−20℃低温进行冻结,然后在−18℃下冻藏。速冻荔枝生产存在速冻过程中出现裂果较多,解冻后果皮变褐、果肉与果壳分离、剥壳时解冻汁液流出等的问题。如何克服这些问题,是速冻荔枝生产成功的关键。

广东省食品进出口公司等组成的协作组研究结果,采用下列三种方法:①用蒸汽烫漂荔枝20~30 s,然后鼓风降温吹干并喷洒3%柠檬酸液,包装入库速冻;②熏硫后入库速冻;③100℃热水烫漂7 s,再用3~5℃冰水降温冷却,然后浸入5%柠檬酸、2%食盐混合液中2 min,装盘速冻然后包装。以第三种方法较好,荔枝解冻后仍能保持红色的果壳。

4.4.2.2 草莓(学名:*Fragaria ananassa* Duch. 英文:strawberry)

成熟的草莓果实鲜红艳丽,柔软多汁、甜酸适中、芳香宜人,有增进食欲、帮助消化作用,是老少皆宜的佳果,它具有较高的营养价值。但草莓在常温下只能贮藏1~3 d,经速冻加工处理后在−18℃冻藏可达1年。

(1)工艺流程

原料采收→挑选、分级→去果蒂→清洗→加糖液处理→冷却→速冻→包装→冻藏

(2)工艺要点

①原料要求:冻结加工对草莓原料的品质要求比较严格,采摘时带蒂采收且须精心操作,由于带露水的草莓采摘后容易变质,所以要待露水干后才采摘。草莓果实成熟适宜,果面红色占2/3,大小均匀,坚实,无压伤,无病虫害,采摘装箱时不宜装得过满,运输时注意轻拿轻放,避免太阳直接照射。

②预处理:按果实的色泽和大小分级挑选。首先挑选出果面红色占2/3的适宜速冻加工的果实,然后按直径大小进行分级:20 mm以下、20~24 mm、25~28 mm、28 mm以上;也可按单果重分级:单果重10 g以上为1级、8~10 g为2级、6~8 g为3级、6 g以下为4级。质次的草莓冻结后可作为加工草莓酱的原料。

原料分级后,去果蒂,注意不要损伤果肉,一手轻拿果实,另一手轻轻转动,即可去果蒂,接着用清水清洗果实2~3次,除去泥沙、杂物等。

将预先配制好的浓度为30%~50%的糖液倒入浸泡容器中,然后放入草莓,轻轻搅拌均匀,浸泡3~5 min,捞出滤去糖液。

③冻结和冻藏:将浸泡过糖液的草莓迅速冷却至15℃以下,尽快送入温度为−35℃的速冻机中冻结,10 min后草莓中心温度为−18℃。冻结后的草莓尽快在低温状态下包装,以防止表面融化而影响产品质量。包装材料采用塑料袋或纸盒。装入塑料袋内真空包装或用塑料袋直接包装封口,每袋可装0.25 kg或0.5 kg,然后装入纸箱,每箱装20 kg。在温度为−18℃的冻藏库贮藏。注意每层堆积不宜过多,要求每5层加一木制底盘。

4.4.2.3 桃(学名:*Amygdalus persica* L. 英文:peach)

(1)工艺流程

原料选择→清洗→去皮核、切片→浸渍糖液→包装→速冻→冻藏

(2)工艺要点

①预处理:桃的品种中以白桃和黄桃最适宜速冻加工。原料要求新鲜,成熟度八成左

右。果实大小均匀,无压伤,无病虫害。加工时应按品种大小分类,用清水洗去表面污物和残留的农药,用劈桃机将果实从中间切开除去桃核,然后采用氢氧化钠溶液处理去皮。碱液的浓度和处理时间要根据实际实验结果来确定。处理后在清水中剥皮,并用2%的柠檬酸溶液浸泡,再用清水冲洗干净。然后切分,规格较大的切成4块,较小的切成2块。再在浓度40%的糖液中浸泡5 min。为了防止解冻后发生褐变,可在糖液中加入0.1%的抗坏血酸。浸泡后捞起沥干糖液。

②速冻和冻藏:原料沥干糖液后经包装和冷却,然后迅速送入温度为−35℃的速冻装置中冻结。使中心温度尽快降至−18℃。冻结后的产品再用纸箱包装,随即送入−18℃的冻藏库贮藏。

4.5 速冻保藏新技术研究进展

▶ 4.5.1 预处理与质构调控

酶和钙硬化预处理:Van Buggenhout等人(2006)研究冻结前预处理和冻结解冻条件对草莓质构损失的影响,利用真空渗入果胶甲酯酶(pectinmethylesterase,PME)和$CaCl_2$溶液进行硬化预处理,结合压力移动冻结法冻结草莓,结果表明经过预处理的草莓解冻后显著保持其质构硬度同时减少汁液流失,如图4-12所示。

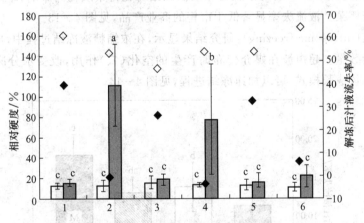

图4-12　真空渗入预处理对压力移动法冻结草莓的相对硬度和
汁液流失率的影响(Van Buggenhout,et al.,2006)

真空渗入①H_2O;②PME(100 U/mL)和Ca(0.5% $CaCl_2$ · $2H_2O$);③1%果胶;④1%果胶+PME(100 U/mL)/Ca(0.5% $CaCl_2$ · $2H_2O$);⑤3%果胶;⑥3%果胶+PME(100 U/mL)/Ca(0.5% $CaCl_2$ · $2H_2O$)。真空渗入预处理样品的硬度▨和汁液流失率◆;无真空渗入预处理样品的硬度□和汁液流失率◇。数据上方带有不同的小写字母表示处理间差异显著($p<0.05$)

脱水冻结（dehydrofreezing）：脱水冻结是将物料先经过脱水处理使其水分含量减少至一定程度后，再进行冻结。新鲜果蔬水分含量一般达 85%～90% 或以上，冻结后容易造成组织损伤。脱去部分水分后再冻结，则有利于减少冰晶体引起的质构破坏，同时还可以节省贮运成本和减少制冷负载。可采用热风干燥或渗透脱水进行脱水处理。Robbers 等人（1997）将新鲜猕猴桃样品先在 60%～72% 蔗糖溶液中渗透脱水至水分含量 50% 左右，然后再进行速冻。结果表明脱水样品冻结至 −18℃ 需要 19～20 min，冻结速率比对照样品的 23～24 min 提高 20%～30%。

▶ 4.5.2　冻结新技术

压力移动法（pressure-shift freezing）：神田幸忠等人（1992）在豆腐冻结过程中引入了压力的因素，对形成的冰晶体及组织结构的影响进行了研究。他们根据水在 200 MPa 压力下其冻结点下降到 −20℃ 以下的原理，把豆腐加压到 200 MPa 同时冷却到 −20℃，此时豆腐中的水分未发生冻结，在此状态下迅速消除压力，物料温度远在冻结点温度以下，呈极不稳定的过冷却状态，进而水分瞬间在物料原来位置发生相转换，产生大量细微而且分布均匀的冰晶体，进一步冷却能使物料迅速、均匀地冻结，他们把这种冻结方法称为压力移动冻结法（胡卓炎，1997）。Otero 等人（2000）将梨和杧果片在 200 MPa 下冷却至 −20℃ 后，然后消除压力至常压（0.1 MPa），由于此时样品处于超冷却状态而迅速均匀冻结，通过电镜扫描样品，没有观察到组织细胞有明显的破坏，能保持其植物性的微结构状态。Fernández 等人（2006）研究了压力移动法冻结对花椰菜质构的影响，结果表明压力移动法冻结的花椰菜汁液流失率显著低于市售的商业产品，见图 4-13。

超声冻结（ultrasonic freezing）：研究结果显示，在浓缩糖液冻结过程中，应用超声可以增加冰晶体的数量。超声波在媒介传布时产生的空化（穴）作用，改变水分冻结时冰晶核的形成和冰晶体成长模式，可以加速冻结进程，见图 4-14。

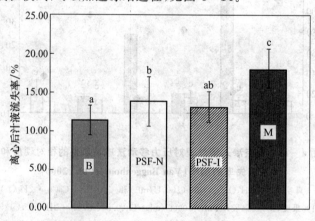

图 4-13　压力移动法冻结对花椰菜汁液流失率的影响（Fernández, et al., 2006）

B. 热烫、未冷冻；PSF-N. 压力移动法＋液氮；PSF-I. 压力移动法冻结；M. 市售产品。数据上方带不同小写字母表示处理间差异显著（$p < 0.05$）。

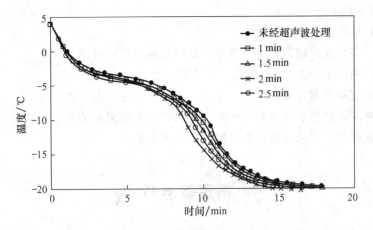

图 4-14 超声(功率＝15.85 W)持续时间对加速冻结进程的影响

(Li B., Sun D-W, 2002.)

抗冻蛋白质和冰核活性蛋白质：抗冻蛋白质(antifreeze proteins，AFP)和冰核活性蛋白质(ice nucleation proteins，INP)都会影响冰晶体的形成和生长，因而受到研究者的重视。AFP 用于冷冻贮藏中降低冻结温度阻碍重结晶，而 INP 则是提高冰晶体成核温度和减少过冷程度。当然，AFP 和 INP 直接添加于冷冻食品中，必须考虑食品安全问题。

4.5.3 TTI 在冷链中的应用

获得冷冻食品在流通过程中温度和时间的变化数据，是冷冻食品质量控制的重要环节之一。近年来已有不少研究报道 TTI(time-temperature integrator/indicator，时间温度标记物)在冷链中的应用(giannakourou，et al. 2006)。TTI 作为一种结构简单、价格便宜、能够记录时间-温度变化的装置，用于追踪和监控冷冻食品的质量的工具，能够指示所监视的冷冻食品在冷链流通中经历的温度变化过程，进而可能根据温度变化过程估计食品的变质范围和剩余货架期，已经受到研究者和业界的重视。根据 TTI 的工作原理可以分为扩散型、聚合反应型和酶反应型。目前实际应用的 TTI 多为利用显色反应来判断冷冻食品经受的时间和温度变化。已有学者研究 TTI 与射频跟踪 RFID 标签结合，可用于远程监控冷链上货物的货架寿命。目前 TTI 的应用主要受制于成本问题。随着 TTI 技术的完善，TTI 的应用将越来越广泛。

▶▶ 复习思考题 ◀◀

1. 温度对微生物生长发育和酶及各种生物化学反应有何影响？

2. 在什么条件下冷冻产品会腐败或食用不安全？保持冷冻产品安全的关键有哪几个方面？

3. 冻结过程可分哪几个阶段？如何理解快速通过最大冰晶生成区是保证冻品质量的

最重要的温度区间？

　　4. 冻结和冻藏对果蔬有何影响？

　　5. 为什么蔬菜在冻结前要进行烫漂？如何掌握烫漂的时间？

　　6. 单体速冻(IQF)设备有何特点？适合哪些物料的冻结？

　　7. 速冻果蔬对原料有哪些要求？水果和蔬菜在速冻工艺上有何异同？

　　8. 影响速冻果蔬质量的因素有哪些？如何提高速冻果蔬的质量？

　　9. 速冻保藏新技术的研究是基于哪些方面考虑的？

▶ 指定参考书 ◀

1. 北京农业大学. 果品贮藏加工学. 2 版. 北京：农业出版社，1990

2. 华中农业大学. 蔬菜贮藏加工学. 2 版. 北京：农业出版社，1991

3. 陈学平. 果蔬产品加工工艺学. 北京：农业出版社，1995

4. 上海水产学院. 食品冷冻工艺学. 上海：上海科学技术出版社，1984

5. Nesvadba P. Thermal Properties and Ice Crystal Development in Frozen Foods. In：Evans J. A. ed. Frozen Food Science and Technology. Blackwell Publishing Ltd. UK. 2008

▶ 参考文献 ◀

1. 北京农业大学. 果品贮藏加工学. 2 版. 北京：农业出版社，1990

2. 陈学平. 果蔬产品加工工艺学. 北京：农业出版社，1995

3. 华中农业大学. 蔬菜贮藏加工学. 2 版. 北京：农业出版社，1991

4. 胡卓炎. 最近的食品冻结及解冻技术研究. 制冷学报，1997，3：33-39

5. 日本冷冻食品协会. 冷冻食品事典. 东京：朝仓书店，1975

6. 上海水产学院. 食品冷冻工艺学. 上海：上海科学技术出版社，1984

7. 徐进财. 冷冻食品学. 台北：复文书局，1995

8. Fernanda A. R. Oliveira, Jorge C. Oliveira. Processing Foods：Quality Optimization and process assessment. CRC Press LLC. Boca Raton. 1999

9. Fern'andez P. P. , Pr'estamo G. , Otero L. , et al. Assessment of cell damage in high-pressure-shift frozen broccoli：comparison with market samples. European Food Research and Technology. 2006，224(1)：101-107

10. Giannakourou M. C. , Taoukis P. S. , and Nychas G. J. E. . Monitoring and Control of the Cold Chain. In：Sun D-W ed. Handbook of frozen food packaging and processing. CRC Press，Taylor & Francis Group，LLC. 2006

11. International Institute of Refrigeration. Recommendations for the Processing and Handling of Frozen Foods，(I. I. R. ，eds.) Paris，1972

12. Li B，Sun D-W. Effect of Power Ultrasound on Freezing Rate during Immersion Freezing. Journal of Food Engineering. 2002，55(3):277-282

13. Lester E. Jeremiah. Freezing Effects on Food Quality. Marcel Dekker Inc. New York. 1995

14. Maestrelli A.，Milan IVTPA. Fruit and Vegetables:the Quality of Raw Material in Relation to Freezing. In:Christopher J. Kennedy ed. Managing frozen foods. Woodhead Publishing Limited and CRC Press LLC. 2000

15. Mallet C. P. Frozen Food Technology. Blanckie Academic & Professional. An imprint of Chapman & Hall. London. 1993

16. Nesvadba P. Thermal Properties and Ice Crystal Development in Frozen Foods. In: Evans J. A. ed. Frozen Food Science and Technology. Blackwell Publishing Ltd. UK. 2008

17. Otero L，artinoM M，Zaritzky N，et al.. Preservation of microstructure in peach and mango during high-pressure-shift freezing. Journal of Food Science. 2000，65(3):466-470

18. Ramaswamy Hosahalli and Marcotte Michèle. Food processing:principles and applications. CRC Press，Taylor & Francis Group，LLC. 2006

19. Robbers M.，Singh RP，Cunha LM. Osmotic-convective dehydrofreezing process for drying kiwifruit. Journal of Food Science. 1997，62 (5):1039-1042，1047

20. Van Buggenhout S.，Messagie I.，Maes V.，et al.. Minimizing texture loss of frozen strawberries:Effect of infusion with pectinmethylesterase and calcium combined with different freezing conditions and effect of subsequent storage/thawing conditions. European Food Research and Technology. 2006，223(3):395-404

第5章
果蔬干制

▶▶ **教学目标**

1. 掌握果蔬干燥过程的特性,恒速干燥阶段和降速干燥阶段

2. 理解水分活度与微生物生长活动的关系,掌握有效控制酶活及各种生化反应的 Aw

3. 了解干制对果蔬原料的要求

4. 了解干燥设备的性能和选用设备所要考虑的因素

5. 掌握干制对果蔬影响的因素,探究提高干制果蔬质量的途径

主题词

水分活度　平衡相对湿度　恒速干燥阶段
壳化　升华干燥　酶促褐变　微波干燥
干制品复水　干制品贮藏

果蔬脱水(或果蔬干燥)的历史与人类有记载的历史一样悠久。在丰收的季节把产品保藏起来,供短缺的时节食用。《圣经》中就有晒干枣子、无花果、杏子及葡萄的记载。

第一次人工干燥的历史记载出现在 18 世纪英国的专利上。据记载,这些干制的食品经海运到达克里米亚的英国军队。在美洲,南北战争期间的美国军队曾用脱水果蔬作为他们的部分给养。

果蔬干制系指果蔬原料在加热状态下以蒸发或升华形式脱去水分制成固体产品的单元操作过程。根据这一定义,干燥显然与过滤、膜分离、离心、液固萃取和压榨以及浓缩均有区别。

脱水与干燥的区别有时很难划清。果蔬脱水这一术语一般是指在控制条件下的人工干燥。但是在现代果蔬加工工业中,这一术语并不是泛指所有从食物中除去水分的操作过程。例如炸土豆、烤面包或是烤牛排时,也都会失去水分,但是这些操作并不仅仅是为了移走体系中的水分,他们还有许多其他的功用,因而人们并不认为这些操作是果蔬脱水的一种形式。同样道理,浓缩过程只是除去了食品体系的一部分水分(比如制备糖浆、浓缩牛奶和浓缩汤汁等),因此浓缩也不属于目前被普遍认可的果蔬脱水范畴。

严格地说,果蔬脱水是指在控制的条件下几近完全地除去果蔬中的水分,而果蔬的其他性质在此过程中几乎没有或者极小地发生变化。

脱水是降低果蔬中水分含量的操作,使水分含量降低到不致发生微生物作用、化学反应和生物化学反应的程度以下。果蔬干燥有以下几个目的:①制成干制品以便于贮藏和运输;②降低运输费用;③在加工过程中提高其他设备的生产能力;④为进一步加工时便于处理;⑤提高废渣及副产品的利用价值。

5.1 果蔬干制保藏的原理

▶ 5.1.1 水分与微生物的关系——水分活度

脱水干燥过程并不一定会破坏微生物的生命活动。在预处理的各个阶段,微生物活动的存在可能会损害制品的色泽、风味及其他品质特征。维持微生物活动的水分的可利用性取决于其相对蒸汽压,即水分活度。水分活度(A_W)是果蔬物系蒸汽压(P)与纯水蒸气压(P_0)之比值

$$A_W = P/P_0$$

当某物系中的水分与其蒸汽处于平衡的状态下,则相对湿度等于水分活度。$A_W =$ ERH(equilibrium relative humidity,平衡相对湿度)。此时与制品相接触的空气和制品之间不存在吸着作用和解吸作用。

每一种微生物的生长都有其最低适宜的水分活度。关于大量与果蔬腐败有关的微生物的最低水分活度资料表明:①所有食物致病菌在水分活度小于或等于 0.85 时均受到抑

制;②细菌芽孢包括肉毒梭状芽孢杆菌的发芽,在水分活度较高时受到抑制;在水分活度低于 0.95 下生长的产芽孢菌类不可能在巴氏杀菌温度下被杀灭;③在低水分活度下生长的大多数微生物,其繁殖速度很慢,需要特定的生长条件。

由此,要把水分活度降低到能制止一切生物性腐败的最低值,就应当将其含量减少到商业上干制果蔬中的水分含量。商业化加工果蔬的水分活度下限是 0.70;而上限则取决于果蔬本身的特性和制作方法,还有容器以及贮藏条件。对于水分活度在 0.83～0.85 的果蔬,常用山梨酸钾作为抗霉菌剂。图 5-1 表示了食物制品的水分活度与变质反应之间的相互关系。

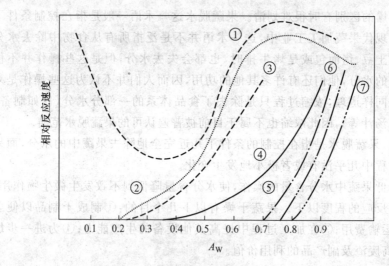

图 5-1　水分活度与变质反应之间的关系
1. 类脂氧化　2. 非酶褐变　3. 水解反应　4. 酶活力　5. 霉菌生长　6. 酵母生长　7. 细菌生长

▶ 5.1.2　水分活度对微生物的影响

果蔬干制是原料通过接受太阳光或其他热量使其失水的过程。在此过程中若采用太阳晒,果蔬等食品接受了肉眼看不见的红外线及紫外线照射,除能脱去果蔬水分外,还可以对果蔬起消毒杀菌的作用。虽然紫外线穿透力不强,但是它能使微生物的核酸成分发生化学变化,造成微生物的死亡。而阳光中的红外线,穿透力却很强,可使微生物体内成分热解。此外,在果蔬水分蒸发的同时,也蒸发掉微生物体内的水分,干制后,微生物就长期地处于休眠状态,环境条件一旦适宜,微生物又会重新吸湿恢复活动。由于干制并不能将微生物全部杀死,只能抑制他们的活动,因此,干制品并非无菌,遇温暖潮湿气候,就会引起果蔬干制品腐败变质。

微生物病原菌在干燥的果蔬制品上有时能经受不利的环境而生存下来。当人们食用后就会发生公共卫生的危险后果。常见的例子就是肠道细菌感染和食物中毒细菌感染。虽然微生物能忍受不良的干燥环境,但在干制品干藏过程中微生物总数将缓慢地减少。干制品复水后,残留微生物仍能复苏并再次生长。控制果蔬干燥制品腐败变质的最正确方法包括采用新鲜度高、污染少、高质量的果蔬作原料,干燥前将原料经过巴氏消毒,于清洁的工厂中加工,将干燥的果蔬在不受昆虫、鼠类及其他感染的情况下贮藏。

微生物的耐旱力常随菌种及其不同生长期而异。例如,葡萄球菌、肠道杆菌、结核杆菌在干燥状态下能保存活力几周到几个月,乳酸菌能保存活力几个月或 1 年以上;干酵母保存活力可达 2 年之久;干燥状态的细菌芽孢、菌核、厚膜孢子、分生孢子可存活 1 年以上;黑曲霉菌孢子可存活 6～10 年。

5.1.3 水分活度对酶的影响

酶的活性与水分有着密切的关系。许多以酶为催化剂的酶促反应,水除了起着一种反应物的作用以外,还作为输送介质促使底物向酶扩散,并且通过水化作用促使酶和底物活化。当水分活度低于 0.8 时,大多数酶的活性就受到抑制,当水分活度降低到 0.25～0.30 的范围,果蔬中的淀粉酶、酚氧化酶和过氧化物酶就会受到强烈的抑制甚至丧失其活性。而在水分减少的时候,酶和反应基质却同时增浓,使得他们之间的反应率加速。因此,在低水分干制品中,特别在它吸湿后,酶仍会缓慢地活动,从而有可能引起制品品质恶化或变质。

酶对湿热环境是很敏感的,在湿热温度接近水的沸点时,各种酶几乎立即灭活。当酶暴露于相同温度的干热环境中时,酶对于热量的影响并不敏感,如在干燥状态下,即使用 204℃ 热处理,对酶的影响也极微。因此,通过将果蔬原料置于湿热环境下或用化学方法使酶失活来控制酶的活性是很重要的。为了控制干制品中酶的活动,必须使酶灭活。

5.2 果蔬干燥的基本原理

5.2.1 空气在干燥过程中的作用

降低果蔬中所含水分是果蔬能否安全贮藏的一个重要因素。要使果蔬能够长期安全贮藏,必须把果蔬水分降低到安全水分的范围内。

果蔬的干燥过程就是果蔬的降水过程,同时,这个降水过程必须是增进其贮藏稳定性,保持和改善干燥后果蔬品质的过程。

在果蔬干燥过程中,干燥空气(即气流)是一个最重要的因素。它起着两种作用:①把从果蔬中蒸发出来的水分带走;②提供使水分蒸发所需要的热量。而能否有效地带走水分和提供蒸发所需要的热量,则主要取决于空气的温度和相对湿度。在温度一定的条件下,气流的相对湿度越低干燥能力越强。反之,当气流的相对湿度高于与果蔬相平衡的空气相对湿度值时,不仅不能把果蔬的水分带走,相反,果蔬还有可能吸收空气中的水分。所以,自然空气相对湿度的高低是决定果蔬通过自然风干燥或加热干燥的主要因素。除温度与湿度外,气流速度也是一个重要因素。在一定温度、湿度条件下,气流速度越高,在一定范围内干燥的进程越快。但气流速度不能无限度地增加,气流速度过高时,果蔬内部水分向外表面扩散的速度跟不上,从而造成动力和能源的浪费。同时,过快速度的干燥对果蔬的品质有一定的影响。同样,在果蔬允许的温度范围内,气流的温度越高,干燥就越迅速。而且温度对干燥速度的影响比气流速度更为明显。

▶ 5.2.2 果蔬的干燥特性曲线

在进行干燥过程中,果蔬中的水分不断汽化,果蔬的重量相应减轻。研究干燥过程,就是研究不同条件下,果蔬重量随干燥时间而变化的过程。将一定干燥条件下,果蔬水分变化与时间的关系用图线表示出来,所得到的曲线就称为该条件下的干燥特性曲线。

干燥过程可用干燥曲线、干燥速率曲线和干燥温度曲线组合在一起完整地表示出来(图 5-2)。

干燥曲线——就是干制过程中果蔬绝对水分($W_绝$)和干燥时间(t)间的关系曲线,即 $W_绝 = f(t)$。

干燥速率曲线——就是干制过程中任何时间的干燥速率 $\left(\dfrac{\mathrm{d}W_绝}{\mathrm{d}t}\right)$ 和该时间果蔬绝对水分($W_绝$)的关系曲线,即 $= f(W_绝)$。在干燥曲线各点上画出切线后所得的斜率即为该点果蔬绝对水分时的相应的干燥速率。又因 $W_绝 = f(t)$,故有时在图中也可按照 $\left(\dfrac{\mathrm{d}W_绝}{\mathrm{d}t}\right) = f(t)$ 的关系画出干燥速率曲线。

干燥温度曲线——就是干燥过程中果蔬温度($T_食$)和干燥时间(t)的关系曲线,即 $T_食 = f(t)$。

图 5-2 所示,干燥过程开始的最初阶段果蔬水分降低是按直线(或近似直线)进行的。果蔬处于恒(等)速干燥阶段(A—B),经过一个较短时间后,从 B 点开始,果蔬水分按曲线降低,果蔬水分降低的速度,随着干燥时间的延长而不断减慢,果蔬处于降(减)速干燥阶段。到 C 点后,果蔬水分不再下降。

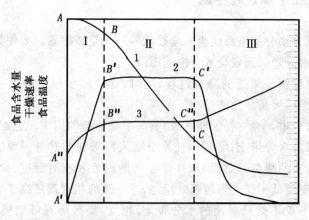

图 5-2 果蔬干燥过程曲线

(引自郑继舜. 食品储藏原理与运用. 1989)

Ⅰ. 初期加热阶段;Ⅱ. 恒速干燥阶段;Ⅲ. 降速干燥阶段

应该指出,果蔬一开始受热,温度虽线性上升而果蔬的水分还不下降或降低很少,这个短时间称为果蔬的预热阶段。

恒(等)速干燥阶段,果蔬表面水蒸气分压处于和果蔬温度相适应的饱和状态,所有传给果蔬的热量都用于水分的汽化,果蔬温度保持不变,甚至略有下降。

降(减)速干燥阶段,随着干燥过程的进行,果蔬水分不断下降。当果蔬水分下降到吸湿水分时,果蔬内外层水分出现差异,即果蔬表面水分低于其内部水分。若要继续干燥,则果蔬表面汽化的水分须依靠其内部水分向外部转移,这时果蔬表面温度高于内部温度,热量从果蔬的外部向其内部传导(消耗一定热量),从而阻碍内部水分向外部转移。这两种作用的总合,使果蔬的干燥速度降低,开始了果蔬干燥的降速阶段。随着干燥过程的继续,果蔬干燥的速度越来越慢,当干燥速度降到零时,达到在该干燥条件下果蔬的平衡水分。果蔬的温度可升至与热空气相近的温度。一般来说,减速干燥阶段还可分为两个不同的阶段:开始时水分移动稍为困难,称为第一减速干燥阶段;后来为结合水的移动,称为第二减速干燥阶段,它是从果蔬水分含量降至第二临界点时开始的。

所谓吸湿水分,就是指当果蔬周围空气的相对湿度达到100%时,果蔬从空气中吸附水蒸气所能达到的湿含量。通常把果蔬内部的水分如吸附水、微毛细管水等称为结合水分(这部分水分比较难以干燥),而把高于吸湿水分的那一部分水分称为自由水分。所以,吸湿水分是果蔬中结合水分与自由水分的分界点。

缓速阶段,为停止供热使果蔬保温(数小时)的过程,其主要作用是消除果蔬内、外部之间的热应力,该阶段的干燥速度稍有降低。

冷却阶段,是对干燥后的果蔬进行通风冷却,使果蔬温度下降到常温或较低温度。该阶段的果蔬含水率基本上不再变化,干燥速率基本降到零。

干燥时,果蔬水分蒸发依靠水分外扩散作用与水分内扩散作用。果蔬干燥时必须注意保持外扩散与内扩散的配合与平衡。水分内扩散速度应大于水分外扩散速度,这时水分在表面汽化的速度起控制作用,这种干燥情况称表面汽化控制。对于可溶性物质含量高的原料如枣、柿等,内部扩散速度较表面汽化速度要小,这时内部水分扩散速度起控制作用,这种情况称内部扩散控制。当干燥时,因受内部扩散速度的限制,水分无法及时到达表面,因而汽化表面逐渐向内部移动,故干燥的进行较表面汽化控制更为复杂。这时,减少料层厚度、增加翻动次数、采用接触加热和微波加热方法,使深层料温高于表层料温,水分借助温度梯度沿热流方向向外迅速移动而蒸发,使干燥顺利进行。

5.3 影响果蔬干制的因素

干燥速度的快慢与干制品的品质有密切的关系。在其他条件相同时,干燥越快则制品的品质越佳。干燥速度受许多因素的相互制约和影响,归纳起来可分为两方面:一是干燥环境条件如干燥介质的温度、相对湿度、空气流速等;二是原料本身性质和状态,如原料种类、原料干燥时的状态等。兹分述如下。

5.3.1 干燥介质的温度和相对湿度

果蔬干制时,广泛应用空气作为干燥介质。干燥介质的温度和湿度饱和差决定着干燥速度的快慢。干燥的温度越高,果蔬中的水分蒸发便越快;干燥介质的湿度饱和差越大,达到饱和所需的水蒸气越多,水分蒸发容易,干燥速度就越快。但温度过高反而会使果蔬汁液流出,糖和其他有机物质发生焦化,或者变褐,影响制品品质;反之,如果温度过低,干燥时间延长,产品容易氧化变褐,严重者发霉变味。一般来说,对原料含水量高的,干燥温度可维持高一些,后期则应适当地降低温度,使外扩散与内扩散相适应。对含水量低的原料和可溶性固形物含量高的果蔬种类,干燥初期不宜采用过高的温度和过低的湿度介质,以免引起表面结壳、开裂和焦化。具体所用温度的高低,应根据干制品的种类来决定,一般为40~90℃。

5.3.2 空气流速

为了降低湿度,常增加空气的流速,流动的空气能及时将聚积在果蔬原料表面附近的饱和水蒸气空气层带走,以免它会阻滞物料内水分进一步外逸。如果空气不流动,吸湿的空气逐渐饱和,呆滞在果蔬原料表面的周围,不能再吸收来自果蔬蒸发的水分而停止蒸发。因此,空气流速越快,果蔬等食品干燥也越迅速。为此,人工干制设备中,常用鼓风的办法增大空气流速,以缩短干燥时间。

5.3.3 原料的种类和状态

果蔬原料种类不同,其理化性质、组织结构亦不同,因此,在同样的干燥条件下,干燥的情况并不一致。一般来说,果蔬的可溶性物质较浓,水分蒸发的速度也较慢;淀粉类原料,如小麦(软粒)、水稻等,这类原料的组织结构疏松,毛细管极大,传湿力较强,所以干燥比较容易,可采用较高的温度进行干燥。

物料切成片状或小颗粒后,可以加速干燥。因为这种状态缩短了热量向物料中心传递和水分从物料中心向外扩散的距离,从而加速了水分的扩散和蒸发,缩短了干制的时间。显然,物料的表面积越大,干燥的速度就越快。例如,用胡萝卜切成片状、丁状和条状进行干燥,结果片状干燥速度最佳,丁状次之,条状最差,这是由于前两种形态的胡萝卜蒸发面大的缘故。

5.3.4 原料的装载量

设备的单元负载量越大,原料装载厚度就越大,不利于空气流通,影响水分蒸发。干燥过程中可以随原料体积的变化,改变其厚度,干燥初期宜薄些,干燥后期可以厚一些。

5.3.5 大气压力

水的沸点随着大气压力的减少而降低，气压越低，沸点也越低。若温度不变，气压降低，则水的沸腾加剧，真空加热干燥就是利用这一原理，在较低的温度下使果蔬内的水分以沸腾的形式蒸发。果蔬干制的速度和品温取决于真空度和果蔬受热的强度。由于干制在低气压下进行，物料可以在较低的温度下干制，既可缩短干制的时间又能获得优良品质的干制品，尤其是干制对热敏性的果蔬特别重要。

5.4　果蔬干制的前处理

5.4.1　防止褐变处理

此项操作多用于果蔬干制之前的处理。果蔬在干制过程中常出现颜色变黄、变褐甚至变黑的现象，一般称之为褐变。

褐变反应的机制有：在酶催化下的多酚类的氧化（常称为酶促褐变）；不需要酶催化的褐变（称为非酶褐变），它的主要反应是羰-氨反应。

酶促褐变（enzymatic browning）：是多酚氧化酶（polyphenoloxidase，PPO）在氧的参与下将酚类化合物氧化成醌，醌再聚合成有色物质的过程。

PPO是一种含铜的胞内酶，它可以催化两类反应：羟基化反应（称为酚羟基化酶活力或甲酚酶活力，cresolaseactivity）和氧化反应（称为氧化酶活力或儿茶酚酶活力，catecholaseactivity）。第一类反应使酚发生邻羟基化；而第二类反应则引起二元酚氧化成邻醌。但是许多的研究结果表明，并非所有来源的PPO都具有这两类反应的催化能力，荔枝、茶叶、梨、樱桃、山药中的PPO就只具有儿茶酚酶活力而缺少酚羟基化酶活力，故而只能氧化邻连多酚而不能氧化一元酚，而土豆、蘑菇和草莓中的PPO却能同时催化两类反应。

植物中的酚类化合物是很复杂的，大致可以分为三类：第一类是只有一个芳香环的单体酚类化合物，包括儿茶酚、没食子酸和绿原酸等；第二类是具有两个芳香环的黄酮类化合物；第三类是聚合化合物称为鞣质或单宁（tannin）。一般说来，酚酶对邻羟基型结构的作用快于一元酚，对位二酚也可被利用，但间位二酚则不能作为底物，甚至还对酚酶有抑制作用。

为了抑制酶促褐变，可以采取以下措施。

加热处理：热烫是一种行之有效的传统物理预处理方法，热烫使酶失活的化学解释是利用蛋白质遇热变性，从而失去催化反应功能。大多数PPO在90～95℃下7 s便可失活。但脱水所用热风温度并不能钝化酶活性，原因是温度和湿度均不够。因此，在干制前对原料进行热烫处理是非常必要的。

在某些制品中，酶作用于细胞中央部位的风味物质便产生异味。而在另一些制品中，例如洋葱、大蒜和辣根中,酶系统又造出了特有的风味。为此,对某些蔬菜必须直接进行热烫,以钝化酶的活力,防止产生异味,而对另一些蔬菜决不可使他受到机械损伤,也不必进行热烫,因为要保存酶系统以利于产生香气。如上述中的洋葱、大蒜。

使用螯合剂:利用多酚氧化酶是含铜的金属蛋白这一特性,使一些金属螯合剂对此酶发生抑制作用。最理想的是抗坏血酸及其各种异构体,抗坏血酸既可以作为醌的还原剂,又可以作为酶分子中铜离子的螯合剂。另外,EDTA 和 EDTA 二钠钙也可用作螯合剂防止酶促褐变。

硫处理:对防止酶促褐变有很好的效果。可使用亚硫酸氢钠和二氧化硫,二氧化硫比亚硫酸氢钠更有效,因二氧化硫穿透果蔬组织的速度更快。亚硫酸盐的抑制效果取决于亚硫酸盐浓度及反应体系中酶的性质和浓度。对一元酚,低浓度的亚硫酸盐就能有效地抑制酶促褐变,但当存在邻二酚时,亚硫酸盐在酶完全失活前就被耗尽,抑制效果不理想,此时需同时使用一定浓度比的抗坏血酸和亚硫酸盐才能奏效。目前一些发达国家对亚硫酸盐的添加限制加强,如在日本对果蔬干制品的二氧化硫残留量限制在 0.5～5 g/kg。

调节 pH 值:添加某些酸如柠檬酸、苹果酸和磷酸降低 pH 值,在某种程度上有助于抑制褐变。一般控制 pH 值在 3 以下,酚酶的活性可完全丧失。然而并非所有的果蔬都能忍受低 pH 值,特别是 pH 值低于 3,难以保持良好的感官性。使用几种酸的复合溶液比使用单一酸的抑制褐变效果要好。

排除空气:由于酶促反应是需氧过程,可通过排除空气或限制与空气中的氧接触而得以防止。将干燥前去皮切开的果蔬原料浸没在水中、盐液中和糖液中是一种简便易行的方法。

非酶褐变(nonenzymatic browning,NEB):不属于酶的作用所引起的褐变,均属非酶褐变。在果蔬干制和干制品的贮藏过程中均可发生。其中羰-氨反应也称美拉德反应(maillard reaction)是主要反应之一,这种反应为氨基化合物(包括游离氨基酸、肽类、蛋白质、胺类)与羰基化合物(包括醛、酮、单糖以及多糖分解或脂质氧化生成的羰基化合物)的反应。最终生成类黑色素。

非酶褐变的防止,可采用以下方法。

硫处理:硫处理对非酶褐变有抑制作用,因为二氧化硫与不饱和的糖反应形成磺酸,可减少黑蛋白素的形成。

半胱氨酸:不少研究表明,L-半胱氨酸无论是在模拟系统中还是果蔬中都会降低褐变速度,在苹果片中至少要 0.08% 的半胱氨酸才可以防止褐变。王清章等用半胱氨酸处理藕浆,在 0.01%～0.05% 浓度范围内,都有显著的抑制褐变效果。作用的机制是半胱氨酸同还原糖反应产生无色化合物。半胱氨酸还可以作为一种营养补充剂,不存在法律限制问题。

▶ 5.4.2 防止脂肪和油溶性成分的变化

果蔬在干燥过程中,由于温度升高,不仅油脂容易被氧化,挥发油、油溶性色素及维生素 A 等成分也会被氧化,真空干燥或冻结干燥的制品,在干燥过程中因隔氧或在低温下进行,未被氧化,但由于干制品组织结构多孔,表面积大,在贮藏中上述成分就容易被空气中的氧气所氧化而变色、变味,甚至因氧化生成有毒物质。防止脂肪和油溶性成分氧化的方法是在干燥前加入适量的抗氧化剂。

5.4.3 防止干制品破碎和氧化

经真空干燥或冻结干燥的果蔬,品质优良,但由于水分含量低、质地脆弱、容易破碎。如果在干燥前加入适量的甘油、丙二醇或山梨(糖)醇或用上述溶液浸渍,经干燥后,制品的柔软性增强,可减少破损。而且由于干制品表面形成一层处理剂的薄膜,起到隔氧的作用,可以达到防止氧化的效果,若在处理液中添加抗氧化剂,则防止氧化的效果会更好。

5.4.4 提高干燥效率

许多果实的表皮附有一层蜡质,阻碍水分的转移而使干燥速度减慢。如在干制前用 $0.5\%\sim1.0\%$ 的氢氧化钠沸腾液浸渍 $6\sim20$ s,然后用水洗净,则果皮蜡质被破坏,就可以提高干燥的速度。对于果皮或种皮组织致密的果实,冻结干燥前在表面刺以小孔,也可缩短干燥的时间。

液体果蔬如果汁、茶、咖啡、豆浆等由于水分含量较大,为了减少干燥时能源的消耗,必须在干燥前进行真空浓缩或冻结浓缩(见表5-1)。

表 5-1 适用于干燥的浓缩程度 %

品名	固形物	品名	固形物
葡萄	45~50	绿茶	30
柠檬	40~45	红茶	30~35
柑橘	50~55	咖啡	30~35
菠萝	50~60	全乳	40~50
苹果	40~50	酱油	25~30
番茄	25~35	调味液	30~35

柑橘油、香辛料等提取液,不可能直接粉末化,若加入淀粉、植物胶、干酪等增黏剂以及糖、甘油酸酯、脂肪酸酯等表面活性剂,然后进行喷雾干燥,则容易粉末化。湿淀粉、水饴等泥状物,如果直接用气流进行干燥,由于原料在干燥装置内互相黏结,气流无法通过,导致干燥难,若在原料中混合一部分已经干燥的制品,则气流容易通过,可缩短干燥时间。

5.5 干制果蔬的质量控制

5.5.1 干制对果蔬外观与组织状态的影响

5.5.1.1 收缩

无论是细胞果蔬还是非细胞果蔬,脱水过程最明显的变化就是出现收缩。

如果水分从一个具有极好弹性的丰满物料中均衡地逸出,则随着水分的散失,物料会以均匀线性的方式收缩。这种匀速收缩在脱水处理的食物中是难以见到的,因为果蔬物料常常并不呈极好的弹性,而且在干燥时整个食物体系的水分散失也不是均匀的。不同的果蔬物料在脱水过程中表现出不同的收缩方式。图5-3是蔬菜脱水过程中典型形状变化示意图,其中5-3a表示未处理时的原始状态;表面收缩造成的果蔬边缘和角落部位的内陷使块状果蔬逐渐变得浑圆起来,其结果可见图5-3b;持续的干燥使水分从越来越深的内部最后直至果蔬的中心逸出,果蔬不断地向中心收缩形成了图5-3c所示的凹形立体状外观。

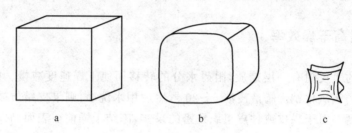

图5-3 块状蔬菜干燥过程中形状的变化

5.5.1.2 表面硬化

表面硬化是果蔬干燥过程中出现的与收缩和密封有关的一个现象。干燥时,如果果蔬表面温度很高,而且果蔬干燥不均衡,就会在果蔬内部的绝大部分水分还来不及迁移到表面时,表面已快速形成了一层硬壳,即发生了表面硬化。这一层透过性能极差的硬壳阻碍了大部分仍处于果蔬内部的水分进一步向外迁移,因而食物的干燥速度急剧下降。

表面硬化常见于富含可溶性糖类以及其他溶质的果蔬体系,这一现象可用干燥过程中水分从果蔬中逃逸具有多种不同的方式加以解释。一种原因是果蔬干燥时,果蔬内部的溶质成分随水分不断向表面迁移、不断积累在表面上形成结晶的硬化现象;另一种是由于果蔬的表面干燥过于强烈,水分汽化很快,因而内部水分不能及时迁移到表面上来,表面便迅速形成一层干硬膜的现象。

如要获得好的干燥结果,必须控制好干燥条件,使物料温度在干燥的早期保持在50～55℃,以促进内部水分较快扩散和再分配;同时,使空气湿度大些,使物料表层附近的湿度不致变化太快。

5.5.1.3 物料内多孔性的形成

快速干燥时物料表面硬化及其内部蒸汽压的迅速建立会促使物料成为多孔性制品。膨化马铃薯、谷物等正是利用内部大的蒸汽压促进膨化的。果蔬运用真空干燥时,高度真空也会促使水蒸气迅速蒸发并向外扩散,从而形成多孔性的制品。目前,有不少的干燥技术或干燥前处理力求促使物料能形成多孔性结构,以便有利于质的传递,加速物料的干燥速度。但实际上多孔性海绵结构为最好的绝热体,会减慢热量的传递。为此,在真空干燥器内部装置微波加热、远红外加热等供热热源,可改善热的传递,提高干燥速度。多孔性的果蔬制品,食用时主要的优越性是组织疏松,能迅速复水和溶解。

5.5.2.1　脱水干燥与果蔬成分

　　脱水干燥的果蔬由于失去水分,故每单位质量干制果蔬中营养成分的含量反而增加
(表5-2)。若将复水干制品和新鲜果蔬相比较,则和其他果蔬保藏方法一样,它的品质总
是不如新鲜果蔬。

表5-2　新鲜的和脱水的果蔬营养成分的比较　　　　　　　　　　　　　%

豌豆	新鲜的	脱水的
蛋白质	7	25
脂肪	1	3
碳水化合物	17	65
水分	74	5
灰分	1	2

5.5.2.2　干制果蔬的香气与色泽变化

　　干燥果蔬含水量高的或者干燥处理不当使产品水分增加的,在贮藏中都会由于水分
含量高而发生颜色与香气的变化。

　　干菜、果汁粉、菜汤粉等产品常随着水分含量的升高,在贮藏期间促进羰氨反应及多
酚类物质、脂肪、抗坏血酸、叶绿素和花青素等成分的氧化而发生褐变。草莓、杏和葡萄等
干燥产品的花青素,如在水溶状态时性质极不稳定,但是处于无水的干燥状态时,虽经
10年贮藏其变化也很微小。甚至在太阳的照射下,也几乎不分解。

　　冻干果蔬若因干燥不足而水分含量较高,或在干燥后处理失当而导致吸湿,水分含量
增加,则在贮存中有变色、退色、发生异臭的可能,这些都与水溶性成分的变化有关。

　　叶绿素在无水状态时也颇稳定,当水分含量在6%以上时,它逐渐变成脱镁叶绿素,并
进一步分解为无色物质。

　　褐变:干制果蔬的变化之中,最棘手的问题是颜色的变化。褐变通常被认为是品质的
一种严重缺陷。如果不太严重,则仅颜色发生变化,但当这种变化继续进行下去,则对风
味、复水能力和抗坏血酸含量都可能有不利的影响。

　　引起上述褐变的机制是所谓的"美拉德反应"。在美拉德反应中,糖类中的各种羰基
与氨基酸或蛋白质中的氨基发生反应。复杂的连锁反应产生了粉红或淡红的颜色,最后
产生不可溶的褐色聚合物。

　　具有芳香气味的果蔬在冻干后,如水分含量较高或较低,其芳香气味消失会较快或较
慢。例如,水分含量为6%以上的冻干香菇贮藏一年,其芳香气味完全消失,水分含量为
2%的冻干香菇贮藏2～3年,其特有芳香气味未消失;草莓也有相似的情形,水分含量
约为3%的冻干草莓在不同湿度下使其吸湿达到平衡,通过测定其挥发性还原物质值
(VSR值)而推测其芳香气味的消失程度如表5-3所示。可见芳香气味变化与水分含
量有关。

平衡水分含量/%	0	0.8	8.4	11.0	23.0	43.8
VSR 值	24	18	14	12	9	3

5.5.2.3   脂肪及脂溶性成分的变化

果蔬原料经干燥处理,不仅含水量降低而且改变了原料的形态,如液体果蔬经喷雾、涂膜、泡沫等方式干燥所获得粉状、片状或多孔状的产品均扩大了产品表面面积,比原料扩大100～150倍,这样便增加了产品与空气中氧的接触面积,促使果蔬中脂肪氧化酸败而产生异味和变色;同时一些脂溶性的色素如胡萝卜素,也因氧化而使果蔬丧失原有的颜色。

为了防止制品中水溶性成分的变化,希望降低水分含量,但对于油脂及油溶性成分而言,恰恰相反。冻干猪肉在不同湿度下贮藏,通过测定其游离脂肪酸含量及过氧化物值,可知氧化程度在水分含量低时较水分含量高时要高。这是由于吸附于油脂上的水分子层在水分含量低时,部分破裂,于是油脂与空气中的氧相接触被氧化。相反,吸附于油脂上的水分子层在水分含量高时,油脂被水分包覆得较为严密,故氧化的机会较少。

5.5.2.4   维生素的变化

在果蔬干燥中,各种维生素的破坏和损失是一个非常值得注意的问题。有些水溶性的维生素在高温下特别易被氧化。抗坏血酸就是一个例子。硫胺素对热也很敏感。核黄素还对光敏感。胡萝卜素也会因氧化而遭受损失。未经酶钝化处理的蔬菜在干制时胡萝卜损耗量高达80%,如果脱水方法选择适当,可下降到5%。

5.5.2.5   糖分的变化

果蔬中果糖和葡萄糖不稳定而易于分解,自然干制时,呼吸作用的进行要消耗一部分糖分和其他有机物质;人工干制时,长时间的高温处理会引起糖的焦化。

不同干燥时间和温度条件下大荔圆枣糖分损失率见表 5−4。

表 5−4   不同干燥时间和温度条件下大荔圆枣糖分损失率   %

干燥温度/℃	干 燥 时 间		
	10 h	20 h	34 h
45	0.1	0.7	1.8
65	1.5	15.4	5.6
70	12.3	3.2	16.4

5.6   果蔬干制方法

▶ 5.6.1   自然干制

利用自然条件如太阳辐射、热风等使果蔬干燥,包括晒干和风干,这种方法仍在世界继续沿用,产品有晒干枣子、无花果、杏子及葡萄以及风干鱼和腊香肠等。

自然干制,一般包括太阳辐射的干燥作用和空气的干燥作用两个基本因素。太阳光的干燥能力和果蔬原料水分蒸发的速度,主要取决于照射到果蔬表面的辐射强度,这种因子在自然环境条件下人力是无法加以控制的,只有通过对晒场位置的选择、晒制管理上加以注意,如选择晒场要有充分的阳光照射,尽量获得最长照射时间,还可将晒帘或晒场的地向南面倾斜与地面保持 15～30°的角度,提高晒干物体表面所受到太阳辐射强度。

自然干制简便易行,仅需要晒场和简陋的晒具,管理粗放,生产成本低,群众有丰富的经验。但是,自然干燥速度缓慢,产品的质量变化很大,也不易干制到理想的含水要求。并且,受气候的限制,常常因阴雨天气致使产品大量腐烂损失,还因产品的霉烂变质而造成环境污染和影响人体健康。

▶ 5.6.2　人工干制

人工干制是人工控制脱水条件的干燥方法。因而不受气候条件的限制,可大大加速干制速度,缩短干制时间,降低腐烂率,及时而迅速地进行人工干制,以获得高质量的产品,从而提高产品的等级和商品价值。但人工干制需要干制设备,加上必要的附属用房和能源消耗等,成本较高,技术比较复杂。

现在采用的人工干制的方法很多,有烘制、隧道干制、滚筒干制、泡沫干制、喷雾干制、溶剂干制、薄膜干制、加压干制以及冷冻干制等。每一种方法不一定适合于各种原料的干制,需根据原料的不同、产品的要求不同,而采取适当的干制方法。

▶ 5.6.3　果蔬干燥方法

果蔬干燥可分常压干燥和真空干燥。常压干燥下,气相主要为惰性气体(空气)和少量水蒸气的混合物,通常称为干燥介质,它具有在干燥时带走汽化水分载体的作用。但是在真空干燥下,气相中的惰性气体(空气等不凝结气体)含量甚少,气相组成主要为低压水蒸气,借真空泵的抽吸而除去。果蔬干燥首先要吸收热能,使水分吸收相变热得以汽化。根据热能传递方式的不同,果蔬干燥可以分为以下 4 种方法。

5.6.3.1　热风干燥

此法亦称对流干燥,直接以高温的热空气为热源,借对流传热将热量传给湿物料。热空气既是载热体,又是载湿体。一般热风干燥多在常压下进行。在真实干燥的环境中,由于气相处于低压,其热容量很少,不可能直接以空气为热源,而必须采用其他的热源。

5.6.3.2　接触干燥

此法是间接靠间壁的导热将热量传给与壁面接触的物料。热源可以是水蒸气、热水、燃气、热空气等。接触干燥可以在常压或真空下进行。

5.6.3.3　辐射干燥

与接触干燥一样,辐射干燥也可在常压或真空下进行。辐射干燥也是果蔬工业上的一种重要干燥方法。

5.6.3.4　冷冻干燥

此法是利用果蔬中水分预先冻结成冰,然后在极低的压力下,使之直接升华而转入气相达到干燥之目的。

▶ 5.6.4　干燥设备及其应用

目前国内外人工干燥设备,其形状大小、热作用方式、载热体的种类等各有不同,其中决定干燥设备的结构特征和操作原理的最主要的因素是烘干时的热作用方式,根据上面果蔬干燥方法的分类,将干燥设备分述如下几类。

5.6.4.1　空气对流干燥机

空气对流干燥通常称为直接加热干燥,是一种最常见的干燥方法。任何一种空气对流干燥设备中都包含有某种形式的绝热腔、绝热腔空气循环装置及循环空气加热装置。此外,设备中还包括各种果蔬承托件和干燥果蔬收集装置,有些还备有空气干燥器以降低循环空气的湿度。空气的循环流动通常是由风扇、吹风机和折流板控制的。空气的体积和流速直接影响干燥速度,同时循环空气在直接加热式干燥机中,干燥介质直接接触被干燥物料,并且把热量通过对流方式传递给物料,干燥所产生的水蒸气则由干燥介质带走。

(1)柜(箱)式干燥机　柜(厢)式干燥设备由框架结构组成,四壁及顶、底部都封有绝热材料以防热量散失。箱内有多层框架,其上放置料盘,也有将湿物料放在框架小车上推入箱内的。热风沿着物料的表面通过,称为水平气流厢式干燥(图 5-4);热风垂直穿过物料,称为穿流气流箱式干燥(图 5-5)。穿流气流箱式干燥的热空气与湿物料的接触面积大,内部水分扩散距离短,因此干燥效果较水平气流厢式干燥机好,其干燥速率是水平气流式的 3~10 倍。但穿流式干燥器动力消耗大,对设备密封性要求较高,另外,热风形成穿流气流容易引起物料飞散,要注意选择适宜风速和料层厚度。支架或小车上置放的料层厚度 10~100 mm。空气速率依被干燥物料的粒度而定,要求物料不致被气流所带出,由于热空气流经果蔬时果蔬的水分蒸发会使热空气中水分含量增大,因而在那些采用循环装置的设备中应采取措施将湿空气在再循环前干燥。可采用硅胶柱等干燥剂或通过在冷板或冷排管上凝结水分等方法来干燥空气。如果排出的空气不进行干燥和循环,排气口就应远离新鲜空气进口区域,否则排出的湿空气会随新鲜空气进入干燥设备,造成干燥效率的下降。

柜式干燥设备通常运用于小规模生产,相对来说价格比较便宜,而且干燥条件容易控制。托盘的最高容纳量可达 25 只之多,操作时允许使用的最高空气干球温度为 94℃,空气流速 2.5~5 m/s。这种干燥设备通常用于水果和蔬菜的干燥,根据果蔬种类和对干燥果蔬最终水分含量的要求不同,干燥时间一般为 10~20 h。

(2)隧道干燥机　隧道式干燥设备有加长的干燥室,装有托盘的小车可在干燥室内移动(图 5-6)。若达到理想的水分含量所需的干燥时间为 10 h,那么每一个装满托盘的小车穿越隧道的时间就应调整为 10 h。待干燥完成,后一个小车离开隧道,腾出的空间就允许在隧道的另一端有一车待干燥果蔬进入隧道。因此,这种干燥设备的操作是半连续的。

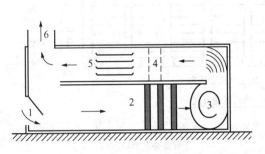

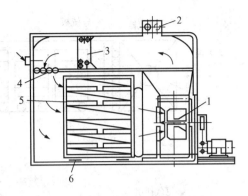

图 5-4 水平气流厢式干燥机结构示意图
1. 送风机　2. 排气口　3. 空气加热器
4. 整流板　5. 料盘　6. 台机固定件

图 5-5 穿流气流箱式干燥机结构示意图
1. 新鲜空气进口　2. 排管加热器　3. 送风机
4. 滤筛　5. 料盘　6. 排气口

用以区分隧道干燥设备类型的一个重要的结构特征是热空气流流向与小车前进方向之间的关系。根据热空气与装有待干燥果蔬的小车的运动方向不同,分为顺流、逆流和混合式,见图 5-6(a,b,c)。顺流时,被干燥果蔬车与热空气按同一方向进出隧道,在这种情况下,起始干燥速度很快,随着干燥的进行,干燥速度逐渐下降,很容易引起表面硬化,形成内部干裂和中心多孔的干燥果蔬(图 5-6a)。与此相反,逆流时,最热、最干燥的空气与基本完成干燥的果蔬相接触,而刚进入隧道的湿果蔬则由已在穿越隧道过程中被冷却、润湿的空气进行初始的干燥。因此,干燥伊始果蔬内温度和水分含量的梯度较小,不易出现表面硬化或收缩现象,其中心保持湿润状态。而且,由于逆流时最干燥的果蔬与最干燥的热空气接触,因而有利于得到低水分含量的果蔬(图 5-6 b)。顺逆流混合式(图 5-6 c),最常见的顺逆流组合式是第一阶段采用顺流,第二阶段采用逆流。这种方式集中了顺流式湿端水分蒸发速率高和逆流式后期干燥能力强两个优点。采用顺逆流组合式隧道干燥,整个干燥过程比较均匀,传热传质速率稳定,干制品质量好。根据需要,组合方式灵活多变,可以采用等长的两段隧道,也可采用不等长的两段隧道,现在还有两段以上的多段式隧道干燥设备。与等长的单一式干燥器相比,此种形式生产能力高、干燥时间短。因此,果蔬工业生产普遍采用这种组合方式,这类设备广泛应用于蔬菜如胡萝卜、洋葱、大蒜和马铃薯等的干燥。但其投资和操作费用高于单一式隧道干燥器。

(3)流化床干燥机　流化床干燥设备是另一类压缩空气输送带式干燥设备,如图 5-7所示。进行流化床干燥时,热空气从果蔬颗粒的下方自下而上地流动,气流强度控制在刚好使果蔬颗粒处于一种微沸悬浮状态。半干燥的果蔬颗粒,比如土豆粒等从设备的左端进入并逐渐向右移动,干燥好的干颗粒在右端出料。干燥热空气从承托果蔬颗粒的多孔盘下方向上吹,流经果蔬层后湿空气从设备顶部排空。整个操作是连续的,果蔬颗粒在干燥设备中的停留时间可通过调节流化床层深度的方法或其他途径加以控制。流化床干燥设备可用于谷物、豆类及其他颗粒果蔬的干燥。

进行流化床干燥时,物料在热气流中上下翻动,彼此碰撞和充分混合,表面更新机会增多,大大强化了气、固两相间的传热和传质。虽然两相间对流传热系数并非很高,但单位体积干燥器传热面积很大,故干燥强度大。

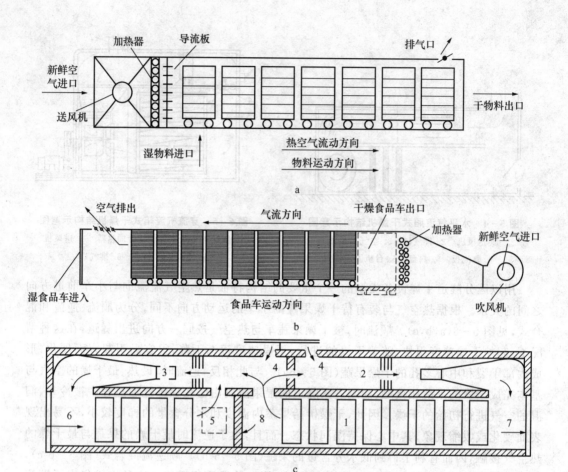

图 5-6　隧道干燥的几种形式
a. 顺流隧道干燥示意图　b. 逆流隧道干燥示意图
c. 混合式隧道干燥示意图
1. 运输车　2. 加热器　3. 电扇　4. 空气入口　5. 空气出口
6. 湿果蔬入口　7. 干燥品出口　8. 活动隔门

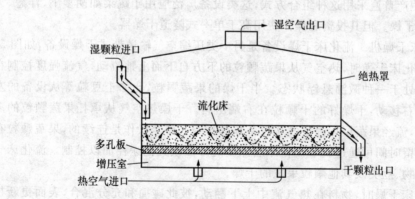

图 5-7　流化床干燥机

流化床中的气固运动状态很像沸腾着的液体,并且在许多方面表现出类似液体的性质。

(4)喷雾干燥设备　喷雾干燥设备是一种最重要的空气对流干燥设备。在所有的干燥设备中,喷雾干燥设备的生产能力最高。为适应不同果蔬的需要,产生了多种型号的喷雾干燥设备。喷雾干燥仅局限于可雾化果蔬,比如流态、低黏度糊状或浓汁果蔬。果蔬经雾化形成小液滴,雾化液滴(雾滴)通常直径为 $10\sim200~\mu m$,干燥可在几秒钟内完成,通常采用的热空气进口温度为 $200^{\circ}C$。由于水分蒸发会带走一部分热量,所以果蔬颗粒的温度一般不会超过 $80^{\circ}C$。而且设计合理的喷雾干燥系统可将已干燥果蔬迅速移出加热区域,因此,对于那些热敏感性的果蔬材料,包括牛奶、鸡蛋和咖啡来说,采用喷雾干燥可获得超乎预期的高品质。

在典型的喷雾干燥设备中,液态果蔬是以喷雾的形式与热空气一起进入喷雾塔或喷雾室的。小的液滴与热空气紧密接触,其水分被闪蒸后变成小颗粒,继而小颗粒下沉到塔底。与此同时,热空气的水分含量升高并在排风扇的作用下排出塔外(图 5-8)。喷雾干燥是一个连续过程,液态果蔬经泵连续送入塔中并雾化,干燥的热空气也连续地进入塔内取代被排出的湿空气,已干燥的果蔬则在下沉后出料至塔外。

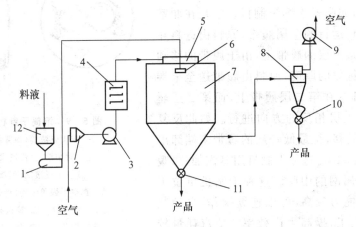

图 5-8　喷雾干燥装置的工艺流程

1. 供料系统　2. 空气过滤器　3. 鼓风机　4. 空气加热器　5. 热风分布器
6. 雾化器　7. 干燥室　8. 旋风分离器　9. 引风机　10. 卸料阀
11. 卸料阀　12. 料液贮槽

一套完整的喷雾干燥系统由空气加热和循环系统、雾滴形成装置(雾化器)、干燥室和产品回收系统四部分组成。

5.6.4.2　接触干燥

干燥所需要的热,并不直接来自热风,而是通过加热夹层、搅拌桨、导管等的传导传热供给,将湿物料与加热表面直接接触时水分自然蒸发。在传导加热体系中,蒸发潜热由热传导提供给湿物料。

(1)滚筒式干燥机(膜干燥机,圆筒干燥机)　这种类型的干燥机主要由一个或几个金属圆柱滚筒组成,圆柱滚筒绕水平轴旋转,滚筒直径为 $20\sim200~cm$,中空,内部导入蒸汽,或其他液体加热介质,滚筒内部通有热蒸汽或热循环水等热介质,滚筒表面温度可达

100℃以上,使用高压蒸汽时,表面温度可达 145℃左右。该法是在加热滚动的金属圆筒表面涂布浆状类果蔬原料而干燥成膜状产品,滚筒转动 1 周,原料便可干燥;然后由刮器刮下并收集于滚筒下方的盛器中。一般液体或稀浆状或泥状果蔬原料均可采用滚筒干燥,常用于马铃薯薄片、蔬菜浓汤、果汁和香蕉泥等的干燥。湿物料膜,厚度均匀一致,涂于转鼓表面。当转鼓旋转时,干燥即开始进行。滚筒干制机有单滚筒、双滚筒两种形式,改进的设计是在滚筒干制机外部加上密封的外壳,使干燥在真空条件下进行,如图 5-9 所示,并配以抽气设备,这种设备对在干制过程中排除氧的作用,提高产品的质量更为有效。

由于滚筒干燥使用的温度很高(121℃左右),对产品有产生含煳味的可能,因而对热敏性的果汁的应用有限。水果、果汁以及其他易于黏结或受热会呈半熔化状态的产品经干燥后从滚筒上除去就比较困难。这些产品趋向于卷曲、缠绕、聚结并黏结在刮片上形成太妃糖样的物质。

(2)带式干制机 它是在通风干制机的基础上改进的,其主要差别是用循环运行金属履带取代烘盘和车架,如厢式连续干制机。它是在厢室内装置多层循环运行的金属履带,原料由进料斗均匀地卸落在最上层的履带上,由于履带的移动速度控制原料铺放的厚度,原料由履带送至末端时,就将原料卸落在第二层履带上,而第二层履带的移动以与上层相反的方向进行。如此反复装卸向下逐层转移,至最低一层的履带末端卸出干制品,如图 5-10。这种干制机用蒸汽加热,暖管装在每层金属网的中间。这种干制机单位干燥面积的生产能力较高,可以连续操作,自动装卸原料,节省人工,提高生产效率。蒸汽耗量较少,所需干燥时间短,产品质量好。

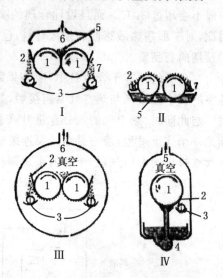

图 5-9 滚筒干制机类型
Ⅰ.双干燥滚筒(顶部供料)
Ⅱ.对装滚筒(浸液供料)
Ⅲ.真空干燥滚筒(顶部供料)
Ⅳ.真空干燥单滚筒(盘式供料)
1.滚筒 2.刮刀 3.输送装置 4.泵
5.液态果蔬 6.蒸汽 7.干制品

5.6.4.3 辐射干燥

主要介绍采用红外辐射和微波加热干燥技术。

(1)红外辐射 红外辐射习惯上通称为红外线,早在 19 世纪初就被发现,而实际应用是在第二次世界大战期间;之后又发现了远红外辐射,而广泛地应用于工农业生产上是在 20 世纪 70 年代。现在这项新技术的优越性越来越被人们所认识。

红外辐射和其他的电磁波一样,都是以辐射方式直接传播,也就是说不像声音传播时需要媒介物。这样,从太阳和星球发出来的可见光和红外辐射都能通过太空宇宙传到地球上来。

红外辐射又可按波长的长短细分为几个区域。按工业上的分类方法,把 0.75～2.5 μm 波段的辐射称为近红外;把 2.5～1 000 μm 波段的辐射称为远红外。因此,所谓远红外辐射加热,主要指的是利用波长比 2.5 μm 更长的红外辐射进行"热加工"的应用。

近红外本质上与利用太阳能晒干没有很大差别,只是波长稍长一点而已。尽管操作简单安全,但主要缺点是电能消耗大。故不作详述。下面主要介绍远红外辐射加热。

①远红外辐射加热的优点与机理:以加热的方式来讲,有热风、蒸汽和电磁能等。红外辐射(特别是远红外辐射)加热与其他加热方法相比较,能缩短物料热处理或加热到所需温度的时间;减少物料单位面积的能量消耗;控制辐射通量的空间分布;能直接加热物料,避免能量因加热周围物体而损耗。因此,它具有节约能源,提高生产率和便于实现生产工艺自动化等优点。实践证明,采用远红外辐射加热干燥与热风干燥相比较,具有烘烤时间可以缩短到1/10左右,电力消耗可以较热风干燥降低1/2~1/3,烘烤占地面积可以减少到1/10~1/3;使用方便,造价低和便于温控等优点。

远红外辐射加热与其他加热干燥法的比较详见表5-5。

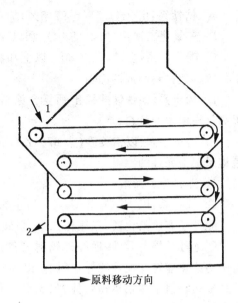

图5-10 带式干制机
1. 原料进口　2. 原料出口　→原料移动方向

表5-5　远红外辐射加热与其他加热干燥法的比较

项　目	远红外	热风	红外灯	煤气红外灯
设备费用/%	100	300~400	200	220~250
占地面积/%	100	300~1 000	300	200
生产成本/%	100	150	200	200
元件寿命	2年以上	2年(燃烧炉)	1~2年	2年
危险性	中	中	中	大
温控	精度高	普通	普通	普通

红外干燥的原理:红外辐射是一种看不见的电子辐射,当辐射源的波长与被辐射物的吸收波长相一致时,该物质就吸收了大量红外能,从而改变和加剧其分子的运动,达到发热升温加热的作用。这种升温的由来,由光谱学的分析可知,物质的分子在吸收光子后,可使光子的能量完全变成为分子的振动、转动能量;而当物质分子吸收了红外辐射能后,也可使分子的振动、转动能量发生改变。并且发现,振动光谱的能量大约为转动光谱能量的100倍。不过转动光谱有一种加宽振动——转动带的作用,能扩大以平衡位置为中心的振幅,加剧其内部的振动;也由于电子的运动和分子的振动是处在极高的速度下,这种运动可能不断地使晶格、键、团的振动在其相互间产生碰撞。这种运动状况的变化,犹如两个快速运转的物体加快了摩擦生热而导致发热升温。

②远红外辐射涂料的种类:目前用在热辐射源的高辐射系数远红外辐射材料有:金属氧化物、碳化物、氮化物和硼化物等。

A. 锆钛系:由 ZrO_2 5%～97.5%,加 TiO_2 2.5%～95%组成;

B. 三氧化二铁系:如 α-Fe_2O_3 和以 γ-Fe_2O_3 为主体的辐射涂料;

C. 碳化硅系:多数以 SiC60%以上和黏土 40%以下烧结成的碳化硅板,或以 SiC 为主配比的其他材料制成的涂料;

D. 稀土系:如铁锰酸稀土钙复合涂料,或将某些稀土材料烧结在碳化硅元件表层以提高其辐射率的涂料;

E. 锆英砂系:以锆英砂(含 67%ZrO_2 和 31%SiO_2)为主,添加其他金属氧化物呈浅黑色锆系辐射元件的涂料;

F. 沸石分子筛系;

G. 镍钴系:以 Ni_2O_3 和 Co_2O_3 为主的涂料。

此外还有以氟化镁、三氧化二铬、高硅氧等为主体的辐射涂料。

③远红外辐射元件:远红外辐射元件加上定向辐射等装置称作远红外辐射器。它是将电能或热能转变成远红外辐射能,以高效地加热干燥物品。其结构主要由发热元件(电热丝或热辐射本体)、热辐射体、保温紧固件或反射装置等部分组成。随其供热方式与加热要求的不同而有多种形式结构的器件。如图 5-11 所示。

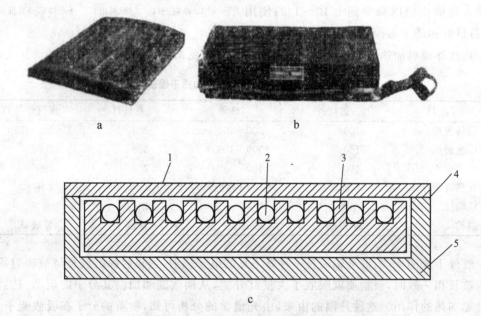

图 5-11 各种类型远红外辐射元件

a. 锆英砂远红外辐射板 b. 陶瓷复合远红外辐射板 c. 板状搪瓷远红外辐射板
1. 搪瓷远红外涂层 2. 电热丝 3. 耐火板 4. 搪瓷框架 5. 保温石棉板

④远红外加热在果蔬干燥中的应用:20 世纪 70 年代我国就开始利用远红外加热技术干燥谷物等农作物以及中草药,并取得了良好的干燥效果。特别是远红外烘干粮食的技术,无论是设备和操作都已较为成熟,烘干设备的处理能力可达每天数百吨。由于远红外加热具有升温快,吸收均一,加热效率高,化学分解作用小,原料不易变性、产品的营养成分保存率高,作用时间短等优点,因此对于热敏性物质的干燥表现出独特的优点,现已应

用于水果蔬菜的干燥。此外,远红外干燥过程中还兼有杀菌作用,可以延长产品的货架寿命。

(2)微波干燥　微波是一种指波长在 1～1 m(其相应的频率为 300～300 000 MHz)的电磁波。由于微波的频率很高,所以在某些场合也称为超高频。微波可由磁控管产生,磁控管将 50～60 Hz 的低频电能转化成电磁场,场中形成许多正负电荷中心,其方向每秒钟可变化数十亿次。微波能量对果蔬物体是瞬间穿透式加热,与传统的体表受热、由表及里的加热方式相比,速度要快 10～20 倍。

①微波加热的基本原理:微波加热意味着微波与果蔬物料直接作用,将微波的电磁能转变为热能的过程即为微波加热过程,转变的过程与物质中分子等微观粒子的运动有关。在电磁场的作用下,物质中微观粒子可产生 4 种类型的介电极化,即电子极化(原子核周围电子的重新排布)、原子极化(分子内原子的重新排布)、取向极化(分子永久偶极的重新取向)和空间电荷极化(自由电荷的重新排布)。在这 4 种极化中,与微波频率相比,前两种极化要快得多,所以不会产生微波加热,而后两种极化与之相当,可产生微波加热,即可通过微观粒子的这种极化过程,将微波能转变为热能。

果蔬物料是由水、蛋白质、脂肪、碳水化合物和无机物等复杂化合物构成的一种凝态物质。其中水是生物细胞的主要成分,含量为 75%～85%。在通常情况下,这些分子呈杂乱无规律的运动状态。当微波发生器——磁控管将 50～60 Hz 的低频电能转化成频率极高的微波时,其中水作为极性分子在高频率、强电场强度的微波场中将被极化;若将电源正负极对调、电场方向发生变化时,物料内极性分子也随之改变运动方向,重新进行排列。带正电的一端趋向负极,带负电的一端趋向正极。这使本来作杂乱运动无规律排列的分子变成有序排列的极化分子,改变了其原有的分子结构,并随着微波场极性的迅速改变而引起分子运动发生了巨变:高速运动,往复振动,彼此间频繁碰撞、摩擦、挤压,使微波能动能转化为热能,产生大量摩擦热,以热的形式在物料内表现出来,从而导致物料在短时间内迅速升高温度、加热或熟化。

②微波加热干燥装置:微波加热干燥设微波装置,主要由电源、微波管、连接波导、加热器及冷却系统等几部分组成,如图 5-12 所示。

在微波干燥系统中,微波加热器是主要设备之一,其他还有如磁控管、功率监视器、匹配器。微波加热干燥器按被加热物和微波场的作用形式,可分为驻波场谐振腔加热干燥器、辐射型加热干燥器和慢波型加热干燥器等几大类。亦可以根据其结构形式,分为箱式、隧道式、平板式、曲波导式和直波导式等几大类。其中箱式、平板式和隧道式最为常用。

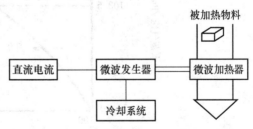

图 5-12　微波装置系统示意图

③微波加热的特点:与传统的加热技术不同,微波加热克服了常规加热时先加热环境介质,再进入果蔬的缺点,它既不需要传热介质,也不利用对流。微波加热是使被加热物体本身成为发热体,果蔬与微波相互作用而瞬时穿透式加热,因此称之为内部加热法。微

波从四面八方穿透果蔬物料,被加热的果蔬物料直接吸收微波能而立即生热,内外同时加热、物料温度同时上升。它无需预热,热效率高,使整个果蔬物料表里同时产生一系列热和非热生化作用来达到某种处理目的,因而加热速度快,内外受热均匀。而且内部温度反比外部温度高,因此温度梯度、湿度梯度与水分的扩散方向是一致的,有利于水分的扩散和蒸发,可节省大量能源。微波加热中物料对微波功率的吸收具有选择性,其吸收主要取决于介质的损耗因数,不同物质的损耗因数是不同的,例如物料中的水分的损耗因数比干物质为大,即水分比干物质吸收微波能多,水分蒸发就快。但是微波加热的主要缺点是电能消耗大。

5.6.4.4 冷冻干燥

冷冻干燥又称真空冷冻干燥、冷冻升华干燥、分子干燥等。它是指用人工制冷的方法视果蔬种类的不同将其冻结到 $-30\sim-15$℃ 或更低的温度要求后,使水分变成固态冰,然后在较高的真空度下,将冰直接转化为蒸汽而除去,物料即被干燥。冷冻干燥早期用于生物的脱水,二次世界大战后才开始用于果蔬工业,但一直未被广泛应用。其原因是由于过程强度低、费用大。目前主要用于生物制药工业和食品工业。在食品工业上,常用于肉类、水产类、蔬菜类、蛋类、速溶咖啡、速溶茶、水果粉、香料、酱油等的干燥。国外在深入研究过程机理的基础上,建立了工业规模的冷冻干燥设备,并已用于生产。

(1)冷冻干燥原理及其特点

①冷冻干燥原理:水有三种相态,即固态、液压和气态,三种相态之间既可以相互转换又可以共存。图 5-13 为水的相平衡图。图中 OA、OB、OC 三条曲线分别表示冰和水、水和水蒸气、冰和水蒸气两相共存时水蒸气与温度之间的关系,分别称为融化曲线、汽化曲线和升华曲线。O 点称为三相点,所对应的温度为 0.01℃,水蒸气压力为 610.5 Pa(4.58 mmHg),在这样的温度和水蒸气压下,水、冰、水蒸气三者可共存且相互平衡。

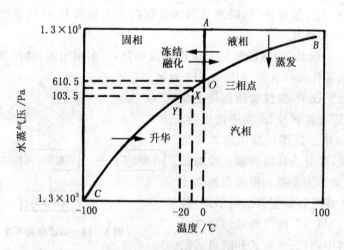

图 5-13 水的相平衡及三相点图(高福成,1998)

②冷冻干燥特点:由于在低温下操作,能最大限度地保存果蔬的色、香、味,如蔬菜的天然色素保持不变,各种芳香物质的损失可减少到最低限度,升华干燥对保存含蛋白质果蔬要比冷冻的好,因为冷冻降低了果蔬的持水性。

由于物料中水分存在的空间,在水分升华以后基本维持不变,故干燥后制品不失原有的固体框架结构,能保持原有的形状。

由于物料中水分在预冻结后以冰晶形态存在,原溶于水中的无机盐被均匀地分配在物料中,而升华时,溶于水中的无机盐就会析出,这样就避免了一般干燥方法因物料内部水分向表面扩散所携带的无机盐而造成的表面硬化现象。因此,冷冻干燥制品复水后易于恢复原有的性质和形状。

由于果蔬冻结后进行冷冻干燥,果蔬内细小冰晶在升华后留下大量空穴,呈多孔海绵状,所以,冻干果蔬具有优异的复水性能,是高质量的速食方便果蔬。

因物料处于冰冻的状态,升华所需的热可采用常温或温度稍高的液体或气体为加热剂,所以热能利用经济。干燥设备往往无需绝热,甚至希望以导热性较好的材料制成,以利用外界的热量。

升华干燥的缺点主要是成本高。由于操作是在高真空和低温下进行,需要一套高真空获得设备和制冷设备,故投资费用和操作费用都大。

(2)冷冻干燥的干燥过程

①冰升华的基本条件:当蒸汽压大于 611 Pa 时,冰只能先融化为水,然后再由水转化为水蒸气;而当冰周围的蒸汽压力低于 611 Pa 时,冰可以直接升华为水蒸气,这就是升华干燥的理论基础。

水蒸发时,其状态点只能在蒸发曲线上。同样,冰升华时,其状态点只能在升华曲线上。比如:温度为−10℃的冰,如果其周围的水蒸气压为 400 Pa,则必须将蒸汽压降低到低于 260 Pa(−10℃冰的饱和蒸汽压)时,冰才能开始升华。蒸汽压为 103.5 Pa 的冰,如果其温度为−30℃,则必须将其温度提高到高于−20℃(与 103.5 Pa 水蒸气压相平衡的冰温)时,冰才能开始升华。

②冰升华干燥的必要条件:冰升华需要吸收热量,不同温度下冰的升华热不同,但相差不大,见表 5−6。

表 5−6　不同温度下冰的升华潜热

温度/℃	0	−10	−20	−30	−40	−50
升华潜热/(kJ·kg^{-1})	2 838	2 813	2 796	2 771	2 759	2 746

所以升华干燥时,要不停地向冰晶传热,以提供升华所需要的热量。但如果所供给的热量大于冰升华所需的热量,多余的热量就会被冰作为显热吸收,导致冰温上升。当升到冰点时,冰就会融化。所以,即使冰处于总压远远低于三相点压力的环境中,但如果加热不当,它也有可能融化。如果冰表面的水蒸气压低于冰的饱和蒸汽压,则一部分冰升华为水蒸气,使水蒸气压增高。当水蒸气压增高到等于此温度下冰的饱和蒸汽压时,冰与水蒸气达到平衡,宏观上表现为冰停止升华。

因此,维持升华干燥进行的两个必要条件:一是不断向冰供热;二是不断去除冰表面的水蒸气,以使水蒸气压永远达不到冰的饱和蒸汽压。

热量供给控制:热量的提供可来自不同的系统,第一种传热方式是通过接触式冻干机进行。将果蔬平铺在金属盘内,金属盘放在水平加热板上,金属盘的一面与加热板相接触,另一面与果蔬的部分表面相接触,热量由加热板向果蔬表面的传递主要是通过金属盘的热传导。果蔬、金属盘、加热板三者之间如果接触良好,热量就均匀分布,升华干燥就可以在充分可控的状况下进行。由于热量传递主要依靠的是向果蔬层一面的热传导,则干燥时间相对较长。

20世纪50年代,研制出了双面接触冻干技术,称之为"强化干燥"或"加速干燥"(AFD)。这种技术是将热量由加热片向果蔬层的上、下两面同时传导,从而大大降低了干燥时间。该技术仍然使用果蔬浅盘,在盘内果蔬层的底部放置一个膨胀金属片,在果蔬层上表面再放置一个金属片,犹如一个"三明治",上、下为金属板,中间为果蔬层。将这种"三明治"放置在上、下两个水平的加热板之间,加热板将"三明治"紧紧压在一起。热量通过料盘和膨胀金属片的热传导传递到果蔬层的上、下两面。膨胀金属片具有双重功能,一个是为果蔬与金属表面之间水蒸气的外逸提供通道,另一个是使果蔬表面的传热量均匀分布。果蔬层厚度如不均匀,可以通过膨胀金属片的挤压得到弥补。

另一种传热方式是辐射加热,即热源与果蔬表面之间主要是通过辐射传热,他们之间没有金属接触。在辐射加热冻干机中,果蔬浅盘处于加热板之间,但与加热板不接触,上边加热板将热量辐射到果蔬的上表面,下边加热板将热量辐射到料盘的底部。

传热系统的任务是发射可控热流量,以使其均匀地到达果蔬的受热表面。控制加热板的温度就可以有效地控制热流量。热流量的均匀分布通过加热系统的结构形状来保证。

升华干燥时物料形态固定不变,水分子外逸后留下的是孔隙,形成海绵状多孔性结构(图5-14)。它具有良好的绝热性,不利于热量的传递。此时,若能利用辐射热、红外线、微波等能直接穿透干燥层到后移的冰层界面上,就能加速热量传递,有效增加总的干燥速率,增大加热板和物料间距离并提高加热板温度,热量就能以辐射方式传给物料。

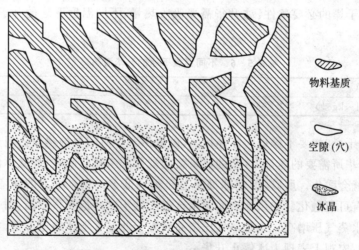

物料基质

空隙(穴)

冰晶

图5-14 冻干时冰晶消失留下孔隙示意图

水蒸气传递:1 kg的冰在压强为133.3 Pa的真空室中升华,约产生1 m³的水蒸气,在压强为66.7 Pa的真空室中升华,可产生2 m³的水蒸气,当冻结果蔬升华干燥时,升华界面上产生的如此大体积的水蒸气都必须首先被传递到果蔬表面,然后由表面向外扩散,否则水蒸气压将升高,升华界面温度也随之升高,这可能导致冰晶融化。

当在很低的压力下进行干燥时,必须去除产生的蒸汽,为此可采用两种方法,要么冷凝、泵吸,要么用干燥剂吸收。为了冷凝水蒸气,冷凝介质的温度必须低于正在冻干的果蔬的温度。这样做的费用很大,因为从水蒸气中吸收热量巨大,而且在低温下操作的冷冻机的效率相当低。

在工业化冻干生产中,用机械泵抽吸大量水蒸气是不经济的。真空室内水蒸气的去除一般是采用一个低温表面使水蒸气冷凝,具有此作用的冷凝表面称为冷阱或蒸汽捕集器。水蒸气在传递过程中夹带着不凝性气体,真空泵与冷阱相连,将不凝性气体抽去,以维持真空室内的低压。

冷冻升华干燥法具有其他干燥法无可比拟的优点,因此越来越受到人们的青睐。目前,随着研究工作的深入,加工材料及制造技术的改进,冷冻升华干燥在果蔬工业中已用于肉糜、水产、果蔬、禽蛋、咖啡、茶和调味品等的干燥。

5.7 果蔬干制品贮藏及品质评价

5.7.1 各类干制品贮藏所需达到的水分要求

干燥果蔬的耐藏性主要取决于干燥后它的水分活性或水分含量,只有将果蔬物料水分降低到一定程度,才能抑制微生物的生长发育,酶的活动、氧化和非酶褐变,保持其优良品质。各种果蔬的成分和性质不同,对干制程度的要求也不一样。

5.7.1.1 干制蔬菜

干制蔬菜,如洋葱、豌豆和青豆等,最终残留水分为 $5\%\sim10\%$,如马铃薯为 7%,胡萝卜为 $5\%\sim8\%$,相当于 A_w $0.10\sim0.35$,这种干制品只有在贮藏过程吸湿才造成变质,采用合适包装一般有较长的贮藏稳定性。蔬菜原料通常携带较多的微生物,尤其是芽孢细菌,因此干燥前的预处理(清洗、消毒或热烫漂)是保证制品符合微生物指标的重要环节,有效的预处理可杀灭 99.9% 的微生物。

5.7.1.2 干制水果

多数干制水果水分活度在 $0.60\sim0.65$。在不损害干制品品质的前提下含水量越小,保存性越好。干果果肉较厚、韧,可溶性固形物含量多,干燥后含水量较干蔬菜高,通常达 $14\%\sim24\%$。为了加强保藏性,要掌握好预处理条件。碱液去皮或浸洗可减少水果表面微生物量;对于许多水果,熏硫却显得更重要。不经硫化处理的水果,如梅干、葡萄干,若不降低水分活度或采用其他防腐措施(如添加山梨酸等),则会引起干制品的腐败变质。

5.7.1.3 中湿果蔬

有部分果蔬其水分含量达 40% 以上,却也能在常温下有较长的保藏期,这就是中湿果蔬。

中湿果蔬(intermediate moisture foods)缩写 IMF,也称半干半湿果蔬。中湿果蔬的水分比新鲜果蔬原料(果蔬肉类等)低,又比常规干燥产品水分高,按质量计一般为 15%～50%。多数中湿果蔬水分活性在 0.60～0.90。多数细菌在水分活性 0.90 以下不能生长繁殖,但霉菌在水分活性 0.80 以上仍能生长,个别霉菌、酵母要在水分活性低于 0.65 时才被抑制。可见中湿果蔬的水分活性仍难以达到常温保藏的目的。若将其脱水降低水分活性以达到常规保藏要求的水分,则会影响到制品的品质。这类"半干半湿"果蔬之所以有较好的保藏性,除了水分活性控制外,尚需结合其他的抑制微生物生长的方法。

中湿果蔬的保藏加工方法有:用脱水干燥方式去除水分,提高可溶性固形物的浓度以束缚住残留水分,降低水分活性;靠热处理或化学作用抑制杀灭微生物及酶,如添加山梨酸钾(用量 0.06%～0.3%质量分数)一类的防霉剂;添加可溶性固形物(多糖类、盐、多元醇等)以降低果蔬水分活性;添加抗氧化剂、整合剂、乳化剂或稳定剂等添加剂增加制品的贮藏稳定性;强化某些营养物质以提高制品的营养功能。

由于中湿果蔬较多地保留果蔬中的营养成分(无需强力干燥),又能在常温下有较好的保藏性,包装简便,食用前无需复水,生产成本较低,成为颇有发展前途的产品。

▶ 5.7.2　干制品贮藏的环境条件

合理包装的干制品受环境因素的影响较小,但未经特殊包装或密封包装的干制品在不良环境条件下就容易发生变质现象。实际上,脱水干制果蔬每年有相当数量由于贮藏不善而吸潮,轻则丧失大部分营养成分和色素;重则发霉、腐烂和生虫。如何合理贮藏脱水果蔬,是生产中一个值得重视的问题。

5.7.2.1　温湿度

水分含量与水分活度曲线的温度特性表明,以同一水分含量作比较时,温度升高,则水分活度值增大;反之,温度下降,则水分活度值减低。所以就这一点而言,即使同一水分含量的干制品,若贮藏温度高,将有利于微生物的生长,不利于保藏。

(1)不同温度条件下,环境的相对湿度对干制品的品质(水分含量)的影响见图 5-15。

①温度 t 不变,只是外围的 RH 上下变动时,水分含量与水分活度是沿着图内的中间曲线起吸湿和脱湿作用的,其结果是向Ⅲ区或Ⅰ区移动的可能性都很大。

②如温度上升 t_1,果蔬试样则由于外围的 RH 增高而起着吸湿作用,同时向图右侧的曲线上移动,则进入Ⅲ区的可能性大。

③如温度下降 t_1,外围的 RH 也降低,则起脱湿作用,且向图左侧的曲线上移进入Ⅰ区。

(2)在干制品与周围环境隔绝(用防湿包装)的情况下,环境的相对湿度对干制品的水分含量的影响。

①温度 t 不变时,即使外围的 RH 变化,果蔬中的水分含量 ω_{1A} 也不变(及其相应的 A_W 也不变),常保持在Ⅱ区。

②温度上升 t_1 时,其水分含量不变,但移向图右侧曲线上的区内 ω_{1B} 点,进入Ⅲ区内。

③温度下降 t_1 时,则移向图左侧 ω_{1C} 点,进入Ⅰ内。

在理论上,图中的Ⅰ、Ⅱ、Ⅲ区叫做局部等温线。在Ⅰ区会由于脂肪、色素等成分的自

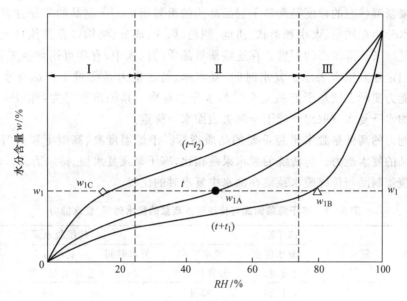

图 5－15　温度变化与品质特性的关系

动氧化使品质劣化;在Ⅲ区内会由于酶类及微生物的作用使品质劣化;在Ⅱ区内品质最高,大致上可把Ⅱ的水分含量当作相当于安全保藏的水分量。

通过以上分析可以看出,干制品的品质变化与温、湿度的关系密切,干制品的贮藏温度以 0～2℃为最好,一般不宜超过 10～14℃。高温会加速干制品的变质。据报道,贮藏温度高可加速脱水果蔬的褐变,温度每增加 10℃,干制品褐变速度可增加 3～7 倍。贮藏环境中的相对湿度最好在 65% 以下,空气越干燥越好。最好都采用防湿包装。

5.7.2.2　光线

光线会促使干制品变色并失去香味,还能造成维生素 C 的破坏。因此,干制品应避光包装和避光贮藏。

5.7.2.3　空气

空气的存在也会导致干制品发生败坏,采用包装内附装除氧剂,可以得到较理想的贮藏效果。除氧剂的配方为:氧化亚铁 3 份,氢氧化钙 0.6 份,7 个结晶水的亚硫酸钠0.1 份,碳酸氢钠 0.2 份,以 5 g 为一包。

▶ 5.7.3　干制果蔬的品质评价

评价干制品品质的指标主要有物理指标和化学指标。物理指标主要包括形状、质地、色泽、密度、复水性和速溶性。化学指标主要是指各种营养成分。形状、质地、色泽和成分的变化前面已有涉及,在考虑果蔬的风味问题时,对黏性、弹性、硬度等舌感、齿感、吞咽感等都不容忽视。如新鲜的芹菜在齿咬方面本应具有酥脆的风味感,但其在冷冻干燥后会丧失此特性,复水后芹菜,质地松软、咬劲较差。下面分析干制品的几种主要品质特性。

5.7.3.1　干制品的复原性和复水性

块片及颗粒状的蔬菜类干制品一般都在复水(重新吸回水分)后才食用。干制品复水后恢复原来新鲜状态的程度是衡量干制品品质的重要指标。干制品的复原性就是干制品重新吸收水分后在质量、大小和形状、质地、颜色、风味、成分、结构以及其他可见因素等各个方面恢复原来新鲜状态的程度。在这些衡量品质的因素中，有些可用数量来衡量，而另一些只能用定性方法来表示。复水时间、复水率、持水能力是衡量干产品复水能力的指标。持水能力实际上就是干产品复水后的水分含有率。其测定程序为：称取一定质量的干产品→加水→复水→取出→滤干→除去表面水→称重。

复水能力的高低是脱水果蔬重要的品质指标。干燥温度高、高温下预煮时间长都将降低干产品的复水能力。与传统的脱水果蔬相比，冻干果蔬复水快、持水力强。表 5-7 为某些冻干蔬菜制品与传统脱水蔬菜在沸水中复水时的比较。

表 5-7　冻干蔬菜制品与传统脱水蔬菜的复水时间、复水能力

蔬菜品种	冻干蔬菜			传统脱水蔬菜		
	复水时间 /min	复水前水分含量 /%	复水后水分含量 /%	复水时间 /min	复水前水分含量 /%	复水后水分含量 /%
胡萝卜	3	2.24	93.4	21	2.89	85.0
芹菜	3	2.37	95.0	15	4.65	86.5
韭菜	3	1.53	92.0	8	2.37	89.0
番茄	3	3.76	90.7	20	5.16	85.9
土豆	10	1.84	85.4	20	6.53	71.7

做复水试验时，从干燥盘、果蔬仓或最终产品包装内取出 50 g 产品放在直身玻璃杯或罐内，对于豌豆、土豆、玉米和甘薯产品，可加入约 20 mL 的冷水；对于其他蔬菜，一般加入 300～500 mL 的冷水，如根类蔬菜约 300 mL，青刀豆、番茄、菠菜、卷心菜为 400～500 mL。如果容器中有漂浮块，就用一个合适的金属筛使其沉浸在水中。样品在室温下浸渍 12 h 后在筛上滤干 3～4 min，然后再次称重。用不同批样品试验后，每种蔬菜的最小滤干重就可作为复水能力的指标。

复水性就是新鲜果蔬干制后能重新吸回水分的程度，常用干制品吸水增重的程度来衡量，这在一定程度上也是干制过程中某些品质变化的反映。为此，干制品复水性也成为干制过程中控制干制品品质的重要指标。

干制品的复水并不是干燥历程的简单反复。这是因为干燥过程中所发生的某些变化并非可逆，如胡萝卜干制时的温度采用 93℃，则它的复水速度和最高复水量就会下降，而且高温下干燥时间越长，复水性就越差。

复水率（R）是复水后沥干重（m_F）和干制品试样重（m_g）的比值。复水时干制品常会有一部分糖分和可溶性物质流失而失重，他的流失重虽然并不少，一般都不再予以考虑，否则就需要进行广泛的试验和仔细地进行复杂的质量平衡计算。

$$R = m_F/m_g$$

复重系数（K）就是复水后制品的沥干量（m_F）和同样干制品试样量在干制前的相应原料重（m）之比。

冻干果蔬的复水能力与复水温度有关。不同的冻干果蔬的复水能力与温度的关系不同。用蒸馏水分别于 26℃ 和 98℃ 下使冻干蘑菇复水,结果在 26℃ 时,蘑菇快速达到复水极限;而 98℃ 时其复水速率较低。

5.7.3.2 干制果蔬的速溶性

评价干燥后粉末类果蔬的一个重要指标是速溶性,特别是固体饮料。这类果蔬主要包括各类果蔬粉、各类保健固体饮品等。评价速溶性主要有两个方面,一方面是粉末在水中形成均匀分散相的时间,一方面是粉末在水中形成分散相的量。

影响粉末类干制品速溶性的主要因素有粉末的成分、结构。可溶性成分含量大,粉末细的易溶;结构疏松、多孔,则易溶。表 5-8 表示红茶浸提工艺对速溶茶粉速溶性的影响。浸提次数对产品溶解性的影响也很大,很明显第 1 次浸提产品的溶解性好,10℃ 冷却的在 30 s 之内立即全部溶解,25℃ 冷却的也能在 60 s 之内全部溶解;而第 2 次浸提产品的溶解性差,25℃ 冷却的 5 min 之后仍有部分不溶物,10℃ 冷却的也还有少量不溶物。

表 5-8 红茶浸提工艺对速溶茶粉速溶性的影响

处理方式	溶解性	处理方式	溶解性
第 1 次浸提 25℃ 冷却	60 s 之内全部溶解	第 1 次浸提 10℃ 冷却	30 s 之内全部溶解
第 2 次浸提 25℃ 冷却	5 min 后仍有部分不溶物	第 2 次浸提 10℃ 冷却	5 min 后仍有部分不溶物

提高粉末类果蔬速溶性的方法有两方面:一方面改进加工工艺,例如采用喷雾干燥造粒的方法,将粉末制成多孔小颗粒;另一方面添加各种促进溶解的成分。

5.8 果蔬干制生产实例

5.8.1 果品干制生产实例

5.8.1.1 葡萄干制

(1)原料选择 用于干制的葡萄应选皮薄、果肉丰满、粒大、含糖量高(20% 以上),并要达到充分成熟。

(2)预处理 凡进行人工干制的葡萄都要经过碱液处理,然后经过熏硫。具体操作如下。

浸碱:将选好的果穗或果粒浸入 1%～3% NaOH 溶液 5～10 s,使果皮外层蜡质破坏并呈皱纹。浸碱处理后的果穗用清水冲洗 3～4 次,置木盘上沥干。

熏硫:将木盘(放置果粒)放入密闭室,按每吨葡萄用硫磺 1.5～2 kg,经 3～4 h。

(3)干燥

自然干燥:将处理后的葡萄装入晒盘内,在阳光下曝晒 10 d 左右,用一空晒盘罩在有葡萄的晒盘上,很快翻转倒盘,继续晒到果粒干缩,手捏挤不出汁时,再阴干 1 周,直到葡萄干含水量达 15%～17% 时为止,全部晒干时间为 20～25 d,若采用浸碱处理可缩短一半干燥时间。我国新疆吐鲁番等地夏秋气候炎热干燥,空气相对湿度为 35%～47%,风速每秒 3 m 左右,故葡萄不需在阳光下曝晒,而在搭制的凉房内风干就行了。风干时间一般为 30～35 d,且制品的品质比晒干的优良。

人工干燥:将处理好的葡萄装入烘盘,使用逆流干制机干燥,初温为 45～50℃,终温为 70～75℃,终点相对湿度为 25%,干燥时间为 16～24 h。

5.8.1.2 柿果干制

(1)原料选择　宜选果大形状端正,果顶平坦或稍有突起,肉质柔软,含糖量高,无核或少核的柿子品种。柿果应由黄变红时采收。

(2)去皮　去皮前需将柿果进行挑选、分级和清洗。可人工刮皮或借助旋床刮刀去皮。去皮要求蒂盘周围的皮留得越少越好。

(3)熏硫　去皮后的柿果按 250 kg 鲜果用硫磺 10～20 g,置密闭室内熏蒸 10～15 min。

(4)干燥

①自然干燥

晾晒:用高粱杆编成帘子,选通风透光、日照长的地方,用木桩搭成 1.5 m 高的晒架,将去皮柿果果顶向上摆在帘子上进行日晒,如遇雨天,可用聚乙烯塑料薄膜覆盖,切不可堆放,以防腐烂。

捏饼:晒 8～10 d 后,果实变软结皮,表面发皱,此时将柿果收回堆放起来,用席或麻袋覆盖,进行发汗处理,3 d 后进行第一次捏饼。方法是两手握饼,纵横重捏,随捏随转,直至将内部捏烂,软核捏散或柿核歪斜为止。捏后第二次铺开晾晒 4～6 d,再收回堆放发汗,2～3 d 后第三次捏饼。方法是用中指顶住柿蒂,两拇指从中向外捏,边捏边转,捏成中间薄、四周高起的蝶形。接着再晒 3～4 d,堆积发汗 1 d,整形 1 次,最后再晒 3～4 d。

上霜:柿霜是柿饼中的糖随水分渗出表面,水分蒸发后,糖凝结成为白色的固体,主要成分是甘露糖醇、葡萄糖和果糖。出霜的过程是:在缸底铺一层干柿皮,上面排放一层柿饼,再在柿果上放上一层干柿皮,层层相间,封好缸口,置阴凉处约 10 d 即可出现柿霜。

②人工干燥:初期温度保持 40～50℃,每隔 2 h 通风一次;每次通风 15～20 min。第一阶段需 12～18 h,果面稍呈白色,进行第一次捏饼。然后使室温稳定在 50℃左右,烘烤 20 h,当果面出现纵向皱纹时,进行第二次捏饼。两次烘制时间共需 27～33 h。再进一步干燥至总干燥时间为 37～43 h 时,进行第三次捏饼,并定形。再需干燥 10～15 h,含水量达 36%～38% 时便可结束,最后"堆捂"上霜。

5.8.1.3 苹果干制

(1)原料选择与处理　选择肉质致密、可溶性固形物含量高的品种,如小国光、倭锦、红玉等,切成 7～8 mm 厚的圆片,送入熏硫室进行熏硫,每 1 000 kg 苹果用硫磺 2 kg。

(2)干燥　苹果用晒制法,往往变黑,品质差,所以多用人工干制。开始用 80～85℃ 温度干燥,以后逐渐降温至 50～55℃,干制时间为 5～6 h,以用手紧握再松手,互不粘着且富有弹性为度。含水量为 20%～22%。

苹果干燥结束,需要进行回软处理。

5.8.2 蔬菜干制生产实例

5.8.2.1 洋葱干制

（1）原料选择 选用充分成熟,葱头大小横径在 6.0 cm 以上,葱肉呈白色或淡黄白色,干物质不低于 14 %的洋葱品种。

（2）原料处理 切除葱梢,根蒂,剥去葱衣,老皮至露出鲜嫩葱肉。

（3）切片 用切片机按洋葱大小横切成宽度为 4.0～4.5 mm,切片过程中边切边加入水冲洗。

（4）漂洗 切片后须进行漂洗,以除去葱片表面的胶质物。漂洗后沥干水分。

（5）干燥 采用单隧道式干制机干燥,入烘前,先将隧道内温度预热升温至 60℃左右,连续先进入 3 架载料烘车,随即关闭进料门。接着每铺满一架烘车,进入一架,直至烘道装满为止,关闭进料门,继续升温,烘烤温度控制在 58～60℃,持续时间 6～7 h。当葱片含水量降至 5.0%以下时,即可从干燥机出口处卸出一架烘车,从进料口进入一架鲜葱烘车,如此连续不断地进行干燥作业。一条全长为 14.5 m,内宽、高各 2 m 的单隧道热风干燥机,在 24 h 内,可生产脱水洋葱片 300～400 kg。13～15 t 原料可生产 1 t 干品。

5.8.2.2 黄花菜干制

（1）原料选择 选花蕾充分发育,外形饱满,颜色由青绿转黄或橙色的未开花蕾(裂嘴前 1～2 h 采收)。

（2）蒸制 采摘后的花蕾要及时进行蒸制,否则会自动开花,影响产品质量。方法是把花蕾放入蒸笼中,水烧开后用大火蒸 5 min,然后用小火焖 3～4 min。当花蕾向内凹陷,颜色变得淡黄时即可出笼。

（3）干燥 蒸制后的花蕾应待其自然凉透后装盘烘烤。干燥时先将烘房温度升至 85～90℃,放入黄花菜后,温度下降至 75℃,并在此温度下干燥不超过 10 h。最后令温度自然降至 50℃,直至烘干。在此期间注意通风排湿,保持烘房内相对湿度在 65%以下,并要倒换烘盘和翻动黄花菜 2～3 次。

（4）均湿回软 干燥后的黄花菜,由于含水量低,极易折断,应放到蒲包或竹木容器中均湿,当黄花菜以手握不易折断,含水量在 15%以下时,即可进行包装。

5.8.2.3 南瓜干制

（1）原料选择 选择老熟南瓜,对切,除去外皮,瓜瓤和种子。切片或刨丝。

（2）热烫 沸水中热烫 5～8 min。

（3）干燥 装载量 5～10 kg/m²,干制品含水量在 6%以下。

南瓜粉:处理后的南瓜肉切成直径为 1.5 cm 大小的瓜丁。

粗碎:用锤式粉碎机粉碎,打成浆状,粉碎机筛网以 60 目孔径为宜。

过滤:通过浆渣分离机,去除粗渣,取出滤液。

浓缩:将过滤液通过浓缩设备将其可溶性固形物提高至 30%左右。

干燥:采用喷雾干燥,料液温度维持在 55℃,得到色泽绿黄、粉状均匀的南瓜粉。

5.8.2.4 脱水蒜片

（1）原料选择 选用蒜瓣完整、成熟、无虫蛀,直径为 4～5 cm 的蒜头为原料。

（2）剥蒜去鳞片　可人工剥蒜瓣,并要同时除去附着在蒜瓣上的薄蒜衣。

（3）切片　用切片机切成厚度为 0.25 cm 的蒜片。太厚,烘干后产品颜色发黄;过薄,容易破碎,损耗大。

（4）漂洗　可将蒜片放入池或缸内,经过 3～4 遍漂洗,蒜片基本干净。

（5）甩水　将漂洗过的蒜片置于离心机中甩水 1 min。

（6）干燥　甩水后的蒜片进行短时摊凉,装入烘盘,每平方米烘盘摊放蒜片 1.5～2 kg 为宜。烘烤温度控制在 65～70℃,一般烘 6.5～7 h,烘干后蒜片含水量为 5%～6%。

冻干大蒜粉:冻干大蒜粉的工艺流程如下。

鲜大蒜→去蒂、分瓣→浸泡→剥皮、去膜衣→漂洗→滤干→低温破碎→冷冻干燥→粉碎→过筛→真空包装→成品。

大蒜冻干的最佳工艺参数因冻干机不同而不同。对于热量由冷冻层传导的冻干设备,最佳压力为 6.7 Pa,最佳料层厚度为 1 cm 左右,加热介质温度约为 53℃,冷冻温度最好为 −60℃ 左右。

5.8.2.5　香菇干制

（1）原料选择　应选菌膜已破,菌盖边缘向内卷成"铜锣边"的鲜菇。采收太早影响产量,香味不足;采收太迟则菌盖展开过大,肉薄,菌褶色变。

（2）装盘　按大小、菇肉厚薄分别铺放在烘盘上,不重叠。将装大朵菇或淋雨菇的烘盘放在烘架的中下部,小朵菇、薄肉菇放在烘架的上部。菌盖向上菌柄向下。

（3）干燥　开始温度以 40℃(不超过 40℃),以后每隔 3～4 h 升高约 5℃,10 h 以后升高到 55～60℃,14 h 时降到常温。最好不要一次烤干,八成干时便出烤,然后复烤 3～4 h,这样干燥一致,不易碎裂。含水量在 12%～13%。

（4）分级　按花菇、厚菇、薄菇和菇丁等级分级。

（5）包装　待菇体冷却至稍有余温时装入塑料薄膜袋中,扎紧袋口,然后排放于纸箱或装于衬有防潮纸的木箱内,箱内放一小包石灰作干燥剂。

▶ 复习思考题 ◀

1. 果蔬干制保藏的理论依据是什么?

2. "壳化"是怎么形成的? 防止的措施是什么?

3. 如何防止干制品褐变?

4. 贮藏干制果蔬应控制哪些因素?

5. 影响果蔬干燥快慢的主要因素是什么?

6. 什么是冷冻干燥? 控制冷冻干燥速率的因素是什么?

7. 包装对冷冻干燥制品的重要性如何?

8. 选择干燥器的基本因素是什么?

▶▶ 指定参考书 ◀◀

1. 夏文水.食品工艺学.北京:中国轻工业出版社,2007
2. 郑继舜,等.果蔬储藏原理与运用.北京:中国财政经济出版社,1987
3. Nornman N. Potter Joseph H. Hotchkiss 著,果蔬科学.5 版.王璋,等译.北京:中国轻工业出版社,2001
4. 杨瑞.食品保藏原理.北京:化学工业出版社,2006
5. 高福成.食品的干燥与设备.北京:中国食品出版社,1987

▶▶ 参考文献 ◀◀

1. 华中农业大学.蔬菜贮藏加工学.2 版.北京:农业出版社,1991
2. 北京农业大学.果品贮藏加工学.2 版.北京:农业出版社,1992
3. 天津轻工业学院,无锡轻工大学.食品工艺学(上册).北京:中国轻工业出版社,1998
4. 张慜.特种脱水蔬菜加工贮藏和复水学专论.北京:科学出版社,1997
5. 高锡永,胡军.实用蔬菜加工新技术.上海:上海科学技术出版社,1997
6. 中国农学会.蔬菜加工新技术.北京:科学普及出版社,1995
7. 邓桂森,周山涛.果品贮藏与加工.上海:上海科学技术出版社,1985
8. 高福成.食品的干燥与设备.北京:中国食品出版社,1987
9. 高福成,刘志胜,李修渠.冻干食品.北京:中国轻工业出版社,1998
10. 闵绍桓.香菇干制机理与技术.江苏食用菌,1994,15(4)
11. 姜延舟,孙宏波,林崇实.香菇真空冷冻干燥工艺研究,中国食用菌,1997,17(1)
12. 洪若豪.出口脱水洋葱片的干制技术.食品科技,1997(2)
13. Owen R Fennema, Wei-Hsien Chang and Cheng-Yi Lii, Role Chemistry in the Quality of Processed food ,USA. 1986:65 - 96
14. Diarmuid Mac Carthy, Concentration and Drying of food, London. 1985:53 - 68

5

果蔬干制

chapter *6*

第 6 章

果蔬糖制

➤ **教学目标**

1. 了解果蔬糖制加工中糖的有关特性
2. 掌握果蔬糖制的基本原理
3. 掌握果蔬糖制的主要加工工艺
4. 了解国内外果蔬糖制的发展前景

主题词

果蔬糖制　果脯　蜜饯　果酱　果胶　凝胶

果蔬糖制是利用高浓度糖液的渗透脱水作用,将果品蔬菜加工成糖制品的加工技术。果蔬糖制在我国具有悠久的历史,最早的糖制品是利用蜂蜜糖渍钱制而成,并冠以"蜜"字,称为蜜饯(succade)。甘蔗糖(白砂糖)和饴糖等食糖的开发和应用,促进了糖制品加工业的迅速发展,逐步形成格调、风味、色泽独具特色的我国传统蜜饯,其中北京、苏州、广州、潮州、福州、四川等地的制品尤为著名,如苹果脯、蜜枣、糖梅、山楂脯、糖姜片、冬瓜条以及各种凉果和果酱,这些产品在国内外市场上享有很高的荣誉。

果蔬糖制品具有高糖、高酸等特点,这不仅改善了原料的食用品质,赋予产品良好的色泽和风味,而且提高了产品在保藏和贮运期的品质和期限。

6.1 果蔬糖制原理

▶ 6.1.1 原料糖的种类及其与糖制有关的特性

6.1.1.1 原料糖的种类

适用于果蔬糖制的糖种类较多,不同的原料糖的特性和功能不尽相同。

(1)白砂糖 白砂糖(甘蔗糖、甜菜糖)是加工糖制品的主要用糖,蔗糖含量高于99%。糖制时,要求白砂糖的色值低,不溶于水的杂质少,以选用优质白砂糖和一级白砂糖为宜。

(2)饴糖 饴糖又称麦芽糖浆,是用淀粉水解酶水解淀粉生成的麦芽糖、糊精和少量的葡萄糖、果糖的混合物,其中含麦芽糖和单糖53%~60%,糊精13%~23%,其余多为杂质。饴糖在糖制时一般不单独使用,常与白砂糖结合使用。使用饴糖可减少白砂糖的用量,降低生产成本,同时,饴糖还有防止糖制品晶析的作用。

(3)淀粉糖浆主要成分是葡萄糖、糊精、果糖、麦芽糖等物。工业生产淀粉糖浆有葡萄糖值(DE值,即糖浆中还原糖含量占总糖含量的百分数)为42、53及63三种,其中以葡萄糖值为42的最多。淀粉糖浆 DE 值为42的甜度约等于白砂糖的30%,其甜味是由成分中的葡萄糖、果糖与麦芽糖组合而显示的。由于淀粉糖浆中的糊精含量高,可利用它防止糖制品返砂而配合使用,对其甜度并无要求。

(4)蜂蜜 蜂蜜一般称为蜜糖,古代的果蔬糖渍制品是用蜂蜜糖制的。蜂蜜具有很高的营养和保健价值,主要成分是果糖和葡萄糖,占总糖的66%~77%,其次还含有0.03%~4.4%的蔗糖和0.4%~12.9%的糊精。蜂蜜吸湿性很强,易使制品发黏。在糖制加工中常用蜂蜜为辅助糖料,防止制品晶析。

6.1.1.2 原料糖与果蔬糖制有关的特性

果蔬糖制加工中所用食糖的特性是指与之有关的化学和物理的性质而言。化学方面的特性包括糖的甜味和风味,蔗糖的转化、凝胶等;物理特性包括渗透压,结晶和溶解度、吸湿性、热力学性质、黏度、稠度、晶粒大小、导热性等。其中在果蔬糖制上较为重要的有糖的溶解度与晶析、蔗糖的转化、糖的吸湿性、甜度、沸点及凝胶特性等。

探讨这些性质,目的在于合理地使用食糖,更好地控制糖制过程,提高制品的品质和产量。

(1)糖的溶解度与晶析(crystallization) 食糖的溶解度是指在一定的温度下,一定量的饱和糖液内溶解的糖量。糖的溶解度随温度的升高而逐渐增大。但不同温度下,不同种类的糖溶解度是不相同的,如表 6-1。

表 6-1 不同温度下食糖的溶解度　　　　　　　　　　　　g/100 g 水

种　类	温　度/℃									
	0	10	20	30	40	50	60	70	80	90
蔗糖	64.2	65.6	67.1	68.7	70.4	72.2	74.2	76.2	78.4	80.6
葡萄糖	35.0	41.6	47.7	54.6	61.8	70.9	74.7	78.0	81.3	84.7
果糖			78.9	81.5	84.3	86.9				
转化糖			56.6	62.7	69.7	74.8	81.9			

当糖制品中液态部分的糖,在某一温度下其浓度达到过饱和时,即可呈现结晶现象,称为晶析,也称返砂。返砂降低了糖的保藏作用,有损于制品的品质和外观。但果脯加工上亦有利用这一性质,适当地控制过饱和率,给些干态蜜饯上糖衣,如冬瓜条、糖核桃仁等。

糖制加工中,为防止蔗糖的返砂,常加入部分饴糖、蜂蜜或淀粉糖浆。因为这些食糖和蜂蜜中含有多量的转化糖、麦芽糖和糊精,这些物质在蔗糖结晶过程中,有抑制晶核的生长,降低结晶速度和增加糖液饱和度的作用。此外,糖制时加入少量果胶、蛋清等非糖物质,也同样有效。因为这些物质能增大糖液的黏度,抑制蔗糖的结晶过程,增加糖液的饱和度。另外,也可在糖制过程中促使蔗糖转化,防止制品结晶。

(2)糖的转化(transformation) 蔗糖、麦芽糖等双糖在稀酸与热或酶的作用下,可以水解为等量的葡萄糖和果糖,称为转化糖。酸度越大(pH 值越低),温度越高,作用时间越长,糖转化量也越多。各种酸对蔗糖的转化能力见表 6-2。

表 6-2 各种酸对蔗糖的转化能力(25℃以盐酸转化能力为 100 计)

种　类	转化能力	种　类	转化能力
硫酸	53.60	柠檬酸	1.72
亚硫酸	30.40	苹果酸	1.27
磷酸	6.20	乳酸	1.07
酒石酸	3.08	醋酸	0.40

糖转化的意义和作用是:①适当的转化可以提高糖溶液的饱和度,增加制品的含糖量;②抑制糖溶液晶析,防止返砂。当溶液中转化糖含量达 30%～40%时,糖液冷却后不会返砂;③增大渗透压,减小水分活性,提高制品的保藏性;④增加制品的甜度,改善风味。

糖转化不宜过度,否则,会增加制品的吸湿性,回潮变软,甚至使糖制品表面发黏,削弱保藏性,影响品质。对缺乏酸的果蔬,在糖制时可加入适量的酸(多用柠檬酸),以促进糖的转化。

糖长时间处于酸性介质和高温下,它的水解产物会生成少量羟甲基呋喃甲醛(HMF),使制品轻度褐变。转化糖与氨基酸反应也易引起制品褐变,生成黑蛋白素。所以,制作浅色糖制品时,要控制条件,勿使蔗糖过度转化。

(3)糖的吸湿性(moisture regain)　糖具有吸湿性。糖的吸湿性对果蔬糖制的影响,主要是糖制品吸湿以后降低了糖浓度和渗透压,因而削弱了糖的保藏作用,引起制品败坏和变质。

各种糖的吸湿性不尽相同,这与糖的种类及环境相对湿度密切相关,如表6-3所示。

表6-3　几种糖在25℃中7天内的吸湿率　　　　　　　　%

糖的种类	空气相对湿度		
	62.7	81.8	98.8
果糖	2.61	18.58	30.74
葡萄糖	0.04	5.19	15.02
蔗糖	0.05	0.05	13.53
麦芽糖	9.77	9.80	11.11

果糖的吸湿性最强,其次是葡萄糖和麦芽糖,蔗糖为最小。各种结晶糖的吸湿量与环境中相对湿度成正相关,相对湿度越大,吸湿量越大,当各种结晶糖吸水达15%以后,便开始失去晶状而成液态。含有一定数量转化糖的糖制品,必须用防潮纸或玻璃纸包装,否则吸湿回软,产品发黏、结块,甚至霉烂变质。

(4)糖的甜度　食糖是食品的主要甜味剂,食糖的甜度影响着制品的甜度和风味。温度对甜味有一定影响。以10%的糖液为例,低于50℃时,果糖甜于蔗糖,高于50℃时,蔗糖甜于果糖。这是因不同温度下果糖异构物间的相对比例不同,温度较低时,较甜的β-异构体比例较大。

葡萄糖有二味,先甜后苦、涩带酸。蔗糖风味纯正,能迅速达到最大甜度。蔗糖与食盐共用时,有降低甜咸味,而产生新的特有风味,这也是南方凉果制品的独特风格。在番茄酱的加工中,也往往加入少量的食盐,使制品的总体风味得到改善。

(5)糖液的浓度和沸点　糖液的沸点随糖液浓度的增大而升高。在101.325 kPa的条件下不同浓度果汁-糖混合液的沸点如表6-4所示。

表6-4　果汁-糖混合液的沸点

可溶性固形物/%	沸点/℃	可溶性固形物/%	沸点/℃
50	102.22	64	104.6
52	102.5	66	105.1
54	102.78	68	105.6
56	103.0	70	106.5
58	103.3	72	107.2
60	103.7	74	108.2
62	104.1	76	109.4

糖制品糖煮时常用沸点估测糖浓度或可溶性固形物含量,确定熬煮终点。如干态蜜饯出锅时的糖液沸点达 104～105℃,其可溶性固形物在 62％～66％,含糖量约 60％。

蔗糖液的沸点受压力、浓度等因素影响,其规律是糖液的沸点随海拔高度提高而下降。糖液浓度在 65％时,在海平面的沸点为 104.8℃,海拔 610 m 时为 102.6℃,海拔 915 m 时为 101.7℃。因此,同一糖液浓度在不同海拔高度地区熬煮糖制品,沸点应有不同。在同一海拔高度下,糖浓度相同而糖的种类不同,其沸点也有差异。如 60％的蔗糖液沸点为 103℃,60％葡萄糖液沸点为 105.7℃。

6.1.1.3 果胶的凝胶(gelling)特性

果胶是一种多糖类物质。果胶物质常以原果胶、果胶和果胶酸三种形态存在于果蔬组织中。原果胶在酸或酶的作用下能分解为果胶,果胶进一步水解变成果胶酸。果胶具有凝胶特性,而果胶酸的部分羧基与钙、镁等金属离子结合时,亦形成不溶性果胶酸钙(或镁)的凝胶。

果糕、果冻以及凝胶态的果酱、果泥等,都是利用果胶的凝胶作用来制取的。果胶分为高甲氧基果胶(HMP)和低甲氧基果胶(LMP)。通常将甲氧基含量高于 7％的果胶称高甲氧基果胶,低于 7％的称低甲氧基果胶。果胶形成的凝胶类型有两种:一种是高甲氧基果胶的果胶——糖-酸凝胶,另一种是低甲氧基果胶的离子结合型凝胶。果品所含的果胶是高甲氧基果胶,用果汁或果肉浆液加糖浓缩制成的果冻、果糕等属于前一种凝胶;蔬菜中主要含低甲氧基果胶,与钙盐结合制成的凝胶制品,属于后一种凝胶。

(1)高甲氧基果胶的胶凝　高甲氧基果胶(简称果胶)其凝胶的性质和凝胶原理在于:高度水合的果胶胶束因脱水及电性中和而形成凝聚体。果胶胶束在一般溶液中带负电荷,当溶液的 pH 值低于 3.5,脱水剂含量达 50％以上时,果胶即脱水,并因电性中和而凝聚。在果胶胶凝过程中,糖起脱水剂的作用,酸则起消除果胶分子中负电荷的作用。果胶胶凝过程是复杂的,受多种因素所制约。

pH 值:pH 值影响果胶所带的负电荷数,降低 pH 值,即增加氢离子浓度而减少果胶的负电荷,易使果胶分子氢键结合而胶凝。当电性中和时,凝胶的硬度最大。胶凝时 pH 值的适宜范围是 2.0～3.5,高于或低于这个范围值均不能胶凝。当 pH 值为 3.1 左右时,凝胶硬度最大;pH 值在 3.4 时,凝胶比较柔软;pH 值为 3.6 时,果胶电性不能中和而相互排斥,就不能胶凝,此值即为果胶的临界 pH 值。

糖液浓度:果胶是亲水胶体,胶束带有水膜,食糖的作用使果胶脱水后发生氢键结合而胶凝。但只有含糖量达 50％以上才具有脱水效果,糖浓度大,脱水作用强,胶凝速度快。据 Singh 氏实验结果(见表 6-5、表 6-6):当果胶含量一定时,糖的用量随酸量增加而减少。当酸的用量一定时,糖的用量随果胶含量提高而降低。

表 6-5　果胶凝冻所需糖、酸配合关系(果胶量 1.5％)　　　　　　　　　　　％

总酸量	0.05	0.17	0.30	0.55	0.75	1.30	1.75	2.05	3.05
总糖量	75	64	61.5	56.5	56.5	53.5	52.0	50.5	50.0

表 6-6　果胶凝冻所需糖、果胶的配合关系(酸量 1.5%)								%
总果胶量	0.90	1.00	1.25	1.50	2.00	2.75	4.20	5.50
总糖量	65	62	55	52	49	48	45	43

果胶含量:果胶的胶凝性强弱取决于果胶含量、果胶分子质量以及果胶分子中甲氧基含量。果胶含量高易胶凝,果胶分子质量越大,多聚半乳糖醛酸的链越长,所含甲氧基比例越高,胶凝力越强,制成的果冻弹性越好。甜橙、柠檬、苹果等的果胶,均有较好的胶凝力。原料中果胶不足时,可加用适量果胶粉或琼脂,或其他含果胶丰富的原料。

温度:当果胶、糖和酸的配比适当时,混合液能在较高的温度下胶凝,温度较低,胶凝速度加快。50℃ 以下,对胶凝强度影响不大;高于 50℃,胶凝强度下降,这是因高温破坏了果胶分子中的氢键。

据上述分析,果胶胶凝的基本条件图解如下:

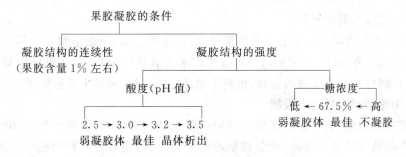

从图解中可示:形成良好的果胶凝胶最合适的比例是果胶量 1% 左右,糖浓度 65%～67%,pH 值 2.8～3.3。

(2)低甲氧基果胶的胶凝　低甲氧基果胶是依赖果胶分子链上的羧基与多价金属离子相结合而串联起来,形成网状的凝胶结构。

低甲氧基果胶中有 50% 以上的羧基未被甲醇酯化,对金属离子比较敏感,少量的钙离子与之结合也能胶凝。

钙离子(或镁离子):钙等金属离子是影响低甲氧基果胶胶凝的主要因素,用量随果胶的羧基数而定,每克果胶的钙离子最低用量为 4～10 mg,碱法制取的果胶为 30～60 mg。

pH 值:pH 值对果胶的胶凝有一定影响,pH 值在 2.5～6.5 都能胶凝,以 pH 3.0 或 5.0 时胶凝的强度最大,pH 4.0 时,强度最小。

温度:温度对胶凝强度影响很大,在 0～58℃ 范围内,温度越低,强度越大,58℃ 时强度为零,0℃ 时强度最大,30℃ 为胶凝的临界点。因此,果冻的保藏温度宜低于 30℃。

低甲氧基果胶的胶凝与糖用量无关,即使在 1% 以下或不加糖的情况下仍可胶凝,生产中加用 30% 左右的糖仅是为了改善风味。

▶ 6.1.2　食糖的保藏作用

果蔬糖制是以食糖的防腐保藏作用为基础的加工方法。食糖本身对微生物无毒害作用,低浓度糖还能促进微生物的生长发育。高浓度糖对制品的保藏作用主要有以下几个方面。

6.1.2.1 高渗透压

糖溶液都具有一定的渗透压,糖液的渗透压与其浓度和分子质量大小有关,浓度愈高,渗透压愈大。1%葡萄糖溶液可产生 121.59 kPa 的渗透压,1%的蔗糖溶液具有 70.927 kPa 的渗透压。糖制品一般含有 60%～70%的糖,按蔗糖计,可产生相当于 4.265～4.965 MPa 的渗透压,而大多数微生物细胞的渗透压只有 0.355～1.692 MPa,糖液的渗透压远远超过微生物的渗透压,使微生物脱水而抑制其繁殖。

6.1.2.2 降低糖制品的水分活性

大部分微生物要求适宜生长的水分活度(A_W)在 0.9 以上。当食品中可溶性固形物增加,游离含水量则减少,即 A_W 值变小,微生物就会因游离水的减少而受到抑制。如干态蜜饯的 A_W 值在 0.65 以下时,能抑制一切微生物的活动,果酱类和湿态蜜饯的 A_W 值在 0.75～0.80时,霉菌和一般酵母菌的活动被阻止。对耐渗透压的酵母菌,需借助热处理、包装、减少空气或真空包装才能被抑制。

6.1.2.3 减低糖液的溶氧量

氧在糖液中的溶解度小于在水中的溶解度,糖浓度愈高,氧的溶解度愈低。如浓度为 60%的蔗糖溶液,在 20℃时,氧的溶解度仅为纯水含氧量的 1/6。由于糖液中氧含量的降低,有利于抑制好氧型微生物的活动,也利于制品色泽、风味和维生素的保存。

6.1.2.4 加速糖制原料脱水吸糖

高浓度糖液的强大渗透压,亦加速原料的脱水和糖分的渗入,缩短糖渍和糖煮时间,有利于改善制品的质量。然而,糖制初期若糖浓度过高,也会使原料因脱水过多而收缩,降低成品率。蜜制或糖煮初期的糖浓度以不超过 30%～40%为宜。

▶ 6.1.3 糖制品的分类

我国糖制品加工历史悠久,原料众多,加工方法多样,形成的制品种类繁多、风味独特。按加工方法和产品形态,可将果蔬糖制品分为蜜饯和果酱两大类。

6.1.3.1 蜜饯类(succades)

(1)按产品形态及风味分类 果蔬或果坯经糖渍或糖煮后,含糖量一般约 60%,个别较低。糖制的成品有些要进行烘干处理,有些不需要烘干,根据含水量的不同,可将蜜饯类产品分为以下三种。

湿态蜜饯:果蔬原料糖制后,按罐藏原理保存于高浓度糖液中,果形完整,饱满,质地细软,味美,呈半透明。如蜜饯海棠、蜜饯樱桃、糖青梅、蜜金橘等。

干态蜜饯:糖制后凉干或烘干,不粘手,外干内湿,半透明,有些产品表面裹一层半透明糖衣或结晶糖粉。如橘饼、蜜李子、蜜桃子、冬瓜条、糖藕片等。

凉果:指用咸果坯为主要原料,甘草等为辅料制成的糖制品。果品经盐腌、脱盐、晒干,加配调料蜜制,再干制而成。制品含糖量不超过 35%,属低糖制品,外观保持原果形,表面干燥,皱缩,有的品种表面有层盐霜,味甘美,酸甜,略咸,有原果风味。如陈皮梅、话梅、橄榄制品等。

（2）按产品传统加工方法分类

京式蜜饯：主要代表产品是北京果脯，又称"北蜜"、"北脯"。状态厚实，口感甜香，色泽鲜艳，工艺考究，如各种果脯、山楂糕、果丹皮等。

苏式蜜饯：主产地苏州，又称"南蜜"。选料讲究，制作精细，形态别致，色泽鲜艳，风味清雅，是我国江南一大名特产。代表产品有以下2类。

①糖渍蜜饯类：表面微有糖液，色鲜肉脆，清甜爽口，原果风味浓郁。如糖青梅、雕梅、糖佛手、糖渍无花果、蜜渍金柑等。

②返砂蜜饯类：制品表面干燥，微有糖霜，色泽清新，形态别致，酥松味甜。如天香枣、白糖杨梅、苏式话梅、苏州橘饼等。

广式蜜饯：以凉果和糖衣蜜饯为代表产品，又称"潮蜜"。主产地广州、潮州、汕头。已有1 000多年的历史。代表产品有以下2类。

①凉果：甘草制品，味甜、酸、咸适口，回味悠长。如奶油话梅、陈皮梅、甘草杨梅、香草杞果等。

②糖衣蜜饯：产品表面干燥，有糖霜，原果风味浓。如糖莲子、糖明姜、冬瓜条、蜜菠萝等。

闽式蜜饯：主产地福建漳州、泉州、福州，已有1 000多年的历史，以橄榄制品为主产品。制品肉质细腻致密，添加香味突出，爽口而有回味。如大福果、丁香橄榄、加应子、蜜桃片、盐金橘等。

川式蜜饯：以四川内江地区为主产区，始于明朝，有名传中外的橘红蜜饯、川瓜糖、蜜辣椒、蜜苦瓜等。

6.1.3.2　果酱类

果酱制品无需保持原来的形状，但应具有原有的风味，一般多为高糖高酸制品。按其制法和成品性质，可分为以下数种。

果酱(jam)：分泥状及块状果酱两种。果蔬原料经处理后，打碎或切成块状，加糖(含酸及果胶量低的原料可适量加酸和果胶)浓缩的凝胶制品。如草莓酱、杏酱、苹果酱、番茄酱等。

果泥(fruits butter)：一般是将单种或数种水果混合，经软化打浆或筛滤除渣后得到细腻的果肉浆液，加入适量砂糖(或不加糖)和其他配料，经加热浓缩成稠厚泥状，口感细腻。如枣泥、苹果泥、山楂泥、什锦果泥、胡萝卜泥等。

果冻(jelly)：用含果胶丰富的果品为原料，果实软化，压榨取汁，加糖、酸(含酸量高时可省略)以及适量果胶(富含果胶的原料除外)，经加热浓缩后而制得的凝胶制品。该制品应具光滑透明的形状，切割时有弹性，切面柔滑而有光泽。如山楂冻、苹果冻、橘子冻等。

果糕(fruit paste)：将果实软化后，取其果肉浆液，加糖、酸、果胶浓缩，倒入盘中摊成薄层，再于50～60℃烘干至不粘手，切块，用玻璃纸包装，如山楂糕等。

马茉兰(marmalades)：最早用榲桲制成，现一般采用柑橘类原料生产，制造方法与果冻相同，但配料中要适量加入用柑橘类外果皮切成的块状或条状薄片，均匀分布于果冻中，有柑橘类特有的风味。如柑橘马茉兰。

果丹皮(fruits paste)：是将制取的果泥经摊平(刮片)、烘干、制成的柔软薄片。如山楂果丹皮、柿子果丹皮、桃果丹皮等。

6.2 果蔬糖制工艺

6.2.1 蜜饯类加工工艺

蜜饯类加工工艺流程如下：

$$原料 \to 前处理 \to 漂洗 \to 预煮 \begin{cases} \to 蜜制 \to 配料 \to 烘干 \to 凉果 \\ \to 糖制 \to 装罐 \to 封罐 \to 杀菌 \to 冷却 \to 湿态蜜饯 \\ \to 糖制 \to 烘干 \to 上糖衣 \to 干态蜜饯 \end{cases}$$

6.2.1.1 原料选择

糖制品质量主要取决于外观、风味、质地及营养成分。选择优质原料是制成优质产品的关键之一。原料质量优劣主要在于品种、成熟度和新鲜度等几个方面。蜜饯类因需保持果实或果块形态，则要求原料肉质紧密、耐煮性强的品种。在绿熟—坚熟时采收为宜。另外，还应考虑果蔬的形态、色泽、糖酸含量等因素，用来糖制的果蔬要求形态美观、色泽一致、糖酸含量高等特点。不合要求的原料，只能得到产量低、质量差的产品。如生产青梅类制品的原料，宜选鲜绿质脆、果形完整、果核小的品种，于绿熟时采收；生产蜜枣类的原料，要求果大核小，含糖较高，耐煮性强，于白熟期采收加工为宜；生产杏脯的原料，要求用色泽鲜艳、风味浓郁、离核、耐煮性强的品种；橄榄制品一般在肉质脆硬、果核坚硬时采收，过早过迟采收的果实，都会影响制品质量。适用于生产红参脯的胡萝卜原料，要求果心呈黄色，果肉红色，含纤维素较少的品种。

6.2.1.2 原料前处理

果蔬糖制的原料前处理包括分级、清洗、去皮、去核、切分、切缝、刺孔等工序，还应根据原料特性差异、加工制品的不同进行腌制、硬化、硫处理、染色等处理。

(1)去皮、切分、切缝、刺孔　对果皮较厚或含粗纤维较多的糖制原料应去皮，常用机械去皮或化学去皮等方法。大型果蔬原料宜适当切分成块、条、丝、片等，以便缩短糖制时间。小型果蔬原料，如枣、李、梅等一般不去皮和切分，常在果面切缝、刺孔，加速糖液的渗透。切缝可用切缝设备。

(2)盐腌　用食盐或加用少量明矾或石灰腌制的盐胚(果胚)，常作为半成品保存方式来延长加工期限。大多作为南方凉果制品的原料。

盐胚腌渍包括盐腌、曝晒、回软和复晒四个过程。盐腌有干腌和盐水腌制两种。干腌法适用于果汁较多或成熟度较高的原料，用盐量依种类和贮存期长短而异，一般为原料重的 $14\% \sim 18\%$ (表6-7)。

腌制时，分批拌盐，拌匀，分层入池，铺平压紧，下层用盐较少，由下而上逐层加多，表面用盐覆盖隔绝空气，便能保存不坏。盐水腌制法适用于果汁稀少或未熟果或酸涩、苦味浓的原料，将原料直接浸泡到一定浓度的腌制液中腌制。盐腌结束，可作水坯保存，或经晒制成干坯长期保藏,腌渍程度以果实呈半透明为度。

表 6-7　果胚腌制实例

果胚种类	100 kg 果实用料量/kg			腌渍天数/d	备　注
	食盐	明矾	石灰		
梅	16～24	少量		7～15	
桃	18	0.13～0.25		15～20	
毛桃	15～16	0.13～0.25	0.25	15～20	
杨梅	8～14	0.10～0.30		5～10	
杏	16～18			20	
橘、柑、橙	8～12		1～1.25	30	水胚
金柑	24			30	分两次腌渍
柠檬	22			60	
橄榄	20			1	盐水腌渍
三稔	6			7	盐水腌渍
仁面	10			15	另加他种果品的腌渍剩余液
李	16			20	

果蔬盐腌后,延长了加工期限,同时对改善某些果蔬的加工品质,减轻苦、涩、酸等不良风味有一定的作用。但是,盐腌在脱去大量水分的同时,会造成果蔬可溶性物质的大量流失,降低了果蔬营养价值。

(3)保脆和硬化　为提高原料耐煮性和酥脆性,在糖制前对某些原料进行硬化处理,即将原料浸泡于石灰(CaO)或氯化钙(CaCl$_2$)、明矾[Al$_2$(SO$_4$)$_3$ · K$_2$SO$_4$]、亚硫酸氢钙[Ca(HSO$_3$)$_2$]等稀溶液中,使钙、镁离子与原料中的果胶物质生成不溶性盐类,细胞间相互黏结在一起,提高硬度和耐煮性。用 0.1% 的氯化钙与 0.2%～0.3% 的亚硫酸氢钠(NaHSO$_3$)混合液浸泡 30～60 min,起着护色兼硬化的双重作用。对不耐贮运易腐烂的草莓、樱桃用含有 0.75%～1.0% 二氧化硫的亚硫酸与 0.4%～0.6% 的消石灰[Ca(OH)$_2$]混合液浸泡,可防腐烂并兼起硬化、护色作用。明矾具有触媒作用,能提高樱桃、草莓、青梅等制品的染色效果,使制品透明。

硬化剂的选用、用量及处理时间必须适当,过量会生成过多钙盐或导致部分纤维素钙化,使产品质地粗糙,品质劣化。经硬化处理后的原料,糖制前需经漂洗除去残余的硬化剂。

(4)硫处理　为了使糖制品色泽明亮,常在糖煮之前进行硫处理,既可防止制品氧化变色,又能促进原料对糖液的渗透。使用方法有两种:一种是用按原料重量的 0.1%～0.2% 的硫磺,在密闭的容器或房间内点燃硫磺进行熏蒸处理。熏硫后的果肉变软,色泽变淡变亮,核窝内有水珠出现,果肉内含 SO$_2$ 的量不低于 0.1%。另一种是预先配好含有效 SO$_2$ 为 0.1%～0.15% 浓度的亚硫酸盐溶液,将处理好的原料投入亚硫酸盐溶液中浸泡数分钟即可。常用的亚硫酸盐有亚硫酸钠(Na$_2$SO$_3$)、亚硫酸氢钠(NaHSO$_3$)、焦亚硫酸钠(Na$_2$S$_2$O$_5$)等。

经硫处理的原料,在糖煮前应充分漂洗,以除去剩余的亚硫酸溶液。用马口铁罐包装的制品,脱硫必须充分,因过量的 SO_2 会引起铁皮的腐蚀,产生氢胀。

(5)染色 某些作为配色用的蜜饯制品,要求具有鲜明的色泽;樱桃、草莓等原料,在加工过程中常失去原有的色泽;因此,常需人工染色,以增进制品的感官品质。常用的染色剂有人工和天然色素两大类,天然色素如姜黄、胡萝卜素、叶绿素等,是无毒、安全的色素,但染色效果和稳定性较差。人工色素有苋菜红、胭脂红、赤藓红、新红、柠檬黄、日落黄、亮蓝、靛蓝等。人工色素具有着色效果好、稳定性强等优点,但不得超过 GB 2760—2007食品添加剂使用卫生标准规定的最大使用量。

染色方法是将原料浸于色素液中着色,或将色素溶于稀糖液中,在糖煮的同时完成染色。为增进染色效果,常用明矾为媒染剂。

(6)漂洗和预煮 凡经亚硫酸盐保藏、盐腌、染色及硬化处理的原料,在糖制前均需漂洗或预煮,除去残留的 SO_2、食盐、染色剂、石灰或明矾,避免对制品外观和风味产生不良影响。

另外,预煮可以软化果实组织,有利于糖在煮制时渗入,对一些酸涩、具有苦味的原料,预煮可起到脱苦、脱涩作用。预煮可以钝化果蔬组织中的酶,防止氧化变色。

6.2.1.3 糖制

糖制是蜜饯类加工的主要工艺。糖制过程是果蔬原料排水吸糖过程,糖液中糖分依赖扩散作用进入组织细胞间隙,再通过渗透作用进入细胞内,最终达到要求的含糖量。

糖制方法有蜜制(冷制)和煮制(热制)两种。蜜制适用于皮薄多汁、质地柔软的原料;煮制适用于质地紧密、耐煮性强的原料。

(1)蜜制 蜜制是指用糖液进行糖渍,使制品达到要求的糖度。此方法适用于含水量高、不耐煮制的原料,如糖青梅、糖杨梅、樱桃蜜饯、无花果蜜饯以及多数凉果,都是采用蜜制法制成的。此法的基本特点在于分次加糖,不用加热,能很好地保存产品的色泽、风味、营养价值和应有的形态。

在未加热的蜜制过程中,原料组织保持一定的膨压,当与糖液接触时,由于细胞内外渗透压存在差异而发生内外渗透现象,使组织中水分向外扩散排出,糖分向内扩散渗入。但糖浓度过高时,糖制时会出现失水过快、过多,使其组织膨压下降而收缩,影响制品饱满度和产量。为了加速扩散并保持一定的饱满形态,可采用下列蜜制方法。

①分次加糖法:在蜜制过程中,首先将原料投入到40%的糖液中,剩余的糖分2~3次加入,每次提高糖浓度10%~15%,直到糖制品浓度达60%以上时出锅。

②一次加糖多次浓缩法:在蜜制过程中,每次糖渍后,将糖液加热浓缩提高糖浓度,然后,再将原料加入到热糖液中继续糖渍。其具体做法:首先将原料投放到约30%的糖液中浸渍,之后,滤出糖液,将其浓缩至浓度达45%左右,再将原料投入到热糖液中糖渍。反复3~4次,最终糖制品浓度可达60%以上。由于果蔬组织内外温差较大,加速了糖分的扩散渗透,缩短了糖制时间。

③减压蜜制法:果蔬在真空锅内抽空,使果蔬内部蒸汽压降低,然后破坏锅内的真空,因外压大可以促进糖分快速渗入果内。其方法:将原料浸入到含30%糖液的真空锅中,抽空40~60 min后,消压,浸渍8 h;然后将原料取出,放入含45%糖液的真空锅中,抽空40~60 min后,消压,浸渍8 h,再在60%的糖液中抽空、浸渍至终点。

生产凉果的原料预先经过腌渍、脱水处理,制成果胚。加工时果胚再经过多次冷水漂洗,充分脱去盐分。糖制方法与上述工艺基本相同,分期加糖,逐步提高浓度。凉果风味独特、厚重,具有甜、咸、酸、香等复杂风味,主要原因是在蜜制过程中,添加了一种或多种调味料。如甜味料有蔗糖、红糖、饴糖;咸味料食盐;酸味料有各种食用有机酸和酸味较强的果汁;香味料则种类甚多,大多是植物天然香料和中草药,主要有甘草、丁香、肉桂、豆蔻、大小茴香、陈皮、檀香、山奈、杜松、桂花、玫瑰、厚朴等。香料中除少数外,大多不宜单独使用,应加以适当选择和调配,使各种配料风味和谐一致,柔和爽口,完成蜜制和调配香料后,进行晒制,脱除部分水分,达到一定的干燥程度后,即可以半干态进行包装或贮存。

(2)煮制　煮制分常压煮制和减压煮制两种。常压煮制又分一次煮制、多次煮制和快速煮制三种。减压煮制分间歇性减压煮制和连续性扩散法煮制两种。

①一次煮制法:经预处理好的原料在加糖后一次性煮制成功。如苹果脯、蜜枣等。其方法:先配好40%的糖液入锅,倒入处理好的果实。加热使糖液沸腾,果实内水分外渗,糖进入果肉组织,糖液浓度渐稀,然后分次加糖使糖浓度缓慢增高至60%～65%停火。分次加糖的目的是保持果实内外糖液浓度差异不致过大,以使糖逐渐均匀地渗透到果肉中去,这样煮成的果脯才显得透明饱满。

此法快速省工,但持续加热时间长,原料易煮烂,色、香、味差,维生素破坏严重,糖分难以达到内外平衡,致使原料失水过多而出现干缩现象。因此,煮制时应注意渗糖平衡,使糖逐渐均匀地进入到果实内部,初次糖制时,糖浓度不宜过高。

②多次煮制法:是将处理过的原料经过多次糖煮和浸渍,逐步提高糖浓度的糖制方法。一般煮制的时间短,浸渍时间长。适用于细胞壁较厚难于渗糖、易煮烂的或含水量高的原料,如桃、杏、梨和番茄等。

将处理过的原料投入30%～40%的沸糖液中,热烫2～5 min,然后连同糖液倒入缸中浸渍10余小时,使糖液缓慢渗入果肉内。当果肉组织内外糖液浓度接近平衡时,再将糖液浓度提高到50%～60%,热煮几分钟或几十分钟后,制品连同糖液进行第二次浸渍,使果实内部的糖液浓度进一步提高。将第二次浸渍的果实捞出,沥去糖液,放在竹屉上(果面凹面向上)进行烘烤除去部分水分,至果面呈现小皱纹时,即可进行第三次煮制。将糖液浓度提高到65%左右,热煮20～30 min,直至果实透明,含糖量已增至接近成品的标准,捞出果实,沥去糖液,经人工烘干整形后,即为成品。

多次煮制法所需时间长,煮制过程不能连续化,费时、费工,采用快速煮制法可克服此不足。

③快速煮制法:将原料在糖液中交替进行加热糖煮和放冷糖渍,使果蔬内部水气压迅速消除,糖分快速渗入而达平衡。处理方法是将原料装入网袋中,先在30%热糖液中煮4～8 min,取出立即浸入等浓度的15℃糖液中冷却。如此交替进行4～5次,每次提高糖浓度10%,最后完成煮制过程。

快速煮制法可连续进行,煮制时间短,产品质量高,但糖液需求量大。

④减压煮制法:又称真空煮制法。原料在真空和较低温度下煮沸,因组织中不存在大量空气,糖分能迅速渗入到果蔬组织里面达到平衡。温度低,时间短,制品色、

香、味、形都比常压煮制好。其方法是将前处理好的原料先投入到盛有 25% 稀糖液的真空锅中,在气压 83.545 kPa,温度为 55～70℃下热处理 4～6 min,消压,糖渍一段时间,然后提高糖液浓度至 40%,再在真空条件下煮制 4～6 min,消压、糖渍,重复 3～4 次,每次提高糖浓度 10%～15%,使产品最终糖液浓度在 60% 以上为止,属于间歇性减压煮制。

⑤扩散煮制法:是在真空糖制的基础上进行的一种连续化煮制法,机械化程度高,糖制效果好。

先将原料密闭在真空扩散器内,抽空排除原料组织中的空气,而后加入 95℃ 的热糖液,待糖分扩散渗透后,将糖液顺序转入另一扩散器内,再将原来的扩散器内加入较高浓度的热糖液,如此连续进行几次,制品即达要求的糖浓度。

6.2.1.4　烘晒与上糖衣

除糖渍蜜饯外,多数制品在糖制后需行烘晒,除去部分水分,使表面不粘手,利于保藏。烘干温度不宜超过 65℃,过高会使糖易结块或焦化。烘干后的蜜饯,要求保持完整、饱满、不皱缩、不结晶,质地柔软,含水量在 18%～22%,含糖量在 60%～65%。

制糖衣蜜饯时,可在干燥后用过饱和糖浆浸泡一下取出冷却,使糖液在制品表面上凝结成一层晶亮的糖衣薄膜。使制品不黏结、不返砂,增强保藏性。上糖衣用的过饱和糖浆,常以 3 份蔗糖、1 份淀粉糖浆和 2 份水配合而成,将混合浆液加热至 113～114.5℃,然后冷却到 93℃,即可使用。

为增强保藏性,改善外观品质,干燥的蜜饯表面裹一层糖粉,称上糖粉。糖粉的制法是将砂糖在 50～60℃ 下烘干磨碎成粉即可。操作时,将收锅的蜜饯稍稍冷却,在糖未收干时加入糖粉拌匀,筛去多余糖粉,成品的表面即裹有一层白色糖粉。

6.2.1.5　整理、包装与贮存

干燥后的蜜饯应及时整理或整形,以获得良好的商品外观。如杏脯、蜜枣、橘饼等产品,干燥后经整理,使外观整齐一致,便于包装。

干态蜜饯的包装以防潮、防霉为主,常用阻湿隔气性好的包装材料,如复合塑料薄膜袋、铁听等。湿态蜜饯可参照罐头工艺进行装罐,糖液量为成品总净重的 45%～55%。然后密封,在 90℃ 温度下杀菌 20～40 min,然后冷却。对于不杀菌的蜜饯制品,要求其可溶性固形物应达 70%～75%,糖分不低于 65%。

蜜饯贮存的库房要清洁、干燥、通风,尤其是干态蜜饯,库房墙壁要用防湿材料,库温控制在 12～15℃,避免温度低于 10℃ 引起蔗糖晶析。贮藏时糖制品若出现轻度吸潮,可重新进行烘干处理,冷却后再包装。

6.2.2　果酱类加工工艺

果酱类制品有果酱、果泥、果冻、果膏、果糕、果丹皮和马莱兰等产品。是以果蔬的汁、肉加糖及其他配料,经加热浓缩制成。原料在糖制前需先行破碎、软化或磨细、筛滤或压榨取汁等预处理。然后按产品质量的不同要求,进行加热浓缩及其他处理。

果酱类加工的主要工艺流程如下:

原料处理→加热软化→配料 → 浓缩 → 装罐 → 封罐 → 杀菌 → 果酱类

　　　　　　　　　　　↳制盘 → 冷却成型 → 果丹皮、果糕类

　　　　　↳取汁过滤→配料→浓缩→冷却成型→果冻、马茉兰

6.2.2.1　原料选择及前处理

生产果酱类制品的原料要求含果胶及酸量多,芳香味浓,成熟度适宜。对于含果胶及酸量少的果蔬,制酱时需外加果胶及酸,或与富含该种成分的其他果蔬混制。

生产时,首先剔除霉烂变质、病虫害严重的不合格果,经过清洗、去皮(或不去皮)、切分、去核(心)等处理。去皮、切分后的原料若需护色,应进行护色处理,并尽快进行加热软化。

6.2.2.2　加热软化

加热软化的目的主要是:破坏酶的活性,防止变色和果胶水解;软化果肉组织,便于打浆或糖液渗透;促使果肉组织中果胶的溶出,有利于凝胶的形成;蒸发一部分水分,缩短浓缩时间;排除原料组织中的气体,以得到无气泡的酱体。

软化前先将夹层锅洗净,放入清水(或稀糖液)和一定量的果肉。一般软化用水为果肉重的 20%～50%。若糖水软化,糖水浓度为 10%～30%。开始软化时,升温要快,蒸汽压力为 0.2～0.3 MPa,沸腾后可降至 0.1～0.2 MPa,不断搅拌,使上下层果块软化均匀,果胶充分溶出。软化时间依品种不同而异,一般为 10～20 min。

制作泥状酱,果块软化后要及时打浆。

6.2.2.3　取汁过滤

生产果冻、马茉兰等半透明或透明糖制品时,果蔬原料软化后,用压榨机压榨取汁。对于汁液丰富的浆果类果实压榨前不用加水,直接取汁,而对肉质较坚硬致密的果实如山楂、胡萝卜等软化时,加适量的水,以便压榨取汁。压榨后的果渣为了使可溶性物质和果胶更多地溶出,应再加一定量的水软化、再行一次压榨取汁。

大多数果冻类产品取汁后不用澄清、精滤,而一些要求完全透明的产品则需用澄清的果汁。

6.2.2.4　配料

按原料的种类和产品要求而异,一般要求果肉(果浆)占总配料量的 40%～55%,砂糖占 45%～60%(其中允许使用淀粉糖浆,用量占总糖量的 20% 以下)。这样,果肉与加糖量的比例为 1∶(1～1.2)。为使果胶、糖、酸形成恰当的比例,有利于凝胶的形成,可根据原料所含果胶及酸的多少,必要时添加适量柠檬酸、果胶或琼脂。柠檬酸补加量一般以控制成品含酸量 0.5%～1% 为宜。果胶补加量,以控制成品含果胶量 0.4%～0.9% 较好。

配料时,应将砂糖配制成 70%～75% 的浓糖液,柠檬酸配成 45%～50% 的溶液,并过滤。果胶按料重加入 2～4 倍砂糖,充分混合均匀,再按料重加水 10～15 倍,加热溶解。琼脂用 50℃ 的温水浸泡软化,洗净杂质,加水,为琼脂重量的 19～24 倍,充分溶解后过滤。

果肉加热软化后,在浓缩时分次加入浓糖液,临近终点时,依次加入果胶液或琼脂液、柠檬酸或糖浆,充分搅拌均匀。

6.2.2.5　浓缩

当各种配料准备齐全,果肉经加热软化或取汁以后,就要进行加糖浓缩。其目的在于通过加热,排除果肉中大部分水分,使砂糖、酸、果胶等配料与果肉煮至渗透均匀,提高浓度,改善酱体的组织形态及风味。加热浓缩还能杀灭有害微生物,破坏酶的活性,有利于制品的保藏。

加热浓缩的方法,目前主要采用常压和真空浓缩两种方法。

(1)常压浓缩　即将原料置于夹层锅内,在常压下加热浓缩。常压浓缩应注意以下几点:

浓缩过程中,糖液应分次加入。这样有利于水分蒸发,缩短浓缩时间,避免糖色变深而影响制品品质。

糖液加入后应不断搅拌,防止锅底焦化,促进水分蒸发,使锅内各部分温度均匀一致。开始加热蒸汽压力为 0.3～0.4 MPa,浓缩后期,压力应降至 0.2 MPa。

浓缩时间要恰当掌握,不宜过长或过短。过长直接影响果酱的色、香、味,造成转化糖含量高,以致发生焦糖化和美拉德反应;过短转化糖生成量不足,在贮藏期间易产生蔗糖的结晶现象,且酱体凝胶不良。

需添加柠檬酸、果胶或淀粉糖浆的制品,当浓缩到可溶性固形物为 60％以上时再加入。

(2)真空浓缩　真空浓缩时,待真空度达到 53.32 kPa 以上,开启进料阀,浓缩的物料靠锅内的真空吸力进入锅内。浓缩时,真空度保持在 86.66～96.00 kPa,料温 60℃左右,浓缩过程应保持物料超过加热面,以防焦煳。待果酱升温至 90～95℃时,即可出料。

果酱类熬制终点的测定可采用下述方法。

手持折光仪或比重计测定:用手持折光仪直接测定,当果酱可溶性固形物达 66％～69％时即可出锅,用比重计测定后,须经查表换算。

温度计测定:果酱的沸点与其可溶性固形物含量呈线性关系,当果酱的温度达 103～105℃时,可溶性固形物达 60％～70％,说明熬煮结束。

挂片法:是生产上常用的一种简便方法。用搅拌的木片从锅中挑起浆液少许,横置,生产者根据刮片的形状和脱落的速度判断终点。若果酱呈现片状脱落,即为终点。

6.2.2.6　装罐密封(制盘)

果酱、果泥等糖制品含酸量高,多以玻璃罐或抗酸涂料铁罐为容器。装罐前应彻底清洗容器,并消毒。果酱出锅后应迅速装罐,一般要求每锅酱体分装完毕不超过 30 min。密封时,酱体温度在 80～90℃。

果糕、果丹皮等糖制品浓缩后,将黏稠液趁热倒入钢化玻璃、搪瓷盘等容器中,并铺平,进入烘房烘制,然后切割成型,并及时包装。

6.2.2.7　杀菌冷却

加热浓缩过程中,酱体中的微生物绝大部分被杀死。而且由于果酱是高糖高酸制品,一般装罐密封后残留的微生物是不易繁殖的。在生产卫生条件好的情况下,果酱密封后,只要倒罐数分钟,进行罐盖消毒即可。但也发现一些果酱罐头有生霉和发酵现象出现。为安全起见,果酱罐头密封后,进行杀菌是必要的。一般以 100℃温度下杀菌 5～10 min为度。杀菌后冷却至 38～40℃,擦干罐身的水分,贴标装箱。

6.2.3 果蔬糖制品易出现的质量问题及解决方法

糖制后的果蔬制品,尤其是蜜饯类,由于采用的原料种类和品种不同,或加工操作方法不当,可能会出现返砂、流汤、煮烂、皱缩、褐变等质量问题。

6.2.3.1 返砂与流汤

一般质量达到标准的果蔬糖制品,要求质地柔软,光亮透明。但在生产中,如果条件掌握不当,成品表面或内部易出现返砂或流汤现象。返砂即糖制品经糖制、冷却后,成品表面或内部出现晶体颗粒的现象,使其口感变粗,外观质量下降;流汤即蜜饯类产品在包装、贮存、销售过程中容易吸潮,表面发黏等现象,尤其是在高温、潮湿季节。

果蔬糖制品出现的返砂和流汤现象,主要是因成品中蔗糖和转化糖之间的比例不合适造成的。若一般成品中含水量达17%～19%,总糖量为68%～72%,转化糖含量在30%,即占总糖量的50%以下时,都将出现不同程度的返砂现象。当转化糖含量达40%～45%,即占总糖量的60%以上时,在低温、低湿条件下保藏,一般不返砂。因此,防止糖制品返砂和流汤,最有效的办法是控制原料在糖制时蔗糖转化糖之间的比例。影响转化的因素是糖液的pH值及温度。pH值2.0～2.5,加热时就可以促使蔗糖转化提高转化糖含量。杏脯很少出现返砂,原因是杏原料中含有较多的有机酸,煮制时溶解在糖液中,降低了pH值,利于蔗糖的转化。

对于含酸量较少的苹果、梨等,为防止制品返砂,煮制时常加入一些煮过杏脯的糖液(杏汤),可以避免返砂。目前生产上多采用加柠檬酸或盐酸来调节糖液的pH值。

6.2.3.2 煮烂与皱缩

煮烂与皱缩是果脯生产中常出现的问题。例如煮制蜜枣时,由于划皮太深,划纹相互交错,成熟度太高等,经煮制后易开裂破损。苹果脯的软烂除与果实品种有关外,成熟度也是重要影响因素,过生、过熟都比较容易煮烂。因此,采用成熟度适当的果实为原料,是保证果脯质量的前提。此外,采用经过前处理的果实,不立即用浓糖液煮制,先放入煮沸的清水或1%的食盐溶液中热烫几分钟,再按工艺煮制。也可在煮制时用氯化钙溶液浸泡果实,也有一定的作用。

另外,煮制温度过高或煮制时间过长也是导致蜜饯类产品煮烂的一个重要原因。因此,糖制时应延长浸糖的时间,缩短煮制时间和降低煮制温度,对于一些易煮烂的产品,最好采用真空渗糖或多次煮制等方法。

果脯的皱缩主要是"吃糖"不足,干燥后容易出现皱缩干瘪。若糖制时,开始煮制的糖液浓度过高,会造成果肉外部组织极度失水收缩,降低了糖液向果肉内渗透的速度,破坏了扩散平衡。另外,煮制后浸渍时间不够,也会出现"吃糖"不足的问题。克服的方法是在糖制过程中掌握分次加糖,使糖液浓度逐渐提高,延长浸渍时间。真空渗糖无疑是重要的措施之一。

6.2.3.3 成品颜色褐变

果蔬糖制品颜色褐变的原因是果蔬在糖制过程中发生非酶褐变和酶褐变反应,导致成品色泽加深。在糖制和干燥过程中,适当降低温度,缩短时间,可有效阻止非酶褐变,采用低温真空糖制就是一种最有效的技术措施。

酶褐变一般发生在果蔬加热糖制前。使用热烫和护色等处理方法,抑制引起褐变的酶活性,可有效抑制由酶引起的褐变反应。

6.2.3.4 微生物引起的败坏

果蔬糖制品在贮藏和销售期间最易出现的微生物败坏是长霉、发酵产生酒味和变酸。长霉主要是由好气性霉菌引起,酒精发酵和产酸是由于嗜糖高渗酵母菌和部分细菌作用的结果。引起败坏的主要原因有以下方面:①制品的含糖量低于65%～70%,或因吸湿致使制品表面含糖量下降,水分活度增大;②灌装温度过低或灌装后未经杀菌处理;③包装容器密封不严漏气或顶隙度过大,致使霉菌在产品表面生长。

控制糖制品微生物败坏的方法有:①严格控制果蔬糖制品的最终含水量和含糖量,必须使糖度达60%以上,若有制品因吸湿表面糖度下降等现象,应进行复烘干。②对于能够进行杀菌处理的制品应进行杀菌;特别是低糖的制品;对于不能杀菌的制品应添加适量防腐剂。③尽可能地提高果蔬糖制品的酸含量,降低其pH值。④采用真空或充氮包装。对于罐装果酱一定要注意封口严密,以防表层残氧过高为霉菌提供生长条件。

6.3 果蔬糖制生产实例

▶ 6.3.1 蜜饯类生产实例

6.3.1.1 蜜枣

(1)生产工艺流程

原料选择→切缝→熏硫→糖煮→糖渍→烘烤→整形→包装→成品

(2)操作要点

原料选择:选用果形大、果肉肥厚、疏松、果核小、皮薄而质韧的品种,如北京的糖枣、山西的泡枣、浙江的大枣、马枣、河南的灰枣、陕西的团枣等。果实由青转白时采收,过熟则制品色泽较深。

切缝:用排针或机械将每个枣果划缝80～100条,其深度以深入果肉的1/2为宜。划缝太深,糖煮时易烂,太浅糖液不易渗透,红枣切缝设备如图6-1所示。

熏硫:北方蜜枣切缝后将枣果装筐,入熏硫室。硫磺用量为果实重的0.3%,熏硫30～40 min,至果实汁液呈乳白色即可。南方蜜枣不进行熏硫处理,切缝后即行糖制。

糖煮:先配制浓度为30%～50%的糖液35～45 kg,与枣果50～60 kg同时下锅煮沸,加枣汤(上次浸枣剩余的糖液)2.5～3 kg,煮沸,如此反复3次加枣汤后,开始分次加糖煮制。第1～3次,每次加糖5 kg和枣汤2 kg左右,第4～5次,每次加糖7～8 kg,第6次加糖约10 kg。每次加糖(枣汤)应在沸腾时进行。最后一次加糖后,续煮约20 min,而后连同糖液倒入缸中浸渍48 h。全部糖煮时间需1.5～2.0 h。

烘干:沥干枣果,送入烘房,烘干温度60～65℃,烘至六七成干时,进行枣果整形,捏成扁平的长椭圆形,再放入烘盘上继续干燥(回烤),至表面不粘手,果肉具韧性即为成品。

(3)产品质量要求 色泽呈棕黄色或琥珀色,均匀一致,呈半透明状态;形态为椭圆形,丝纹细密整齐,含糖饱满,质地柔韧;不返砂、不流汤、不粘手,不得有皱纹、露核及虫蛀;总糖含量为 68％～72％,水分含量为 17％～19％。

6.3.1.2 苹果脯

(1)工艺流程

原料选择→去皮→切分→去心→硫处理和硬化→糖煮→糖渍→烘干→包装→成品

(2)操作要点

原料选择:选用果形圆整、果心小、肉质疏松和成熟度适宜的原料。

去皮、切分、去心:用手工或机械去皮后,挖去损伤部分,将苹果对半纵切,再用挖核器挖掉果心。

硫处理和硬化:将果块放入 0.1％ 的氯化钙和 0.2％～0.3％ 的亚硫酸氢钠混合液中浸泡 4～8 h,进行硬化和硫处理。肉质较硬的品种只需进行硫处理。每 100 kg 混合液可浸泡 120～130 kg 原料。浸泡时上压重物,防止上浮。浸后取出,用清水漂洗 2～3 次备用。

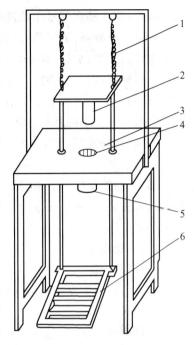

图 6-1 红枣切缝机示意图
1. 弹簧 2. 顶料器 3. 投料口
4. 刀片 5. 出料口 6. 踏板

糖煮:在夹层锅内配成 40％ 的糖液 25 kg,加热煮沸,倒入果块 30 kg,以旺火煮沸后,再添加上次浸渍所剩余的糖液 5 kg,重新煮沸。如此反复进行 3 次,需要 30～40 min。此时果肉软而不烂,并随糖液的沸腾而膨胀,表面出现细小裂纹。此后再分 6 次加糖煮制。第一次、第二次分别加糖 5 kg,第三、四次分别加糖 5.5 kg,第五次加糖 6 kg,每次间隔 5 min,第六次加糖 7 kg,煮制 20 min。全部糖煮时间需 1～1.5 h,待果块呈现透明时,即可出锅。

糖渍:趁热起锅,将果块连同糖液倒入缸中浸渍 24～48 h。

烘干:将果块捞出,沥干糖液,摆放在烘盘上,送入烘房,在 60～66℃ 的温度下干燥至不粘手为度,大约需 24 h。

整形和包装:烘干后用手捏成扁圆形,剔除黑点、斑疤等,装入食品袋、纸盒,再行装箱。

(3)产品质量要求

色泽:浅黄色至金黄色,具有透明感;组织与形态:呈碗状或块状,有弹性,不返砂,不流汤;风味:甜酸适度,具有原果风味;总糖含量:65％～70％;水分含量:18％～20％。

6.3.1.3 话梅

(1)工艺流程

原料→盐腌→脱盐糖渍→拌调味料→干燥→包装→成品

(2)操作要点

梅胚制备:每 100 kg 梅加用 16～18 kg 食盐,1.2～2 kg 明矾进行盐腌,经晒干得干梅胚,供长期保存。

脱盐:将梅胚在清水中漂洗脱盐,待脱去 50% 的盐分后,捞出干燥脱水至 50%。

甘草糖浆制备:取甘草 3 kg,肉桂 0.2 kg,加水 60 kg 煮沸浓缩至 50 kg。经澄清过滤,取浓缩汁的一半,加糖 20 kg,糖精钠 100 g,溶解成甘草糖浆。

加料腌渍:取脱盐梅胚 100 kg,置于缸中,加入热甘草糖浆,腌渍 12 h,期间经常上下翻拌,使梅胚充分吸收甘草糖液。然后捞出晒至半干。在原缸中,加进 3～5 kg 糖、10 g 糖精钠以及原先留下的甘草浓缩汁。调匀煮沸,将半干的梅胚入缸,再腌 10～12 h。

干燥:待梅胚吸干料液后,取出干燥。包装时喷以香草香精。每 100 kg 梅胚可得 110 kg 制品。

(3)产品质量指标 黄褐色或棕色,果形完整,大小基本一致,果皮有皱纹,表面略干;甜、酸、咸适宜,有甘草或添加香料的味,回味久留;总糖 30% 左右,含盐 3%,总酸 4%,水分 18%～20%。

6.3.1.4 化皮榄

(1)工艺流程

原料选择→去皮→浸泡→盐腌→蒸煮→糖渍→烫漂烘制→包装→成品

(2)操作要点

原料选择:橄榄果实以青转黄时的新鲜果比较适宜。凡对产品质量有影响的原料,全部剔除。

去皮:鲜榄投入到 60℃、5% 的氢氧化钠溶液去皮后,立即投入到清水液浸泡,以漂洗干净碱液为止。

盐腌:漂洗干净的果实加入约 33% 的食盐,不断搅拌 20～30 min,一面擦去浮皮,一面由于氯化钠的渗透作用,使肉中的苦涩汁液渗出,然后清水漂洗干净。

蒸煮:将处理好的橄榄坯放入高压罐中,加清水至淹没橄榄坯为止。以 0.15 MPa 蒸汽压蒸煮 15 min,以破坏坚实的果肉组织。移出,沥干水分,准备糖渍。

糖渍:以 50 kg 的橄榄坯加入 65% 的糖液 45 kg,煮沸至 108℃,停止加热。连同糖液坯浸渍 24 h。次日,连同糖液及果坯补加麦芽糖浆 8 kg,脱苦陈皮粉末 0.5 kg,苯甲酸钠 50 g。加热煮沸至 118℃,停止加热。将橄榄连同糖液趁热移出,放置浸渍 3 d。移出果实。

烫漂烘制:果实用沸水烫漂 1～2 s,洗去表面糖液。随后入烘房以 60℃ 烘到表面无黏性为止,含水量不超过 18%。

成品包装:用聚乙烯袋定量散装,密封。或用玻璃纸作单粒紧密包裹,然后作定量密封袋包装。

(3)产品质量指标 产品柔软、饱满,咸甘适口、回味悠长,含糖量为 45%～50%。

6.3.1.5 冬瓜条

(1)工艺流程

原料选择→去皮→切分→硬化→预煮→糖液浸渍→糖煮→干燥→包糖衣→成品

(2)操作要点

原料选择:一般选用新鲜、完整、肉质致密的冬瓜为原料,成熟度以坚熟为宜。

去皮、切分:将冬瓜表面泥沙洗净后,用旋皮机或刨刀削去瓜皮,然后切成宽 5 cm 的瓜圈,除去瓜瓤和种子,再将瓜圈切成 1.5 cm 见方的小条。

硬化处理:将瓜条倒入 0.5%～1.5% 的石灰水中,浸泡 8～12 h,使瓜条质地硬化,能折断为度,取出,用清水将石灰水洗净。

预煮:将漂洗干净的瓜条倒入预先煮沸的清水中热烫 5～10 min,至瓜条透明为止,取出用清水漂洗 3～4 次。

糖液浸渍:将瓜条从清水中捞出,沥干水分,在 20%～25% 的糖液中浸渍 8～12 h,然后将糖液浓度提高到 40%,再浸渍 8～12 h。为防止浸渍时糖液发酵,可在第一次浸渍时加 0.1% 左右的亚硫酸钠。

糖煮:将处理好的瓜条称重,按 15 kg 瓜条称取 12～13 kg 砂糖,先将砂糖的一半配成 50% 的糖液,放入夹层锅内煮沸,倒入瓜条续煮,剩余的糖分 3 次加入,至糖液浓度达 75%～80% 时即可出锅。

干燥及包糖衣:冬瓜条经糖煮捞出后即可烘干。若糖煮终点的糖液浓度较高,即锅内糖液渐干且有糖的结晶析出时,将瓜条迅速出锅,使其自然冷却,返砂后即为成品。这样可以省去烘干工序。干后的冬瓜条需要包一层糖衣,方法是先把砂糖少许放入锅中,加几滴水,微火溶化,不断搅拌,使糖中水分不断蒸发。当砂糖呈粉末状时,将干燥的瓜条倒入拌匀即可。

(3)产品质量要求　质地清脆,外表洁白,饱满致密,风味甘甜,表面有一层白色糖霜。

▶ 6.3.2　果酱类生产实例

6.3.2.1　草莓酱

(1)工艺流程

原料选择→洗涤→去梗去萼片→配料→加热浓缩→装罐与密封 →杀菌及冷却→成品

(2)操作要点

原料选择:应选含果胶及果酸多、芳香味浓的品种。果实八九成熟,果面呈红色或淡红色。

洗涤:将草莓倒入清水中浸泡 3～5 min,分装于竹筐中,再放入流动的水中或通入压缩空气的水槽中淘洗,洗净泥沙,除去污物等杂质。

去梗去萼片:逐个拧去果梗、果蒂,去净萼片,挑出杂物及霉烂果。

配料:草莓 300 kg,75% 的糖液 412 kg,柠檬酸 714 g,山梨酸 240 g,或采用草莓 40 kg,砂糖 46 kg,柠檬酸 120 g,山梨酸 30 g。

加热浓缩:浓缩可采用两种办法,其一,将草莓倒入夹层锅内,并加入一半的糖液,加热使其充分软化,搅拌后,再加余下的糖液和柠檬酸、山梨酸,继续加热浓缩至可溶性固形物达 66.5%～67.0% 时出锅。其二,采用真空浓缩。将草莓与糖液置入真空浓缩锅内,控制真空度达 46.66～53.33 kPa,加热软化 5～10 min,然后将真空度提高到 79.89 kPa,浓缩至可溶性固形物达 60%～63%,加入已溶化好的山梨酸和柠檬酸,继续浓缩至浆液浓度达 67%～68%,关闭真空泵,破除真空,并把蒸汽压力提高到 250 kPa,继续加热,至酱温达 98～102℃,停止加热,而后出锅。

装罐与密封:果酱趁热装入经过消毒的罐中,每锅酱须在 20 min 内装完。密封时,酱体温度不低于 85℃,放正罐盖旋紧,若装罐时酱体温度较低需再行杀菌。

杀菌及冷却:封盖后立即投入沸水中杀菌 5～10 min,然后逐渐用水冷却至罐温达 35～40℃为止。

(3)产品质量要求 色泽呈紫红色或红褐色,有光泽,均匀一致;味甜酸,无焦烟味及其他异味;酱体胶黏状,可保留部分果块;总糖量不低于 57%(以转化糖计);可溶性固形物达 65%(按折光计)。

6.3.2.2 山楂糕

(1)工艺流程

原料选择→清洗→切分→软化→过筛→配料→加热浓缩→入盘→冷却→成品

(2)操作要点

原料选择:选用新鲜山楂,除去霉烂、虫疤等不合格果。

清洗:用清水洗净果面的泥沙污物。

切分:切分去蒂把,并将种子剥出(也有的省去剥籽工序)。

软化:加与果重等量的水,在夹层锅中煮沸 30～40 min,边煮边搅动,至果肉软烂为止。

过筛:先以粗筛去皮去籽,再以细孔筛压滤。

配料:40 kg 山楂加糖 25 kg,研细的明矾 1 kg,或按果肉浆液的 60%～80%加入砂糖。

加热浓缩:按配料比例在夹层锅内加热浓缩,不断搅拌,以防焦烟,待水蒸发掉一部分后,开始分次加糖,继续搅拌,待可溶性固形物达 65%以上时,即可出锅。

入盘:将浓缩后的黏稠浆液趁热倒入搪瓷盘内,冷却凝固即为成品。

(3)产品质量要求 糕体呈红褐色,结构致密,富有弹性,有光泽且均匀一致;味甜酸,无异味;糕体呈固态,切开无糖液析出,总糖量不低于 57%(以转化糖计);可溶性固形物不低于 65%(按折光计)。

6.3.2.3 柑橘马茉兰

(1)工艺流程

(2)操作要点

原料:采用成熟的甜橙、蕉柑或柠檬等为原料,经清洗后纵切半或四开,剥取外皮。

取汁:由果肉榨出果汁,经过滤澄清,果肉渣加入适量水搅拌加热 30～60 min,抽提果胶液,经过滤、澄清,与上述果汁合并。

果皮处理:选用色艳、橙红或橙黄无斑点的外果皮,并用刀切去内面白皮层,再切成长 25～30 mm,厚约 3 mm 的条片。

果皮的软化和脱苦:柑橘皮条片用 5%～7%食盐水煮沸 20～30 min,或用 0.1%碳酸钠液煮沸 5～8 min,流动水漂洗 4～5 h(以具适宜苦味及芳香味为准),离心去水。此项操作对产品风味具有决定性影响,应控制好。

果皮糖渍:条片以 50％糖液加热煮沸,浸渍 8～12 h,再加热至可溶性固形物为 65％出锅备用。

配料:果汁 50 kg,果胶粉(或液)约 1％(成品计),果皮(糖渍好的)16～20 kg,淀粉糖浆 33 kg,砂糖 34 kg,柠檬酸 0.4％～0.6％(成品计)。

浓缩:采用夹层锅或真空浓缩,至可溶性固形物达 66.5％～67.5％,出锅装罐。

装罐与密封:保持酱温 85～90℃,趁热装罐,严防污染罐口,迅速加盖密封。

杀菌与冷却:净重 454 g 的玻璃瓶,杀菌式为 5′—10′/(85～90)℃,然后分段冷却。

柑橘皮条在装罐时易上浮,应搅拌均匀装罐,杀菌冷却后宜正、反倒放,使果皮条均匀分布于酱体中。

(3)产品质量要求　酱体浅红色,均匀一致,呈透明的冻胶状,不流汁,有浓厚的芳香味,里面的橘皮分布均匀,形态美观。可溶性固形物达 60％以上(按折光计)。

6.3.2.4　胡萝卜泥

(1)工艺流程

原料选择→洗涤去皮→切碎→预煮→打浆→配料→浓缩→装罐→密封→杀菌→冷却→成品

(2)操作方法

原料选择:成熟度适宜,未木质化,呈鲜红色或橙红色,皮薄肉厚,粗纤维少,无糠心的胡萝卜为原料。

洗涤:用流动的清水漂洗数次,洗净表面的泥沙及污物。

去皮:将洗净的原料投入浓度为 3％～8％,温度 95～100℃的碱液中处理 1～2 min,然后放入流动的清水中冲洗 2～3 次,以洗掉被碱液腐蚀的表皮和残留的碱液。

切碎:去皮后再用手工除去个别残存的表皮、黑斑、须根等,并切成大小、厚薄一致的薄片。

预煮:将薄片放入夹层锅内,加入约为原料重量 1 倍的清水,加热煮沸,经10～20 min,至原料煮透为止。

打浆:用双道打浆机打成浆状。打浆机的筛板孔直径为 0.4～1.5 mm。

配料:胡萝卜泥 100 kg,砂糖 50 kg,柠檬酸 0.3～0.5 kg,果胶粉(LMP 型)0.6～0.9 kg。先将果胶粉按规定用量与 4～5 倍重量的砂糖混合均匀(其砂糖量包括在砂糖总量之内),然后加 15～20 倍的热水,充分搅拌并加热至沸,果胶溶解后将浓度为 50％的柠檬酸倒入,搅拌均匀。

浓缩:将胡萝卜泥与 75％的糖液倒入夹层锅内,搅拌均匀,加热浓缩,待可溶性固形物达 10％～20％时,将已配好的果胶粉、柠檬酸溶液加入锅内,搅拌均匀,继续熬煮,当可溶性固形物达 40％～42％时即可出锅。

装罐及密封:装罐时酱体温度不低于 85℃,装罐后立即密封。

杀菌与冷却:在 110～120℃的温度下杀菌 20～30 min,然后冷却至罐温 38～40℃为止,玻璃罐要分段冷却,以防炸裂。

(3)产品质量要求　色泽呈黄褐色,质地细腻,均匀一致;甜酸适口,无异味;可溶性固形物达 40％～42％(以折光计)。

6.3.2.5　果丹皮

（1）工艺流程

原料→清洗→软化→打浆→调配→刮片→干燥→切分→包装→成品

（2）操作要点

原料：苹果、山楂、桃、杏、胡萝卜等果蔬均可用于加工果丹皮，果实要充分成熟，风味良好，无病虫害。

清洗：用清水将果实漂洗干净。对带硬核的果实还需切半去核，对大型果需要切分或破碎。

软化、打浆：加入适量水与果实一起置于锅中加热软化，软化时间 20 min 左右，以果实煮软烂为准。将果实连同软化水一起倒入打浆机（筛孔直径 0.6～1.0 mm）中进行打浆，即得果泥。

加糖调配：加糖量为果泥重量的 60%～80%，搅拌均匀。

刮片、干燥：将木框模子（长 45 cm、宽 40 cm、底边厚 0.4 cm）放在钢化玻璃板上，倒上适量调配好的果泥，用木刮片刮平，摊成 0.3～0.4 cm 厚的薄层，然后送入烘房干燥，在60～65℃下干燥 8 h 左右，干燥至有一定韧性时揭起，再放于烘盘上继续烘干其表面水分即可。

切分、包装：将干燥后的果泥薄片按要求切成长方块（如 15 cm×15 cm），用玻璃纸包装后即成果丹皮。

（3）产品质量要求　产品呈卷状或片状，质地细腻，有韧性，无杂质，具有特有的风味，酸甜适口，无异味。总糖 50% 左右，总酸 0.6%～0.8%，水分 18% 以下。

> **复习思考题**

1. 简述果蔬糖制所用糖的种类、特性及有关作用。
2. 简述果胶在果蔬糖制中的作用及影响果胶胶凝的主要因素。
3. 用箭头简示蜜饯类制品的工艺流程并说明操作要点。
4. 用箭头简示果酱类制品的工艺流程并说明操作要点。
5. 简述控制果蔬糖制品返砂和流汤的主要技术措施。
6. 根据果蔬糖制知识，以苹果为原料，设计出 5 种以上不同类型的糖制品的加工工艺。

> **指定参考书**

1. 叶兴乾. 果品蔬菜加工工艺学. 3 版. 北京：中国农业出版社，2008

2. 龙燊. 果蔬糖渍加工. 北京：中国轻工业出版社，2001

3. 杨巨斌，米慧芬. 果脯蜜饯加工技术手册. 北京：科学出版社，1988

参考文献

1.叶兴乾.果品蔬菜加工工艺学.3版.北京:中国农业出版社,2008

2.陈锦屏.果品蔬菜加工学.西安:陕西科学技术出版社,1994

3.邓桂森,周山涛.果品贮藏与加工.上海:上海科学技术出版社,1985

4.龙燊.果蔬糖渍加工.北京:中国轻工业出版社,2001

5.杨巨斌,米慧芬.果脯蜜饯加工技术手册.北京:科学出版社,1988

6

果蔬糖制

第7章

蔬菜腌制

教学目标

- 了解蔬菜腌制品的主要种类和特点
- 蔬菜腌制原理
  1. 熟练掌握蔬菜腌制的基本原理
  2. 掌握蔬菜腌制品色、香、味形成机理
  3. 了解蔬菜腌制与亚硝基化合物的关系
- 了解腌制对蔬菜质地和化学成分的影响
- 掌握发酵性腌制品和非发酵性腌制品的基本工艺

主题词

蔬菜腌制　酱腌菜　腌菜　渍菜　腌制原理
亚硝基化合物　腌制工艺

凡利用食盐渗入蔬菜组织内部,以降低其水分活度,提高其渗透压,有选择地控制微生物的发酵和添加各种配料,以抑制腐败菌的生长,增强保藏性能,保持其食用品质的保藏方法,称为蔬菜腌制。其制品则称为蔬菜腌制品,又称酱腌菜或腌菜(pickled vegetables)。

蔬菜腌制品由于制法简单、成本低廉、保存容易、风味佳美而深受消费者欢迎,是我国加工最普遍、产量最多的一类蔬菜加工品。蔬菜腌制在我国有 2 000 多年的历史。《诗经》中有"中田有庐,疆场有瓜,是剥是菹"的记载,菹者酸菜,即腌菜也。长期以来,经过劳动人民的不断改进,又涌现出不少新的加工方法和品种繁多的腌制蔬菜,可谓咸、酸、甜、辣,应有尽有,充分满足了口味不同的各种消费者需求。如四川榨菜、北京冬菜、扬州酱菜、萧山萝卜干、云南大头菜等著名特产,不仅国内驰名,而且远销国外。

7.1　蔬菜腌制品的分类

蔬菜腌制品加工方法各异,种类品种繁多。根据所用原料、腌制过程、发酵程度和成品状态的不同,可以分为两大类,即发酵性腌制品和非发酵性腌制品。

▶ 7.1.1　发酵性蔬菜腌制品

发酵性腌制品的特点是腌渍时食盐用量较低,在腌渍过程中有显著的乳酸发酵现象,利用乳酸、食盐和香辛料等的综合防腐作用,来保藏蔬菜并增进其风味。根据腌渍方法和成品状态不同又分为湿态发酵腌制品和半干态发酵腌制品。

7.1.1.1　湿态发酵腌渍品

用低浓度的食盐溶液浸泡蔬菜或用清水发酵白菜而制成的一类带酸味的蔬菜腌渍品,如四川泡菜、酸白菜等。

7.1.1.2　半干态发酵腌渍品

先将菜体经风干或人工脱去部分水分,然后再行盐腌,让其自然发酵后熟而成的一类蔬菜腌渍品,如半干态发酵酸菜等。

▶ 7.1.2　非发酵性蔬菜腌制品

非发酵性腌制品的特点是腌制时食盐用量较高,使乳酸发酵完全受到抑制或只能极轻微地进行,其间加入香辛料,主要利用较高浓度的食盐、食糖及其他调味品的综合防腐作用,来保藏和增进其风味。依其所含配料、水分多少和风味不同又分为咸菜类、酱菜类、糖醋类。

7.1.2.1　咸菜类

加工时只进行盐腌,利用较高浓度的食盐来保藏蔬菜,并通过腌制来改进风味,在腌制过程中有时也伴随轻微发酵,同时配以调味品和各种香辛料,其制品风味鲜美可口,如咸大头菜、腌雪里蕻、榨菜等。

7.1.2.2 酱菜类

把经过盐腌的蔬菜浸入酱内酱渍而成。经盐腌后的半成品咸坯,在酱渍过程中吸附了酱料浓厚的鲜美滋味,特有色泽和大量营养物质,其制品具有鲜、香、甜、脆的特点,如酱乳黄瓜、酱萝卜干、什锦酱菜等。

7.1.2.3 糖醋菜类

蔬菜经盐腌后,再入糖醋香液中浸渍而成。其制品酸甜可口,并利用糖、醋的防腐作用来增强保藏效果,如糖醋大蒜、糖醋藠头等。

7.2 蔬菜腌制原理

蔬菜腌制的原理主要是利用食盐的防腐保藏作用、微生物的发酵作用、蛋白质的分解作用以及其他生化作用,来增加产品的色、香、味和抑制有害微生物的活动。

▶ 7.2.1 食盐的保藏作用

有害微生物大量繁殖和酶的作用,是造成蔬菜腐烂变质的主要原因,也是导致蔬菜腌制品品质败坏的主要因素。食盐的防腐保藏机理,包括脱水、抗氧化、降低水分活性、离子毒害和抑制酶活性等作用。

7.2.1.1 脱水作用

1%的食盐溶液可产生 618 kPa 的渗透压,大多数微生物细胞的渗透压为 304～608 kPa。蔬菜腌制的食盐用量大多在 4%～15%之间,可产生 2 472～9 270 kPa 的渗透压,远远超过了微生物细胞的渗透压。由于这种渗透压的差异,必然导致微生物细胞脱水失活,发生生理干燥而被抑制甚至死亡。

不同种类的微生物,具有不同的耐盐能力。一般来说,对腌制有害的微生物对食盐的抵抗力较弱。表 7-1 列出了几种微生物在中性溶液中能耐受的最大食盐浓度。

表 7-1　几种微生物能耐受的最大食盐浓度　　　　　　　　　　　　　　　%

菌种名称	食盐浓度
植物乳杆菌 *Lactobacillus plantarum*	13
短乳杆菌 *Lactobacillus brevis*	8
甘蓝酸化菌 *Bacterium brassicae fermentati*	12
丁酸菌 *Clostridium butyricum*	8
大肠杆菌 *Escherichia coli*	6
肉毒杆菌 *Clostridium botulinum*	6
普通变形杆菌 *Proteus vulgaris*	10
醭酵母 *Mycoderma*	25
产生乳酸的一种霉菌 *Oidium lactis*	20
霉菌 *Moulds*	20
酵母菌 *Yeasts*	25

从表 7-1 可见,霉菌和酵母菌对食盐的耐受力比细菌大得多,酵母的耐盐力最强。上述参数是在 pH 7 的中性溶液中的耐受力,如果在呈酸性条件下,其耐盐力就会降低,pH 值愈低,微生物的耐盐力愈弱,如酵母菌在 pH 7 时,最大耐盐浓度为 25%,但当 pH 2.5 时,其耐盐浓度只有 14%。

7.2.1.2 抗氧化作用

由于氧气很难溶于盐水中,盐腌会使组织内部的溶解氧排出,从而形成缺氧环境,抑制好氧性微生物活动。

7.2.1.3 降低水分活性

食盐溶解后离解,在离解后的离子周围聚集水分子,形成水合离子。水合离子周围水分子的聚集量占水分总量的比例随食盐浓度的增加而提高,相应地溶液中的自由水分就减少,其水分活性就下降(表 7-2)。在饱和食盐溶液中(质量分数为 26.5%),无论细菌、酵母还是霉菌都不能生长。

表 7-2 水分活度与食盐含量的关系

食盐(%)	0.87	1.72	3.43	9.38	14.2	19.1	23.1
A_w	0.995	0.990	0.980	0.940	0.900	0.850	0.800

7.2.1.4 毒性作用

Winslow 和 Falk 发现少量 Na^+ 对微生物有刺激生长的作用,但当达到足够高的浓度时,就会产生抑制作用。他们认为 Na^+ 能和细胞原生质中的阴离子结合,从而对微生物产生毒害作用。pH 值降低能加强 Na^+ 的毒害作用。

食盐对微生物的毒害作用也可能来自 Cl^-,因为 NaCl 离解时放出的 Cl^- 会与微生物细胞原生质结合,从而促使微生物死亡。

7.2.1.5 对酶活力的影响

微生物分泌出来的酶常在低浓度盐液中就遭到破坏,盐液浓度仅为 3% 时,变形杆菌(Proteus)就会失去分解血清的能力。斯莫罗金茨认为盐分和酶蛋白分子中肽键结合,破坏了微生物蛋白质分解酶分解蛋白质的能力。

总之,食盐的防腐作用随食盐浓度的提高而增强。从理论上讲,蔬菜腌制过程中食盐浓度达 10% 左右就比较安全。随着盐浓度进一步增加,防腐作用虽然增强,但也延缓了有关生物化学反应速度,后熟期增长。因此,在蔬菜腌制过程中的用盐量必须恰当掌握,并结合按紧压实、隔绝空气等措施来防止微生物败坏,保证成品品质。

▶ 7.2.2 微生物的发酵作用

7.2.2.1 正常的发酵作用

在蔬菜腌制过程中,正常的发酵作用不但能抑制有关微生物的活动而起到防腐保藏作用,还有助于品质形成。正常发酵作用以乳酸发酵为主,辅之轻度的酒精发酵和极轻微的醋酸发酵。

(1)乳酸发酵(lactic acid fermentation)　任何蔬菜腌制品在腌制过程中都存在乳酸发酵作用,只不过强弱不同而已。如泡酸菜中乳酸发酵较强,而榨菜或酱菜中乳酸发酵则较弱。

①乳酸菌类群:从应用科学角度讲,凡是能产生乳酸的微生物都可称为乳酸菌,其种类繁多,属兼性或厌氧性,在 10～45℃ 内能生长,最适温度 25～32℃,最高产酸能力为 0.8%～2.5%。杨瑞鹏(1985)在泡酸菜中分离鉴定出 1 486 个菌株,其中起主导作用的有 4 种乳酸菌:肠膜明珠菌(*Leuconostoc mesenteroides*)、植物乳杆菌(*Lactobacillus. plantarum*)、小片球菌(*Pediococcus parvulus*)、短乳杆菌(*Lactobacillus brevis*)。该 4 种乳酸菌在不同蔬菜原料、不同发酵阶段,其消长情况是不相同的(表 7-3、表 7-4)。

表 7-3　泡萝卜发酵进程中 4 种乳酸菌消长情况
(杨瑞鹏,1985)

时间/d	pH 值	总酸量/%	菌数/(10^5 个·mL^{-1})			
			肠膜明串珠菌	小片球菌	短乳杆菌	植物乳杆菌
1	5.7	0.11	2.5	36	—	—
2	4.5	0.31	350	110	70	540
4	3.66	0.60	29	73.6	50	860
6	3.58	0.79	—	—	—	415
9	3.48	0.92	—	—	—	280
13	3.45	1.00	—	—	—	142
23	3.45	1.05	—	—	—	28
31	3.44	1.08	—	—	—	4.5

由表 7-3 可见,肠膜明串珠菌、小片球菌及短乳杆菌前期活跃,4 d 后消失,产酸量低,不耐酸;植物乳杆菌第二天开始大量出现,第四天达高峰,随着酸度增加、pH 值下降而逐渐减少。

表 7-4　泡小白菜酸菜发酵进程中 4 种乳酸菌消长情况
(杨瑞鹏,1985)

时间/d	总酸量/%	菌数/(10^5 个·mL^{-1})			
		肠膜明串珠菌	小片球菌	短乳杆菌	植物乳杆菌
1	0.13	72			
2	0.17	230	7		42
3	0.23	—	—	—	1 080
5	0.32	—	—	48	960
7	0.41	—	—	720	570
9	0.46	—	—	320	290
15	0.48	—	—	47	28

由表 7-4 可见,肠膜明串珠菌、小片球菌初期活跃,第三天消失;植物乳杆菌、短乳杆菌分别于第二天、第五天出现,参与到最后,逐日下降,产酸量低,受含糖量所限。

②发酵类型:不同的乳酸菌发酵产物各有不同,根据发酵产物不同可分为以下几种。

正型乳酸发酵:发酵只生成乳酸,产酸量高。参与正型乳酸发酵的有植物乳杆菌和小片球菌。除对葡萄糖能发酵外,还能将蔗糖等水解成葡萄糖后发酵生成乳酸。发酵的中后期以正型乳酸发酵为主。

$$C_6H_{12}O_6 \xrightarrow{\text{正型乳酸发酵}} 2CH_3CHOHCOOH$$
$$\text{葡萄糖} \qquad\qquad\qquad \text{乳} \quad \text{酸}$$

异型乳酸发酵:发酵产生乳酸外,还有其他产物及气体放出。

如肠膜明串珠菌将葡萄糖、蔗糖等发酵生成乳酸外,还生成乙醇及二氧化碳。肠膜明串珠菌菌落黏滑,灰白色,常出现在发酵初期,产酸量低,不耐酸,会引起蔬菜组织变软,影响品质。

$$C_6H_{12}O_6 \xrightarrow{\text{异型乳酸发酵}} CH_3CHOHCOOH + CH_3CH_2OH + CO_2\uparrow$$

短乳杆菌将葡萄糖发酵生成乳酸外,还生成醋酸、二氧化碳和甘露醇。

$$\text{有氧时}:C_6H_{12}O_6 \xrightarrow{+O_2} CH_3CHOHCOOH + CH_3COOH + CO_2\uparrow + H_2O$$
$$\text{无氧时}:2C_6H_{12}O_6 \longrightarrow CH_3CHOHCOOH + CH_3COOH + CO_2\uparrow$$
$$+ CH_2OH(CHOH)_4CH_2OH$$

在蔬菜乳酸发酵初期,大肠杆菌也常参与活动,将葡萄糖发酵产生乳酸、醋酸、琥珀酸、乙醇、二氧化碳与氢等产物,亦属异型乳酸发酵,产酸不高,约 0.25%,不耐酸,后期死亡。

$$2C_6H_{12}O_6 \longrightarrow CH_3CHOHCOOH + CH_3COOH + COOHCH_2CH_2COOH$$
$$+ CH_3CH_2OH + CO_2\uparrow + H_2\uparrow$$

异型乳酸发酵多在腌制初期活跃,可利用它抑制其他杂菌的繁殖;虽产酸不高,但其产物乙醇、醋酸等微量生成,对腌制品的风味有增进作用;产生二氧化碳放出,同时将蔬菜组织和水中的溶解氧带出,造成缺氧条件,促进正型乳酸发酵菌活跃。

(2)酒精发酵(alcoholic fermentation) 在蔬菜腌制过程中也存在着酒精发酵,其量可达 0.5%～0.7%,对乳酸发酵并无影响。酒精发酵是由于附着在蔬菜表面的酵母菌将蔬菜中的糖分解而生成酒精和二氧化碳:

$$C_6H_{12}O_6 \xrightarrow{\text{酵母菌}} 2CH_3CH_2OH + 2CO_2\uparrow$$

另外,腌制初期发生的异型乳酸发酵中也能形成部分酒精。蔬菜在被卤水淹没时所引起的无氧呼吸也可产生微量的乙醇。在酒精发酵过程中和其他作用中生成的酒精及高级醇,对于腌制品在后熟期中品质的改善及芳香物质的形成起到重要作用。

(3)醋酸发酵作用(acetic acid fermentation) 异型乳酸发酵中会产生微弱的醋酸。

但醋酸的主要来源是由于醋酸菌（Acetobacter）氧化乙醇生成的,这一作用称为醋酸发酵。

$$2CH_3CH_2OH + O_2 \xrightarrow{\text{醋酸菌}} 2CH_3COOH + 2H_2O$$

醋酸菌为好气性细菌,仅在有空气存在的条件下才可能使乙醇氧化成醋酸,因而发酵作用多在腌制品的表面进行。正常情况下,醋酸积累量为 0.2%～0.4%,可以增进产品品质,但过多的醋酸有损于风味,如榨菜制品中,若醋酸含量超过 0.5%,则表示产品酸败,品质下降。

7.2.2.2 有害的发酵及腐败作用

在蔬菜腌制过程中有时会出现变味发臭,长膜生花,起漩生霉,甚至腐败变质,不堪食用的现象,这主要是由于下列有害发酵及腐败作用所致。

（1）丁酸发酵 由丁酸菌（Clostridium butyricum）引起,该菌为嫌气性细菌,寄居于空气不流通的污水沟及腐败原料中,可将糖、乳酸发酵生成丁酸、二氧化碳和氢气,使制品产生强烈的不愉快气味。

（2）细菌的腐败作用 腐败菌分解原料中的蛋白质,产生吲哚、甲基吲哚、硫化氢和胺等恶臭气味的有害物质,有时还产生毒素,不可食用。

（3）有害酵母的作用 有害酵母常在泡酸菜或盐水表面长膜、生花。表面上长一层灰白色、有皱纹的膜,沿器壁向上蔓延的称长膜;而在表面上生长出乳白光滑的"花",不聚合,不沿器壁上升,振动搅拌就分散的称生花。有害酵母在有氧条件下,以糖、乙醇、乳酸、醋酸等为碳源,分解生成二氧化碳和水,使制品酸度降低,品质下降。

（4）起漩生霉 蔬菜腌制品若暴露在空气中,因吸水而使表面盐度降低,水分活性增大,就会受到各种霉菌危害,出现起漩、生霉。导致起漩生霉的多为好气性的霉菌,在腌制品表面生长,耐盐能力强,能分解糖、乳酸,使产品品质下降。还能分泌果胶酶,使产品组织变软,失去脆性,甚至发软腐烂。

7.2.2.3 纯种发酵与直投式发酵

我国泡菜的传统制作方式多采用自然发酵工艺,发酵周期较长,生产力低下;容易受卫生条件、生产季节和用盐量影响,发酵质量不稳定,不利于工厂化、规模化及标准化生产;沿用老泡渍盐水的传统工艺,难以实现大规模的工业化生产;异地生产,难以保证产品的一致性,存在亚硝酸盐安全隐患。而日本、韩国、新加坡、欧洲等国家或地区对泡菜加工的研究起步较早,并实行了人工接种发酵剂的工业化生产,大大缩短了泡菜的生产时间,加速了泡菜的商品化速度,降低了泡菜中亚硝酸盐含量,保持了产品质量的稳定性,推动了泡菜的工业化发展。早在 20 世纪 60 年代,欧洲的 Pederson C S 和 Aibury M N 就率先将纯菌接种发酵技术应用于泡菜的研究,而后,Caldwell Biofermentation Canadainc. 公司在蔬菜发酵领域处于领先地位,并于 1998 年获得了复合菌种接种的蔬菜（sauerkraut-type）发酵专利技术。

近 20 年来,针对我国泡菜传统生产方式的弊端,分离筛选出许多生产性能优良的菌种,并对乳酸菌纯种发酵工艺进行了细致的研究。但纯种发酵在推广过程中存在诸多问题,如生产成本高,操作繁琐,需要专业的技术人员以及保存菌种的专门设备,且菌种易变异。因此,国外一些发达国家又进行了泡菜用直投式乳酸菌制种技术的研究。

直投式乳酸菌发酵剂(DVS,direct vat set)起源于乳品行业。19 世纪末 20 世纪初,西方乳业科学家开始研制浓缩发酵剂,并于 1963 年进入商品化生产阶段。最初制成的是冷冻浓缩发酵剂,即将菌体通过浓缩培养、离心等手段把制成的浓缩菌悬浮液添加抗冻保护剂,在低于−70℃的低温条件下速冻,再置于低温下深冻保藏,其活菌数和活力在 6 个月内变化不大。由于其保存需要特殊的制冷系统,成本高、运输不便,在生产中应用存在一定的困难,后来采用冷冻干燥,制成冻干浓缩发酵剂。

在欧洲的腌黄瓜生产中,使用 130 mL 植物乳杆菌浓缩发酵剂(活细胞数为 6.5×10^{12} CFU/mL)直接接种到 9.0 t 的黄瓜中进行发酵,发酵温度通常保持 26~29℃,7~12 d 就可以终止发酵。

总的来说,直投式乳酸菌发酵剂具有保存和管理简单;易于进行工艺管理和质量控制;接种方便,可直接用于生产,减少了污染环节等特点,因此可以说,直投式乳酸菌发酵剂是泡菜用菌种的一个重要的发展方向。

▶ 7.2.3　蛋白质的分解作用

在蔬菜腌制和后熟期中,原料中的蛋白质受微生物的作用和蔬菜原料本身所含蛋白质水解酶的作用而逐渐被分解为氨基酸,这一变化在蔬菜腌制过程中和后熟期中是十分重要的生物化学变化,也是腌制品产生一定的色泽、香气和风味的主要来源,但其变化是缓慢而复杂的。

7.2.3.1　鲜味的形成

由蛋白质水解所生成的各种氨基酸都具有一定的鲜味,但蔬菜腌制品鲜味的主要来源是谷氨酸与食盐作用生成的谷氨酸钠。其化学反应式如下:

$$HOOC(CH_2)_2CH(NH_2)COOH + NaCl \longrightarrow NaOOC(CH_2)_2CH(NH_2)COOH + HCl$$
　　　　谷氨酸　　　　　　　　　　　　　　　　　　　谷氨酸钠(味精)

蔬菜腌制品中不只含有谷氨酸,如榨菜含有 17 种氨基酸,其中谷氨酸占 31%,另一种鲜味氨基酸天门冬氨酸占 11%。此外,微量的乳酸及甘氨酸、丙氨酸、丝氨酸和苏氨酸等甜味氨基酸对鲜味的丰富也大有帮助。由此可见,蔬菜腌制品鲜味的形成是多种物质综合呈味的结果。

7.2.3.2　香气的形成

蔬菜腌制品香气的形成是多方面的,也是比较复杂而缓慢的生物化学过程。腌制品的芳香成分甚为复杂,邓勇(1992)研究榨菜的香气成分达 100 种之多,按类型分有异硫氰酸酯类、腈类、二甲基三硫、酯类、萜类、杂环类、醇类、醛类及其他化合物。并对其中 41 种组分进行了定量分析,占香气成分总量的 90% 以上。蔬菜腌制品的香气成因主要有以下几方面。

(1)酯化反应　原料中本身所含及发酵过程中所产生的有机酸、氨基酸,与发酵中形成的醇类发生酯化反应,产生乳酸乙酯、乙酸乙酯、氨基丙酸乙酯、琥珀酸乙酯等芳香酯类物质。反应式如下:

$$CH_3CHOHCOOH+CH_3CH_2OH \longrightarrow CH_3CHOHCOOCH_2CH_3+H_2O$$

乳酸　　　　　　　　　　　　　　　乳酸乙酯

$$CH_3CH(NH_2)COOH+CH_3CH_2OH \longrightarrow CH_3CH(NH_2)COOCH_2CH_3+H_2O$$

氨基丙酸　　　　　　　　　　　　　氨基丙酸乙酯

(2)芥子苷类香气　十字花科蔬菜常含有芥子苷,尤其是芥菜类含黑芥子苷(硫代葡萄糖苷)较多,使芥菜类常具刺鼻的苦辣味。而芥菜类是腌制品的主要原料,当原料在腌制时搓揉或挤压使细胞破裂,硫代葡萄糖苷在硫代葡萄糖酶的作用下水解,苦味生味消失,生成异硫氰酸酯类、腈类和二甲基三硫等芳香物质,称为"菜香",为腌咸菜的主体香。

$$C_{10}H_{16}NS_2KO_9+H_2O \longrightarrow CSNC_3H_5+C_6H_{12}O_6+ KHSO_4$$

黑芥子苷　　　　　　　黑芥子油　　　葡萄糖　　　硫酸氢钾

(3)烯醛类芳香物质　氨基酸与戊糖或甲基戊糖的还原产物4-羟基戊烯醛作用,生成含有氨基的烯醛类芳香物质。由于氨基酸的种类不同,生成的烯醛类芳香物质的香型、风味也有差异。其反应式如下:

$$C_5H_{10}O_5 \longrightarrow CH_3COH=CHCH_2CHO+H_2O+O_2\uparrow$$

戊糖　　　　　　　　　　4-羟基戊烯醛

$$CH_3COH=CHCH_2CHO+R\cdot CH(NH_2)COOH \longrightarrow CH_3-C=CHCH_2CHO+H_2O$$

(香质上方: OOC·CH(NH₂)·R)

4-羟基戊烯醛　　　　氨基酸通式　　　　　　　香　质

(4)丁二酮香气　在腌制过程中乳酸菌类将糖发酵生成乳酸的同时,还生成具有芳香风味的丁二酮(双乙酰),是发酵性腌制品的主要香气成分之一。反应式如下:

$$C_6H_{12}O_6 \longrightarrow 2CH_3COCOOH \xrightarrow{\text{丙酮酸脱羧酶}} \begin{cases} 2CH_3CHOHCOOH \\ CH_3COCOCH_3+2CO_2\uparrow \end{cases}$$

丙酮酸　　　　　　乳　酸 / 丁二酮

(5)外加辅料的香气　腌咸菜类在腌制过程中一般都加入某些辛香调料。花椒含异茴香醚、牻牛儿醇;八角含茴香脑;小茴香含茴香醚;山奈含龙脑、桉油精;桂皮含水芹烯、丁香油酚等芳香物质。这些香料均能赋予腌咸菜不同的香气。

7.2.3.3　色泽的变化

蔬菜腌制品尤其是腌咸菜类,在后熟过程中要发生色泽变化,逐渐变成黄褐色至黑褐色,其成因如下:

(1)酶褐变引起的色泽变化　蛋白质水解所生成的酪氨酸在微生物或原料中酪氨酸酶的作用下,在有氧气供给或前述戊糖还原中有氧气产生时,经过一系列复杂而缓慢的生化反应,逐渐变成黄褐色或黑褐色的黑色素,又称黑蛋白。反应式如下:

$$HO\cdot C_6H_4\cdot CH_2\cdot CH(NH_2)COOH \xrightarrow{O_2} [(C-OH)_3\cdot C_5H_3\cdot NH]n+H_2O$$

酪氨酸　　　　　　　　　　　　黑色素(黑蛋白)

原料中的酪氨酸含量愈多,酶活性愈强,褐色愈深。

(2)非酶褐变引起的色泽变化　原料蛋白质水解生成的氨基酸与还原糖发生美拉德反应(Maillard reaction)亦称羰氨反应,生成褐色至黑色物质。由非酶褐变形成的这种褐色物质不但色深而且还有香气。其褐变程度与温度和后熟时间有关。一般来说,后熟时间愈长,温度愈高,则色泽愈深,香味愈浓。如四川南充冬菜装坛后经三年后熟,结合夏季晒坛,其成品冬菜色泽乌黑而有光泽,香气浓郁而醇正,滋味鲜美而回甜,组织结实而嫩脆,不失为腌菜之珍品。

(3)叶绿素破坏　蔬菜原料中所含的叶绿素,在腌制过程中会逐渐失去其鲜绿的色泽。特别是在腌制的后熟过程中,由于 pH 值下降,叶绿素在酸性条件下脱镁生成脱镁叶绿素,变成黄褐色或黑褐色。

(4)外加有色物质　在腌咸菜的后熟腌制过程中,一般都加入辣椒、花椒、八角、桂皮、小茴香等香辛料,既能赋予成品香味,又使色泽加深。

▶ 7.2.4　影响腌制的因素

影响腌制的因素有食盐浓度、酸度、温度、气体成分、香料、原料含糖量与质地、腌制卫生条件和腌制用水等。食盐的影响已如前述,现就其他影响因素分述如下。

7.2.4.1　酸度

蔬菜腌制过程中的有害微生物除了霉菌抗酸能力较强外,其他几类都不如乳酸菌和酵母菌。pH 4.5 以下时,能抑制有害微生物活动。酸性环境也有利于维生素 C 的稳定。

7.2.4.2　温度

适宜的温度可大大缩短发酵时间。发酵温度在 20～32℃时,发酵正常,产酸量较高。不同温度下完成发酵所需时间各异,如酸甘蓝完成发酵所需的时间为:25～30℃为 6～8 d,20～22℃为 8～10 d,10～14℃为 15～20 d。发酵温度不宜过高,以防有害微生物活动。

7.2.4.3　气体成分

乳酸菌属兼性厌氧菌,在嫌气状况下能正常进行发酵作用。腌渍过程中的酵母菌及霉菌等有害微生物均为好气菌,可通过隔绝氧气来抑制其活动。蔬菜腌制过程中由于酒精发酵等过程会产生大量 CO_2,部分二氧化碳溶解于腌渍液中对抑制霉的活动与防止维生素 C 的损失都有良好作用。

7.2.4.4　香料

腌制蔬菜常加入一些香料与调味品,这些香辛料与调味品具有改进风味、增加防腐保藏性和改善色泽等作用。

7.2.4.5　原料含糖量与质地

含糖量超过 1％时,植物乳杆菌与发酵乳杆菌的产酸量明显受到限制,含糖量在 2％以上时,各菌株的产酸量均不再明显增加。腌制用蔬菜的含糖量以 1.5％～3.0％为宜,偏低可适量补加食糖,同时还应采取揉搓、切分等方法使蔬菜表皮组织与质地适度破坏,促进可溶性物质外渗,从而加速发酵作用进行。

7.2.4.6　腌制卫生条件

原料菜应经洗涤,腌制容器要消毒,盐液要杀菌,腌制场所要保持清洁卫生。

▶ 7.2.5　蔬菜腌制与亚硝基化合物

N-亚硝基化合物是指含有—NNO基的化合物,是一类致癌性很强的化合物。按其结构可分为 N-亚硝胺、N-亚硝酰胺、N-亚硝脒和 N-亚硝基脲等。N-亚硝基化合物在动物体内、人体内、食品中以及环境中均可由其前体物质胺类、亚硝酸盐及硝酸盐合成。此种化合物如作用于胚胎,则发生致畸性;如作用于基因,则发生突变,可遗传下一代;如作用于体细胞,则发生癌变。

合成亚硝基化合物的前体物质能在各种食品中发现,尤其在质量较差的、不新鲜的或是加过硝酸盐、亚硝酸盐保存的食品中。早在 1907 年,Richardson 就首先报道在蔬菜、谷物中存在着硝酸盐。1943 年 Wilson 指出蔬菜中的硝酸盐可被细菌还原成亚硝酸盐,喂养动物后可与动物血红蛋白结合形成高铁血细蛋白失去携氧功能而中毒。同时由于微生物和酶对蔬菜、肉类等食物中蛋白质、氨基酸的降解作用,致使食物中存在一定量胺类物质,这些胺类物质与亚硝酸盐在一定条件下合成 N-亚硝基化合物。1956 年 Magee 将含有50 mg/kg二甲基亚硝胺的饲料喂养大鼠一年,结果几乎全部发生肝癌,揭示了亚硝基化合物的致癌性。自此后,食品中特别是酱腌菜和肉类食品中亚硝基化合物的产生机理、含量和致癌性引起了食品工艺学家和营养学家的广泛关注。

许多蔬菜含有硝酸盐,其含量随蔬菜种类和栽培地区不同而有差异。一般来说,叶菜类大于根菜类,根菜类大于果菜类(见表 7-5)。

表 7-5　蔬菜可食部分硝酸盐含量　　　　　　　　　　　　　　　mg/kg

类别	含　量	类别	含　量
萝卜	1 950	西瓜	38～39
芹菜	3 620	茄子	139～256
白菜	1 000～1 900	青豌豆	66～112
菠菜	3 000	胡萝卜	46～455
甘蓝	241～648	黄瓜	15～359
马铃薯	45～128	甜椒	26～200
葱	10～840	番茄	20～221
洋葱	50～200	豆荚	139～294

具有硝酸还原能力的微生物污染是腌制蔬菜在腌制过程中产生亚硝酸盐的根本原因。自然界中有 100 余种菌株具有硝酸还原能力,如大肠杆菌、白喉棒状杆菌、白念珠菌、金黄色葡萄球菌、芽孢杆菌、变形菌、放线菌、酵母和霉菌等,其中尤以大肠杆菌、白喉棒状杆菌、金黄色葡萄球菌和黏质赛氏杆菌等在腌制过程中易污染,且他们的还原能力最强,通常使蔬菜中的 NO_3^- 厌氧地还原到 NO_2^- 的阶段而终止,使 NO_2^- 蓄积起来。由于蔬菜原料不可避免地受到大肠杆菌等有害菌污染,腌制加工初期,乳酸菌处于繁殖阶段,酸性环境尚未形成,大肠杆菌等有害菌会生长繁殖,分泌硝酸还原酶,使硝酸盐还原成亚硝酸盐;在腌制中、后期,一些耐酸、耐盐、厌氧的有害菌会继续促使硝酸盐的还原。

腌制蔬菜中的亚硝酸盐含量的变化及峰值出现主要受食盐浓度、温度、酸度、含糖量及微生物种群几个方面的影响。

新鲜蔬菜亚硝酸盐含量一般在 0.7 mg/kg 以下,咸菜、酸菜亚硝酸盐含量可上升至 13~75 mg/kg。大量研究表明:蔬菜腌制过程中亚硝酸盐含量高于同种属新鲜蔬菜,不同种属蔬菜亚硝酸盐含量差异显著。亚硝酸盐随食盐浓度不同而有差别,通常在 5%~10% 的食盐溶液中腌制,会形成较多的亚硝酸盐。腌菜在较低温度下,亚硝峰形成慢,但峰值高,持续时间长,全程含量高。产品的酸度对亚硝酸盐的产生也有很大的影响。实验表明,在腌制过程中,添加一些物质(如碳酸钠、醋酸等)改变其酸碱度,酸度越高,亚硝酸盐浓度越低。这是因为较高的酸度除能抑制有害微生物外,还能分解破坏亚硝酸盐。研究还表明:亚硝酸盐含量与蔬菜腌渍时含糖量呈负相关。

在以乳酸发酵为主的泡菜上:茎用芥菜与叶用芥菜原料的亚硝酸盐含量分别为 1.6 mg/kg、1.7 mg/kg,经发酵、杀菌后的成品增长到 3.2 mg/kg、6.4 mg/kg,以在预腌期中增长幅度最大,发酵阶段增长甚微。因预腌阶段,食盐浓度和乳酸含量均低,不能完全抑制杂菌活动,故亚硝酸盐陡增。而在乳酸发酵阶段,杂菌受到抑制,乳酸菌既不具备氨基酸脱羧酶,因而不产生胺类,也不具备细胞色素氧化酶,因而亚硝基的生成量甚微。泡酸菜中亚硝酸盐含量一般均低于 10 mg/kg。即使人均每日食用 100 g 也远远低于肉制品中亚硝酸盐含量应小于 30 mg/kg 的国家标准和世界卫生组织(WHO)建议的日允许摄入量(ADI)0.2 mg/kg 体重。

亚硝基化合物虽然会对人体健康造成很大威胁,但只要在蔬菜腌制时,选用新鲜原料蔬菜,腌制前经清水洗涤,适度晾晒脱水,严格掌握腌制条件,防止好气性微生物污染,避开亚硝酸盐高峰期食用,就可减少或阻断亚硝胺前体物质的形成,减少亚硝基化合物的摄入量。据报道,在腌制中,适量加入一些抗坏血酸、能降低腌制蔬菜中亚硝酸盐含量,0.01%~0.04% 的抗坏血酸对亚硝酸盐的阻断率为 16.16%~72.33%。在腌制蔬菜中加入蒜、姜、葱、辣椒等一些常用调味佐料,利用其中的巯基化合物与亚硝酸盐结合生成硫代亚硝酸盐酯,可以减少酱腌菜中亚硝酸盐的含量。采用乳酸菌纯种发酵或混合乳酸菌发酵、超低盐多菌种快速发酵、加糖或加酸等也均能降低酱腌菜中亚硝酸盐含量。

此外,还可采用生物降解法降低亚硝酸盐含量,如蒋欣菌等从多种传统腌制蔬菜中分离到 12 株乳酸菌,对其生化特征以及亚硝酸盐耐受性和降解能力进行了研究和比较,最终筛选出 1 株各项指标优良,且能快速降解亚硝酸盐的植物乳杆菌 J-10,该菌降解亚硝酸钠的最适温度为 37℃,最适 pH 值为 6.2,在添加 0.25 mg/mL 的亚硝酸钠的培养液中培养 24 h 后,亚硝酸盐降解率为 99.2%。

7.3 腌制对蔬菜的影响

蔬菜在腌制过程中,由于食盐的脱水作用,微生物的发酵作用和其他生物化学作用,必然会对蔬菜的质地和化学成分产生影响,导致其外观内质的一系列变化,兹分述如下。

▶ 7.3.1　质地的变化

质地嫩脆是蔬菜腌制品的主要指标之一,蔬菜的脆性主要与细胞的膨压和细胞壁的原果胶变化有密切关系。腌制时虽然蔬菜失水萎蔫,致使细胞膨压降低,脆性减弱,但在腌制过程中,由于盐液与细胞液间的渗透平衡,又能够恢复和保持腌菜细胞一定的膨压,因而不致造成脆性的显著下降。蔬菜软化的另一个主要原因是果胶物质的水解,如果原果胶受到酶的作用而水解为水溶性果胶,或由水溶性果胶进一步水解为果胶酸和甲醇等产物时,就会使细胞彼此分离,使蔬菜组织脆度下降,组织变软,易于腐烂,严重影响腌制品的质量。

引起果胶水解的原因,一方面被蔬菜本身含有的酶水解,使蔬菜在腌制前就变软,另一方面被腌制中一些有害微生物所分泌的果胶酶类水解。所以,供腌制的蔬菜不仅要成熟适度,不受损伤,还可以通过保脆处理提高产品脆度,利用钙、铝离子能与果胶酸作用生成果胶酸钙、果胶酸铝等盐类,在细胞间隙中起粘连作用,而使腌制品保持脆性。一般用钙盐作保脆剂,如 $CaCl_2$、$CaCO_3$ 等,其用量以菜重的 0.05% 为宜。此外,我国民间还常采用在碱性的井水中浸泡的方式。

▶ 7.3.2　化学成分的变化

7.3.2.1　糖与酸互相消长

对于发酵性腌制品来说,经过发酵作用之后,蔬菜含糖量大大降低或完全消失,而含酸量则相应增加。在含水量基本相同的情况下,新鲜黄瓜与酸黄瓜的糖、酸含量互相消长的情况极为明显:鲜黄瓜的含糖量为 2%,酸黄瓜则为 0;鲜黄瓜含酸量为 0.1%,而酸黄瓜则为 0.8%。

非发酵性腌制品与新鲜原料相比较,其含酸量基本上没有变化,但含糖量则会出现两种情况:咸菜(盐渍品),由于部分糖分扩散到盐水中,含糖量降低;酱菜(酱渍品)与糖醋腌渍品,由于在腌制过程中从辅料中吸收了大量糖分,使制品的含糖量大大增高。

7.3.2.2　含氮物质的变化

发酵性腌制品在腌渍过程中,含氮物质明显地减少。这一方面是由于部分含氮物质被微生物所消耗;另一方面是由于部分含氮物质渗入到发酵液中。含氮物质的另一变化,是蔬菜的蛋白质态氮被分解而减少,氨基酸态氮含量上升。

非发酵性腌制品蛋白质含量的变化有两种情况:咸菜(盐渍品)由于部分蛋白质在腌制过程中被浸出,蛋白质含量减少;酱菜(酱渍品)由于酱料中的蛋白质渗入蔬菜组织内,制品的蛋白质含量反而有所增高。

7.3.2.3　维生素的变化

蔬菜腌制后组织失去活动,在接触微量氧气的情况下,维生素 C 被氧化而破坏。腌制时间愈长,维生素 C 的损耗愈大。维生素 C 在酸性环境中较为稳定,如果在腌制过程中加盐量较少,生成的乳酸较多,维生素 C 的损失也就较少。据有关部门研究,当酸甘蓝腌渍液中的食盐浓度为 1％时,则酸甘蓝的维生素 C 含量为 37.7 mg/100 g;食盐浓度为 3％时,维生素 C 的含量为 26.3 mg/100 g。蔬菜腌渍品中维生素 C 的稳定性还与蔬菜种类与品种有关。根据一些研究结果证明,甘蓝维生素 C 的稳定性要比萝卜高。

蔬菜中其他维生素的含量,在腌制过程中都比较稳定。根据中国医学科学院卫生研究所的分析,经过腌渍后,蔬菜维生素 B_1、维生素 B_2、烟酸、烟酰胺和胡萝卜素的变化均不大。

7.3.2.4　水分含量的变化

蔬菜腌制品水分含量的变化有几种情况:第一,湿态发酵性腌渍品如酸黄瓜与酸白菜,其含水量基本上没有改变;第二,半干态发酵性腌渍品如腌白菜等,其含水量则有较明显的减少;第三,非发酵性腌制品如各种酱腌渍品(酱菜)与腌渍品(咸菜),他们的含水量的变化情况介于上述两种情况之间;第四,非发酵糖醋渍品的含水量变化情况,与湿态发酵性腌渍品相同,如大蒜的含水量与糖醋蒜的含水量一般都在77％～79％。

7.3.2.5　矿物质含量的变化

在腌制过程中加入食盐的各种腌渍品,由于盐分的渗入,灰分含量均比新鲜原料有显著增高。清水发酵的酸白菜,由于部分矿物质外渗的结果,其灰分含量则略有降低。

经过盐腌的各种腌渍品,由于盐内所含钙的渗入,其含钙量一般均高于新鲜的原料;而含磷量及含铁量则正好相反。这是因为食盐不含有磷与铁的化合物,并且蔬菜本身的磷与铁的化合物又部分地向外渗出所致。酱腌渍品的情况则不同。由于酱渍过程中,酱内的食盐与有关化合物的大量渗入,所以与原料比较,其含钙量与其他矿物质含量均有明显的增高。

7.3.2.6　芳香物质形成

如前所述,蔬菜腌制品香气的形成是由糖苷类物质分解、酯化作用、蛋白质分解作用等综合作用的结果。

7.3.3　色泽的变化

在发酵性腌制中,蛋白质水解发生酶促褐变和非酶褐变,叶绿素在有机酸如乳酸、醋酸等作用下失去绿色,腌制品渗入了腌渍原辅料色素而改变了颜色。

7.4　蔬菜腌制工艺

7.4.1　发酵性腌制品工艺

7.4.1.1　泡菜

泡菜是我国很普遍的一种蔬菜腌制品,在西南和中南各省民间加工非常普遍,以四川泡菜最著名。泡菜因含适宜的盐分并经乳酸发酵,不仅咸酸适口,味美嫩脆,既能增进食欲,帮助消化,还具有保健疗效作用。

（1）原料选择　泡菜以脆为贵,凡组织紧密,质地嫩脆,肉质肥厚,粗纤维含量少,腌渍泡制后仍能保持脆嫩状态的蔬菜,均可选用。如子姜、藠头、苦薤、菊芋、萝卜、胡萝卜、青菜头、黄瓜、莴苣、甘蓝、蒜薹等。将原料菜洗净切分,晾干明水备用。

（2）发酵容器　泡菜乳酸发酵容器有泡菜坛、发酵罐等。

泡菜坛:为我国泡菜传统容器,以陶土为材料两面上釉烧制而成,大小不等,距坛口5～10 cm处有一圈坛沿,坛沿内掺水,盖上坛盖成"水封口",可以隔绝外界空气,坛内发酵产生的气体可以自由排出,造成坛内嫌气状态,有利于乳酸菌的活动。

发酵罐:不锈钢制,仿泡菜坛设置"水封口",具有泡菜坛优点,容积可达 1～2 m³,能控温,占地面积小,生产量大,但设备投资大。

（3）配制泡菜盐水　配制盐水应选用硬水,硬度在 16°H 以上为好,若无硬水,也可在普通水中加入 0.05%～0.1% 的氯化钙或用 0.3% 的澄清石灰水浸泡原料,然后用此水来配制盐水。食盐以精制井盐为佳,海盐、湖盐含镁离子较多,经焙炒去镁方可使用。

配制盐水时,按水量加入食盐 6%～8%,为了增进其色、香、味,可加入黄酒 2.5%,白酒 0.5%,白砂糖 3%,红辣椒 1%,以及茴香、草果、橙皮、胡椒、山奈、甘草等浅色香料少许,并用纱布袋包扎成香料包,盛入泡菜坛中,以待接种老泡菜水或人工纯种扩大的乳酸菌液。

老泡菜水亦称老盐水,系指经过多次泡制,色泽橙黄、清晰,味道芳香醇正,咸酸适度,未长膜生花,含有大量优良乳酸菌群的优质泡菜水。可按盐水量的 3%～5% 接种,静置培养 3 d 后即可用于泡制出胚菜料。

人工纯种乳酸菌培养液制备,可选用植物乳杆菌、发酵乳杆菌和肠膜明串珠菌作为原菌种,用马铃薯培养基进行扩大培养,使用时将三种扩大培养菌液按 5：3：2 混合均匀后,再按盐水量的 3%～5% 接种到发酵容器中,即可用于出胚菜料泡制。

（4）预腌出坯　按晾干原料量用 3%～4% 的食盐与之拌合,称预腌。其目的是增强细胞渗透性,除去过多水分,同时也除去原料菜中一部分辛辣味,以免泡制时过多地降低泡菜盐水的食盐浓度。为了增强泡菜的硬度,可在预腌同时加入 0.05%～0.1% 的氯化钙。预腌 24～48 h,有大量菜水渗出时,取出沥干明水,称出坯。

（5）泡制与管理　入坛泡制,将出坯菜料装入坛内的一半,放入香料包,再装菜料至离坛口 6～8 cm 处,用竹片将原料卡住,加入盐水淹没菜料。切忌菜料露出水面,因接触空气而氧化变质。盐水注入至离坛口 3～5 cm。盖上坛盖,注满坛沿水,任其发酵。经 1～2 d,菜料因水分渗出而沉下,可补加菜料填满。

原料菜入坛后所进行的乳酸发酵过程,根据微生物的活动和乳酸积累量多少,可分为以下三个阶段。

发酵初期:pH 值较高(pH 6.0 左右),不抗酸的肠膜明串珠菌迅速繁殖,产生乳酸,pH 值下降至 5.5～4.5,产出大量 CO_2,逐渐形成嫌气状态,便有利于植物乳杆菌、发酵乳杆菌繁殖,迅速产酸,pH 下降至 4.5～4.0,含酸量 0.25%～0.30%,时间 2～3 d,是泡菜初熟阶段。

发酵中期:以植物乳杆菌,发酵乳杆菌为主,细菌数可达 $(5～10)×10^7$/mL,乳酸积累量可达 0.6%～0.8%,pH 3.8～3.5,大肠杆菌、腐败菌等死亡,酵母菌受到抑制,时间 4～

5 d,是泡菜完熟阶段。

发酵后期:植物乳杆菌继续活动,乳酸积累量可达 1.0％以上,当达到 1.2％左右时,植物乳杆菌也受到抑制,菌群数量下降,发酵速度缓慢,达到 1.5％左右时,发酵作用停止。此时不属于泡菜而是酸菜了。

就乳酸积累量、泡菜风味品质而言,以发酵中期的泡菜品质为优。如果发酵初期取食,成品咸而不酸有生味,发酵后期取食过酸风味不好。泡菜取出后,适当补充盐量达 6％～8％,即可进行新一轮泡制,泡制的次数愈多,泡菜的风味愈好;多种蔬菜混泡或交叉泡制,其风味更佳。

若不及时加新菜泡制,则应加盐提高其含盐量至 10％以上,并适量加入大蒜梗、紫苏藤等富含抗生素的原料,盖上坛盖,保持坛沿水不干,以防止泡菜盐水变坏,称"养坛",以后可随时加新菜泡制。

在泡菜的完熟、取食阶段,有时会出现长膜生花,此为好气性有害酵母所引起,会降低泡菜酸度,使其组织软化,甚至导致腐败菌生长而造成泡菜败坏。补救办法是先将菌膜捞出,缓缓加入少量酒精或白酒,或加入洋葱、生姜片等,密封几天花膜可自行消失。此外,泡菜中切忌带入油脂,因油脂飘浮于盐水表面,被杂菌分解而产生臭味。取放泡菜须用清洁消毒工具。

(6)商品包装 成熟泡菜及时包装,品质最佳,久贮则品质下降。

切分整形:泡菜从坛中取出,用不锈钢刀具,切分成适当大小,边切分、边装袋(罐),中间停留不得超过 2 h。

配制汤汁:取优质泡菜盐水,加味精 0.2％,砂糖 3％～4％,乳酸乙酯 0.05％,乙酸乙酯 0.1％,食盐、乳酸根据泡菜盐水原有量酌加调整到 4％～5％与 0.4％～0.8％,溶化过滤备用。

装袋(罐):包装容器可用复合塑料薄膜袋、玻璃罐、抗酸涂料铁皮罐等,每袋(罐)可只装一个品种,也可装多个品种,称为什锦泡菜。

抽气密封:复合薄膜袋 0.09 MPa,玻璃瓶、铁皮罐 0.05 MPa 真空度抽气密封。

杀菌冷却:复合薄膜袋在反压条件下 85～90℃热水浴杀菌,100 g 装 10 min,250 g 装 12 min,500 g 装 15 min;500 g 装玻璃罐在 40℃预热 5 min,70℃预热 10 min,100℃沸水浴中杀菌 8～10 min,分段冷却;312 g 装铁皮罐,沸水浴中预热 5 min,杀菌 10 min,迅速冷却。

保温检验:将产品堆码于保温室内,在 32℃恒温下放置 5 d,检出胀袋漏袋、胀罐漏罐,并按规定抽样进行理化指标、微生物指标及感官评定,合格者即为成品。

7.4.1.2 酸菜

酸菜的腌制在全国各地十分普遍。北方、华中以大白菜为原料,四川则多以叶用芥菜、茎用芥菜为原料。根据腌制方法和成品状态不同,可分为两类,现将其工艺分述如下。

(1)湿态发酵酸菜 以芥菜为原料,按原料重加 3％～4％食盐干腌,入泡菜坛,稍加压紧,食盐溶化,菜水渗出,淹没菜料,盖上坛盖,加满坛沿水,任其自然发酵,亦可接种纯种植物乳杆菌发酵。在发酵初期除乳酸发酵外亦有轻微的酒精发酵及醋酸发酵。经 0.5～1 个月,乳酸含量积累达 1.2％以上,高者可达 1.5％以上,便成酸菜。成熟的酸菜,取出分装复合薄膜袋,真空封袋,在反压条件下 80～85℃热水浴中杀菌 10～15 min,迅速冷却,便可防止胖袋变质败坏,作为成品销售。

若以大白菜为原料,先剥去外叶,纵切成两瓣,在沸水中烫漂 1～2 min,迅速冷却,然后层层交错排列在大瓷缸中,注入清水,使水面淹过菜料 10 cm 左右,以重石压实。经 20 d 以上自然乳酸发酵即可食用。

(2)半干态发酵酸菜 多以叶用芥菜、长梗白菜和结球白菜为原料,除去烂叶老叶,削去菜根,晾晒 2～3 d,晾晒至原重量的 65%～70%。腌制容器一般采用大缸或木桶。按 4～5 kg/100 kg 的比例用盐,如要保藏较长时间可酌量增加。

腌制时,一层菜一层盐,并进行揉压,要缓慢而柔和,以全部菜压紧实见卤为止。一直腌到距缸沿 10 cm 左右,加上竹栅,压以重物。待菜下沉,菜卤上溢后,还可加腌一层,仍然压上石头,使菜卤漫过菜面 7～8 cm,置凉爽处任其自然发酵产生乳酸,经 30～40 d 即可腌成。

7.4.2　非发酵性腌制品工艺

7.4.2.1　咸菜类

咸菜是我国南北各地普遍加工的一类蔬菜腌制品,产量大,品种多,风味各异,保存性好,深受人们喜爱。

(1)咸菜 咸菜是一种最常见的腌制品,全国各地每年都有大量加工,四季均可进行,而以冬季为主。适用的蔬菜有芥菜、雪里蕻、白菜、萝卜、辣椒等。原料采收后,削去菜根,剔除边皮黄叶,然后晾晒 1～2 d,减少部分水分,并使质地变软便于操作。

将晾晒后的净菜依次排入缸内(或池内),按每 100 kg 净菜加食盐 6～10 kg,按照一层菜铺一层盐的方式,并层层搓揉或压制,要求搓揉到见菜汁冒出,排列紧密不留空隙,撒盐均匀而底少面多,腌至八九成满时将多余食盐撒于菜面,加上竹栅压上重物。到第 2～3 d 时,卤水上溢菜体下沉,使菜始终淹没在卤水下面。

腌渍所需时间,冬季 1 个月左右,以腌至菜梗或片块呈半透明而无白心为标准。成品色泽嫩黄,鲜脆爽口。一般可贮藏 3 个月。如腌制时间过长,其上层近缸面的菜,质量渐次,开始变酸,质地变软,直至发臭。

(2)榨菜 榨菜以茎用芥菜膨大的茎(青菜头)为原料,经去皮、切分、脱水、盐腌、拌料装坛(或入池)、后熟转味等工艺加工而成。

榨菜为我国特产,1898 年创始于涪陵市,故有"涪陵榨菜"之称。在加工过程中曾将盐腌菜块用压榨法压出一部分卤水故称榨菜。在国内外享有盛誉,列为世界名腌菜。原为四川独产,现已发展至浙江、福建、上海、江西、湖南及台湾等省市。仅四川现年产(1.0～1.2)×10^5 t,浙江、福建年产 1.5×10^5 t 以上,畅销国内外。

榨菜生产由于脱水方法不同,又有四川榨菜(川式榨菜)与浙江榨菜(浙式榨菜)之分。前者为自然晾晒(风干)脱水,后者为食盐脱水,形成了两种榨菜品质上的差异。

①四川榨菜:四川榨菜具有鲜香嫩脆,咸辣适口,回味返甜,色泽鲜红细腻、块形整齐美观等特色。现将工艺方法介绍如下。

工艺流程:

原料选择→剥皮穿串→晾晒下架→头道盐腌→二道盐腌→修剪除筋→整形分级→淘洗上囤→拌料装坛→后熟清口→封口装篓→成品

原料选择:榨菜的原料是茎用芥菜,俗称青菜头。加工榨菜最好的品种是永安小叶、三转子、蔺市草腰子等。原料要求组织紧密脆嫩、粗纤维少、皮薄、菜头突起物圆钝、整体呈圆形或椭圆形,单个重150 g以上,含水量低于94%,可溶性固形物含量在5%以上,无病虫害、空心、抽薹者为佳。以立春前后至雨水采收的青菜头品质好,成品率高。过早采收单产低,过迟菜头抽薹,纤维素逐渐木质化,肉质变老,甚至空心,制成的榨菜品质低劣。

剥皮穿串:原料应及时剥去基部老皮,抽去硬筋,按菜头大小适当切分,500 g以上的切分为三,250~500 g的切分为二,250 g以下者纵切一刀,深至菜心,不切断,制作"全形菜"。切分时切块必须大小一致,以保证晾干后干湿均匀,成品整齐美观。切好的菜头可用长2 m左右的竹丝或聚丙烯塑料丝沿切块两侧穿过,称排块穿菜。穿满一串两头竹丝回穿于菜块上锁牢,每串4~5 kg。

晾晒下架:菜串搭在事先搭好的架上,切面朝外,青面朝里,以利风干。在晴天微风条件下7~10 d可达到要求的脱水程度,手捏菜块周身柔软无硬心、表面皱缩而不干枯、无黑斑烂点、黑黄空花、发梗生芽等不良变化,此时便可下架。每100 kg鲜菜块下架时干菜块重为45~35 kg(视早、中、晚期采收时间而定),含水量由93%~95%下降至90%左右,可溶性固形物由4.0%~5.5%上升至10%~11%。

腌制:风干菜块下架后立即腌制。目前多用大池进行,菜池一般为地下式,规格约3.3 m×3.3 m×3.3 m(约36 m³)或4 m×4 m×(2~3) m的矩形池,用耐酸水泥做内壁,或铺耐酸瓷砖,每个池可腌制菜块25~27 t。

第一次腌制,也称头道盐腌。将风干菜块过秤装入腌制池,按菜量的4%上盐比例,一层坯料,一层盐,每层坯料厚30~45 cm,如此装满池为止。每层都必须用人工或踩池机踩紧,以表面盐粒溶化,现汁水为适宜。顶层撒盖面盐,盖面盐由最先4~5层提留,每层留10%。腌制3 d后即可起池,起池时利用渍出的菜盐水,边淘洗边上囤,池内盐水转入专用澄清池贮存。囤高不宜超过1 m。经压囤24 h即成半熟菜块。

第二次腌制,半熟菜块过秤再入池进行第二次腌制,也称二道盐腌。方法与第一次腌制相同,只是每层菜量减少20%~40%,用盐量为半熟菜块重量的6%,用力压紧,顶层撒盖面盐,早晚再压紧一次,约经7 d,起池淘洗上囤,压囤24 h即为毛熟菜块,应及时转入修剪除筋工序。

入池腌制的菜块,应经常注意检查,以防菜块变质发酵。一般说来,第一道腌制时所加食盐比例较少,容易发生"烧池"现象,如果发现发热变酸或气泡放出特别旺盛时,应立即起池上囤,压干明水后转入第二次腌制。如果修剪除筋工序来不及,可以适当延长第二次腌制留池的时间,不过早、晚均要进行追踪一次并加入少量面盐以防变质。

修剪除筋和整形分级:用剪刀仔细剔除毛熟菜块上的飞皮、叶梗基部虚边,抽去硬筋,削净黑斑烂点。修整的同时,按大、中、小及碎菜块分级。

淘洗上囤:将分级的菜块用经过澄清的盐水充分淘洗,洗去泥沙污物,随即上囤,压囤24 h即成为净熟菜块,可转入拌料装坛。

拌料装坛:首先按净熟菜块重配好调味料,调味料的配比各有所不同,常用的如红辣椒粉,整粒花椒,混合香料末。混合香料末主要由:八角、白芷、山奈、桂皮、干姜、甘草、砂头、白胡椒等。食盐按大、小、碎菜块分别为净熟菜块重量的6%、5%、4%。食盐、辣椒、花椒及香料等宜事先混合拌匀后再撒在菜块上,充分翻转拌和均匀后装坛。

榨菜坛为土陶坛,容量大小不等,内外光滑满釉,不裂不漏。装坛前先检查坛子是否有沙眼裂缝,清水洗净,并用酒精擦抹杀菌。菜要分次填装,每坛宜分5次装满,分层压紧,排出坛内空气,切勿留有空隙。坛口撒一层红盐(1 kg食盐加辣椒粉25 g拌匀),约60 g。在红盐面上交错盖上2~3层干净玉米壳,再用干萝卜叶扎紧坛口封严,入库堆码后熟。

后熟及清口:刚装坛的菜块还是生的,鲜味和香气还未形成,需经存放在阴凉干燥处后熟,后熟期一般至少需要2个月以上,时间延长,品质会更好。后熟期中会出现"翻水"现象,即坛口菜叶逐渐被上升的盐水浸湿,进而有黄褐色的盐水由坛口溢出坛外,这是正常现象,是由坛内发酵作用产生气体或品温升高菜水体积膨胀所致。翻水现象至少要出现2~3次,即菜水翻上来之后不久又落下去,过一段时间又翻上来,再落下去,如此反复2~3次,直到每坛尚残余盐水1 kg左右时而停止。每次翻水后取出菜叶并擦净坛口及周围菜水,换上干菜叶扎紧坛口,这一操作称为"清口",直到不再翻水时即可封口。后熟期中,如果装坛30 d仍无翻水现象,可能是菜坛渗漏或装菜不紧,空隙大,应及时加以补救。

爆坛常发生在气温30℃以上期间,由于装坛过紧,菜体膨胀而爆坛;或因嗜盐性产气微生物如酵母菌等大量繁殖,产生CO_2,坛口封扎过严而爆坛。

封口装篓:封口多用水泥砂浆,加水拌合后涂敷坛口,中心打一小孔,以利气体排出。此时榨菜已初步完成后熟。

四川榨菜的感官要求及理化指标参见表7-6,表7-7。

②浙江榨菜:浙江因青菜头采收期4~5月份正值雨季,难以自然晾晒风干脱水,而采用食盐直接腌制脱水。其加工方法如下。

工艺流程:原料收购→剥菜→头次腌制→头次上囤→二次腌制→二次上囤→修剪挑筋→淘洗上榨→拌料装坛→覆查封口→成品。

原料收购:一般从清明节开始收购,菜头大小适中,未抽薹,无空心硬梗,菜体完整无损伤。

剥菜:俗称扦菜。用刀从根部倒扦,除去老皮老筋,刀口要小,不可损伤菜头上突起菜瘤。扦菜后根据菜头形状和大小,进行切分,500 g以上菜头,切分为2~3块,中等大小圆形的对剖为两半,150 g以下的不切。切分时应注意菜块的大小形状,要均匀一致,不可差异过大,以免腌制不匀。

头次腌制:一般采用大池腌制,菜池与四川相似,每层不超过16~17 cm,按3.5 kg/100 kg菜坯用盐。

头次上囤:腌制一定时间后(一般不超过3 d)即须出池,行第一次上囤。先将菜块在原池的卤水中淘洗,洗去泥沙后即可上囤,面上压以重物,以卤水易于沥出为度。上囤时间勿超过一天,出囤时菜块重为原重的62%~63%。

二次腌制:菜块出囤后过磅,进行第二次腌制。操作方法同前,但菜块下池时每层不超过13~14 cm。用盐量为出囤后菜块重的5%。在正常情况下腌制一般不超过7 d,若需继续腌制,则应翻池加盐,每 100 kg 再加盐 2～3 kg,灌入原卤,用重物压好。

二次上囤:操作方法同前一次上囤,这次囤身宜大不宜小,菜块上囤后只须把平压实,面上可不压重物,上囤时间以 12 h 为限。

修整挑筋:出囤后将菜块进行修剪,修去粗筋,剪去飞皮和菜耳,使外观光滑整齐,整理损耗约为第二次出囤菜块的 5%。

淘洗上榨:整理好的菜块需进行初洗与复洗两次淘洗,以除尽泥沙,淘洗时所用卤水为第二次腌制后的滤清菜卤。洗净后上榨,上榨时榨盖一定要缓慢下压,使菜块外部的明水和内部可能压出的水分徐徐压出,而不使菜块变形或破裂。上榨时间不宜过久,程度须适当,必须掌握榨折率在 85%～87%。

拌料装坛:可加入辣椒粉、花椒、五香粉、甘草粉、苯甲酸钠等进行拌料,先将各配料混合拌匀,再分 2 次与菜块同拌,拌好即可装坛,每坛分 5 次装满,每次菜块装入时,均须 3 压 3 捣,使各部分紧实,用力要均匀,防止用力过猛而使菜块或坛破损。每坛装至距坛口 2 cm 为止,再加入面盐 50 g,塞好干菜叶(干菜叶是用新鲜榨菜叶经腌渍晒干的咸菜叶)。塞口时必须塞得十分紧密。装坛完毕后,坛面要标明毛重、净重、等级、厂名、装坛日期和装坛人编号。

覆查封口:装坛后 15～20 d 要进行一次覆口检查,将塞口菜取出,如坛面菜块下陷,应添加同等级的菜块使其装紧,铺上一层菜叶,然后塞入干菜叶,要塞得平实紧密,随即用水泥砂浆封口,贮于冷凉干燥处,以待运销。

浙江榨菜的感官要求及理化指标参见表 7-6,表 7-7。

表 7-6 榨菜的感官要求

(GH/T 1011—2007 榨菜)

项目	要 求	
	川式榨菜	浙式榨菜
色泽	菜块微黄色,辅料色泽正常,不发暗,不变褐	菜块黄绿色,辅料色泽正常,不发暗,不变褐
滋味	具有风干榨菜特有的鲜香味及其辅料固有的滋味,无异味	具有盐脱水榨菜的鲜香味及其辅料固有的滋味,无异味
形态	菜块呈近圆球形、扁圆球形或纺锤形,肉质肥厚,菜块表面呈皱纹,辅料分布均匀,空心菜个数总量不超过 5%	菜块呈近圆球形、扁圆球形或纺锤形,肉质肥厚,菜块表面呈皱纹,辅料分布均匀,空心菜个数总量不超过 5%
质地	具有风干脱水榨菜特有的嫩、脆	具有盐脱水榨菜特有的嫩、脆

表 7-7 榨菜的理化标准

(GH/T 1011—2007 榨菜)   %

项 目	要求
水分	≤85.0
含盐量(以氯化钠计)	≤15
总酸(以乳酸计)	≤1.0

③方便榨菜 方便榨菜又称小包装榨菜,是以坛装榨菜为原料经切分拌料、称量装袋、抽空密封、防腐保鲜而成。目前凡有榨菜生产的地区,均有方便(袋装)榨菜生产加工投放市场。因小型包装,便于携带,开启容易,取食方便,风味多样,较耐保存,畅销国内外。

包装袋现普遍采用复合塑料薄膜袋,有聚酯/铝箔/聚乙烯、聚酯/聚乙烯和尼龙/高密度聚乙烯等几种。以聚酯/铝箔/聚乙烯使用较好。

方便榨菜的感官和理化要求见表7-8,表7-9。

表7-8 方便榨菜的感官要求
(GH/T 1012—2007 方便榨菜)

项目	要求	
	川式榨菜	浙式榨菜
色泽	原辅料应色泽正常,无异常色变	原辅料应色泽正常,无异常色变
滋味	具有风干榨菜特有的鲜香味及其辅固有的滋味,无异味	具有盐脱水榨菜的鲜香味及其辅料固有的滋味,无异味
味型	可配制成各种味型,但内装榨菜味型必须与标签、标志味型一致	可配制成各种味型,但内装榨菜味型必须与标签、标志味型一致
质地	具有风干脱水榨菜特有的嫩、脆	具有盐脱水榨菜特有的嫩、脆
形状	菜型可呈丝状、片状、颗粒状	菜型可呈丝状、片状、颗粒状

表7-9 方便榨菜的理化指标
(GH/T 1012—2007 方便榨菜)

%

项目		要求		
		低盐类	中盐类	高盐类
水分	≤	92.0	86.0	82.0
含盐量(以氯化钠计)	≤	6	10	15
总酸(以乳酸计)	≤		1.0	

7.4.2.2 酱菜类

蔬菜酱制是采用盐腌保藏的咸坯菜,经去咸排卤后进行酱料酱渍,使酱料中的各种成分通过渗透、扩散作用进入蔬菜组织内,从而制成滋味鲜甜、质地脆嫩的酱菜的过程。酱菜加工各地均有传统制品,如扬州的什锦酱菜、绍兴的酱黄瓜、北京的"六必居"酱菜园都很有名。

酱菜的原料绝大多数是利用新鲜蔬菜收获季节先行腌制的咸菜坯,为了提高咸菜坯的保藏期,在腌制时都采用加大食盐用量的办法来抑制微生物的活动。所以咸菜坯的含盐量都很高,在酱渍前均需对咸菜坯进行脱盐工艺。咸菜坯的食盐量一般在20%~22%,酱渍时应使菜坯盐分控制在10%左右。

菜坯经清水浸泡去咸后,捞出时将淡卤自然加压排除。传统的操作是将菜坯从缸内捞出装入篾笋或布袋中,一般是每3笋或每5袋,相互重叠利用自重自然排卤,隔1~1.5 h上、下相互对调一次,使菜坯表层的淡卤排出均匀,以保证酱渍质量。

酱渍的方法有三:其一是直接将处理好的菜坯浸没在豆酱或甜面酱的酱缸内;其二是在缸内先放一层菜坯再加一层酱,层层相间地进行酱渍;其三是将原料先装入布袋内,然

园艺产品贮藏加工学·加工篇

后用酱覆盖。酱与菜坯的比例一般为5：5,最少不低于3：7。由于去咸菜坯中仍含有较多的水分,入酱后菜坯中的水分会逐渐渗出使酱的浓度不断降低。为了获得品质优良的酱菜,最好连续进行3次酱渍,酱渍的时间长短随菜坯种类及大小而异,一般需15～20 d。如果在夏天酱渍,由于温度高,酱菜的成熟期限可以大为缩短。

在酱渍过程中,为了使原料能均匀地吸收酱色和酱味,同时使酱的汁液能顺利地渗透到原料组织中去,可进行搅动。成熟的酱菜不但色、香、味与酱完全一致而且质地嫩脆,色泽酱红呈半透明状。

在酱料中可加入各种调味料酱制成不同花色品种的酱菜。如加入花椒、香料、料酒等制成五香酱菜;加入辣椒酱制辣酱菜;将多种菜坯按比例混合酱渍,或已酱渍好的多种酱菜按比例搭配包装制成八宝酱菜、什锦酱菜。

7.4.2.3 糖醋菜类

糖醋菜类各地均有加工,以广东的糖醋酥姜、镇江的糖醋大蒜、糖醋萝卜较为有名。原料以大蒜、萝卜、薤、黄瓜、生姜等为主。由于各地配方不一,风味各异,制品甜而带酸、质地脆嫩、清香爽口、深受人们欢迎。

(1)糖醋大蒜 选择鲜茎整齐、肥大色白、质地鲜嫩的蒜头,切去根部和假茎,剥去包在外部的粗老蒜皮,洗净沥干水分,进行盐腌。

腌制时,按10 kg/100 kg鲜蒜头比例用盐,分层腌入缸中,一层蒜头一层盐,装到半缸或大半缸时为止。腌后每天早、晚各翻缸一次,连续10 d即成咸蒜头。

把腌好的咸蒜头从缸内捞出沥干卤水,摊铺在晒席上晾晒,每天翻动1～2次,晒到失重30%左右为度。按晒后重每100 kg用食醋70 kg,红糖18 kg,白砂糖12 kg配料淹制,1个月后即可食用。在密封的状态下可供长期贮藏,糖醋渍时间长些,制品品质会更好一些。

(2)糖醋薤头 薤头实为薤,形状美观,肉质洁白而脆嫩,是制作糖醋菜的好原料。原料采收后除去霉烂、带青绿色及直径过小的薤头,剪去根须和梗部,保留梗长约2 cm,用清水洗净泥沙。

腌制时,按5 kg/100 kg原料比例用盐,腌制方法与糖醋大蒜类似,腌30～40 d,使薤头腌透呈半透明状即可。捞出沥去卤水,并用等量清水浸泡去咸,最后用糖醋液,方法和蒜头渍法基本相同,但所用糖醋液配料为2.5%～3%的冰醋酸液70 kg,白砂糖18 kg,糖蜜素60 g。不可用红糖和食醋,这样方能保持制品本身的白色。口味也可根据消费者的爱好而变化。

7.5 蔬菜腌制品生产实例

发酵性腌制品泡菜、酸菜已在第四节详述,本节仅介绍几种具有浓郁地方特色的非发酵性腌制品生产实例。

7.5.1 云南大头菜

7.5.1.1 成品特点

历史悠久,全国闻名,风味独特,呈黑色有光泽,切开后肉质呈酱红色,半透明,味鲜美,咸而不苦,甜而不酸,香气淳厚,嗅之爽人,组织细密而嫩脆,少量细嚼越嚼越香。成品含水量50%以下,含盐量8%以下,是一种低水低盐腌菜。

7.5.1.2 制作方法

(1)原料选择 选用小花叶种根用芥菜,采收后选肥大、圆正、光滑、少筋者,剔除病虫害、腐烂菜头。

(2)削皮破块 原料进厂后及时处理,削平头部,削掉表皮及须根,纵剖为大小相等的两块。

(3)腌制翻池 将切分菜块浸入清水中使表面沾水,放入腌制池内,按菜块重用盐3%,一层菜一层盐、踩紧,腌制24 h后翻池,边淘洗边起池;进行第二次腌制,用盐量仍为3%,腌1~2 d翻池,仍边淘选边起池;进行第三次腌制,用盐量为2.5%,1~2 d后检查,用手捏菜块周身柔软,切开无白硬心便可边淘洗、边起池。经3次盐腌、淘洗的菜块,应皮绿、白肉、清洁爽目。起池沥干明水后称"芥坯"。

(4)炒色化糖 每10 t生芥坯原料用40°Be的麦芽糖250 kg,放在锅内加热炒制,开始用大火,以后火力逐渐减小,边搅边炒,直至糖变焦色,用搅棒挑起糖浆下垂呈马尾丝状时即可加水,为防止热锅突遇冷水而炸裂,先用竹刷沾水洒入锅内,待糖烟消失后再大量加水,将糖浆稀释为30~33°Be,色黑发亮,且无焦苦味,出锅过滤,即为炒色。另取上等红糖850 kg,加水加热溶化制成40~42°Be的红糖。

(5)对酱泡酱 将上述炒色麦芽糖浆及红糖液加入,充分搅拌均匀备用。如制高级大头菜,还可在酱中加入玫瑰糖250 kg及老白酱250 kg。对好的酱应是黑色有光泽,味咸而香甜,可溶性固形物76%左右。先将对好的酱在池内壁四周浇一层,然后将芥坯分层入池,一层芥坯一层酱,至池口10 cm处,表面再浇一层酱后,放上木板,压以重石,再浇酱淹没菜坯。

(6)酱渍晒芥 入池酱渍需70~80 d,待其酱体渗透平衡,深及菜心,酱渍完成,在此过程中若发现酱变干,应及时补加。取出菜块平铺晒席上,切面向上,排列整齐和利通风透气。晴天晒2 d后,翻面再晒半天,以菜块边缘收缩,表面的酱不粘手为度。

(7)均湿后熟 将晒好的菜块装入干净的空池内,层层压紧,一直装至池口,盖薄膜一层,再盖竹席,然后用石头压紧,隔绝空气。在池内贮存3个月,便可均湿后熟成为成品。

▶ 7.5.2 南充冬菜

7.5.2.1 成品特点

南充冬菜是四川南充著名特产,生产历史已逾百年,畅销全国各地。成品乌黑而有光泽,组织嫩脆,香气浓郁,风味鲜美,无硬筋老梗,含水量60%~62%,含盐量12%~14%。

7.5.2.2 制作方法

(1)原料 生产选用的叶用芥菜原料主要有以下两个品种。

箭秆菜:叶片直立如箭秆形,是南充腌制冬菜历史悠久的品种。用箭秆菜腌制的冬菜,组织嫩脆,味鲜,香气浓郁,存放3年以上组织仍嫩脆而不软化,且鲜香味愈来愈浓,色泽愈来愈黑。

乌叶菜:是南充目前加工冬菜的大宗品种,菜身肥壮,基部茎比箭秆菜粗大,叶片也大,产量高,但制成冬菜的品质不及箭秆菜,存放 3 年以上时组织开始软化,失去脆性。

(2)晾菜　当年 11 月下旬至翌年 1 月份是采收原料的季节,过早采收菜未充分长大,产量低,延迟采收,菜开始抽薹,组织变老不合要求。采后从菜根端纵切开,按菜基部大小,纵切一刀或两刀,但均不要划断,称"划菜"。利用划口将整株菜挂搭在牵藤、木杆或树枝上,晾晒 3～4 周,多者达 6 周,等其外叶全部萎黄,内叶及菜心萎蔫、尚未干枯,顶端有萌发的嫩尖时,即可下架。100 kg 鲜菜可得干菜 23～25 kg。

(3)修剪　先剪去外部老黄叶,供以后作坛口菜封坛用。再剪下中间叶片及菜心上过长叶片的尖端,称为二菜。最后剥净根端基部粗筋部分,剩下萎蔫的菜尖,称蔫菜尖。100 kg 鲜原料晒干后经修剪可得到蔫菜尖 10～12 kg,二菜 4～5 kg,老黄叶 8～9 kg。

(4)淘洗、晾干　将修剪的二菜、蔫菜尖分别用清水淘洗,去除泥沙污物,上囤压干明水。

(5)揉菜腌制　按菜坯 13％盐腌制,留出盖面盐后,把盐撒在菜上,从上至下用力搓揉,揉至菜身软和,不见盐粒,即可入池。池内分层码放,层层压紧,撒上盖面盐,盖上竹席,用重石加压,以利菜水排出。腌制 1 个月后翻池,并加入 0.1％～0.2％花椒,分层入池压紧,继续加压腌制,以排出更多的菜水。老黄叶淘洗干净,用 10％食盐,同法入池腌制,腌后晒干作坛口菜。

由于冬菜系一次加盐腌制,有大量的卤水排出,为了排除卤水可在池底设一孔道,卤水由此孔流出,以降低菜的含水量。流出的卤水经澄清过滤后可晒制"菜酱油"。

(6)上囤、拌料、装坛　翻池续腌 2～3 个月后,即可起池上囤,再加 0.1％～0.2％花椒拌匀,囤高可达 3 m,撒上盖面盐,盖上竹席,加压重石,使卤水继续排出,经 1～2 个月不再有卤水流出,即可拌料装坛。香料主要为花椒、八角、山奈、陈皮、桂皮香松、小茴、白芷,混合粉碎,保存干燥处备用。按每 100 kg 原料添加 1.1 kg 左右的香料粉,拌匀装坛,装坛时菜分次入坛,每次用各种装菜工具由坛心到坛边反复压紧压实,不得留空隙或左虚右实。装至坛口后用腌过晒干的老黄菜叶扎紧坛口,用塑料薄膜包裹捆扎,或用三合土封坛口亦可。

(7)晒坛后熟　装坛后置于露地任其日晒夜露,晴天曝晒,雨天盖棚,其目的是增加坛内品温,促进各种物质的生物化学变化、渗透扩散作用,使菜加速后熟。经过 2～3 个炎夏,坛内菜色头年由青转黄,二年由黄转乌,三年由乌转黑,并产生特殊芳香。用箭秆菜为原料者,需晒坛三年风味才臻完善,脆度仍佳。而用乌叶菜为原料者,晒坛二年即需销售,否则易失去脆度。晒坛期间,夏季炎热,坛内温度增高,卤水溢出坛外,冬季温度下降,坛内菜体收缩下沉,宜开坛检查,下沉者用同级菜装满,有霉变者取出换以同级菜补充或将霉变菜淘洗去霉压干补加盐回坛压紧,用老黄菜叶塞紧,包裹、密封同前。

(8)分坛包装　冬菜成熟后,取出用容重 25～30 kg 或 2.5 kg 瓦坛分装,封口如前,以待运销。近年选用复合塑料薄膜袋包装,真空密封,在反压操作下于 100℃沸水浴中杀菌 8～12 min,可防止胀袋变质。

除南充冬菜外,我国著名的地方名品冬菜还有北京冬菜、天津冬菜和资中冬菜。其加工工艺与南充冬菜大同小异,其主要区别首先是所用原料品种不同,如北京冬菜、天津冬菜以大白菜为原料,资中冬菜以叶用芥菜当地品种"稀节巴齐头黄"、"枇杷叶"为原料。其次是所用食盐必须经过焙炒,装坛时不加或少加辛香调料。

▶ 7.5.3 宜宾芽菜

7.5.3.1 成品特点

芽菜系将叶用芥菜的嫩茎、叶柄、中肋划成丝,晾干腌制而成,有咸芽菜、甜芽菜之分。甜芽菜产于四川宜宾市,系地方名产,畅销全国。其成品色泽暗褐有光泽,质地嫩脆,气味甜香,咸淡适口,含水量50%左右,含盐量10%左右,含糖量5%。

7.5.3.2 制作方法

(1)原料处理 选用当地品种"二平桩"叶用芥菜为原料,冬末春初采收。剥去叶片,嫩茎划成6~8 mm细条。剥下的叶片打去叶肉另作它用,保留中肋、叶柄及粗大的叶脉,仍划成6~8 mm细条。淘洗干净,捆成束,置菜架上晾晒到为鲜菜重12%~13%时下架,称白芽菜。

(2)腌制 分两次腌制,第一次用盐5%~6%,搓揉后堆码在桶内或缸内,上压重石,腌制2~3 d翻转菜坯再腌制2~3 d,使其排水;第二次制腌用盐6%~7%,再次搓揉使盐渗入菜内,仍堆集于桶或缸内,上压重石,2~3 d翻菜,再腌2~3 d,无菜水排出,即可转入下一工序,称为盐坯。

(3)着色 每100 kg盐坯加入红糖20 kg。红糖先加水溶化再加热浓缩至起丝为止,此时含糖量为67%以上。将盐坯铺开,浇淋红糖液一层,再铺盐坯,再浇糖液,直至装满容器。容器底部有孔洞,流出的糖液收集再用。24 h后翻堆,每翻一层浇一次糖液。如此重复翻堆、浇糖3~4次,糖液渗入菜坯逐渐变为褐色。

(4)配料装坛 已着色的菜坯加1.1%香料末拌匀装坛。香料末主要为花椒、八角、山奈组成。

菜坛为陶土烧制,上釉,容重约30 kg。装坛须分层装坛,层层压紧,不留空隙,装至坛口处,用干盐菜扎紧坛口封严。

(5)存放后熟 在干燥室内存放2~3个月开始成熟,但品质好的芽菜要存放一年才更加味鲜,香气浓郁。

咸芽菜与甜芽菜腌制工艺基本相同,仅不加红糖液而已。

碎米芽菜:取存放后熟甜芽菜,用清水淘洗干净,挤干,切成碎末,适当添加白砂糖、香料末、味精等拌匀,分装尼龙/聚乙烯、聚酯或铝箔袋,0.09 MPa下抽空密封,在反压条件下,100℃沸水浴中杀菌8~12 min,迅速冷却,防止胀袋变质,即成方便碎米芽菜,开袋即可食用。

▶ 7.5.4 萧山萝卜干

7.5.4.1 成品特点

萝卜干是最普通的一种蔬菜腌制品,全国各地均有加工,以浙江萧山、江苏常州等地所产者最为著名。萧山萝卜干属半干性咸菜,成品黄褐色,香气浓郁,味鲜而回甜,畅销国内外,深受消费者喜爱。

7.5.4.2 制作方法

(1)原料采收 选用肉质紧密脆嫩的"一刀种"白色萝卜,一般在冬至到小寒间收获,要求不糠心、无老筋。

(2)洗涤切条 萝卜收获后,削去菜叶和侧根,洗净泥沙,然后纵切为条状,每条长约10 cm,粗如食指,切条时务必使每根萝卜条带有萝卜皮。

(3)晾晒 切条后,将萝卜条摊在席上曝晒。一般用竹材或木材搭成高65~70 cm的晒架,晒席即铺在架上。经风吹日晒3 d后,移到晾棚内晾1 d,以散去晒时吸收的热量,晾晒程度,以萝卜条柔软可弯曲,重量减少一半左右时为宜。

(4)腌制 按3%~4%用盐进行第一次腌制。腌制时先将萝卜条放在木盆内加盐搓揉,搓到食盐溶化为度,然后倒入缸内揿紧压实,层层上腌至离缸口15 cm,上加竹栅压上重物。腌3 d后翻缸,取出铺散于晒席上晒2 d晾1 d,弃去卤水。按晒后重4%用盐进行第二次腌制,腌5 d后,取出萝卜条进行第三次晾晒,按晒后重5%加盐,入缸要压得很紧实,再经1周即可腌成。

(5)装坛 腌制好的萝卜干装入已清洗干燥的小口坛内,装时要分批装紧压实,不留空隙,坛口用尼龙薄膜盖上用绳索扎紧。制成品含水量一般约为30%,若需远销或长期存放时,宜将水分降低到近20%,可于腌成后再晒一次。

7.6 蔬菜腌制品常见的败坏及控制

腌制品营养丰富,在加工和流通过程中,在适宜的环境条件下,易发生微生物繁殖、有机质分解,出现变味、变色、长霉、生花等各种败坏现象。造成腌制品败坏的原因很多,可分为生物败坏、物理败坏、化学败坏3种。

▶ 7.6.1 败坏原因

7.6.1.1 生物败坏

酱腌菜败坏的主要原因是有害微生物的生长繁殖,见表7-10。引起腌制品变质的有害微生物主要有大肠杆菌、丁酸菌、霉菌、有害酵母菌等,这些微生物主要是好气菌和耐盐性菌。它们的大量繁殖,促使酱腌菜的败坏,造成表面生花、酸败、发酵、软化、腐臭和变色等。

表 7-10 腌制加工中的主要微生物及其特性

菌类	耐受食盐浓度/%	耐受的pH值	生长适宜温度/℃	好氧状态	危害现象
丁酸菌	8	4.5	30	厌氧	生成丁酸,产生强烈的不愉快气味
大肠杆菌	6	5.0~5.5	37	需氧(兼)	有致病作用,将硝酸盐还原为亚硝酸盐

菌类	耐受食盐浓度/%	耐受的pH值	生长适宜温度/℃	好氧状态	危害现象
变形杆菌	10		30～37	需氧(兼)	分解蛋白质,生成有臭味的物质如吲哚等
沙门氏菌	12～19	6.8～7.8	20～37	需氧(兼)	
金黄色葡萄球菌	10～15	4.5～9.8	20～37	厌氧(兼)	产生毒素,引起食物中毒
肉毒杆菌	6	4.5～9.0	18～30	厌氧	产生毒素,引起食物中毒
酵母菌	10～15	2.5～3.0	28	需氧	分泌聚半乳糖醛酸酶,软化组织,产生不愉快气味
霉菌	10～15	1.2～3.0	25～30	需氧	生霉,降低酸度,软化组织,制品风味变劣,产生有害物质

7.6.1.2 物理败坏

光照和温度是造成腌制品物理败坏的主要因素。在光照下,产品容易变色、变味和维生素的损失。不适宜的温度对酱腌菜的贮藏也是不利的,贮温过高,可引起各种不利的化学和生物变化,导致风味损失;贮温过低(冰冻温度以下),使质地发生变化。

7.6.1.3 化学败坏

各种化学性的变化如氧化、还原、分解、化合等都能使酱腌菜发生不同程度的败坏,在贮藏期间,不利的环境条件会加速上述过程,如空气会使酱腌菜变黑,温度过高加速蛋白质的分解。

▶ 7.6.2 控制途径

7.6.2.1 利用渗透压

一般微生物细胞液的渗透压在 $0.35～0.6$ MPa 之间,而 1%的食盐溶液的渗透压为 0.61%MPa。目前我国的酱腌菜食盐含量一般为 8%以上,因而可具有 4.88 MPa 的渗透压,远远超过了一般微生物细胞液的渗透压,从而可防止一部分微生物的侵害。

除此之外,酒精、糖类也具有较高的渗透压,因此可以利用他们来提高物质的渗透压来保鲜其制品的品质。在日本,腌渍菜中使用酒精已很普遍。

7.6.2.2 利用微生物

腌制品的乳酸发酵、酒精发酵、醋酸发酵等过程使得乳酸不断积累,pH 值不断下降(见表 7-11),使有害微生物受到抑制。

表 7-11 几种有害微生物的 pH 值下限

有害微生物	pH 值	有害微生物	pH 值
腐败细菌	4.4～4.5	丁酸菌	4.5
大肠杆菌	5.0～5.5	霉菌	1.2～3.0
酵母菌	2.5～3.0		

乳酸虽能杀菌或防腐,但抗酸性较强的酒花酵母能直接分解乳酸,而使泡菜类的乳酸含量降低,品质下降,且容易败坏。然而这类菌均为好气性菌,只要能做到严格隔绝空气,就可长久贮藏不坏。

7.6.2.3　利用酸

目前欧美各国和日本等国都在食品中大量添加各种食用酸,且把减盐增酸作为今后酱腌菜发展的方向。在腌渍液里添加食醋、冰醋酸及柠檬酸都能使腌渍液的 pH 值下降,从而达到抑制微生物生长繁殖的目的。

7.6.2.4　利用植物抗菌素或防腐剂

蔬菜中含有一定的植物抗菌素,如葱、蒜中的蒜辣素,姜中的姜酮,绿色菜中的花青素,辣椒中的辣椒素,茴香中的挥发油等都是具有杀菌防腐作用的植物抗生素。把这些含有植物抗生素的香辛料或调味品加入到酱腌菜中,不仅能增香,而且能抑制有害微生物的生长繁殖,而他们对乳酸菌的生长繁殖几乎没有影响。

尽管食盐、酸、植物抗菌素对微生物具有较大的抑制作用,但有一定的局限性,如要完全抑制微生物的活动和钝化氧化酶的活性,盐分需高达 25％以上;霉菌、酵母菌能忍受 pH 1.2～2.5 的酸度;植物抗菌素只能作为辅助手段,而要满足这些条件,会严重影响制品的口味和质量,因此,为保持腌制品具有优良的适口感,在生产中也可加入少量的防腐剂以减少制品的败坏,延长保存期。

我国在腌制品中常用的防腐剂有苯甲酸及其钠盐,山梨酸及其钾盐等,二者均属于酸性防腐剂。在酸性环境中,苯甲酸对多种微生物有明显的抑制作用,尤其对酵母菌抑制作用最强,但对产酸菌作用较弱,使用的最低浓度为 0.05％～0.1％。山梨酸分子能与微生物酶系统中的巯基结合,从而破坏其活性达到抑菌的目的,其有效浓度为 0.05％～0.10％。

近年来研究工作者研究开发了不少天然防腐剂用于蔬菜的腌制,效果不错,如甲壳素和甘氨酸等。甘氨酸的添加量在 0.2％时对许多食品具有延长保藏期的作用,特别是对耐热性芽孢杆菌的抑制效果最好。甲壳素又称几丁质,是目前食品保鲜研究的一个热点,添加在腌制品中也有良好的防腐效果。

7.6.2.5　利用真空包装灭菌

真空包装灭菌是食品防止杂菌污染和长久贮藏的有效方法之一。目前酱腌菜的低盐化技术的发展,必须用真空包装灭菌来达到长贮的目的,如瓶装或罐装以及复合薄膜袋的包装,除高盐和半干菜外,一般均需在封口前进行杀菌。为了不影响风味和脆度,均采用巴氏杀菌法。

7.6.2.6　利用低温

低温是防治有害微生物生长繁殖、贮藏食品的最有效、最安全的方法之一。但温度太低会导致制品结冰,影响产品品质。因此,酱腌菜的贮藏温度一般为 0～10℃。

7.7 低盐化腌制菜的保鲜

7.7.1 腌制菜的保质和低盐化

我国大部分腌制菜中的食盐含量都较高,用盐量为 $10\% \sim 15\%$,即使最低也在 10% 以上。科学已证实,食用过量的食盐容易引起高血压、糖尿病、肾脏病等疾病。随着人们对健康的重视,腌制菜的低盐化是发展的方向,腌制菜食盐含量在 5% 以下可称为低盐化制品。

一般来说,食盐含量越高,越有利于腌制蔬菜保藏;盐分越低,越不利于保质。腌制菜的保质期和食盐含量的关系见表 7-12。

表 7-12 腌渍菜的保质期与食盐含量的关系

腌渍菜保质期(d)	食盐含量(%)	备 注
$2 \sim 3$	$2 \sim 4$	如洗澡泡菜
30	$5 \sim 6$	
60	$7 \sim 8$	一般保藏
90	$9 \sim 10$	
180	$12 \sim 15$	长期保藏
180 以上	15 以上	

7.7.2 低盐化腌制菜的保鲜原理

低盐化腌渍菜主要是利用食盐、有机酸、植物抗菌素和化学防腐剂结合加热灭菌工艺和低温贮藏来达到综合保藏目的。具体原理参见 7.6.2。此外,在进行产品生产时,还可以通过充气(氮气和二氧化碳)包装、辐照等措施来达到延长保质期的目的。

▶▶ 复习思考题 ◀◀

1. 简述蔬菜腌制品的主要种类和特点。
2. 简述食盐的防腐保藏作用。
3. 阐述微生物的发酵作用与蔬菜腌制品品质的关系。
4. 分析说明蔬菜腌制品的色、香、味形成机理。
5. 简述蔬菜腌制品的保绿保脆方法。
6. 以当地有特色的蔬菜腌制品为例,用箭头简示工艺流程,说明操作要点,并提出综合利用方案。

➡ 指定参考书 ◀

1.陈学平.果蔬产品加工工艺学.北京:农业出版社,1995

2.叶兴乾.果品蔬菜加工工艺学.2版.北京:中国农业出版社,2002

3.赵丽芹.园艺产品贮藏加工学.北京:中国轻工业出版社,2007

4.张德权,艾启俊.蔬菜深加工新技术.北京:化学工业出版社,2002

5.陈功.盐渍蔬菜生产使用技术.北京:中国轻工业出版社,2001

6.华中农大.蔬菜贮藏加工学.农业出版社,1990

7.曾凡坤,高海生,蒲彪.果蔬加工工艺学.成都:成都科技大学出版社,1996

8.刘佩英.中国芥菜.北京:中国农业出版社,1996

➡ 参考文献 ◀

1.陈学平.果蔬产品加工工艺学.北京:农业出版社,1995

2.叶兴乾.果品蔬菜加工工艺学.2版.北京:中国农业出版社,2002

3.赵丽芹.园艺产品贮藏加工学.北京:中国轻工业出版社,2007

4.张德权,艾启俊.蔬菜深加工新技术.北京:化学工业出版社,2002

5.陈功.盐渍蔬菜生产使用技术.北京:中国轻工业出版社,2001

6.华中农大.蔬菜贮藏加工学,农业出版社,1990

7.曾凡坤,高海生,蒲彪.果蔬加工工艺学.成都:成都科技大学出版社,1996

8.赵晋府.食品工艺学.北京:轻工出版社,1999

9.刘佩英.中国芥菜.北京:中国农业出版社,1996

10.蔡同一.果蔬加工原理与技术.北京:北京农业大学出版社,1987

11.陈仲翔,董英.泡菜工业化生产的研究进展.食品科技,2004(4):33~35

12.陆利霞,王晓飞,熊晓辉,等.乳酸菌发酵剂制备白萝卜泡菜的研究.中国调味品,2007(3):30~33

13.陈有容,杨凤琼.降低腌制蔬菜亚硝酸盐含量方法的研究进展.上海水产大学学报,2004,13(1):67~69

14.何淑玲,李博,籍保平,等.泡菜中亚硝酸盐问题的研究进展.食品与发酵工业,2005,31(11):85~87

15.吴晖,刘冬梅,余以刚,等.泡菜中亚硝酸盐的研究进展.现代食品科技,2007,13(7):63~65

16.蒋欣茵,李晓晖,张伯生,等.腌制食品中降解亚硝酸盐的乳酸菌分离与鉴定.中国酿造,2008(1):13~15

17.戴桂枝.腌制品败坏的因素及其控制措施.食品研究与开发,2004,25(2):145~146

18. 李友霖. 四川榨菜加工工艺及其包装改革的研究. 食品科学, 1982(2):3～12

19. 邓勇. 四川榨菜后熟转化作用机制的研究. 食品科学, 1992(10):8～12

20. 吴正奇,凌秀菊. 酱腌菜生产过程中亚硝酸盐和亚硝胺的产生与预防. 中国调味品,1996(8):8～12

21. P. J. Song and J. F. Hu, N-Nitrosamines in Chinese foods, Fd. Chem. Toxic. 1988,26(3):205～208

22. Lu S H,Camus A M, Tomatis L, et al. Mutagenicity of extracts of opickled vegetables cdlected in Linhsien county, a high-incidence area for esophageal cancer in Northern China. J. Natl Cancer Inst,1981,66:33

chapter **8**

第8章
果品制酒与
制醋

果酒是以果实为原料酿制而成的,色、香、味俱佳且营养丰富的含醇饮料。果品制得的酒类,以葡萄酒为大宗,是世界性商品。主要集中在欧洲和美洲各国。葡萄酒的历史悠久,约在公元前2000年的巴比伦哈摩拉比(Hammurabi)王朝颁布的法典上,已有葡萄酒买卖的法律。到公元3世纪,欧洲已形成了与目前类似的葡萄主产区。

我国有2 000多年的葡萄酒酿造历史。直至1892年,华侨张弼士在烟台建立"张裕酿酒公司"才开始进行葡萄酒小型工业化生产,到1950年产量仅260 t。1980年产量近8×10^4 t,1985年2.32×10^5 t,2000年全国葡萄酒产量超过5×10^5 t,2007年葡萄酒总产量达到6.651×10^5 t,较2006年增长37.05%,工业总产值148.98亿元,增长22.75%,销售产值146.81亿元,增长22.05%。

近年来,我国葡萄酒产业发展迅猛,葡萄酒生产企业约500家,以张裕、长城、王朝、威龙等为代表的四大品牌,其产量和销售额占全国总量的51.87%。目前我国葡萄酒生产企业已遍布山东、河北、河南、安徽、北京、天津、辽宁等省、市。产品得到国内消费者青睐,占领了国内葡萄酒销售市场的主导地位,并有部分企业的产品已出口到法国、美国、英国、荷兰、比利时等十几个国家和地区,已初步形成了葡萄原料基地,现代化酿造技术和销售配套的产、供、销体系。

8.1 果酒分类

果酒是果汁(浆)经过酒精发酵酿制而成的含醇饮料。果酒种类很多,分类方法各异。根据酿造方法和成品特点不同,一般将果酒分为4类。

(1)发酵果酒 用果汁或果浆经酒精发酵酿造而成,如葡萄酒、苹果酒、柑橘酒等。根据发酵程度不同,又分全发酵果酒(果汁或果浆中的糖分全部发酵,残糖在1%以下)与半发酵果酒(果汁或果浆中的糖分部分发酵)2类。

(2)蒸馏果酒 果品经酒精发酵后,再通过蒸馏所得到的酒,如白兰地、水果白酒等。

(3)配制果酒 又称露酒,是指将果实或果皮、鲜花等用酒精或白酒浸泡取露,或用果汁加酒精,再加糖、香精、色素等食品添加剂调配而成的果酒。其酒名与发酵果酒相同,但制法各异,品质也有差异。

(4)起泡果酒 酒中含有二氧化碳的果酒。以葡萄酒为酒基,再经后发酵酿制而成的香槟酒为其珍品,我国生产的小香槟、汽酒亦属此类。

由于以果品为原料制得的酒类,以葡萄酒的产量和类型最多,按照GB 15037—2006葡萄酒,现将葡萄酒的主要分类方法介绍如下,其他种类可参照划分。

▶ 8.1.1 按酒的色泽分类

8.1.1.1 白葡萄酒

用白葡萄或皮红肉白的葡萄,经皮肉分离发酵而成。酒色近似无色、微绿、浅黄、淡黄、禾秆黄色。外观澄清透明,果香芬芳,幽雅细腻,滋味微酸爽口。

8.1.1.2 桃红葡萄酒

酒色介于红、白葡萄酒之间,主要有淡玫瑰红、桃红、浅红色。酒体晶莹悦目,具有明显的果香及和谐的酒香,新鲜爽口,酒质柔顺。

8.1.1.3 红葡萄酒

以皮红肉白或皮肉皆红的葡萄为原料发酵而成,酒色呈自然深宝石红、宝石红、紫红或石榴红色。酒体丰满醇厚,略带涩味,具有浓郁的果香和优雅的葡萄酒香。

8.1.2 按含糖量分类

8.1.2.1 干葡萄酒

含糖量(以葡萄糖计,下同)≤4.0 g/L 的葡萄酒。干葡萄酒品评感觉不出甜味,具有洁净、爽怡、和谐怡悦的果香和酒香。

8.1.2.2 半干葡萄酒

含糖量为 4～12 g/L,微具甜味,口味洁净、舒顺,味觉圆润,并具和谐的果香和酒香。

8.1.2.3 半甜葡萄酒

含糖量为 12.1～50 g/L,口味甘甜、爽顺,具有舒愉的果香和酒香。

8.1.2.4 甜葡萄酒

含糖量≥50 g/L,口味甘甜、醇厚、舒适爽顺,具有和谐的果香和酒香。

8.1.3 按二氧化碳含量分类

8.1.3.1 平静葡萄酒

在 20℃时,二氧化碳的压力<0.05 MPa 的葡萄酒。

8.1.3.2 起泡葡萄酒

葡萄原酒经密闭二次发酵产生二氧化碳,在 20℃时,二氧化碳的压力≥0.05 MPa(以250 mL/瓶计)的葡萄酒。

起泡葡萄酒分为高泡葡萄酒和低泡葡萄酒。

高泡葡萄酒:在 20℃时,二氧化碳(全部自然发酵产生)的压力≥0.35 MPa(对于容量小于 250 mL 的瓶子二氧化碳的压力≥0.3 MPa)的起泡葡萄酒。

低泡葡萄酒:在 20℃时;二氧化碳(全部自然发酵产生)的压力在 0.05～0.34 MPa 的起泡葡萄酒。

8.2 果酒酿造原理

8.2.1 酒精发酵及其产物

8.2.1.1 酒精发酵的化学反应

酒精发酵是相当复杂的化学过程,有许多化学反应和中间产物生成,而且需要一系列酶的参与。

(1)糖分子的裂解　糖分子的裂解包括将己糖分解为丙酮酸的一系列反应,可以分为以下几个步骤。

① 己糖磷酸化:己糖磷酸化是通过己糖磷酸化酶和磷酸己糖异构酶的作用,将葡萄糖和果糖转化为1,6-二磷酸果糖的过程。

② 1,6-二磷酸果糖分裂为三碳糖:1,6-二磷酸果糖在醛缩酶的作用下分解为3-磷酸甘油醛和磷酸二羟丙酮;由于3-磷酸甘油醛将参加下一阶段的反应,磷酸二羟丙酮将转化为3-磷酸甘油醛,所以,在这一过程中,只形成3-磷酸甘油醛一种中间产物。

③ 3-磷酸甘油醛氧化为丙酮酸:3-磷酸甘油醛在氧化还原酶的作用下,转化为3-磷酸甘油酸,后者在变位酶的作用下转化为2-磷酸甘油酸;2-磷酸甘油酸在烯醇化酶的作用下,先形成磷酸烯醇丙酮酸,再转化为丙酮酸。

(2)丙酮酸的分解　丙酮酸首先在丙酮酸脱羧酶的催化下脱去羧基,生成乙醛和二氧化碳,乙醛则在氧化还原的情况下还原为乙醇,同时将3-磷酸甘油醛氧化为3-磷酸甘油酸。

(3)甘油发酵　在酒精发酵开始时,参加3-磷酸甘油醛转化为3-磷酸甘油酸这一反应,所必需的NAD是通过磷酸二羟丙酮的氧化作用来提供的。这一氧化作用要伴随着甘油的产生。每当磷酸二羟丙酮氧化一分子$NADH_2$,就形成一分子甘油,这一过程称为甘油发酵。

8.2.1.2　酒精发酵的主要副产物

(1)甘油　甘油味甜且稠厚,可赋予果酒以清甜味,增加果酒的稠度。干酒含较多的甘油而总酸不高时,会有自然的甜味,使干酒变得轻快圆润。

(2)乙醛　乙醛是酒精发酵的副产物,由丙酮酸脱羧产生,也可在发酵以外由乙醇氧化而产生。在新发酵的葡萄酒中,乙醛含量一般在75 mg/L以下。酒中乙醛大部分与SO_2结合形成稳定的乙醛-亚硫酸化合物,这种物质不影响葡萄酒的质量。

(3)醋酸　醋酸是构成葡萄酒挥发酸的主要物质。在正常发酵情况下,醋酸在果酒中的含量为0.2~0.3 g/L,若超过1.5 g/L就会破坏果酒风味,感到明显的醋酸味。其来源一方面由乙醇被醋酸菌氧化而生成;另一方面由乙醛氧化而形成。GB/T 15037—2006规定,葡萄酒的挥发酸(以乙酸计)含量应≤1.2 g/L。

(4)琥珀酸　琥珀酸味苦咸,它的乙酯是葡萄酒的重要香气成分之一,在葡萄酒中含量为0.2~0.5 g/L,主要来源于酒精发酵和苹果酸-乳酸发酵。

(5)杂醇　果酒的杂醇主要有甲醇和高级醇。

甲醇有毒害作用,含量高对品质不利。果酒中的甲醇主要来源于原料果实中的果胶,果胶脱甲氧基生成低甲氧基果胶时即会形成甲醇。此外,甘氨酸脱羧也会产生甲醇。

高级醇指比乙醇多一个或多个碳原子的一元醇。它溶于酒精,难溶于水,在酒度低时似油状,又称杂醇油。主要为异戊醇、异丁醇、活性戊醇、丁醇等。高级醇是构成果酒二类香气的主要成分,一般情况下含量很低,如含量过高,可使酒具有不愉快的粗糙感,且使人头痛致醉。

▶ 8.2.2　酯类及生成

酯类赋予果酒独特的香味,是葡萄酒芳香的重要来源之一。一般把葡萄酒的香气分为3大类:第一类是果香,它是葡萄果实本身具有的香气,又叫一类香气;第二类是发酵过程中形成的香气,称为酒香,又叫二类香气;第三类香气是葡萄酒在陈酿过程中形成的香气,称为陈酒香,又叫三类香气。

果酒中酯的生成有2个途径,即陈酿和发酵过程中的酯化反应和发酵过程中的生化反应。

酯化反应是指酸和醇生成酯的反应,即使在无催化的情况下照样发生。葡萄酒中的酯主要有醋酸、琥珀酸、异丁酸、己酸和辛酸的乙酯,还有癸酸、己酸和辛酸的戊酯等。酯化反应为可逆反应,一定程度时可达平衡,此时遵循质量作用定律。

生化反应是果酒发酵过程中,通过其代谢生成的酯类物质,它是通过酰基辅酶A与酸作用生成的。如乙酸乙酯的生成反应为:

$$CH_3CO\text{-}SC_OA + C_2H_5OH \xrightarrow[Mg^{2+}]{酯\ \ 酶} CH_3COOC_2H_5 + C_OA\text{-}SH$$

这一反应需要多步才能完成。通过生化反应形成的酯主要为中性酯。

酯的含量随葡萄酒的成分和年限不同而异。新酒一般每升含有 $176\sim264$ mg,老酒每升含有 $792\sim880$ mg。酯的生成在葡萄酒贮藏的头两年最快,以后就变慢了,这是因为酯化反应是一个可逆反应,进行到一个阶段便达到平衡之故。即使贮藏50年的葡萄酒,也只能产生理论上 3/4 的酯量。

影响酯化反应的因素很多,主要有温度、酸的种类、pH值和微生物等。

温度与酯化反应速度成正比,在葡萄酒贮存过程中,温度愈高,酯的含量就愈高。这是葡萄酒进行热处理的依据。

有些有机酸很容易与乙醇化合成酯,有些则生成较慢,对于总酸在 0.5% 左右的葡萄酒来说,如欲通过加酸促进酯的生成,以加乳酸效果最好,柠檬酸次之,苹果酸又次之,琥珀酸较差;在混合酸中,则以等量的乳酸和柠檬酸为最好。加酸量以 0.1%~0.2% 的有机酸为适当。

氢离子是酯化反应的催化剂,故 pH 值对酯化反应的影响非常大。在同样条件下,当pH值降低一个单位,酯的生成量能增加一倍。例如琥珀酸和酒精的混合液,在 100℃ 加热24 h,如溶液的 pH 值为 4 时,则琥珀酸有 3.9% 酯化,酯的生成量增加了 1 倍多。在同样条件下,因有机酸的种类和性质不同,其与乙醇酯化的速度也不相同。在 pH 值为 3 时,将各种有机酸与乙醇的混合溶液加热至 100℃,维持 24 h 后,苹果酸有 9% 酯化,但醋酸只有2.7% 酯化。

微生物细胞内所含的酯酶是导致由生化反应而引起的酯化反应的主要原因。其酯化率不受质量作用定律的限制,甚至可以超过化学反应的限度。有些酵母菌,如汉逊酵母(hansenula)生成很少的醋酸和很多的醋酸乙酯。

▶ 8.2.3　果酒的氧化还原作用

氧化还原作用是果酒加工中一个重要的反应,他直接影响到产品的品质。

氧化还原作用可用氧化还原电位(EH)和氧化程度(RH)来表示。EH 的单位是 mV,可以通过测定或计算得到。通过 EH 的测定,可以了解酒中的氧化还原反应是在什么条件下进行的,即了解在不同的电位下所发生的反应有什么不同,进而了解对发酵和陈酿有什么影响。葡萄酒氧化愈强烈,氧化还原电位就愈高。相反,当葡萄酒贮存在没有空气的条件下时,其电位就会逐渐下降到一定的值,这个值称为极限电位。在葡萄酒中,氧化还原电位的降低是与溶解氧的消失和这些系统的还原同时发生的。

RH 为氧化程度,它与 EH、pH 关系密切。在氧化还原反应进行时,有氢离子的参加,所以电位大小不仅决定于氧化还原剂的比例,也取决于溶液的 pH 值。葡萄酒酵母的繁殖取决于酒液中的 RH 值,氧化还原电位的高低是刺激发酵或抑制发酵的因素之一。

在有氧条件下,如向葡萄酒通气时,葡萄酒的芳香味就会逐渐减弱,强烈通气的葡萄酒则易形成过氧化味和出现苦涩味。在无氧条件下,葡萄酒形成和发展其芳香成分,即还原作用促进了香味物质的形成,最后香味的增强程度是由所达到的极限电位来决定的。

氧化还原作用还与酒的破败病(casse)有关,葡萄酒暴露在空气中,常会出现混浊、沉淀、退色等现象。铁的破败病与 Fe^{2+} 浓度有关,Fe^{2+} 被氧化成 Fe^{3+},电位上升,同时也就出现了铁破败病。如果 Cu^{2+} 被还原成 Cu^+,电位下降,则产生铜破败病。

▶ 8.2.4　果酒酿造的微生物

8.2.4.1　葡萄酒酵母(*saccharomyces ellipsoideus*)

葡萄酒酵母又称椭圆酵母,附生在葡萄果皮上,在土壤中越冬,通过昆虫或灰尘传播,可由葡萄自然发酵,分离培养而制得。具有以下主要特点。

(1)发酵力强　所谓发酵力是指酵母菌将可发酵性糖类发酵生成酒精的最大能力。通常用酒精度表示,故又称产酒力。葡萄酒酵母能发酵果汁(浆)中的蔗糖、葡萄糖、果糖、麦芽糖、半乳糖、1/3 棉子糖等。葡萄酒酵母能发酵到酒精含量 12%～16%,最高达 17%。

(2)产酒率高　产酒率指产生酒精的效率。通常用每产生 1°酒精所需糖的克数表示。葡萄酒酵母在 1 000 mL 发酵液中,只要含糖 17～18 g,就能生成 1°酒精,而巴氏或尖端酵母则需要糖 20～22 g。

(3)抗逆性强　葡萄酒酵母可忍耐 250 mg/L 以上的二氧化硫,而其他有害微生物在此二氧化硫浓度下全部被杀死。

(4)生香性强　葡萄酒酵母在果汁(浆)中,甚至在麦芽汁中,发酵后也会产生典型的葡萄酒香味。

葡萄酒酵母在果酒酿造中占十分重要的地位,它将发酵液中的绝大部分糖转化为酒精。就其使用情况而言,它不仅是葡萄酒酿造的优良菌种,对于苹果酒、柑橘酒等其他果酒酿造也属于较好的菌种,故有果酒酵母之称。

8.2.4.2 巴氏酵母（*Saccharomyces pastorianus*）

巴氏酵母又称卵形酵母，是附生在葡萄果实上的一类野生酵母。巴氏酵母的产酒力强，抗二氧化硫能力也强，但繁殖缓慢，产酒效率低，产生 1° 酒需要 20 g/L 糖。这种酵母一般出现在发酵后期，进一步把残糖转化为酒精，也可引起甜葡萄酒的瓶内发酵。

8.2.4.3 尖端酵母（*Saccharomyces apiculatus*）

这类酵母广泛存在于各种水果的果皮上，耐低温、耐高酸、繁殖快，但产酒力低，一般仅能生成 4°～5° 酒精，之后即被生成的酒精杀死。产酒效率也很低，转化 1° 酒精约需 22 g/L糖。形成的挥发酸也多，因此对发酵不利。但它对二氧化硫极为敏感，为了避免这类酵母的不利发酵，可以用二氧化硫处理的方式，将它除去。

8.2.4.4 其他微生物

（1）醭酵母和醋酸菌　它们常于果汁未发酵前或发酵势微弱时，在发酵液表面繁殖，生成一层灰白色或暗黄色的菌丝膜。它们有强大的氧化代谢力，将糖和乙醇分解为挥发酸、醛等物质，对酿酒危害极大。但它们的繁殖一般均需要充足的空气，且抗二氧化硫能力弱，果酒酿造中常采用减少空气、二氧化硫处理、接种大量优良果酒酵母等措施来消灭或抑制其活动。

（2）乳酸菌　在葡萄酒酿造中具双重作用，一是把苹果酸转化为乳酸，使新葡萄酒的酸涩、粗糙等缺点消失，而变得醇厚饱满，柔和协调，并且增加了生物稳定性。所以，苹果酸-乳酸发酵是酿造优质红葡萄酒的一个重要工艺过程。但乳酸菌在有糖存在时，也可把糖分解成乳酸、醋酸等，使酒的风味变坏，这是乳酸菌的不良作用。

（3）霉菌　对果酒酿造一般表现为不利影响，一般情况下用感染了霉菌的葡萄难以酿造出好的葡萄酒。但法国南部的索丹（Sauternes）地区，用感染了灰葡萄孢（*Botrytis cinerea*），产生了"贵腐"现象的葡萄，酿造出闻名于世的贵腐葡萄酒。

▷ 8.2.5 影响果酒酵母和酒精发酵因素

发酵的环境条件，直接影响果酒酵母的生存与作用，从而影响果酒的品质。

8.2.5.1 温度

液态酵母菌活动的最适温度为 20～30℃，20℃ 以上，繁殖速度随温度上升而加快，至 30℃ 达最大值，34～35℃ 时，繁殖速度迅速下降，40℃ 时停止活动。在一般情况下，发酵危险温度区为 32～35℃，这一温度称发酵临界温度。

红葡萄酒发酵最佳温度为 26～30℃，白葡萄酒和桃红葡萄酒发酵最佳温度为 18～20℃。当温度≤35℃ 时，温度越高，开始发酵越快；温度越低，糖分转化越完全，生成的酒度越高。

8.2.5.2 pH 值

酵母菌在 pH 2～7 的范围内均可以生长，但以 pH 4～6 生长最好，发酵能力最强，可在这个 pH 范围内，某些细菌也能生长良好，给发酵安全带来威胁。实际生产中，将 pH 值控制在 3.3～3.5。此时细菌受到抑制，而酵母菌还能正常发酵。但如果 pH 值太低，在 3.0 以下时，发酵速度则会明显降低。

8.2.5.3 氧气

酵母菌在氧气充足时,大量繁殖酵母细胞,只产生极少量的乙醇;在缺氧时,繁殖缓慢,产生大量酒精。故果酒发酵初期,宜适当供给空气。一般情况下,果实在破碎、压榨、输送等过程中所溶解的氧,已足够酵母菌繁殖所需。只有当酵母菌繁殖缓慢或停止时,才适当供给空气。在生产中常用倒罐的方式来保证酵母菌对氧的需要。

8.2.5.4 压力

压力可以抑制 CO_2 的释放从而影响酵母菌的活动,抑制酒精发酵。但即使 100 MPa 的高压,也不能杀死酵母菌。当 CO_2 含量达 15 g/L(约 71.71 kPa)时,酵母菌停止生长,这就是充 CO_2 法保存鲜葡萄汁的依据。

8.2.5.5 SO_2

葡萄酒酵母可耐 1 g/L 的 SO_2,如果汁中含 10 mg/L 的 SO_2,对酵母菌无明显作用,其他杂菌则被抑制。若 SO_2 含量增至 20～30 mg/L 时,仅延迟发酵进程 6～10 h。SO_2 含量达 50 mg/L,延迟 18～20 h,而其他微生物则完全被杀死。

8.2.5.6 其他因素

(1)促进因素 酵母生长繁殖尚需要其他物质。和高等动物一样,酵母菌需要生物素、吡哆醇、硫胺素、泛酸、内消旋环己六醇、烟酰胺等,它还需要甾醇和长链脂肪酸。基质中糖的含量等于或高于 20 g/L,促进酒精发酵。酵母繁殖还需供给氨、氨基酸、铵盐等氨态氮源。

(2)抑制因素 如果基质中糖的含量高于 30%,由于渗透压作用,酵母菌因失水而降低其活动能力。乙醇的抑制作用与酵母菌种类有关,有的酵母菌在酒精含量为 4% 时就停止活动,而优良的葡萄酒酵母则可抵抗 16%～17% 的酒精。此外,高浓度的乙醛、SO_2、CO_2 以及辛酸、癸酸等都是酒精发酵的抑制因素。

8.3 发酵果酒酿造工艺

很多种类和品种的果品都可用于酿制果酒,但以葡萄酒为最大宗,本节主要介绍葡萄酒的酿造。

优质红、白葡萄酒的酿造工艺如下:

$$SO_2 \qquad\qquad 酒母$$
$$\downarrow \qquad\qquad \downarrow$$

红葡萄→选别→破碎、除梗→葡萄浆→成分调整→浸提与发酵→压榨→后发酵→倒桶→苹果酸-乳酸发酵→陈酿→调配→过滤→包装→干红葡萄酒

$$SO_2 \qquad\qquad 酒母$$
$$\downarrow \qquad\qquad \downarrow$$

葡萄→选别→破碎→压榨取汁→澄清→成分调整→发酵→倒桶→贮酒→过滤→冷处理→调配→过滤→包装→干白葡萄酒

8.3.1 原料的选择

葡萄的酿酒适性好,任何葡萄都可以酿出葡萄酒,但只有适合酿酒要求和具有优良质量的葡萄才能酿出优质葡萄酒。因此,必须建立良种化、区域化的酒用葡萄生产基地。

干红葡萄酒要求原料葡萄色泽深、风味浓郁、果香典型、糖分含量高(21 g/100 mL 以上)、酸分适中(0.6～1.2 g/100 mL)、完全成熟,糖分、色素积累到最高而酸分适宜时采收。

干白葡萄酒要求果粒充分成熟,即将达完熟,具有较高的糖分和浓郁的香气,出汁率高。

我国主要优良葡萄酿酒品种见表 8-1。

表 8-1　主要优良葡萄酿酒品种

中文名称	外文名称	颜色	适用酿酒种类
蛇龙珠	Cabernet Gernischet	红	干红葡萄酒
赤霞珠(解百纳)	Cabernet Sauvignon	红	高级干红葡萄酒
黑比诺	Pinot Noir	红	高级干红葡萄酒
梅鹿辄(梅露汁)	Merlot	红	干红葡萄酒
法国蓝(玛瑙红)	Bule French	红	干红葡萄酒
品丽珠	Cabernet France	红	干红葡萄酒
增芳德	Zinfandel	红	干红葡萄酒
佳丽酿(法国红)	Carignane	红	干红或干白葡萄酒
北塞魂	Petite Bouschet	红	红葡萄酒
魏天子	Verdot	红	红葡萄酒
佳美	Gamay	红	红葡萄酒
玫瑰香	Muscat Hambury	红	红或白葡萄酒
霞多丽	Chardonnay	白	白葡萄酒、香槟酒
雷司令(里斯林)	Riesling	白	白葡萄酒
灰比诺(李将军)	Pinot Gris	白	白葡萄酒
意斯林(贵人香)	Italian Riesling	白	白葡萄酒
琼瑶浆	Gewüürztraminer	白	白葡萄酒
长相思	Sauvignon Blanc	白	白葡萄酒
白福儿	Folle Blanche	白	白葡萄酒
白羽	Ркацители	白	白葡萄酒、香槟
白雅	Баян - ширей	白	白葡萄酒
北醇		红	红或白葡萄酒
龙眼		淡红	干白或香槟

注:本表引自彭德华著《葡萄酒酿造技术概论》,有部分修改。

葡萄的成熟度可根据糖酸比来判定,每一品种在特定区域都有较为固定的采收期,在采收季节一个月内每周 2 次取样,测定糖酸比,从而决定采收日期。采收期还受酿酒类型的影响,如白葡萄酒的原料比红葡萄酒的原料稍早采收,冰葡萄酒则要等葡萄在树上结冰后再摘下发酵。

▶ 8.3.2 发酵液的制备与调整

发酵液的制备与调整包括葡萄的选别、破碎、除梗、压榨、澄清和汁液改良等工序,是发酵前的一系列预处理工艺。为了提高酒质,进厂葡萄应首先进行选别,除去霉变、腐烂果粒;为了酿制不同等级的酒,还应进行分级。

8.3.2.1 破碎与去梗

将果粒压碎使果汁流出的操作称破碎。破碎便于压榨取汁,增加酵母与果汁接触的机会,利于红葡萄酒色素的浸出,易于 SO_2 均匀地应用和物料的输送,同时氧的溶入增加。破碎时只要求破碎果肉,不伤及种子和果梗。

破碎后应立即将果浆与果梗分离,这一操作称除梗。酿制红葡萄酒的原料要求除去果梗。除梗可在破碎前,亦可在破碎后,或破碎、去梗同时进行,可采用葡萄破碎去梗送浆联合机。除梗具有防止果梗中的青草味和苦涩物质溶出,减少发酵醪体积,便于输送,防止果梗固定色素而造成色素的损失等优点。酿制白葡萄酒的原料不宜去梗,破碎后立即压榨,利用果梗作助滤层,提高压滤速度。

8.3.2.2 压榨与澄清

压榨是将葡萄汁或刚发酵完成的新酒通过压力分离出来的操作。红葡萄酒带渣发酵,当主发酵完成后及时压榨取出新酒。白葡萄酒取净汁发酵,故破碎后应及时压榨取汁。在破碎后不加压力自行流出的葡萄汁称自流汁,加压之后流出的汁为压榨汁。前者占果汁的 50%～55%,质量好,宜单独发酵制取优质酒。压榨分两次进行,第一次逐渐加压,尽可能压出果肉中的汁,而不压出果梗中的汁,然后将残渣疏松,加入或不加水作第二次压榨。第一次压榨汁占果汁的 25%～35%,质量稍差,应分别酿制,也可与自流汁合并。第二次压榨汁占果汁的 10%～15%,杂味重,质量差,宜作蒸馏酒或其他用途。压榨应尽量快速,以防止氧化和减少色素浸提。

澄清是酿制白葡萄酒特有工序,以便取得澄清果汁发酵。因压榨汁中的一些不溶性物质在发酵中会产生不良效果,给酒带来杂味。用澄清汁制取的白葡萄酒胶体稳定性高,对氧的作用不敏感,酒色淡,芳香稳定,酒质爽口。澄清方法有静置澄清、酶法澄清、皂土澄清和机械分离等多种方法,可参阅果汁的澄清。

8.3.2.3 SO_2 处理

二氧化硫处理就是在发酵醪或酒中加入 SO_2,以便发酵能顺利进行或有利于葡萄酒的贮藏。SO_2 在葡萄酒中的作用有杀菌、澄清、抗氧化、增酸、使色素和单宁物质溶出、使风味变好等,但使用不当或用量过高,可使葡萄酒具怪味且对人体产生毒害,并可推迟葡萄酒成熟。

使用的 SO_2 有气体 SO_2、液体亚硫酸及固体亚硫酸盐等。其用量受很多因素影响,原料含糖量越高,结合 SO_2 的含量越高,从而降低活性 SO_2 的含量,用量略增;原料含酸量越高,pH 值越低,活性 SO_2 含量越高,用量略减;温度越高,SO_2 越易与糖化合且易挥发,从而降低活性 SO_2 的含量,用量略增;原料带菌量越多、微生物种类越杂,果粒霉变严重,SO_2 用量越多;干白葡萄酒为了保持色泽,用量比红葡萄酒略增。常用的 SO_2 浓度见表 8-2。

表 8-2　常见发酵基质中 SO_2 浓度　　　　　　　　　　　　　　　　　　　　mg/L

原料状况	酒种类	
	红葡萄酒	白葡萄酒
无破损、霉变,含酸量高	30～50	60～80
无破损、霉变,含酸量低	50～100	80～100
破损、霉变	60～150	100～120

注:本表引自陈学平主编《果蔬产品加工工艺学》。

SO_2 在葡萄酒酿造过程中主要应用在两个方面。一是在发酵前使用,红葡萄酒应在破碎除梗后入发酵罐前加入,并且一边装罐一边加入 SO_2,装罐完毕后进行一次倒罐,以使 SO_2 与发酵基质混合均匀。切忌在破碎前或破碎除梗时对葡萄原料进行 SO_2 处理,否则 SO_2 不易与原料均匀混合,且挥发和固定而造成损失。白葡萄酒应在取汁后立即加入,以保护葡萄汁在发酵以前不被氧化,在皮渣分离前加入会被皮渣固定部分 SO_2,并加重皮渣浸渍现象,破坏白葡萄酒的色泽。SO_2 应用的另一个是在葡萄酒陈酿和贮藏时进行。在葡萄酒陈酿和贮藏过程中,为了防止氧化作用和微生物活动,以保证葡萄酒不变质,常将葡萄酒中的游离 SO_2 含量保持在一定水平上(表 8-3)。

表 8-3　不同情况下葡萄酒中游离 SO_2 需保持的浓度　　　　　　　　　　　　mg/L

SO_2 浓度类型	葡萄酒类型	游离 SO_2
贮藏浓度	优质红葡萄酒	10～20
	普通红葡萄酒	20～30
	干白葡萄酒	30～40
	加强白葡萄酒	80～100
消费浓度 (瓶装葡萄酒)	红葡萄酒	10～20
	干白葡萄酒	20～30
	加强白葡萄酒	50～60

注:本表引自陈锦屏主编《果品蔬菜加工学》。

8.3.2.4　葡萄汁的成分调整

(1)糖分调整　糖是酒精生成的基质。根据酒精发酵反应式,理论上一分子葡萄糖(相对分子质量 180)生成二分子酒精(相对分子质量 $46\times2=92$),或者 180 g 葡萄糖生成 92 g 酒精。则 1 g 葡萄糖将生成 0.511 g 或 0.64 mL 酒精(在 20℃ 时酒精相对密度为 0.794 3)或 0.64°酒精。换言之,生成 1°酒精需葡萄糖 1.56 g 或蔗糖 1.475 g。但实际上酒精发酵除主要生成酒精、二氧化碳外,还有微量的甘油、琥珀酸等产物生成需消耗一部分糖,加之酵母菌生长繁殖也要消耗一部分糖。所以,实际生成 1°酒精需 1.7 g 葡萄糖或 1.6 g 蔗糖。

一般葡萄汁的含糖量在 14～20 g/100 mL,只能生成 $8.0°～11.7°$ 的酒精。而成品酒的酒精浓度要求为 12°～13°,乃至 16°～18°。增高酒精度的方法,一是补加糖使生成足量浓度的酒精,二是发酵后补加同品种高浓度的蒸馏酒或经处理过的酒精。酿制优质葡萄酒须用补加糖的办法。补加酒精量以不超过原汁发酵的酒精量 10% 为宜。

应补加的糖量,根据成品酒精浓度而定。如要求 13°,按 1.7 g 糖生成 1°酒精计,则每升果汁中的含糖量是 13×17=221(g)。如果葡萄汁的含糖量为 170 g/L,则每升葡萄汁应加砂糖量为 221－170=51(g)。但实际上,加糖后并不能得到每升含糖 221 g,而是比 221 g 低。由于每千克砂糖溶于水后增加 625 mL 的体积。因此,应按下式计算加糖量:

$$X = \frac{V(1.7A - B)}{100 - 1.7A \times 0.625}$$

式中:X——应加砂糖量,kg;

V——果汁总体积,mL;

1.7——产生 1°酒精所需的糖量;

A——发酵要求的酒精度;

B——果汁含糖量,g/100 mL;

0.625——单位重量砂糖溶解后的体积数。

按上式计算,应加砂糖量为 59.2 g。生产上为了简便,可用经验数字。如要求发酵生成 12°～13°酒精,则用 230 或 240 减去果汁原有的糖量。果汁含糖量高时(150 g/L 以上)可用 230,含糖量低时(150 g/L 以下)则用 240。按上例果汁含糖 170 g/L,则每升加糖量为:230－170=60(g)。

加糖时,先用少量果汁将糖溶解,再加到大批果汁中去。以分次加入为好。除加糖外,还可加浓缩果汁。

(2)酸分调整　葡萄汁中的酸分以 0.8～1.2 g/100 mL 为适宜。此量既为酵母菌最适应,又能赋予成品酒浓厚的风味,增进色泽。若 pH 值大于 3.6 或可滴定酸低于 0.65% 时,可添加酸度高的同类果汁,也可用酒石酸对葡萄汁直接增酸,但国际葡萄与葡萄酒协会规定酒石酸的最多用量为 1.5 g/L;如酸度过高,除用糖浆降低或用酸度低的果汁调整外,也可用中性酒石酸钾中和。

对于红葡萄酒,应在酒精发酵前补加酒石酸,这样利于色素的浸提。若加柠檬酸,应在苹果酸-乳酸发酵后再加。白葡萄酒加酸可在发酵前或发酵后进行。

▶ 8.3.3　酒精发酵

8.3.3.1　酒母的制备与发酵剂选择

酒母即经扩大培养后加入发酵醪的酵母液,生产上需经 3 次扩大后才可加入,分别称一级培养(试管或三角瓶培养)、二级培养、三级培养,最后用酒母桶培养。

酒母制备既费工费时,又易感染杂菌,如有条件,可采用工业化活性干酵母。这种酵母活细胞含量很高[一般为(10～30)×10^9 个/g],贮藏性好(低温下可贮存一至数年),使用方便。活性干酵母的用量一般为 50～100 mg/L,使用前只需用 10 倍左右 30～35℃的温水或稀释葡萄汁将酵母活化 20～30 min,即可加入发酵醪中进行发酵。

8.3.3.2 发酵设备

发酵设备要求能控温、易于洗涤、排污、通风换气良好等条件。使用前应进行清洗,用SO_2或甲醛熏蒸消毒处理。发酵容器一般为发酵与贮酒两用,要求不渗漏、能密闭、不与酒液起化学反应。

(1)发酵桶　一般用橡木、山毛榉木、栎木或栗木制作。圆筒形,上部小,下部大,容量3 000～4 000 L或10 000～20 000 L,靠桶底15～40 cm的桶壁上安装阀门,用以放出酒液,桶底开一排渣阀,上口有开放式和密闭式2种。密闭式发酵桶也可制成卧式安放。

(2)发酵池　用钢筋混凝土或石、砖砌成。形状有六面形或圆形,大小不受限制,能密闭,池盖略带锥度,以利气体排出而不留死角。盖上安有发酵栓、进料孔等。池底稍倾斜,安有放酒阀及废水阀等。池内安放温控设备,池壁、池底用防水粉(硅酸钠)涂布,也可镶瓷砖。

(3)专门发酵设备　目前国内外一些大型企业普遍采用不锈钢、玻璃钢等材料制成的专用发酵罐,如旋转发酵罐、连续发酵罐、自动连续循环发酵罐等(见图8-1,图8-2,图8-3)。

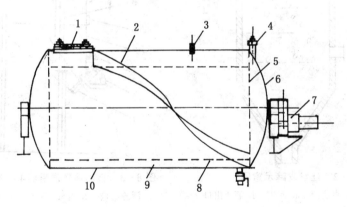

图 8-1　旋转发酵罐示意图(Feitz)

1.盖　2.螺线刮刀　3.浮标　4.安全阀　5.穿孔假底　6.底
7.电机　8.穿孔内壁　9.内层间隙　10.转筒

8.3.3.3 主发酵及其管理

将发酵醪送入发酵容器到新酒出池(桶)的过程称主发酵或前发酵。主发酵阶段主要是酒精生成阶段。葡萄酒发酵有自然发酵和人工发酵2种形式。为提高酒的品质,大型葡萄酒厂普遍采用人工培养的酒母发酵。

(1)红葡萄酒发酵　传统的红葡萄酒均用葡萄浆发酵,以便酒精发酵与色素浸提同步完成。主要的发酵方式有以下2种。

①开放式发酵:将经破碎、二氧化硫处理、成分调整或不调整的葡萄果浆,用泵送入开口式发酵桶(池)至桶容约4/5。加入酒母3%～5%乃至10%(按果浆量计),加酒母的方法有先加酒母后果浆,亦可与果浆同时送入。

发酵初期主要为酵母繁殖阶段。发酵初期液面平静,随后有微弱的CO_2气泡产生,表示酵母已开始繁殖。随酵母的大量繁殖,CO_2放出逐渐加强。此期中首先注意控制品温,在 25～30℃下一般 20～24 h;若品温低,可延迟 48～72 h 乃至 96 h 才开始旺盛繁殖。一般温度不宜低于 15℃。其次应注意空气的供给,以促进酵母的繁殖,常用方法是将果汁从桶底放出,再用泵呈喷雾状返回桶中,或通入过滤空气。

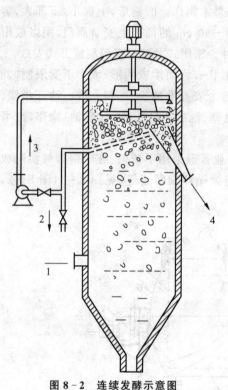

图 8－2　连续发酵示意图

1. 葡萄浆　2. 自流酒　3. 回流　4. 酒渣出口

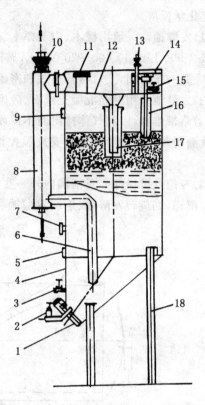

图 8－3　自动循环发酵罐 Blachere 示意图

1. 酒渣出口　2. 电机　3,13,15. 阀　4. 罐体
5,9. 高度指示　6. 酒循环管　7. 温度计
8. 热交换器　10. 分配装置　11. 葡萄浆
进口　12. 内壁　14. 盛水器　16. 水封
17. 下液管　18. 支脚

发酵中期主要为酒精发酵阶段。随着品温的升高,有大量 CO_2 放出,甜味渐减,酒味渐增,皮渣上浮在液面结成浮渣层,称酒帽。高潮时,刺鼻熏眼,品温升到最高,酵母细胞保持一定水平。随后,发酵势逐渐减弱,表现为 CO_2 放出量下降,液面接近于平静,品温下降至近室温,糖分减少至 1‰以下,酒精积累接近最高,汁液开始清晰,皮渣、酵母部分开始下沉,酵母细胞数逐渐死亡减少,即为主发酵结束。

此期的管理措施主要是控制温度,应控制品温在 30℃以下。高于 30℃,酒精易挥发,高于 35℃,醋酸菌容易活动,挥发酸增高,发酵作用也要受阻碍。发酵过程中一般会升温 7～12℃,所以主发酵期主要是降温。其次是控制发酵时形成的浮渣。坚厚的浮渣会隔绝 CO_2 排出,热量不易散出,影响酵母菌的正常生长和酒的品质。常用的除浮渣办法是将发酵液从桶底放出,用泵循环喷洒在浮渣面上而使其冲散。每天 1～2 次,或用压板将浮渣压在液面下 30 cm 左右。

发酵期的长短因温度而异,一般 25℃ 5～7 d,20℃ 2 周,15℃ 左右 2～3 周。发酵过程中要经常检查发酵液的品温、糖、酸及酒精含量等。

②密闭式发酵:将制备的果浆及酒母送入密闭式发酵桶(罐)至约八成满。安上发酵栓,使发酵产生的 CO_2 能经发酵栓逸出,而外界的空气则不能进入。桶内安有压板,将皮渣压没在果汁中。

密闭式发酵的进程及管理与开放式发酵相同。其优点是芳香物质不易挥发,酒精浓度约高半度,游离酒石酸较多,挥发酸较少。不足之处是散热慢,温度易升高,但在气温低或有控温条件情况下有利。

(2)白葡萄酒发酵　白葡萄酒的发酵进程及管理基本上与红葡萄酒相同。不同之处是取净汁在密闭式发酵容器中进行发酵。白葡萄汁一般缺乏单宁,在发酵前常按 100 L 果汁加 4～5 g 单宁,有利于提高酒质。

发酵的温度比红葡萄酒低,一般要求 18～20℃。主发酵期为 2～3 周。主发酵高潮时,可以不加发酵栓,让二氧化碳顺利排出。主发酵结束后,迅速降温至 10～12℃,静置 1 周后,倒桶除去酒脚。以同类酒添满,严密封闭隔绝空气,进入贮存陈酿。

8.3.3.4　分离和后发酵

主发酵结束后,应及时出桶,以免酒脚中的不良物质过多地渗出,影响酒的风味。分离时先不加压,将能流出的酒放出,这部分称自流酒。然后等 CO_2 逸出后,再取出酒渣压出残酒,这部分酒称压榨酒。压榨酒占 20% 左右,除酒度较低外,其余成分较自流酒高。最初的压榨酒(占 2/3)可与自流酒混合,但最后压出的酒,酒体粗糙,不宜直接混合,可通过下胶、过滤等净化处理后单独陈酿,也可作白兰地或蒸馏酒精。压榨后的残渣,还可供作蒸馏酒或果醋。

由于分离压榨使酒中混入了空气,使休眠的酵母复苏,再进行发酵作用将残糖发酵完,称为后发酵。后发酵比较微弱,宜在 20℃ 左右的温度下进行。开始还有 CO_2 放出,经 2～3 周,已无 CO_2 放出,糖分降到 0.1% 左右,此时即可将发酵栓取下,用同类酒添满,加盖严密封口。待酵母、皮渣全部下沉后,及时换桶,分离沉淀,以免沉淀与酒接触时间太长影响酒质。

▶ 8.3.4　苹果酸-乳酸发酵

8.3.4.1　苹果酸-乳酸发酵的性质

新酿成的葡萄酒在酒精发酵后的贮酒前期,有些酒中又出现 CO_2 逸出的现象,并伴随着新酒混浊,酒的色泽减退,有时还有不良风味出现,这一现象即苹果酸-乳酸发酵(malo-lactic fermentation,简称 MLF)。原因是酒中的某些 MLF 乳酸菌(如酒明串珠菌)将苹果酸分解成乳酸和二氧化碳等。其主要反应机理为:

$$L\text{-苹果酸} \xrightarrow{\text{NAD}\to\text{NAD}_2\text{H}} L\text{-乳酸} + CO_2$$

苹果酸-乳酸发酵是葡萄酒酿造过程中一个重要环节,应该与酒精发酵一样,同样受到重视。现代葡萄酿造的一条主要原则是红葡萄酒未经过两次发酵是未完成和不稳定的,酿造优质红葡萄酒应在糖分被酵母分解之后立即使苹果酸被乳酸菌分解,并尽快完成这一过程,当酒中不再含糖和苹果酸时,应立即除去或杀死乳酸菌,以免影响品质。

经苹果酸-乳酸发酵后葡萄酒酸度降低,风味改进。风味的改进来自两个方面,一方面由于酸味尖锐的苹果酸被柔和的乳酸所代替,另一方面是 1 g 苹果酸只生成 0.67 g 乳酸。新酒失去酸涩粗糙风味的同时,香味也开始变化,果香味变为葡萄酒特有的醇香,红葡萄酒变得醇厚、柔和。

生产上应该在新葡萄酒中很快完成这一发酵,以便较早得到生物稳定性好的葡萄酒。一般应尽量让它在第一个冬季前完成,避免翌年春暖时,再出现第二次发酵。

8.3.4.2 影响苹果酸-乳酸发酵的因素

(1)MLF 乳酸菌的数量 当葡萄醪入池(罐)发酵时,乳酸菌与酵母菌同时发酵,但在发酵初期酵母菌发育占优势,乳酸菌受到抑制,主发酵结束后,经过潜伏期的乳酸菌重新繁殖,当数量超过 100 万个/mL 时,才开始苹果酸-乳酸发酵。

(2)pH 值 pH 3.1~4.0 范围内,pH 值越高,发酵开始越快,pH 低于 2.9 时,发酵不能正常进行。

(3)温度 在 14~20℃ 范围内,苹果酸-乳酸发酵随温度升高而发生得越快,结束得也越早。低于 15℃ 或高于 30℃,发酵速度减慢。

(4)氧气和二氧化碳 增加氧气会对苹果酸-乳酸发酵产生抑制作用;二氧化碳对乳酸菌的生长有促进作用,所以主发酵结束后晚除酒渣以保持二氧化碳含量,可促进苹果酸-乳酸发酵。

(5)酒精浓度 当酒精浓度超过 12% 时,苹果酸-乳酸发酵就很难诱发,而葡萄酒的酒精度通常在 10%~12%。因此,酒精度对苹果酸-乳酸发酵影响不太大。但乳酸菌在酒精度低时生长更好。

(6)SO_2 的影响 SO_2 在 50 mg/L 以上时可抑制苹果酸-乳酸发酵。

8.3.5 葡萄酒的陈酿

新酿成的葡萄酒混浊、辛辣、粗糙、不适饮用。必须经过一定时间的贮存,以消除酵母味、生酒味、苦涩味和 CO_2 刺激味等,使酒质清晰透明,醇和芳香。这一过程称酒的老熟或陈酿。

8.3.5.1 陈酿过程

(1)成熟阶段 葡萄酒经氧化还原等化学反应,以及聚合沉淀等物理化学反应,使其中不良风味物质减少,芳香物质增加,蛋白质、聚合度大的单宁、果胶、酒石等沉淀析出,风味改善,酒体变澄清,口味变醇和。这一过程有 6~10 个月甚至更长。此过程中以氧化作用为主,故应适当地接触空气,有利于酒的成熟。

(2)老化阶段 在成熟阶段结束后,一直到成品装瓶前,这个过程是在隔绝空气的条件下,即无氧状态下完成的。随着酒中含氧量的减少,氧化还原电位也随之降低,经过还原作用,不但使葡萄酒增加芳香物质,同时也逐渐产生陈酒香气,使酒的滋味变得较柔和。

(3)衰老阶段 此阶段品质开始下降,特殊的果香成分减少,酒石酸和苹果酸相对减少,乳酸增加,使酒体在某种程度上受到一定的影响,故葡萄酒的贮存期也不能一概而论。

8.3.5.2 贮酒环境要求

(1)温度　贮酒温度对葡萄酒的品质影响很大,在低温下成熟慢,在高温下成熟快。但高温有利于杂菌繁殖,温度低而恒定,对葡萄酒澄清有利,贮酒室温度一般以 12~15℃ 为宜,以地窖为佳。

(2)湿度　相对湿度在 85% 时较适宜。空气过分干燥使酒蒸发损失,过湿使水蒸气通过桶板渗透到酒中,造成酒度降低,酒味淡薄,同时霉菌等易繁殖,产生不良味影响酒的质量。湿度过高可采取通风排湿,过低可在地面洒水。

(3)通风　酒窖内的空气应当保持新鲜,不得有异味及 CO_2 的积累。通风最好在清晨进行,此时不但空气新鲜,而且温度较低。

(4)卫生　贮酒室要保持卫生;酒桶要及时擦抹干净;地面要有一定坡度,便于排水,并随时刷洗;每年要用石灰浆加 10%~15% 的硫酸铜喷刷墙壁,定期熏硫。

8.3.5.3 贮存期的管理

(1)添桶　由于酒中 CO_2 的释放、酒液的蒸发损失、温度的降低以及容器的吸收渗透等原因造成贮酒容器中液面下降现象,形成的空位有利于醭酵母的活动,必须用同批葡萄酒添满。

(2)换桶　为了使贮酒桶内已经澄清的葡萄酒与酒脚分开,应采取换桶措施,因为酒脚中含有酒石酸盐和各种微生物,与酒长期接触会影响酒的质量。同时新酒可借助换桶的机会放出 CO_2,溶进部分 O_2 加速酒的成熟。

换桶的时间及次数因酒质不同而异,品质不好的酒宜早换桶并增加换桶次数。一般在当年 11~12 月份进行第一次,第二次应在翌年 2~3 月份进行,11 月份换第三次,以后每年 1 次或 2 年 1 次。换桶时宜在气温低、无风的时候进行。第一次换桶宜在空气中进行,第二次起宜在隔绝空气下进行。

(3)下胶澄清　葡萄酒经较长时间的贮存与多次换桶,一般均能达到澄清透明,若仍达不到要求,其原因是酒中的悬浮物质(如色素粒、果胶、酵母、有机酸盐及果肉碎屑等)带有同性电荷,互相排斥,不能凝聚,且又受胶体溶液的阻力影响,悬浮物质难于沉淀。为了加速这些悬浮物质除去,常用下胶处理。

用于葡萄酒下胶澄清的材料有明胶、单宁、蛋白、鱼胶、皂土等,具体方法参见果汁澄清,下胶前需预作小试以确定准确用量,下胶不足或下胶过量都达不到澄清效果,甚至引起酒液更加混浊。

(4)葡萄酒的冷热处理　自然陈酿葡萄酒需要 1~2 年,甚至更长时间,为了缩短酒龄,提高稳定性,加速陈酿,可采取冷热处理。

冷处理可加速酒中胶体及酒石酸氢盐的沉淀,使酒液澄清透明,苦涩味减少。处理温度以高于酒的冰点 0.5℃ 为宜。处理时间视冷却方法和降温速度而定,一般 4~5 d,最多 8 d。

热处理可以促进酯化作用,加速蛋白质凝固,提高果酒稳定性,并具杀菌灭酶作用。但可加速氧化反应,对酿造鲜爽、清新型产品并不适宜。热处理的温度和时间尚无一致意见,有人认为,无论甜或干葡萄酒,以 50～52℃ 处理 25 d 效果较好,也有人认为甜酒以 55℃ 为好。

冷热交互处理比单一处理效果更好,生产上已广泛应用。冷热交互处理以先热后冷为好,但也有人认为先冷后热更能使葡萄酒接近自然陈酿的风味。

▶ 8.3.6　成品调配

成品调配主要包括勾兑和调整两个方面。勾兑即原酒的选择与适当比例的混合;调整则是指根据产品质量标准对勾兑酒的某些成分进行调整。

勾兑的目的在于使不同优缺点的酒相互取长补短,最大限度地提高葡萄酒的质量和经济效益。其比例须凭经验和一定方法才能得到。一般选择一种质量接近标准的原酒作基础酒,根据其缺点选一种或几种另外的酒作勾兑酒,按一定比例加入后再进行感官和理化分析,从而确定调整比例。葡萄酒的调配主要是以下指标。

酒度:原酒的酒精度若低于产品标准,最好用同品种酒度高的调配,也可用同品种葡萄蒸馏酒或精制酒精调配。

糖分:甜葡萄酒中若糖分不足,用同品种的浓缩果汁为好,亦可用精制砂糖调配。

酸分:酸分不足可加柠檬酸,1 g 柠檬酸相当于 0.935 g 酒石酸。酸分过高可用中性酒石酸钾中和。

调配的各种配料应计算准确,把计算好的原料依次输入调配罐,尽快混合均匀。配酒时先加入酒精,再加入原酒,最后加入糖浆和其他配料,并开动搅拌器使之充分混合,取样检验合格后再经半年左右贮存,使酒味恢复协调。

▶ 8.3.7　过滤、杀菌、装瓶

8.3.7.1　过滤

(1)滤棉过滤法　滤棉用精选木浆纤维加入 1%～5% 的石棉制成,其孔径常在 15～30 μm。过滤前须经洗涤、杀菌并制成一定形状的棉饼。过滤开始后,将过滤机的进酒管与贮酒罐相连,过滤时要求压力稳定,一罐酒最好一次滤完。

(2)硅藻土过滤　硅藻土是多孔性物质,1 g 硅藻土具有 20～25 m^2 的表面积。过滤前,先将一部分硅藻土混入葡萄酒中作为助滤剂。根据酒液混浊程度,每百升葡萄酒中加入硅藻土 40～120 g。在滤板上形成 1 mm 左右厚度的过滤层,能阻挡和吸附葡萄酒中混浊粒子。

(3)薄板过滤　过滤用薄板是由精制木材纤维和棉纤维,掺入石棉和硅藻土压制而成的薄板纸,它的密度和强度均较大,孔隙可据实际应用而选定,也可以从大到小孔径串联使用,一次过滤,效果较好。

(4)微孔薄膜过滤　微孔薄膜是采用合成纤维、塑料和金属制成的孔径很小的薄膜,常用的材料有醋酸纤维酯、尼龙、聚四氟乙烯,不锈钢或钛等。薄膜厚度仅 130～150 μm,孔径 0.5～14 μm。微孔过滤一般用作精滤,选择孔径 0.5 μm 以下的薄膜过滤可有效地

除去酒中的微生物,实现无菌灌装。

8.3.7.2　装瓶与杀菌

装瓶时,空瓶先用2‰~4‰的碱液,在30~50℃的温度下浸洗去污,再用清水冲洗,后用2‰的亚硫酸液冲洗消毒。

葡萄酒杀菌分装瓶前杀菌和装瓶后杀菌。装瓶前杀菌是将葡萄酒经巴氏杀菌后再进行热装瓶或冷装瓶;装瓶后杀菌,是先将葡萄酒装瓶,密封后在60~75℃下杀菌10~15 min。杀菌温度(T_0)可用下式估算。

$$T_0 = 75 - 1.5D_1$$

式中:D_1——葡萄酒的酒度,(°);

　　　75——葡萄酒的杀菌温度,(℃);

　　　1.5——经验系数。

杀菌装瓶后的葡萄酒,再经过一次光检,合格品即可贴标、装箱、入库。软木塞封口的酒瓶应倒置或卧放。

8.4　其他果酒制造工艺

8.4.1　蒸馏果酒

蒸馏果酒是将果实经酒精发酵后,通过蒸馏提取酒精成分及芳香物质等而成。酒精度30°~70°不等,具有该果实的芳香味,一般称果实白酒,独特的称白兰地(brandy)。所谓白兰地,系专指以葡萄酒为原料制得的蒸馏酒。其他果实白兰地常须冠以果实名称,如苹果白兰地、樱桃白兰地等。

8.4.1.1　白兰地原酒的酿造

用来蒸馏白兰地的葡萄酒叫白兰地原料葡萄酒,简称白兰地原酒。酿造白兰地原酒用白葡萄酒比红葡萄酒好(常用的白葡萄品种主要有白玉霓、白福儿、鸽笼白、白羽、白雅、龙眼等)。因为白葡萄酒取净汁发酵,酒中含单宁低,总酸高,杂质少,蒸馏的白兰地醇和柔软。白兰地原酒的发酵工艺与传统法生产白葡萄酒的工艺相同。当发酵安全停止,残糖已达0.3%以下时,在罐内静置澄清,然后分离新酒,自流酒即为白兰地原酒,可蒸馏白兰地。酒脚单独蒸馏,可生产皮渣白兰地。在白兰地原酒发酵过程中不允许加SO_2,以免使蒸馏出的白兰地带有硫化氢等不良气味。

8.4.1.2　白兰地的蒸馏方法

蒸馏是提取白兰地原酒中酒精及芳香成分的过程,由白兰地原酒蒸馏所得的葡萄酒精叫原白兰地。白兰地原酒开始蒸馏时沸点为92~94℃,以后随酒精浓度降低,沸点逐渐升高。最初蒸馏出的酒精浓度较高,随后逐渐降低。若用重复蒸馏,可得更高浓度的蒸馏酒。葡萄酒中的成分除酒精与水分外,还有乙醛、丙醇、醋酸、丙酸、醋酸乙酯、异丁醇、戊醇、丁酸、乙二醇等挥发性物质,这些物质含量虽然极微,但对白兰地的品质影响极大。蒸馏时要求一部分物质如醋酸乙酯和丙醇等尽量蒸馏出来保存在酒液中,另外一些物质如乙醛、戊醇、呋喃甲醛等尽量减少或被分离出来,以保证白兰地的品质。

(1)蒸馏设备　白兰地的蒸馏设备有壶式蒸馏器(锅)与蒸馏塔。多以采用壶式蒸馏器为主。著名的Cognac(多译为干邑或科涅克)白兰地一直采用壶式蒸馏法。壶式蒸馏锅用紫铜制成,主要由锅体、预热器、冷却器等组成,锅的容积为1 200~2 000 L(见图8-4)。

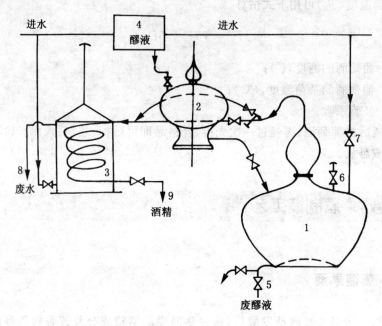

图8-4　壶式蒸馏工艺流程
1. 锅体　2. 预热器　3. 冷却器　4. 醪液罐　5. 废醪液排出
6. 排气阀　7. 自来水清洗阀　8. 冷却水排出口　9. 酒精排出口

(2)壶式蒸馏器操作要点　壶式蒸馏器是用火直接加热进行两次蒸馏的方法。第一次叫粗馏,即将原料酒注入蒸馏锅中,装量约为锅容4/5,用大火蒸馏,待酒精浓度降至4℃以下时,截去酒尾。得到酒精度25°~30°的粗馏酒。将粗馏酒再注入壶式蒸馏器,装量同粗馏。火力宜小,缓慢蒸馏,以减少高沸点物质被蒸出。最初蒸出的酒称为酒头,其中含醛类(低沸点)物质多,对酒质有影响。截头后继续蒸馏,直至蒸出的酒液浓度降为50°~58°时,即分开,这部分酒称为中流酒,质量好。取中流酒后,继续蒸馏出的酒尾,含沸点高的物质多,质量差,另用容器接收,称为去尾。将酒头、酒尾混合在一起,加入下次蒸馏的原料酒中再蒸馏。

8.4.1.3　白兰地的老熟

新蒸馏的原白兰地无色,香气不协调,味道辛辣,需要在橡木桶内经过长期贮存陈酿,以改变白兰地的色泽和风味,达到成熟完美的程度,成为名贵的陈酿佳酒。

白兰地的贮存容器主要是橡木桶。橡木桶板材的质量与白兰地的质量关系很大,法国的干邑白兰地,专门选用法国中央高原栗木森省(Limousin)出产的橡木制作白兰地酒桶。法国和西班牙等国家多采用 250～350 L 的鼓形桶,我国使用的容量为 350～3 000 L。水泥池或不锈钢罐中放置橡木块也可作贮酒容器,但品质较差。

贮酒过程中,由于橡木中含有的单宁、色素被酒精溶解,白兰地渐渐变成金黄色。氧化作用、酯化作用逐渐进行,使原来的辛辣味变得芳香柔和。

白兰地的贮酒室应保持适当的温度和湿度,适宜的室温为 15～25℃,相对湿度在 75%～85%,保证通风良好,利于白兰地充分氧化,加速成熟。白兰地贮存老熟时间较长,少则几年,多则几十年。

8.4.1.4 白兰地调配

原白兰地是一种半成品,一般不能直接饮用。经过精心勾兑和调配变为成品酒,再经过贮藏和一系列的后加工处理,才能装瓶出厂。不同品种的白兰地调配时需要把各种不同的原白兰地,按一定的比例勾兑起来,以保持白兰地的特殊风格。不同酒龄的白兰地可以老酒和新酒一起勾兑,以增加白兰地的陈酒风味,提高白兰地的质量。白兰地酒度在国际上一般为 40°左右。酒度过高可用蒸馏水或软化纯净水稀释;色泽过浅可用焦糖色调色;口味不醇厚可适当调糖;香味不足可适当调香。

▶ 8.4.2 起泡果酒

含 CO_2 的葡萄酒称起泡葡萄酒(sparkling wine)。香槟酒(champagne)是典型的高级起泡葡萄酒,因源于法国香槟省而得名,法国酒法规定,只有在香槟地区生产的起泡葡萄酒,才能称香槟酒。其他地区即使采用同样的生产工艺,也只能叫起泡葡萄酒,注明产地,如:"加利福尼亚香槟"。起泡葡萄酒可分红、桃红和白 3 种,以白为主。按含糖量可分为自然、极干、干、半干、半甜和甜型 6 类。按其二氧化碳气体来源可分为 4 类:一是加糖后二次发酵制成;二是来源于主发酵后的残糖;三是由苹果酸-乳酸发酵而成;四是人工加入。按发酵方法分瓶内发酵和罐内发酵 2 种。

8.4.2.1 瓶内发酵

瓶内发酵是传统的香槟起泡法,有原瓶发酵法(fermented in this bottle)和转换法(fermented in the bottle)。许多欧美国家都采用原瓶发酵法生产起泡酒,该法生产的起泡酒口感好、质量高,但操作麻烦、劳动强度大、时间长、产量低。转换法为原瓶发酵法的改良,即瓶内起泡后在一定的装置下收集处理,产量较大。

原瓶发酵法工艺流程:

原酒、糖浆、酵母等→混合→装瓶→压盖→发酵→摇瓶→斜置→冷冻→去塞除渣→加糖液→压塞→捆扎→贴标→产品

(1)原材料及混合

①原酒:酿造起泡酒的原酒酿造与干红、干白葡萄酒相似。法国香槟酒选用原料品种极讲究,主要有黑比诺、霞多丽和品乐麦涅,保加利亚常用雷司令、七月白等来生产白起泡酒。要求原料葡萄含糖 18%～20%,滴定酸 8～10 g/L,发酵时加 SO_2 80 mg/L,取自流汁发酵,发酵温度 18～20℃。发酵结束后,除去沉淀,澄清过滤,并经冷处理。

②糖浆:糖浆是发酵产气的主要来源。过量会造成压力过高会引起爆瓶或抑制酵母

繁殖,过少产气不足。在酒度 10°时,添加 4 g/L 糖可产气 0.1 MPa,故加糖至 24 g/L,则可产气 0.6 MPa,酒度高则应适当增加糖量,如 12°时,可加糖 26 g/L。

③酵母:要求抗酒精和耐压能力强,在低温下发酵彻底。加入量可控制在 100 万活细胞/L。

(2)装瓶 瓶和盖用 1.5% H_2SO_3 溶液消毒,瓶子要耐压。将上述混合原酒冷却至 10～14℃,灌入专用瓶内,留 15～20 cm³ 的顶隙。

(3)发酵 装瓶后,将瓶子送入酒窖,水平堆放在架子上,进行发酵。发酵温度以 10～12℃为宜,发酵时间依温度、所用酵母及酒的化学成分而异。在 10～12℃下 60～90 d,可生成 12°的乙醇,残糖降至 3 g/L,压力升至 0.4～0.5 MPa。高乙醇含量的原酒则发酵较慢,残糖含量高。

发酵后在同样的温度下贮存,周期性摇瓶和重新堆放,通过酒体与沉渣的接触创造一个氧化还原反应的环境,使酵母细胞自溶,含氮物质转移,新的芳香成分形成。这一过程需要数周至数月,劳动强度较大。

(4)斜沉 目的在于使沉淀向瓶颈处集中,采用特制的木架来完成,最初要求斜度至少 25°～30°,然后每天转动一次,瓶子转动一圈需要 8 次,持续 20～25 d,视沉淀状况,最后可升高角度至 60°。这时酒内沉淀物及酵母全部集中在瓶颈内塞上,酒体变清晰。转瓶操作是一项劳动强度大且细腻的工作。

(5)除渣 将瓶颈部插入－30～－22℃的冰水中,使瓶口的内塞、酒液、沉渣等迅速形成一个长约 25 cm 的冰塞,然后打开盖子,利用瓶内二氧化碳压力顶出冰塞。

(6)补液 由于去塞时损失了部分酒液,易引起氧化,对品质不利。因此,须将瓶口插入补酒机上,以同类原酒补充酒液,一般补充量为 30 mL 左右。

(7)压盖、捆扎、后熟 加酒液后,用新软木塞压盖,并用特殊的铁丝捆扎紧,摇动酒瓶,使瓶内酒液混匀,在 12～20℃下后熟 1～3 个月即为成品。

8.4.2.2 罐内发酵

瓶内发酵生产香槟酒工艺复杂,投资大,生产周期长,约需 3 年,产量低、技术要求高,仅适合于少量名牌。目前许多国家采用罐内发酵法生产起泡葡萄酒。其工艺流程如下:

原酒、糖浆、酵母等→混合→罐内发酵→过滤→灌装→产品。

原酒的配料与瓶内发酵法相同。发酵混合液入罐至罐容 95% 为度,保持温度 16～18℃ 24 h,而后下降温度至 12～14℃,密闭状态下发酵,其发酵速度控制在 0.02～0.03 MPa/d,发酵速度主要由温度来控制。

至预定压力后,用降温的方式来终止发酵,将被 CO_2 饱和的酒液降至－5～－4℃,在这一温度下保持 5～10 d,以促使澄清。低温还可增加酒体对 CO_2 的吸收,提高酒体的稳定性。降温后的起泡酒经过 2 次精滤后装瓶。

罐内发酵法可用不锈钢或碳钢罐进行,现代罐式起泡酒生产除延长发酵后酒与沉渣的接触时间外,在设备上一是增大罐的体积,已有 200 m³ 以上的起泡酒发酵罐;二是采用连续化装置进行起泡发酵。

8.5 果醋酿制

果醋是以果实或果酒为原料,采用醋酸发酵技术酿造而成的调味品。它含有丰富的有机酸、维生素,风味芳香,具有良好的营养、保健作用。

▶ 8.5.1 果醋发酵理论

果醋发酵需经过两个阶段。首先是酒精发酵阶段,其次为醋酸发酵阶段。如以果酒为原料则只进行醋酸发酵。

8.5.1.1 醋酸发酵微生物

醋酸菌大量存在于空气中,种类繁多,对乙醇的氧化速度有快有慢,醋化能力有强有弱,性能各异。生产果醋为了提高产量和质量,避免杂菌污染,采用人工接种的方式进行发酵。用于生产食醋的醋酸菌种主要有白膜醋酸杆菌(*Acetobacter acetosum*)和许氏醋酸杆菌(*Acetobacter schutzenbachii*)等。目前用得较多的是恶臭醋酸杆菌混浊变种(*A. rancens* var. *furbidans*)As 1.41 和巴氏醋酸菌亚种(*A. pasteurianus*)泸酿 1.01 号以及中国科学院微生物研究所提供的醋酸杆菌 As7015。醋酸菌为椭圆形或短杆状,革兰氏阴性,无鞭毛不能运动,产醋力 6% 左右,并伴有乙酸乙酯生成,增进醋的芳香,缩短陈酿期,但它能进一步氧化醋酸。

醋酸菌的繁殖和醋化与下列环境条件有关:

(1)果酒中的酒精浓度超过 14° 时,醋酸菌不能忍受,繁殖迟缓,生成物以乙醛为多,醋酸产量少。若酒精浓度在 14° 以下,醋化作用能很好地进行直至酒精全部变成醋酸。

(2)果酒中的溶解氧愈多,醋化作用愈完全。理论上 100 L 纯酒精被氧化成醋酸需要 38.0 m³ 纯氧。实践上供给的空气量还须超过理论数 15%～20% 才能醋化完全。反之,缺乏空气,醋酸菌则被迫停止繁殖,醋化作用受到阻碍。

(3)果酒中的二氧化硫对醋酸菌的繁殖有抑制作用。若果酒中的二氧化硫含量过多,则不适宜醋酸发酵。

(4)温度在 10℃ 以下,醋化作用进行困难。30℃ 为醋酸菌繁殖最适宜温度,30～35℃ 醋化作用最快,达 40℃ 时停止活动。

(5)果酒的酸度对醋酸菌的发育亦有妨碍。醋化时,醋酸量逐渐增加,醋酸菌的活动也逐渐减弱。当酸度达某一限度时,其活动完全停止,醋酸菌一般能忍受 8%～10% 的醋酸浓度。

(6)太阳光线对醋酸菌的发育有害。因此,醋化应在暗处进行。

8.5.1.2 醋酸发酵的生物化学变化

醋酸菌在充分供给氧的情况下生长繁殖,并把基质中的乙醇氧化为醋酸,这是一个生物氧化过程。首先是乙醇被氧化成乙醛:

$$CH_3CH_2OH + 1/2O_2 \rightarrow CH_3CHO + H_2O$$

其次是乙醛吸收一分子水成水化乙醛：

$$CH_3CHO + H_2O \rightarrow CH_3CH(OH)_2$$

最后水化乙醛再氧化成醋酸：

$$CH_3CH(OH)_2 + 1/2O_2 \rightarrow CH_3COOH + H_2O$$

理论上 100 g 纯酒精可生成 130.4 g 醋酸，而实际产率较低，一般只能达理论数的 85%左右。其原因是醋化时酒精的挥发损失，特别是在空气流通和温度较高的环境下损失更多。此外，醋酸发酵过程中，除生成醋酸外，还生成二乙氧基乙烷、高级脂肪酸、琥珀酸等。这些酸类与酒精作用在陈酿时产生酯类，赋予果醋芳香味。

有些醋酸菌在醋化时将酒精完全氧化成醋酸后，为了维持其生命活动，能进一步将醋酸氧化成二氧化碳和水。生产上当醋酸发酵完成后，常用加热杀菌的办法阻止其继续氧化。

▶ 8.5.2 果醋酿制工艺

8.5.2.1 醋母的制备

优良的醋酸菌种，各大型制醋工厂及科研单位有保存，可选购。还可从优良的醋醅或生醋中采种繁殖。其扩大培养步骤如下。

(1)斜面固体培养 按麦芽汁或果酒 100 mL，葡萄糖 3%，酵母膏 1%，碳酸钙 2%，琼脂 2%～2.5%的比例，混合，加热熔化，分装于干热灭菌的试管中，每管 8～12 mL，1 kg/cm² 压力杀菌 15～20 min，取出，趁未凝固前加入 50°的酒精 0.6 mL，制成斜面，冷后，在无菌操作下接种醋酸菌种，26～28℃恒温下培养 2～3 d 即成。

(2)液体扩大培养 第一次扩大培养，取果酒 100 mL，葡萄糖 0.3 g，酵母膏 1 g，装入灭菌的 500～800 mL 三角瓶中，消毒，接种前加入 75°的酒精 5 mL，随即接入斜面固体培养的醋酸菌种 1～2 针，26～28℃ 恒温培养 2～3 d 即成。在培养过程中，每日定时摇瓶 6～8 次，或用摇床培养，以供给充足的空气。

培养成熟的液体醋母，即可接入再扩大 20～25 倍的准备醋酸发酵的酒液中培养之，制成醋母供生产用。

8.5.2.2 酿醋及管理

果醋酿制分液体酿制和固体酿制 2 种。

(1)液体酿制法 液体酿制法是以果酒为原料酿制。酿制果醋的原料酒，必须酒精发酵完全、澄清透明。优质的果醋应用品质良好的果酒，但质量较差的或酸败的果酒也可酿制果醋。

将酒度调整为 7°～8°的原料果酒，装入醋化器中，为容积的 1/3～1/2，接种醋母液 5%左右，用纱罩盖好，如果温度适宜，24 h 后发酵液面上有醋酸菌的菌膜形成，发酵期间每天搅动 1～2 次,经 10～20 d 醋化完成。取出大部分果醋,留下醋膜及少量醋液,再补充果酒继续醋化。

(2)固体酿制法　以果品或残次果品等为原料,同时加入适量的麸皮,固态发酵酿制。

① 酒精发酵:果品经洗净、破碎后,加入酵母液 3%～5%,进行酒精发酵,在发酵过程中每日搅拌 3～4 次,经 5～7 d 发酵完成。

② 制醋醅:将酒精发酵完成的果品,加入麸皮或谷壳、米糠等为原料量的 50%～60%,作为疏松剂,再加培养的醋母液 10%～20%(亦可用未经消毒的优良的生醋接种),充分搅拌均匀,装入醋化缸中,稍加覆盖,使其进行醋酸发酵,醋化期中,控制品温在 30～35℃之间。若温度升高至 37～38℃时,则将缸中醋醅取出翻拌散热,若温度适当,每日定时翻拌 1～2 次,充分供给空气,促进醋化。经 10～15 d,醋化旺盛期将过,随即加入 2%～3% 的食盐,搅拌均匀,将醋醅压紧,加盖封严,待其陈酿后熟,经 5～6 d 后,即可淋醋。

③ 淋醋　将后熟的醋醅放在淋醋器中。淋醋器用一底部凿有小孔的瓦缸或桶,距缸底 6～10 cm 处放置滤板,铺上滤布。从上面徐徐淋入约与醋醅等量的冷却沸水,浸泡 4 h 后,打开孔塞让醋液从缸底小孔流出,这次淋出的醋称为头醋。头醋淋完以后,再加入凉水,再淋,即二醋。二醋含醋酸很低,供淋头醋用。

8.5.2.3　果醋的陈酿和保藏

(1)陈酿　果醋的陈酿与果酒相同。通过陈酿果醋变得澄清,风味更加纯正,香气更加浓郁。陈酿时将果醋装入桶或坛中,装满,密封,静置 1～2 个月即完成陈酿过程。

(2)过滤、灭菌　陈酿后的果醋经澄清处理后,用过滤设备进行精滤。在 60～70℃ 温度下杀菌 10 min,即可装瓶保藏。

▶▶ **复习思考题** ◀◀

1. 简述葡萄酒酿造原理,并说明酒精发酵的因素。
2. 简述优良葡萄酒酵母的主要特点。
3. 用箭头简示优质红、白葡萄酒陈酿的工艺流程,并对比其主要差异。
4. 简述白兰地的生产工艺。
5. 说明起泡葡萄酒瓶内发酵与罐内发酵各自的特点。
6. 对比果醋固体发酵和液体发酵的工艺差别。

▶▶ **指定参考书** ◀◀

1. 朱梅,李文阖,郭其昌. 葡萄酒工艺学. 北京:轻工业出版社,1983
2. [法]E·卑诺. 葡萄酒科学与工艺. 朱宝镛,等译. 北京:中国轻工业出版社,1992
3. 朱宝镛. 葡萄酒工业手册. 北京:中国轻工出版社,1995

8　果品制酒与制醋

233

参考文献

1. 陈学平.果蔬产品加工工艺学.北京:农业出版社,1993

2. 朱梅,李文阁,郭其昌.葡萄酒工艺学.北京:轻工业出版社,1983

3. [法]E·卑诺.葡萄酒科学与工艺.朱宝镛,等译.北京:中国轻工业出版社,1992

4. 刘玉田,徐滋恒,陈肖兴,等.现代葡萄酒酿造技术.济南:山东科学技术出版社,1990

5. 朱宝镛.葡萄酒工业手册.北京:中国轻工出版社,1995

园艺产品贮藏加工学·加工篇

第 9 章

其他果蔬制品

▶▶ **教学目标**

1. 了解鲜切果蔬、新含气调理食品、超微果蔬粉的基本概念和产品特点。

2. 掌握鲜切果蔬、新含气调理食品、超微果蔬粉的保藏原理和加工方法。

3. 熟悉果胶、色素、香精油、多糖、糖苷及黄酮类物质等果蔬主要副产品的提取分离方法。

主题词

鲜切果蔬　新含气调理　含气烹饪　超微果蔬粉　果胶　色素　香精油　多糖　糖苷　黄酮　提取　分离

　　鲜切果蔬(fresh-cut fruit and vegetables),又称最少加工果蔬(nimally processed fruits and vegetables),切割果蔬(shredded fruit and vegetables),最少加工冷藏果蔬(Minimally processed refrigerated fruit and vegetables,MPR)等,即新鲜果蔬原料经过清洗、去皮、修整、包装而成的即食或即用果蔬制品,通常所用的保鲜方法包括微量的热处理、控制 pH 值、应用抗氧化剂、氯化水浸渍或上述各种方法相结合。为了保证其品质,除了少数酸性的热带产品或亚热带产品外,其余都必须在冷藏条件下流通。

　　鲜切果蔬是 20 世纪 50 年代以马铃薯为原料开始研究的,其研究工作涉及果蔬生理、生化、微生物、贮藏加工、包装等多学科。美国、日本在鲜切果蔬的生理生化方面研究较多,而英国、法国则在鲜切果蔬包装方面的研究处于世界领先地位。如改良气调包装(modified atmosphere package,MAP)、衬袋盒包装(bag-in-box package,BIBP)技术等在法国和英国占有很大比例。并对不同种类的鲜切果蔬都建立了各自的 MAP、BIBP 包装系统。而我国对鲜切果蔬的研究和生产才刚刚起步。

　　传统的果蔬加工制品经过一定的处理,比新鲜原料更为稳定,货架期更长;而鲜切果蔬与新鲜果蔬原料相比,货架期不仅没有延长,反而有一定的缩短,一是鲜切果蔬的组织细胞仍是活的,会发生许多生物化学反应,导致品质降低,寿命缩短;二是微生物的活动导致其败坏,尤其是致病微生物的生长将导致食品安全问题。

▶ 9.1.1　鲜切果蔬的生理生化

　　鲜切果蔬由于加工切割,产生伤口使其发生许多特有的变化,归纳如图 9-1。这些变化与采后的损伤类似,切割后果蔬会立即发生信号,导致膜的去极化作用,产生一些次生物质,增加乙烯的生物合成和呼吸强度,改变蛋白质的合成路线,导致一系列对品质不利的生理变化。

▶ 9.1.2　鲜切果蔬的微生物

　　果蔬上的微生物主要为细菌,亦有酵母和霉菌。鲜切果蔬由于切割,伤口会造成微生物的污染,切割造成的机械伤会增加营养物质的外流,导致微生物的繁殖。作为一种加工产品和直接食用的产品,对微生物则有更高的要求。应充分考虑减少病菌污染的机会,主要的对象菌有肉毒杆菌、单核增生李斯特菌、弯曲杆菌、葡萄球菌、大肠杆菌 O-157、沙门氏菌等。一般要求的带菌量指标为总菌数 1.0×10^5 CFU/g,大肠杆菌在 10 MPN/g 以内。而一般原料中芽菜类的总菌数达 $10^7 \sim 10^9$ CFU/g,叶菜类达 $10^6 \sim 10^7$ CFU/g。这就要求加强清洗、消毒和包装。

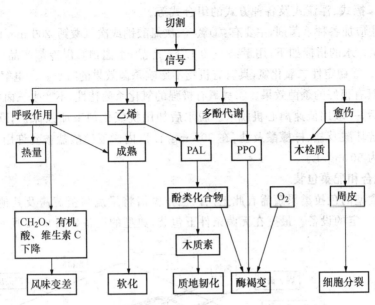

图 9 - 1　鲜切果蔬加工中切割与一系列生理反应的关系

（Arthey and Dennis, 1991）

9.1.3　鲜切果蔬的加工单元操作

从田间到零售系统,鲜切果蔬的加工操作包括采收、田间处理、运输、预处理、切分、包装、贮藏、零售。

9.1.3.1　采收

用于鲜切果蔬的原料一般采用手工采收,采后立即送至加工点进行加工。

9.1.3.2　田间处理

田间处理包括大小、成熟度分级、去除缺陷、预冷等。豌豆和其他豆类在田间去荚,甜菜和胡萝卜切叶等。采用喷淋非碱性表面湿润剂再喷水的办法可以去除果实中的昆虫,还可以去除农药。

9.1.3.3　预处理

鲜切果蔬可以分成即食型（Ready-to-eat）,主要用于色拉及汉堡包;即用型（Ready-to-use）,用在加工冷冻水饺及其他食品的配料;即煮型（Ready-to-cook）,用在烹饪中。它们的处理方式有一定的差异,大致有挑选、分级、盐水浸渍、脱水、沥水、去核等。

9.1.3.4　切分

由于鲜切果蔬为标准的洁净产品,切分是重要的工作,据产品的不同可切成丁、块、片、条、丝、半片等各种形式。切分要求刀具特别的锋利。

9.1.3.5　去杂、清洗和消毒

去杂指在加工中去除外来物质,如枝条、果柄、灰尘、砂粒、泥土、昆虫、残留杀虫剂和化肥等。清洗效果可由浸渍或充气而加强。清洗机械应单独设计,据报道有浸泡式、搅动

9

其他果蔬制品

式、喷洗式、摩擦式、浮流式及各种方式的组合式等。

　　清洗水中应加各种杀菌剂，主要有：①氯气、次氯酸钠或次氯酸钙，200 mg/L 以上的有效氯以防止感染。水的指标如下，用量：5～10 L/kg 产品；水温：4℃ 以冷却产品；残留氯浓度：100 mg/L 值。②稳定性二氧化氯，具有有机物不影响杀菌效果的特点。③电解酸性水的 pH 值可达 2.7，具有很好的杀菌效果。④臭氧有极强的氧化杀菌特性，不产生三卤甲烷类残留。

　　清洗之后，一般用低速离心机脱水。脱水后加用抗氧化剂来加强保护，欧共体国家允许使用的有抗坏酸及盐、柠檬酸及盐，在 300 mg/L 以内。亚硫酸盐被允许用在马铃薯中，残留允许量为 50 mg/L。

9.1.3.6　混合和配菜包装

　　对于即食型的色拉类果蔬需有此工艺。色拉类需将果蔬与蛋黄酱及其他配料混合均匀，这需借助一定的设备。最好在无菌条件下包装，典型的设备如图 9-2 所示。

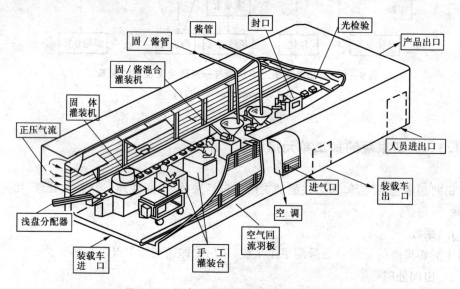

图 9-2　即食型鲜切果蔬的无菌包装间示意

9.1.3.7　流通和使用

　　鲜切果蔬的流通过程是一个品质和数量下降的过程，因此建立完美的配送体系是成败的关键，应注意如下几点：①尽量减少中转次数；②贮藏和运输中提供连续的温度、湿度控制、MA 或 CA 条件；③立即将产品从卡车送入冷库中；④掌握优质进来优质出去的原则，存货应在 1 周以内；⑤单箱堆积高度不超过 5 箱。

▶ 9.1.4　延长货架寿命的方法

9.1.4.1　热处理

　　对于与其他食品一起消费的即食型鲜切果蔬和部分调料，应采用热处理的方法加以杀菌。这一类产品与冷冻调理食品类似，主要的对象菌为李斯特菌、大肠杆菌 O-157、沙门氏杆菌和肉毒杆菌。

9.1.4.2　化学保藏剂

通常认为安全的化学保藏剂有丙酸和丙酸盐、山梨酸及盐、苯甲酸及盐、对羟基苯甲酸、SO_2 及亚硫酸盐、环氧乙烷和环氧丙烷、二乙酸钠、脱氢醋酸、硝酸钠、甲酸乙酯等。C12～C18 的中等长链脂肪酸酯如 BHA、BHT、TBHQ 等除了抗氧化外亦有抗菌功能。乳酸菌素(nisin)、游霉素(natamycin)、四环素(tetracylines)、枯草菌素(subtilin)具有良好的抗菌能力。柠檬酸、醋酸和其他的有机酸、抗坏血酸及盐和异抗坏血酸钠、EDTA 等亦用来加强保藏效果。

化学物质的另一作用在于防止表面的褐变，亚硫酸盐是传统的马铃薯防褐变剂。最近研究表明，用柠檬酸、抗坏血酸、异构抗坏血酸钠、4-己基间苯二酚等可以有效地抑制梨、苹果的褐变。己基间苯二酚可以有效地防止果心部的褐变，在中性时比酸性时防褐变的效果好。

值得一提的是钙对于鲜切果蔬的防褐变和保持质地具有特殊的意义，它可以保持细胞壁和细胞膜的完整性。因为它可以与果胶酸类物质形成果胶酸钙，增加组织的硬度，阻止液泡中的基质外渗与细胞质中酶类接触，降低呼吸，延迟分解代谢。

9.1.4.3　气调或改良气调

气调或改良气调是鲜切果蔬的最基本保存方法，具体参阅贮藏部分。近年来对鲜切果蔬应用高氧 MAP 及 Ar 和 N_2O 被认为是新颖的混合添加剂，欧盟允许其在食品中应用，研究称 Ar 和 N_2O 能通过抑制霉菌生长，减少乙烯释放量，延缓感官质量的下降来延长货架期。

9.1.4.4　冷藏

除了热带和部分亚热带果蔬，绝大部分应在 $-2\sim4℃$ 条件下保存和流通。冷藏与气调或改良气调结合，可以有效地延长产品的货架寿命。

9.1.4.5　辐照保鲜

根据其波长，可有如下几种应用于鲜切果蔬中。

近红外线加热：高于 800 nm 的近红外线，其穿透力很低，但可以快速加热鲜切果蔬的表面，达到消毒的目的，生产中应用的难度在于较难精密控制。

紫外线：用于表面消毒和包装间的消毒，最有效的波长在 260 nm。

电离辐射：对同位素辐射已作了大量的研究，FDA 于 1986 年批准在水果和蔬菜中使用低于 1 kGy 剂量的辐射处理。但此剂量不能钝化酶，辐射还有社会的接受性和技术普及较难等问题。水果蔬菜本身对辐射的敏感性亦有很大的差异，据研究最敏感的有油梨、黄瓜、葡萄、青刀豆、柠檬、来檬、油橄榄、辣椒、人参果、有刺番荔枝、夏天成熟的南瓜、叶菜类、抱子甘蓝、花椰菜；中等敏感的有杏、香蕉、南美番荔枝、无花果、葡萄柚、金柑、枇杷、荔枝、橙、柿子、梨、菠萝、李、柚、红橘；最耐辐射的是苹果、樱桃、海枣、番石榴、杧果、甜瓜、油桃、西番莲、桃、树莓、草莓、番茄。

9.1.4.6　降低水分活度

大部分腐败细菌的最适生长的 A_W 值为 0.9，酵母为 0.88，霉菌为 0.8。大多数鲜切果蔬的 A_W 值在 0.95 或以上，已有人研究了用渗透脱水作为辅助手段来降低 A_W 值，达到加强保藏的作用，但常会改变产品的风味。

9.1.4.7　抗氧化

氧气的多少直接影响微生物和酶的活性,因此真空处理和加入抗氧化剂可以降低因氧化而引起的品质败坏。

9.1.4.8　各种方法的结合

在鲜切果蔬中,只有各种不同的保存方法结合,而且达到相互协同的效应,才有可能达到长期贮藏。

9.2　新含气调理加工

灭菌是保存食品的重要环节。隔氧是保存食品的重要条件。由日本小野食品兴业株式会社开发的新含气调理(new technical gas cooking system)是针对目前使用的真空包装、高温高压灭菌等常规加工方法存在的不足所开发的一种加工新技术,是以食品预加工、气体置换包装和调理灭菌为核心的食品加工方法。

此技术可使食品在常温下保存和流通达 6～12 个月,同时能较完美地保存食品的品质和营养成分,且食品原有的口感、外观和色香味几乎不会改变。口感是决定食品品质的重要因子,图 9-3 是新含气调理食品与高温高压杀菌的食品通过流变仪加以测定与分析的口感比较结果。

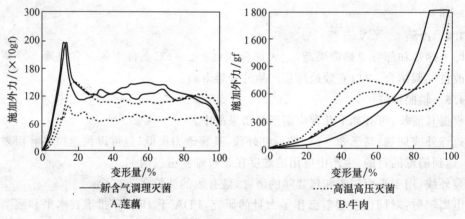

图 9-3　新含气调理食品与高温高压杀菌的食品口感比较

从图 9-3 可以看出,由新含气调理法加工的蔬菜如莲藕,其压缩负荷-变形量曲线在一定范围内呈直线形,并有屈折点出现(图 9-3,A),因而具有清脆口感。而高温高压法处理的莲藕压力负荷值低,质地过软而未出现生物屈折点。由新含气调理法加工的牛肉片,与高温高压法加工的相比,前者的压缩负荷-变形量曲线伸向右上方,肉食品本身富有的弹性和黏性仍然保留,而后者的压缩负荷值低,且出现一个峰。这说明牛肉的组织被完全破坏,从口感上讲,过软过绵,无咬劲(图 9-3,B)。

新含气调理加工适合的食品种类相当广泛,在蔬菜水果方面有炒藕片、八宝菜、木耳、香菇、萝卜丝、竹笋片、榨菜、青豆、葡萄、梨、苹果、荔枝、龙眼、草莓、菠萝等。最近,板栗的新含气调理加工在国内已见生产。

▶ 9.2.1 新含气调理加工工艺

新含气调理加工的工艺分为初加工、预处理、包装和调理灭菌 4 个步骤。

9.2.1.1 初加工

初加工包括原料的选择、洗涤、去皮和切分等。

9.2.1.2 预处理

预处理可起到两种作用：一是结合蒸、煮、炸、烤、煎、炒等必要的调味烹饪对食品进行调味；二是在上述调味过程中减少微生物的数量（减菌），如蔬菜每克原料中有 $10^5 \sim 10^6$ 个细菌，经减菌处理之后，可降至 $10 \sim 10^2$ 个/g。通过这样的预处理，可以大大降低和缩短最后灭菌的温度和时间，从而使食品承受的热损伤限制在最小程度。

9.2.1.3 气体置换包装

将预处理后的原料及调味汁装入耐热性强和高阻隔性的包装袋中，以惰性气体（通常使用氮气）置换其中的空气，然后密封。气体置换有 3 种方式：一是先抽真空，再注入氮气，其置换率一般可达 99％以上；二是直接向容器内注入氮气，置换率一般为 95％～98％；三是在氮气的环境中包装，置换率一般在 97％～98.5％；通常采用第一种方式。

9.2.1.4 调理灭菌

采用波浪状热水喷淋、均一性加热、多阶段升温、二阶段急速冷却的灭菌方式。波浪状热水可形成十分均匀的灭菌温度；多阶段升温灭菌是为了缩短食品表面与食品中心之间的温度差。第一阶段为预热期，第二阶段为调理入味期，第三阶段为灭菌期。每一阶段温度的高低和时间的长短，均取决于食品的种类和调理的要求。新含气调理灭菌与高温高压灭菌的温度-时间曲线的关系比较见图 9-4，图 9-5。从图 9-4 可见，多阶段升温灭菌的第三阶段的高温域较窄，从而避免了蒸汽灭菌锅因一次升温及加温加压时间过长而对食品造成热损伤以及出现煮熟味和糊味的弊端。一旦灭菌结束，冷却系统迅速启动，$5 \sim 10$ min 之内，温度降至 40℃以下，从而尽快脱离高温状态。

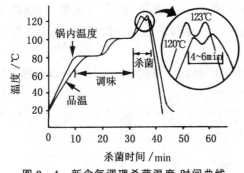

图 9-4 新含气调理杀菌温度-时间曲线
（张泓，1998）

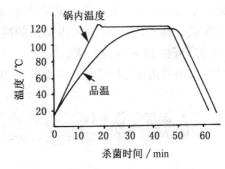

图 9-5 高温高压杀菌温度-时间曲线
（张泓，1998）

新含气调理食品因已达到商业无菌状态，可长时间保存，但由于货架期还受包装材料的透氧率、包装时气体置换率和食品含水率变化的限制。如果包装材料在 120℃的条件下加热 20 min 后，透氧率不高于 $2 \sim 3$ mL/$(24 \ h \cdot m^2)$，使用的氮气纯度为 99.9％以上，气体置换率达到 95% 以上时,保鲜期可以达到 6 个月。

9.2.2 新含气调理加工的设备

新含气调理加工的设备主要包括万能自动烹饪锅、新含气制氮机、包装机以及调理灭菌锅等。

9.2.2.1 万能自动烹饪锅

万能自动烹饪锅采用空间热源方式,根据需要喷射热水、蒸汽或调味汁,进行搅拌的蒸、煮、煎、烤多功能烹饪。同时装备有加压和减压装置,通过调节压力,有效地进行加热和冷却,以缩短烹饪时间。此外,整个过程可在无氧全氮的条件下进行,以免在烹饪中发生氧化作用。

目前,日本小野食品兴业株式会社生产的万能自动烹饪锅有 SH-12/400-MP、SH-6/200-MP 和 SH-4/100-MP 三种型号,加工量分别为每班 4～6 t、2～3 t 和 1～1.5 t(以处理大豆为例)。

9.2.2.2 新含气制氮机及包装机

制氮机专用于食品包装的氮气分离。通过无油压缩机将压缩空气送入吸附柱内,空气中的氧气、二氧化碳和水分等杂质被选择性吸收而将氮气分离出来。所分离的氮气纯度可达 99.9% 以上。该制氮机还配备有贮氮罐,被分离出来的氮气暂时贮藏在贮氮罐内,随时供包装机使用。包装机与制氮机相连,全自动包装机的填料、抽真空、充氮和封口全部自动化。

9.2.2.3 调理灭菌锅

调理灭菌锅由灭菌罐、热水贮罐、冷却水罐、热交换器、循环泵、电磁控制阀、连接管道及高性能智能操作平台等部分组成。灭菌锅采用模拟温度控制系统,根据不同食品对灭菌条件的要求,随时设定升温和冷却程序。

在灭菌槽内,热水从设置在两侧的喷嘴以放射状喷出,均匀地喷洒在食品袋上,形成均一的杀菌温度。由于热水不断向食品袋表面喷射,热量扩散快,传递均匀,食品内部的升温速度快。同样,冷却时也采用相同的喷淋方式,冷却迅速。一般来说,整个灭菌过程(包括冷却)可在 45 min 内完成。

用于灭菌的热水可以反复循环使用,冷却时,80℃ 以上的热水还可回收,从而节约能耗。

9.3 超微果蔬粉加工

9.3.1 概念与定义

超微粉体加工是近几十年来开始发展的一项新兴技术,其概念和定义尚未有准确一致的表述,国内外也存有争议。国外对"超细"使用的词也不一致,有 ultra fine,super fine

和 very fine 等。有人定义粒径小于 100 μm 的粉体为超细粉体,有人定义粒径小于 30 μm 或 10 μm 的粉体作为超细粉体,也有人定义小于 1 μm 的粉体为超细粉体。目前,国外定义较严格并被较多采用的是粒径小于 3 μm 的粉体被称之为超细粉体。我国超细粉体的概念也很混乱,名词使用也不一致,有人用"超细",有人用"超微",也有人用"超细微"。超细粉体通常又分为微米级、亚微米级及纳米级粉体,粒径大于 1 μm 的粉体称为微米材料,粒径小于 1 μm 大于 0.1 μm 的粉体称为亚微米材料,粒径处于 0.001~0.1 μm(即 1~100 nm)的粉体称之为纳米材料。对于食物来说,粉碎并不是越细越好,太细了之后,在人体中存留的时间很短,并且舌头就没有感觉了。一般情况下食品微粒粒径大于 25 μm,粉碎类型为微粉碎(<100 μm)或细粉碎 0.1~5 nm,但由于不同的行业、不同的产品对成品粒度要求不同,应根据物料特性及其用途不同而考虑。

▶ 9.3.2　优点

食品超微粉具有很强的表面吸附力及亲和力;具有更好的固香性;特别容易消化吸收;最大限度地利用原材料,节约资源。由于食品超微粉的问世,使得食品的结构、形式及人体生物利用度均发生了巨大变化。

果蔬制成粉末状态可以大大提高果蔬内营养成分的利用程度,增加利用率。果蔬粉可以用在糕点、罐头、饮料及各种食品的添加剂,亦可直接作为饮料等产品饮用。

在保健食品行业中,超细粉碎技术使用特别广泛。如灵芝、鹿茸、三七、珍珠粉、螺旋藻、蔬菜、水果、蚕蛹、人参、蛇、贝壳、蚂蚁、甲鱼、鱼类、鲜骨及脏器的细化,为人类提供了大量新型纯天然高吸收率的保健食品。灵芝、花粉等材料需破壁之后才可有效地利用,是理想的制作超微粉的原料。

素有饮料之王美誉的茶叶,含有大量的氨基酸和维生素等有机物,以及多达 27 种人体所需的矿质元素,对人体有着重要的营养及保健功效。然而传统的开水冲泡方法不能将茶叶的营养成分全部溶出,如果将茶叶超细化,制成茶粉后,冷、温水冲饮及作为添加剂添加到食品、菜肴中,更是方便、营养,吸收将更充分。

▶ 9.3.3　粉碎方法和设备

9.3.3.1　高速机械冲击式微粉碎机

利用高速转子上的锤、叶片、棒体等对物料进行撞击,并使其在转子与定子间、物料颗粒与颗粒间产生高频度的相互强力冲击、剪切作用而达到粉碎目的。按转子的设置可分为立式和卧式两种。前者如日本细川公司的 ACM 型,德国 Netasch-Condux 公司的 CSM 型和德国 Alpine 公司的 ZPS 型。后者如日本细川公司的 Super Micro Mill,德国 Alpine 公司的 CW 型 UPZ 型超细磨。

9.3.3.2　气流粉碎机

利用高速气流(300~500 m/s)或过热蒸汽(300~400℃)的能量,使颗粒相互冲击、碰撞、摩擦而实现超细微粉碎。产品细度可达 1~5 μm,具有粒度分布范围窄、颗粒表面光滑、颗粒形状规整、纯度高、活性大、分散性好的特点。由于粉碎过程中压缩气体绝热膨胀而产生焦耳、汤姆逊效应，不适合于低融点、热敏性物料的超细微粉碎。目前工业上应用的有：①扁平式气流磨；②循环管式气流磨；③靶式气流磨；④对喷式气流磨；⑤流化床对喷式气流磨。

9.3.3.3　辊压式磨机

物料在一对相向旋转的轧辊之间流过，在液压装置施加的 $50\sim500$ MPa 压力的挤压下，物料约受到 200 kN 作用力，从而被粉碎。辊压式磨机有高压式和立式等装置。

9.3.3.4　介质运动式磨机

介质运动式磨机主要有振动磨、搅拌磨和球磨机等。

果蔬物料因含有水分、纤维、糖等多种成分，所以在粉碎上比较复杂，一般有干、湿两法，干法应用最广的为气流式粉碎机，但耗能大。湿法粉碎较难应用。同时果蔬粉碎应考虑粉碎的程度、加工过程不被污染、避免加工过程中原料营养成分的损失。南京天苹超微粉碎技术有限公司开发了多喷管流化床式超音速气流粉碎分级系统，即净化干燥的压缩空气导入特殊设计的喷管形成超音速气流，通过几个相同放置的喷嘴进入粉碎室，物料由料斗送至粉碎室被各喷嘴气流加速，撞击到射流的交叉点上实现粉碎，粉碎室内形成高速的两相流流化床，粉体自我碰撞实现粉碎，然后经过涡流高速分级机，在离心力的作用下进行分级。

在湿法粉碎上，南京理工大学专门设计了一套刚柔粉碎机，适合肉骨、植物浆料等的粉碎。河北廊坊纳米机械有限公司生产的湿法粉碎机，采用机械物理法，即柱塞吸进再打出实现粉碎过程，该机完全采用电脑控制。江苏正昌集团开发的 SWFM60×36 微粉碎机，适用于对原料粉碎细度有特殊要求的对虾、鳗鱼及其他幼小动物饲料的粉碎，也可广泛用于粮食、医药、化工等其他行业的物料粉碎加工。

9.4　果胶的提取与分离

果胶是一类亲水性胶体，广泛用于食品、轻工、纺织、医药等行业。果胶物质以原果胶（protopectin）、果胶（pectin）和果胶酸（pectic acid）3 种状态广泛存在于自然界，尤其在水果中含量十分丰富。原果胶是果胶和纤维素的共聚物，在原果胶酶的作用下可以分解成果胶和纤维素，果胶又可进一步分解为果胶酸及甲醇，果胶酸能与 Ca^{2+}、Mg^{2+} 等金属离子结合成不溶性果胶酸盐而丧失其胶凝性和黏结性。此外，果胶酸还会在果胶酸酶的作用下分解为还原糖。上述转化过程在植物组织中，尤其是在果实成熟和衰老过程中，这一系列转化十分活跃。果胶与酸、碱共热也会产生上述转化。

果胶最重要的特性是胶凝化作用，即果胶水溶液在适当的糖、酸存在下能形成胶冻。果胶的这种特性与其酯化度（degree of esterification；DE）有关。所谓酯化度就是酯化的半乳糖醛酸基与总的半乳糖醛酸基的比值。DE 大于 50%（相当于甲氧基含量高于 7%）的果胶，称为高甲氧基果胶（high methoxyl pectin，HMP）；DE 小于 50%（相当于甲氧基含量低于 7%）的果胶，称为低甲氧基果胶（low methoxyl pectin，LMP）。

各种状态的果胶物质具有不同的特性,原果胶和果胶酸(形成果胶酸钙不溶性物质)不溶于水,只有果胶可溶于水,但一定浓度的酒精和某些盐类如硫酸铝、氯化铝、硫酸镁、硫酸铵等能使果胶从溶液中沉淀,并可以进一步将其分离和纯化,生产上通常就是利用这些性质来提取果胶。

▶ 9.4.1 原料的破碎及漂洗

提取果胶要求选取富含果胶的新鲜原料或经过灭酶处理并干制的储藏原料。柑橘、山楂、苹果、南瓜、甜瓜、胡萝卜、番茄、向日葵托盘等都是富含果胶的原料。抽提果胶前,将原料破碎成 0.3～0.5 cm 的小块,然后加热杀酶,方法同上,接着用温水(50～60℃)淘洗数次,最后压干备用。淘洗的目的是为了除去原料的糖类、色素、苦味物质等杂质,以提高果胶质量。但这种淘洗方法可能导致可溶性果胶流失,因而也有用酒精来浸洗的。

▶ 9.4.2 果胶的提取

果胶的提取有酸提取法、常温常压浸泡法、离子交换剂法、微生物法、微波法、酶法。近年来,草酸铵提取法、连续逆流萃取法和超声波辅助提取法也开始应用到果胶提取中。

9.4.2.1 酸提取法

酸提取法是根据原果胶可以在稀酸下加热转变为可溶性果胶的原理来提取。抽提时的加水量、pH 值、时间、酸的种类对果胶的提取率和质量都至关重要。酸可以用无机酸,也可以用有机酸,如盐酸、磷酸、柠檬酸、苹果酸等,为了改善果胶成品的色泽,也可以用亚硫酸。工业生产中,多采用盐酸,pH 2～3 较为合适,由于原料不同,pH 值可能有一些差异。用橘皮提取果胶,美国多采用 pH 2.6～2.8,我国多采用 pH 2.2～2.3。温度过高过低对抽提都会带来不利影响,温度过高,尤其在低 pH 值条件下,引起糖苷链的水解而使得果胶的胶凝强度降低;温度过低,必须延长抽提时间,可能引起过分脱酯,一般采用 85～95℃。加水量的多少和抽提的次数,会影响后续操作、得率和成本。根据生产经验,用橘皮提取果胶时,以 1∶20 的干橘皮量∶水量较好,抽提 1 次,然后对废渣进行其他综合利用。

酸提取法是最古老的工业果胶生产方法,1925 年便有较全面的评述。结合醇法沉淀果胶,传统性强且纯熟,工艺较简单,各种条件比较容易控制,无污染,得到的果胶质量好、纯度高。但在提取过程中果胶分子易发生部分水解和降解,降低了果胶分子量,影响果胶的得率和质量。

9.4.2.2 常温常压浸泡法

常温常压浸泡法是在常温常压下,将预处理好的原料用酸调节至 pH 0.5～1.0,处理24～28 h,然后将 pH 值调整至 3.0,即停止酸的作用,使果胶溶解。此法虽能节省一些能源,但生产周期长,占用车间面积较大。

9.4.2.3 离子交换剂法

离子交换剂法是用磺化聚苯乙烯树脂,以适当的比例(原料的 5%～10%,如干制原料可提高至30%)加入到调好水的抽提材料中,用盐酸调 pH 值至 1.3～1.6,加温至 85℃ 左右,并保温搅拌 2～3 h。加热时间过长,果胶酸解,降低产率和胶凝度;温度高于 95℃,也会使果胶分子发生降解,影响产率。此外,还可用炭质沸石作离子交换剂提取果胶,沸石用硫酸冲洗后能反复使用。

该法果胶产率比用无机酸提取法高,且产品质量高,生产周期短,工艺简单,成本低,是一种经济上可行的制造方法。但沉淀果胶所用的乙醇使用量非常大,造成后阶段的乙醇回收工序耗能大,致使生产成本高。此外,此法需要较高的温度和长时间加热,原料中含有的果胶不可避免地会产生变性和分解破坏,且提取的果胶数量和质量也不理想。

9.4.2.4 微生物法

微生物法是将微生物接种到果皮原料中,经一段时间发酵培养,利用微生物产生的酶,将果胶分解。常用的菌种为帚状丝孢酵母。生产时,先将经预处理的物料装入有杀菌水的发酵罐中,在接种槽中接种帚状丝孢酵母,用量为发酵物料的 3%～5%。然后在 25～30℃ 下发酵 15～20 h,再除去残皮和微生物。

此法是低温发酵提取果胶,萃取液中果皮不破碎,也不需进行热、酸处理,容易分离,萃取完全,易过滤。萃取的果胶分子质量大,果胶的胶凝度高,质量稳定。此法还能有效地克服酸水解法生产果胶的诸多不足,具有低消耗、低污染等特点,具有广阔的应用前景。

9.4.2.5 微波法

微波是一种频率为 300 MHz 至 300 GHz 的电磁波,波长为 1 mm 至 1 m。微波提取是具有很强热效应的化学提取技术,能使物料内部温度上升,扩散系数增大,同时,促使物料中细胞的破裂,使果胶渗出并溶解在溶剂中。在 20 世纪初,美国便发表了用微波加热技术提取果胶的专利。

生产时,将预处理的原料中加入原料质量 2 倍的软水,用浓盐酸调节 pH 值到 1.8～2.0,微波常压加热 2 次,每次 4～5 min。微波辐射的效率大小直接影响果胶的得率,随着微波功率的提高,果胶产率增加,但功率过高,即温度过高,果胶裂解使产率下降,一般选择功率在 540～900 W 之间,可以得到较好的得率。

与传统方法相比,微波萃取能大大加快组织的水解,使果胶提取时间由传统方法 90 min 缩短为 5 min,而且受热均匀,不会破坏果胶长链结构,同时降低了能耗,工艺操作容易控制,降低劳动强度,所得样品质量好,凝胶性能、色泽、溶解性等指标都有所提高,产率比传统方法提高了 2%。除此之外,还大量节约酒精溶剂,产品质量符合国家质量标准,在生产应用上具有重要的现实意义。但微波加热速度太快,不易控制加热温度。而且该法对微波的波长和功率都有一定的要求,否则会造成果胶产品形态有所差异。再者,微波法操作不当容易泄漏,对生物有害。现阶段对微波法的理论研究还不足,有待进一步探究。

9.4.2.6 酶法提取

酶法提取是根据植物细胞壁的构成,利用酶反应具有高度专一性的特点选择相应的酶,将细胞壁的组成成分(纤维素、半纤维素和果胶质)水解或降解,破坏细胞壁结构,使细胞内的成分溶解、混悬或胶溶于溶剂中,从而达到提取目的,且有利于提高提取率。提取的一般步骤为:在磨成粉的原料中加入含有酶的缓冲液,于水浴恒温振荡器内进行酶法提取,反应结束后,抽滤,然后用乙醇沉淀,过滤分离,干燥,粉碎得果胶成品。

由于酶法提取果胶反应时间较长、酶制剂用量大等原因,阻碍了酶法提取果胶在国内的应用。但如果将酸法与酶法结合,先用酸法提取少量果胶后,再用酶法提取剩余的果胶,将大大缩短反应时间,减少酶的用量。随着酶制剂工业的发展,酶制剂成本的降低,用酶法提取果胶将大有发展前景。

9.4.2.7 其他方法

近年来,还有报道采用草酸铵提取法、连续逆流萃取法、超声波辅助提取法进行果胶的提取。

采用草酸铵代替盐酸提取果胶,据报道效果很好。将果皮洗净,再用 0.25% 草酸铵溶液在 90℃ 处理 24 h,过滤后得果胶提取液。此法可使不溶性果胶酸钙变成可溶性铵盐,Ca^{2+} 以草酸钙沉淀的形式除去。也可以用螯合剂六偏磷酸盐,使不溶性果胶的溶解性增加,以获得较好的提取效果。

连续逆流萃取是指萃取相与萃余相向相反方向连续流动而进行的萃取。在此过程中,富含溶质的萃取液在流出体系前与新鲜的被萃取物接触,而将要被萃取完全的原料在流出体系前与新鲜的萃取剂接触,使萃取分离更完全。连续逆流法能在较宽的 pH 范围内选取工艺条件,在使用较少提取剂和较小设备的情况下也可获得较高的提取率,同时也相应地减少了后续沉淀工序中乙醇的使用量,降低了生产成本。

超声波辅助提取法可使细胞破碎,溶出植物有效成分。与传统提取法相比,超声波提取法提取时间短、产率高、无需加热。

▶ 9.4.3 抽提液的处理

一般抽提液需经过脱色、压滤和浓缩处理。脱色通常采用 1%～2% 的活性炭,60～80℃ 条件下保温 20～30 min,然后再行压滤,以除去抽提液中的杂质。压滤时可加入 4%～6% 的硅藻土作助滤剂,以提高过滤效率。

果胶提取液中果胶含量一般为 0.5%～1%。抽提液浓缩的目的是将果胶溶液中的多量水分蒸发,提高果胶溶液的浓度。常采用真空浓缩,温度 45～50℃,浓缩至果胶含量 3% 以上,通常为 6%。为避免果胶分解,浓缩温度宜低,时间宜短。食品工业目前开始采用膜分离法浓缩。

▶ 9.4.4 果胶的分离

经浓缩的果胶溶液可直接进行喷雾干燥,然后通过 60 目筛筛分后进行包装。为了提高纯度,还需要进一步分离才能得到纯化,分离方法主要有以下几种。

9.4.4.1 酒精沉淀法

当果胶液中酒精浓度达 60% 以上时,果胶就会呈絮状沉淀析出,同时提取液中大多数糖和酸形成的盐则与酒精一起除去。过滤后,再用 60% 的酒精洗涤 1～3 次,经干燥后即可获得杂质少、纯度高、胶凝力强、色泽好、质量优的果胶。酒精可回收利用,但此法成本高。

9.4.4.2　盐析法

盐析法的原理是盐溶液中的盐离子带有与果胶中游离的羧基相反的电荷,两种相反电荷的电中和作用产生沉淀。利用这一特性,加氨水中和果胶溶液,加入电解质金属盐类,即有不溶于水的果胶酸盐和少量盐的氢氧化物沉淀以及其他杂质产生。经分离后,用酸化醇进行洗涤脱盐,使酸与金属离子发生置换反应生成果胶,少量盐的氢氧化物沉淀消失。生成的果胶不溶于醇而沉淀下来。用盐析法沉淀果胶,产率高,乙醇耗量少,成本低,得到的果胶酯化度比醇沉淀法高,凝胶强度大。现在多采用铝盐或铁盐进行沉淀处理。

(1)铝盐、酒精沉淀法　先用氨水将提取液的 pH 值调整至 4.0～5.0,随即加入适量的饱和明矾或硫酸铝溶液,保持 pH 值 4.0～5.0,即见果胶沉淀析出,结合加热(70℃)可促进果胶析出。滤出沉淀用清水洗涤数次,除去明矾,然后以少量的稀盐酸(0.1%～0.3%)溶解,再用酒精沉淀和洗涤。该方法可以大大节约酒精用量,是国外常用的工艺。但此提取的果胶与金属离子结合紧密,金属离子不易除去,灰分高。

(2)铁盐、酒精沉淀法　先用氨水调节 pH 值为 4.5～5.0,于搅拌中将三价铁盐(如$FeCl_3$)溶液缓缓加入提取液中,得到絮状果胶盐沉淀。将沉淀抽滤分离,再用 10% 盐酸和 70% 乙醇混合液洗涤,除去 Fe^{3+}。再用 75% 碱性乙醇洗涤,最后用无水乙醇洗涤。该法乙醇消耗量小,沉析出来的果胶过滤容易,果胶产品质量稳定,得率高,但产品色泽较深,脱色较难。

若用铁、铝混合盐析,得到的产品质量和得率都较好,是盐析法中一种比较好的方法。

9.4.4.3　超滤法

将果胶提取液在一定压力下过滤,使得小分子物质和溶剂滤出,从而使大分子的果胶加以浓缩、提纯。其特点是操作简单,得到的物质纯,但对膜的要求很高。

▶ 9.4.5　干燥、粉碎、标准化处理

将湿果胶在 60℃左右温度下进行干燥,最好采用真空干燥。当产品含水量降至 1% 以下时,将果胶送入球磨机等设备进行粉碎,并通过 40～120 目筛筛分,即为果胶粗制成品。

由于果胶是一种天然提取物,所获得的粉末果胶在成胶能力、黏度、蛋白质稳定性等方面是不同的。因此,商品果胶需用糖或缓冲盐来进一步标准化,以保证用户获得性能一致的产品,使果胶的凝胶强度、凝胶时间和温度、pH 值一致化,使用效果稳定一致。

▶ 9.4.6　低甲氧基果胶的制取

低甲氧基果胶的胶凝性较高甲氧基果胶差,但在低甲氧基果胶溶液中只要加入少量钙、镁离子,即使可溶性固形物低于 1%,仍能凝结成胶冻,这样在果酱类加工上就能大大降低用糖量,同时还拓宽了果胶在非食品工业领域中的应用范围。因此,在果胶提取中,低甲氧基胶的制取十分重要,但可供天然直接提取低甲氧基果胶的植物组织很少,生产上通常采用高甲氧基果胶进行后续加工来获得。

低甲氧基果胶通常要求其所含的甲氧基为 2.5%～4.5%,因此,低甲氧基果胶的制

取,主要是脱去部分甲氧基,一般是利用酸、碱和酶等作用以促进甲氧基的水解,或与氨作用使酰胺基取代甲氧基。这些脱甲氧基的工序可以在稀果胶抽提液压滤以后进行。

9.4.6.1　酸化法

用盐酸将果胶溶液的 pH 值调整至 0.3 左右,然后在 50℃下保温 10 h,进行水解脱酯,接着加入酒精将果胶沉淀,过滤压出其中液体,用清水洗涤余留的酸液,并用稀碱液中和溶解,再用酒精沉淀、洗净、压滤、烘干,然后粉碎、过筛、包装即得成品。

9.4.6.2　碱化法

其优点是作用迅速,但要注意 pH 值与温度的关系,一般在 pH 8.5 时,温度不宜超过35℃,如果提高 pH 值,则要降低温度。生产上,常用 0.5 mol/L NaOH 调整和维持 pH值,处理时间 1 h 左右。水解脱酯完成后,用盐酸调整 pH 至 5.0,然后用酒精沉淀果胶。放置 1 h,并不断地搅拌,过滤分离后再用酸性酒精浸洗,并用清水反复洗涤以除去盐类,压榨去水再行干燥、粉碎、过筛、包装。

9.5　色素的提取与分离

天然色素安全性较高,部分天然色素还有一定的营养和药理作用,并且色泽更接近天然原料的颜色。近年来,从植物中提取天然色素用于食品加工业广泛地受到重视,用天然色素逐渐取代人工合成色素,以减少人工合成色素对人体带来的副作用已是大势所趋。

植物体中所含的天然色素种类很多,大体上可分为叶绿素、黄酮类色素、花色素与花色苷、姜黄色素、甜菜色素等。其中除花色素及与其相类似的色素是水溶性色素外,其余都是脂溶性色素。

▶ 9.5.1　从葡萄皮渣提取葡萄红色素

葡萄红色素是天然食用色素的一种,呈紫红色或宝石红色,其发色基团属花色苷类化合物,易溶于水、甲醇、乙醇等极性较强的溶剂,不溶于苯、石油醚等非极性溶剂。葡萄色素值随 pH 值不同,颜色有所不同,在强酸性溶液中,溶液为紫红,在碱性条件下为蓝色,自然光照射会使葡萄色素缓慢退色。葡萄色素的耐热性很差,随着温度的升高及时间的延长,色素的变色速度逐渐加快,Mg^{2+} 对色素具有一定的保护作用,Fe^{3+} 则对色素的稳定性产生不良的影响。

提取工艺:葡萄皮渣→破碎→加热萃取→加护色剂→速冷→粗滤→调 pH→离心过滤→减压浓缩→成品

用破碎机将皮渣打碎,按皮渣重加 1.1～1.5 倍水,搅拌均匀,入锅加热至 75～80℃,保温萃取 10 min 后,加入 1 200～2 000 mg/L 的 SO_2 作护色剂,继续保温 30 min,使花色素苷类物质充分溶出,待提取液迅速冷却后,粗滤除去渣子,调节 pH 值为 2.5～4.0,以保持红色,随 pH 值升高,红色减弱,pH 4.5 呈红紫色,pH 4.5 以上则呈紫红色,然后加入乙醇,搅拌使蛋白质、果胶等沉淀。最后用离心机分离除去沉淀物。将分离后的清液打入真空浓缩锅中,温度控制在 50～55℃,真空度在 0.906～0.959 MPa 条件下浓缩,除去水分,制得膏状红色素成品。同时回收酒精。

▶ 9.5.2　萝卜色素的提取

萝卜色素是从"心里美"萝卜中提取的一种天然红色色素。它属于类黄酮系,主要由花色素苷构成。该萝卜为我国普遍栽培的萝卜品种,成本低、来源丰富,并有较高的营养价值。从中提取的红色素安全、无毒,稳定性好。

提取工艺:去皮萝卜片→加入 3 倍量的无水醇→浸提 4～10 h→减压抽滤→真空浓缩→喷雾干燥→成品

提取率为 3.5%～4.7%(以湿重计),回收率在 95% 以上。

从萝卜中分离出的红色色素主要由花色素苷构成。在色素苷经酸水解后,生成的花色素种类很多,但目前发现的天然色素只有 7 种,天竺葵色素是其中之一。萝卜色素在弱酸条件下,着色力随温度增加呈上升趋势,说明色素混合物对热不敏感,耐热性好;维生素 C 对色素的稳定性有一定程度的影响,随着维生素 C 浓度的增加,溶液颜色由粉红色变为橘红色;蔗糖对萝卜红色素的稳定性无影响;苯甲酸钠溶液的加入,使溶液的颜色由粉红色变为紫红色;氧对萝卜色素的影响较大,随着氧量的增加,色素溶液由粉红色逐渐变浅,最后颜色消失。

▶ 9.5.3　山楂色素的提取

山楂果实含有丰富的色素,其成分为花色苷和黄酮化合物,无毒性且对人体的心血管疾病有防治作用,有开发利用价值。

山楂色素的提取工艺为:将山楂果切成 0.2～0.3 mm 薄片,用 0.1% 的盐酸甲醇溶液在室温下蔽光浸泡 8 h,其间摇动几次,过滤后即得到色素提取液。色素提取液在 40℃ 条件下用真空旋转蒸发装置浓缩 5 倍左右,即得到色素浓缩液。

山楂色素的稳定性随外界环境的影响而变化。Cu^{2+} 使色素的结构发生变化,但对色素的颜色无不良影响。少量 Al^{3+} 的存在能明显增加山楂色素的色泽,这可能是由于 Al^{3+} 与山楂色素能形成一种可溶性的有色络合物所致。Fe^{3+} 的加入使色素由紫红色变为黄褐色,Fe^{3+} 的存在对山楂色素有严重的不良影响。适量维生素 C 可增加色素的稳定性。山楂色素耐氧化性很差,在色素使用和山楂产品生产过程中应避免与氧化剂接触。山楂色素耐酸性强,耐碱性差,pH>5 时会使色素的紫红色明显减弱。该色素耐还原性很差,应避免与还原性较强的物质共存。

▶ 9.5.4　其他天然色素的提取

9.5.4.1　叶绿素的提取

叶绿素广泛存在于一切绿色植物中,如菠菜中含有较多的叶绿素。叶绿素稳定性较差,特别在较高或较低的 pH 值条件下,易受到破坏。为了获取稳定的叶绿素,在从植物体中(菠菜)用酒精或丙酮分离出叶绿素后,再使之与硫酸铜或氯化铜作用,由铜取代叶绿素中的镁,再将其用苛性钠溶液皂化,制成粉状叶绿素铜钠。叶绿素铜钠的稳定性要远远强于叶绿素。

9.5.4.2 红色树莓、醋栗色素的提取

红色树莓果实和醋栗果实含有丰富花色素,单位重量的果实内色素含量比山楂、葡萄高得多。因此国内外现已从这些浆果中提取花色素。浆果制汁后,经压缩、澄清、脱胶等工序,再用有机溶剂浸泡提取花色素,最后经浓缩脱水可制取天然固体色素。

此外,沙棘、越橘的皮渣中也含有大量天然色素,也可提取相应的色素。

目前,天然色素的开发还存在很多问题,既有提取工艺上的问题,也有生产成本高而经济效益差的问题,还有着色不均匀、染色效果较差的问题。此外,天然色素的性质,毒理学实验也都有待进一步研究。但无论如何,天然色素的开发利用是食用色素的发展趋势。

9.6 香精油的提取与分离

香精油(essential oils)是一类易挥发、具有强烈香味和气味、能随水蒸气蒸馏出来的油状液体的总称,它具有祛痰止咳、祛风健胃、驱虫、防皱保养等功效,在食品、日用化工及医药等工业上应用十分广泛。迄今为止,世界上已提取出来的精油在 3 000 种以上,有商业价值的有 500 种左右。我国已有香料植物 62 科 400 余种。其中不少品种在世界上占有重要地位,甚至是唯一的生产品种。柑橘、薄荷、留兰香、桂花、葱、蒜等都是重要的香精油提取原料。

▶ 9.6.1 原料的准备

9.6.1.1 原料的采收

精油是由多种互溶的有机物质构成的混合物,存在于果、蔬、花卉的果、茎、叶、根、种子等不同组织器官中,尽管果、蔬、花卉芳香油提取的原料各不相同,要求各异,但有以下几点共同的要求:果皮要新鲜,洁净,不腐朽,无发霉现象,去除有虫斑的部位;花要新鲜、完好,最好是含苞待放时,盛开的花含油量降低;叶要生长旺盛,深绿色、青色,叶柄宜短,无枯黄叶及其他干枝等杂质和泥土等;草本茎一般在植物生长旺盛季节或花蕾形成期时采收;根可用采伐木材后刨树根,去掉泥土;种子要成熟度一致,有些种子未成熟与成熟后化学成分上有很大差异。总之,芳香油的提取与原料采收的部位,季节、成熟度有密切的关系。

9.6.1.2 原料的保管与贮藏

含挥发油的原料原则上采后应立即提取,以防腐烂变质影响油的质量。若不能及时提取,可贮藏于干燥、阴凉、通风良好的仓库内,必要时可安装空调设备,但要注意气流不可太强,否则会造成挥发油的挥发。温度也不能高,否则会使挥发油氧化。

9.6.1.3 原料的粉碎

挥发油在植物体内多存在于油囊、油室、油细胞或腺鳞和腺毛中,因此,在提取前可根

据原料情况进行破碎。叶类一般用机械切成丝,花类一般不需破碎可直接蒸馏提取。果实和种子类必须粉碎成粗粉后用滚压机压碎,根、茎及木质部用机械切成薄片或小段或粉碎成粗粉。总之,粉碎的目的是暴露更多的油细胞,便于快速提取。

▶ 9.6.2 提取方法

9.6.2.1 蒸馏法

该方法是目前提取香精油时应用最广泛的一种方法,适用于挥发性的、水中溶解度不大的成分的提取,设备简单、容易操作、成本低。其设备主要由蒸汽发生器、蒸馏器、冷凝器、油水分离器、成品接受槽等组成,蒸馏方式主要有以下3种。

(1)水中蒸馏 是将原料组织浸泡在沸水中加热蒸馏的方法。这种方法设备简单,主要适用于细的粉末和在蒸汽中易黏结成块的鲜花等原料的蒸馏,不适于易皂化水解、水溶性或高沸点成分含量多的香精油原料。

(2)水上蒸馏 是将原料放在一块多孔的隔板上面,利用隔板下的沸水产生的蒸汽将其中芳香成分蒸馏出来的方法。该方法适用于均匀切碎的植物组织,如果皮、草、树叶、种子、根等原料。

(3)水蒸气蒸馏 是用蒸汽锅炉产生的蒸汽将香精油原料组织中的芳香成分蒸馏出来的方法。该方法可用于大规模生产,除细的粉末易被蒸汽黏着而结块外,其他原料均可适用,种子、根、木质原料利用此法最为适宜。

蒸馏法的优点是出油率高,对原料要求不严格,凡干、鲜橘皮,残、次,落果,霉烂果以及果渣,均可作为原料,是我国长期采用的方法。其缺点是提取的香精油只含挥发性香气成分,味觉成分未能完全提取出来;且香精油的个别组分在蒸馏过程中因受热而被破坏,影响成品的质量。尤其像茉莉、水仙、栀子花等这类非常娇嫩的花器,用蒸馏法根本无法提出香精油。因此,实际生产中应根据原料特点和其他条件,综合考虑各因素,选用较理想的提取方法。

9.6.2.2 浸提法

浸提法是应用有机溶剂把香精油提取出来的方法。浸提法又可分为以下几种。

(1)油脂冷浸法 在常温下以油脂或石蜡油从原料中萃取其芳香成分(所得的含香油脂称为"香脂"),然后用乙醇浸提香脂,再经蒸馏分离乙醇,就可获得成品。该方法较适用于如茉莉、晚香玉等这类采摘之后仍有继续发香生理作用的原料。

(2)油脂温浸法 该方法基本同油脂冷浸法,不同的是在稍加温的条件下浸提。该方法较适合于玫瑰、橙花、含羞花等这类采摘后生理活动立即停止的原料的香精油提取。

(3)溶剂浸提法 一般都采用有机溶剂浸提。常用的有机溶剂有乙醇、乙醚、石油醚等。一般乙醇不用于鲜花的浸提,它能溶解花中的水分而将香气冲淡,还会产生不愉快的或与原花完全不同的香气,但它广泛用于如叶、皮、根等原料的浸提。一般说来,萃取花蕾宜用戊醇、己醇,甲苯适用于含芳香烃化合物的香精油,丙酮适用于含酚类化合物的香精油,含氯溶剂如三氯甲烷适用于含胺类化合物的香精油。应当注意,如果是生产食品级香精油,溶剂也必须是符合食品级的产品。

用浸提法提取香精应先将原料破碎,花瓣则不需破碎,然后用有机溶剂在密封容器中进行浸渍。浸渍时,注意时间和温度的控制,一般采用低温浸提,否则香精油易挥发损失;时间不宜过长,否则香味易劣变,一般3～12 h。浸提液可多次浸提新鲜原料,通常为3次,获得较浓的浸提液后,再行分离纯化。分离溶剂常采用真空蒸馏装置进行,可获得浓郁的香精油。

9.6.2.3 磨榨法

磨榨法应用的面较窄,尤其是冷磨法,主要用于各类柑橘原料香精油的提取。柑橘果实的芳香油主要分布在果皮的油胞中,其基本原理是使这些油胞破裂使香精油流出。此外姜、蒜等香精油的提取也可采用冷榨法。

(1)冷磨法(擦皮离心法) 冷磨法是针对柑橘类水果提取香精油而设计的一种方法。一般是将柑橘全果进行分级、漂洗,并用0.5%碳酸钠溶液浸泡1～3 min,除去表面蜡质。碳酸钠溶液每小时补充0.25%,每4 h更换1次。然后将原料送入有齿轮、磨壁有针刺的磨油机中,磨破或刺破果实表皮的油胞,使芳香油流出,再喷水冲洗,获得的油水混合物经过滤,高速离心分离(6 000 min的油水分离机),最后将香精油在5～10℃条件下,静置5～7 d,让杂质沉淀,过滤并包装。提取香精油后的果实可供榨汁、制酱、作橘饼使用,果皮还可进一步提取果胶。

(2)冷榨法 冷榨法是将原料经预处理后,施加一定压力,榨出香精油及水分等杂质,然后经过滤离心分离、静置,最后过滤包装为成品的一种香精油提取方法。

以柑橘皮为原料提取香精油常采用该方法,其基本步骤如下:

(1)石灰液浸泡橘皮 先将新鲜果皮用饱和石灰水(pH 12)浸泡6～8 h,并不时翻动,使浸泡均匀,浸泡标准是橘皮脆而不断,果皮呈黄色无白心为度。浸泡的目的是使果皮变得脆硬,油胞易破利于榨油。

(2)压榨过滤 石灰浸泡后的橘皮经清水漂洗、沥干,即可送入压榨机压榨。榨出的香精油用高压水喷淋冲洗,经过滤除去杂质。

(3)离心分离与静置过滤 其基本方法与冷磨法相同。

与水蒸气蒸馏法相比,冷榨法由于在室温下操作,未经热处理及精油中含有天然抗氧化物(如酚类物质),因此有较佳的气味,其香气更接近于鲜香。但所得产品纯度低,可能含有水分、叶绿素、黏液质及细胞组织等杂质而呈混浊状态,同时很难将挥发油完全压榨出来,出油率较低。

9.6.2.4 吸附法

吸附法又分冷吸法和吹气吸附法两种。冷吸法是纯手工劳动。其所得产品的剂型称为香脂。以晚香玉为例来加以说明:花朵采摘下来后,仍有一段时间能产香和放香,吸附时,以1份高度精制的牛油和2份猪油混合,组成脂肪基,涂于带方框的玻璃板两面,将花蕾平铺在玻璃板上,然后将这些框子层层叠起来,直接与脂肪基接触的鲜花,香气成分溶解于脂肪基中,不直接接触鲜花的脂肪基则起着吸附剂的作用。每天更换鲜花一次,而且将鲜花框上下翻转,直至脂肪基中芳香物质基本饱和为止。所得的冷吸香脂可直接用于香料,也可以用乙醇溶解,再低温冷冻、过滤,制成冷吸净油。与溶剂法相比,冷吸法产率高,质量好,但耗费劳动量大,周期长,成本高。

吹气吸附法以活性炭为吸附剂,最好用果壳颗粒活性炭,活性炭使用前在烘箱内于120℃温度干燥2~3 h,进行活化处理,用相对湿度85%~90%的空气,控制风量每1 kg花约50 L/min,并均匀吹入,鲜花堆放在厚度5~8 cm的花格中,使香气物质被活性炭吸附,吸附时间18~24 h。活性炭一般为3层,每层炭高10 cm,为了达到规定湿度,在风机和花室之间设增湿室。当活性炭吸附饱和后,再用溶剂进行多次洗脱,回收溶剂即得精油。吸附法多用在较名贵香料的提取上。

9.6.2.5 其他提取方法

近年来,随着提取技术的发展,出现了很多新的提取方法,如超临界流体萃取、微波辅助提取、超声波提取、酶提取、微胶囊-双水相提取、亚临界提取等,这些方法中虽然有些目前应用较少,甚至仍处于实验研究状态,但均具有较大的发展前景。

(1)超临界流体萃取(supercritical fluid extraction,SFE) 超临界流体萃取是近些年来发展起来的一种全新的分离方法,已广泛用于化工、能源、食品、医药、生物工程等领域。该技术是利用流体(溶剂)在临界点附近某一区域(超临界区)内,与待分离混合物中的溶质具有异常相平衡行为和传递性能,且它对溶质溶解能力随压力和温度改变而在相当宽的范围内变动这一特性,而达到将溶质分离的一项技术。利用这种所谓超临界流体作为溶剂,可以从多种液态或固态混合物中萃取出待分离的组分。CO_2由于其无毒,不易燃易爆,有较低的临界温度和临界压力,传递性质好,在临界压力附近溶解度大,对人体和原料完全惰性,无残留等优点,而成为目前超临界流体萃取最常用的溶剂,即超临界CO_2萃取。进行超临界CO_2萃取操作的关键在于压力、温度的最佳组合。F. Tmelli等在40~70℃,8.3~12.4 MPa条件范围内进行柑橘香精油的超临界CO_2萃取研究,去除了大部分产生苦味的萜烯化合物。在70℃,8.3 MPa下操作,得到了柑橘风味浓厚的橘香精油,其风味较用其他方法提取的香精油都好。Calame等人在40℃,30 MPa条件下获得0.9%的高品质柠檬皮香精油,该香精油的特点是含有较少的柠檬醛和较多的醇类物质。采用超临界CO_2萃取方法在提取紫丁香、杜松子、黑胡椒、杏仁等有效成分上均获得了较理想的效果。

(2)超声波辅助提取 是应用超声波强化提取植物的有效成分,是一种物理破碎过程。原理是利用超声波的空化作用加速植物有效成分溶出,另外,超声波次级效应,如机械震动、乳化、扩散、击碎、化学效应等,也加速提取成分的扩散、释放并与溶剂充分混合而利于提取。该法最大的优点是提取时间短、温度较低、收率高,该法已广泛用于食品行业及中药有效成分的提取。

(3)微波辅助萃取 是利用微波能来加速提取的一种新技术。微波提取过程中,微波辐射导致植物细胞内的极性物质吸收微波能,产生大量热量,细胞内温度迅速上升,细胞内部压力急剧增大,当超过细胞膜和细胞壁的膨胀能力后,就会导致细胞的破裂,使目标产物流出,从而加速提取速度。该法最大的特点是萃取时间短,溶剂用量少,产物收率高。由于微波射线穿透性极好,可施加于任何天然物如银莲花属、锐叶木兰、海藻、地衣以及动物组织如肝、肾、蛋黄等,进而提取有用物质。

(4)酶提取 酶可以在温和条件下分解植物组织,较大幅度地提高收率,是一项很有前途的新技术。如张福维用纤维素酶处理松针叶提取精油,并以未加酶处理为对照,结果加酶处理针叶精油收率比对照品提高48%。目前,主要应用的是纤维素酶。

（5）微胶囊-双水相萃取法　是利用被提取物在不同的两相系统间分配行为的差异进行分离，具有较高的选择性和专一性，能提取醛、酮、醇等弱极性至无极性香味成分，应用于香精油的提取颇具前景。一直以来该法主要用于分离生物有机大分子物质，近年来，用该法提取各种小分子有机物也取得了较为理想的效果。如采用微胶囊-双水相法提取薄荷油、丁香油、柠檬油等，选用环糊精作包裹材料，由于湿球效应，提高了囊心的耐热稳定性，与环境中的水分、氧气及紫外线等不良环境因子隔离，从而避免受其不良影响，能避免提取过程中的高温、氧化、聚合等情况的发生，有效地保护精油的天然成分。目前，该技术应用于挥发油的报道还较少。

（6）亚临界水萃取　亚临界水又称超加热水、高压热水或热液态水，是指在一定压力下，将水加热到100℃以上临界温度374℃以下的高温，水体仍然保持在液体状态。亚临界状态下流体微观结构的氢键、离子水合、离子缔合、簇状结构等发生了变化，因此，亚临界水的物理、化学特性与常温常压下的水在性质上有较大差别。常温常压下水的极性较强，亚临界状态下，随着温度的升高，亚临界水的氢键被打开或减弱，从而使水的极性大大降低，由强极性渐变为非极性，其性质更类似于有机溶剂，可将溶质按极性由高到低萃取出来。这样就可以通过控制亚临界水的温度和压力，使水的极性在较大范围内变化，从而实现天然产物中有效成分从水溶性成分到脂溶性成分的连续提取，并可实现选择性提取。此外，由于亚临界水萃取是以价廉、无污染的水作为萃取剂，因此，亚临界水萃取技术被视为绿色环保、前景广阔的一项变革性技术。1998年，英国的Basile等第一次用亚临界水提取迷迭香叶子中的挥发油，随后，该技术逐步被应用于其他天然产物及食品的萃取中。由于技术优势明显，该技术很快作为从天然产物中萃取有效成分的新方法而得以迅速发展。目前，亚临界水萃取技术在天然产物领域的应用主要集中在挥发油及活性成分的提取上。

▶ 9.6.3　原油的精制

原料加工得到的粗制精油（原油）往往达不到商品质量指标的要求，如水蒸气蒸馏法得到的原油中，常含有微量的水分和固体杂质，磨榨法得到的柑橘类精油中常含有大量的萜烯类物质（易氧化聚合，淡化主体香气成分的香气，且使原油易变质），因此，需要根据具体情况采用不同的方法进行精制。比如常采用过滤的方式除去固体杂质；采用分馏的方式除去异味化学杂质及萜烯类杂质；采用离心的方式除去水分等。精制后，经过包装等处理，皆可得到精油成品。

9.7　功能性物质的提取与分离

▶ 9.7.1　魔芋精粉

魔芋（*Amorphophallus konjac*. K. Koch），属于天南星科植物的地下块茎，加工为魔芋精粉的主要活性成分是葡甘露聚糖(konjac glucomannan)。葡甘露聚糖是一种复合性多糖,由葡萄糖和甘露糖聚合而成,不易被人吸收。该多糖吸水后膨胀使体积增大,且呈胶体状,加入石灰水、碳酸钠等使之呈碱性,再加热即凝固成具有弹性的块状物。

魔芋精粉的提取与分离工艺有:干法加工(魔芋干片中提取)、湿法加工(溶剂浸提磨浆)、干湿法结合加工。

还有研究证实应用酶法和糖化菌处理法成功地从魔芋粉中提取了葡甘露聚糖。酶法中的斐林试剂沉淀法产品收率为52.3%,乙醇沉淀法为62.7%,糖化菌处理法为60.5%,乙醇沉淀法提取的葡甘露聚糖含量可达90%左右,且不含淀粉杂质。一般认为下述工艺仅用乙醇和水,成本较低,方法简单,易推广应用。

魔芋粗粉→50%乙醇浸提2次→水洗3次→溶胀→过滤→工业乙醇沉淀→95%乙醇冲洗→无水乙醇冲洗→风干→魔芋精粉(葡甘露聚糖)

魔芋经去皮、切片、护色干燥成魔芋干片,粉碎成魔芋粗粉。用50%乙醇浸提2次,沉淀物水洗3次后加水搅拌让其充分溶胀,过滤(离心)去水,加入工业乙醇沉淀,过滤,沉淀物再依次用95%乙醇和无水乙醇冲洗。整个过程注意回收乙醇。最后的沉淀物经干燥获得魔芋精粉(葡甘露聚糖)。

▶ 9.7.2 柑橘类果实糖苷

糖苷(glucoside)是由糖类与非糖类有机化合物如醛、酚、醇等缩合而成的配糖体。在柑橘类果实中含有橙皮苷、柚皮苷、柠檬苷等多种糖苷物质,糖苷类物质大多具有苦味,这是柑橘果实苦味的主要来源之一,有些糖苷本身虽不显出苦味,但它与酸接触化合时,即可尝出苦味,这是在加工中或者腐败的果实中产生苦味的原因。柑橘类果实含有丰富的维生素P,它就是橙皮苷、圣草苷、芸香苷三种苷类的混合物,维生素P的医药价值较大,还能加强维生素C的生物活力。在综合利用中以提取橙皮苷及柚皮苷为主,在医药上可用来防治动脉血管粥状硬化、心肌梗塞、微血管脆弱等。他们含量虽微,但功能显著,应尽量加以提取,可以考虑与其他提取项目配合进行。

9.7.2.1 橙皮苷的提取

橙皮苷在柑橘白皮层及橘络中含量最多。纯品呈白色针状结晶,带苦味。橙皮苷仅溶于碱液、热乙醇及热甲醇,在冷水、热水、冷乙醇中极难溶解或不溶解。通常用碱液及热乙醇提取,这两个方法中,碱液法较简便,但得率较低,杂质较多。热乙醇提取的质量较好,但耗用乙醇多,成本高。

(1)碱液法 这个方法可与提取香精油的压榨法配合进行,即为了提高压榨效率而将果皮用饱和石灰水浸泡,石灰水每次可浸泡3次新鲜果皮,使其中溶有较多的橙皮苷时,才作为提取用。用其他办法提取了香精油的果皮,也可作为原料。要注意调整饱和石灰水的酸碱度,整个浸泡过程应保持pH 11以上,每次浸泡时间为6~12 h。

完成浸泡后,将浸泡液过滤,用盐酸调整pH 4.5左右,在60~70℃保温1 h左右,逐渐见有灰白色或黄色微粒结晶析出,随即静置使之充分沉淀。沉淀后以虹吸法除去上层清液,并通过离心法将沉淀物的水分尽量除去。脱水后的橙皮苷以70℃的温度烘7 h左右,水分控制在3%以下。最后加以粉碎,得灰白或黄色的粉末,这是橙皮苷的粗制品,一般得率为0.1%左右,精制为甲酯橙皮苷时所得数量减半。

(2)热乙醇法　最好以白皮层作原料,洗净,热水煮10 min,压榨除去过多的水分。再用90%冷乙醇(用量为果皮的1倍左右)浸8 h,以洗净除杂,保证成品的纯度及颜色。

经过处理的果皮,放入回流装置内,加入50%的乙醇,乙醇的用量是果皮的2~3倍,在水溶液中加热回流抽提,温度控制80℃以下。抽提1.5 h后,滤出抽提液,并将残渣内液体压出集中,残渣可用来提取果胶。将抽提液蒸馏回收乙醇,冷却3~4 h后即见大量结晶析出,低温静置得率更高。沉淀后的处理与碱液法相同,所得的成品颜色洁白,纯度较高。一般得率约为0.3%。

9.7.2.2　柚皮苷的提取

柚皮苷在葡萄柚的中果皮中含量最多,味极苦,也称苦味素。柚皮苷易溶于水,其溶解度随温度的提高而增大。在稀酸中则易于水解。

提取时,可将中果皮破碎,加水浸没,水的用量不宜过多,煮沸10 min,滤出提取液,可以将提取液多浸几次新鲜原料,尽量提高其中提取物的含量,最后真空浓缩3~5倍以上,最好在0~3℃的低温下静置,结晶析出后,待其充分沉淀才分离,分离出的清液可再作抽提,以避免其中抽提物的损失。所得的沉淀以60℃烘干,粉碎后即为粗品,一般得率较低。

周强等人(2008)报道了柚皮中柚皮苷的超声提取方法。在常规法用饱和Ca(OH)$_2$溶液浸提,盐酸酸析过程中,引入超声提取技术来强化浸提效果。并以精制柚皮苷收率为评价指标,利用正交设计优选工艺条件:超声温度25℃、超声时间30 min、饱和Ca(OH)$_2$溶液与柚皮质量比4:1、超声频率25 kHz。精制柚皮苷平均收率达1.82%(为常规浸提法的1.58倍)。

▶ 9.7.3　黄酮类物质

黄酮(flavone)类物质具有防治由于血管老化和脑血管供血不足所致的疾病之功效,对治疗冠心病、心绞痛、高血压、支气管哮喘等有显著效果。以在山楂、银杏、桑、柿等叶片含量较多。黄酮类物质的提取分离一般采用乙醇等有机溶剂浸提,然后浓缩,干燥得到粗提物,再经进一步精制得到制品。

9.7.3.1　山楂(*Crataegus pinn atifida* Bge.)叶中黄酮类物质的提取与分离

工艺流程:干山楂叶→破碎→加热浸提→粗滤→离心分离→真空浓缩→乙醇沉淀去杂质→离心分离→减压蒸馏→干燥→粉碎→粗品

干山楂叶片破碎成1 cm^{2}左右,用蒸馏水加热煮沸浸提3 h,冷却后粗滤,滤渣可再浸提,滤液经高速离心机离心分离后,置于旋转薄膜蒸发器进行浓缩,真空度大于79.99 kPa,温度70℃。得到浓缩液,冷却后加入等体积的95%乙醇,在低温下放置2 h,再用离心机离心分离,弃去沉淀物,滤液经旋转蒸发回收乙醇,得到的浓缩液置于真空下干燥,粉碎,获得黄酮类物质的粗提物。可进一步精制。

黄优生(2007)研究了超临界CO$_2$萃取山楂总黄酮的最佳工艺。通过考察萃取压力、萃取温度和萃取次数等影响因素,运用中心组合试验设计和响应面分析法分析得到最佳的萃取工艺条件为萃取压力 36.6 MPa，萃取温度 47.8℃，用乙醇作夹带剂，萃取 4 次，总黄酮得率为 0.59%。

9.7.3.2　银杏(*Ginkgo biloba* **Linn.**)叶黄酮类物质的提取与分离

银杏叶经破碎后，用叶重的 6～8 倍的石油醚回流浸提 1 h，过滤，滤渣用 10 倍叶重的水浸泡过夜，过滤后滤渣用 90% 乙醇在 60℃ 回流浸提 3 次，乙醇用量顺次分别为叶重的 10 倍、8 倍、6 倍，每次 3 h。过滤去滤渣，滤液在真空下蒸馏回收乙醇，得到的浓缩液为黄酮类物质的粗提物。精制时，可采用吸附树脂(如 HZ- 841 型)柱将粗提浓缩液中黄酮类物质吸附，水洗至流出液无色，然后用 70% 乙醇洗脱黄酮类物质，再经真空蒸馏回收乙醇，浓缩物经喷雾干燥后为纯度较高的银杏叶黄酮类物质。

张玉祥等人(2006)利用超临界 CO_2 萃取银杏叶中的总黄酮和总内酯，确定的最佳条件即萃取压力为 20 MPa，萃取温度为 50℃，加入浓度为 15% 乙醇的夹带剂，萃取时间为 40 min。萃取出的活性成分含量高于欧洲的质量标准。龙春等人(2006)研究了银杏叶黄酮类化合物的微波提取工艺，在固液比为 1∶30，微波功率为 400 W，萃取时间为 1 h，70℃ 水浴浸提 1 h 的工艺条件下，黄酮的提取率最高。该方法将传统水提法与高效微波法相结合，既降低了成本，又提高了效率。

▶▶ 复习思考题 ◀◀

1. 简述鲜切果蔬的产品特点和加工方法。
2. 简述新含气调理食品的产品特点和加工方法。
3. 简述超微果蔬粉的产品特点和加工方法。
4. 简述果胶的提取工艺与操作要点。
5. 简述葡萄红色素的提取工艺与操作要点。
6. 简述香精油提取的常用方法与适用范围。
7. 简述葡甘露聚糖、柑橘糖苷类、黄酮类物质的主要功能与提取分离方法。

▶▶ 指定参考书 ◀◀

1. 王新华，刘宜生. 新型蔬菜加工——切割蔬菜 // 张上隆，陈昆松. 园艺学进展. 北京：农业出版社，1994

2. 卢寿慈. 粉体加工技术. 北京：中国轻工业出版社，1998

3. 黄祖佑，王沂，等. 农副化工新产品与新技术. 南京：江苏科技出版社，1997

4. 黄荣富，周可金. 生物化工产品生产技术. 合肥：安徽科技出版社，1995

5. 李明. 提取技术与实例. 北京：化学工业出版社，2006

6. 叶兴乾. 果品蔬菜加工工艺学. 2 版. 北京：中国农业出版社，2002

7. 韩雅珊. 食品化学. 北京：北京农业大学出版社，1992

8. [英]菲尼马(Fennema,O.R.).食品化学.王璋,等译.北京:轻工业出版,1991

9. 高福成.现代食品工程高新技术.北京:中国轻工业出版社,1997

10. 陈学平.果蔬产品加工工艺学.北京:农业出版社,1995

11. Wiley R C. Minimally processed refrigerated fruit and vegetables Chapman and Hall, New York. 1994

参考文献

1. 王意铠.截切蔬菜之清洗.食品工业(台),2000,32(1):15~21

2. 王新华,刘宜生.新型蔬菜加工切割蔬菜//张上隆,陈昆松.园艺学进展.北京:农业出版社,1994

3. 卢寿慈.粉体加工技术.北京:中国轻工业出版社,1998

4. 高福成.现代食品工程高新技术.北京:中国轻工业出版社,1997

3. 黄祖佑,王沂,等.农副化工新产品与新技术.南京:江苏科技出版社,1997

4. 黄荣富,周可金.生物化工产品生产技术.合肥:安徽科技出版社,1995

5. 李明.提取技术与实例.北京:化学工业出版社,2006

6. 叶兴乾.果品蔬菜加工工艺学.2版.北京:中国农业出版社,2002

7. 周倩,何小维,罗志刚.果胶的制备及其应用.食品工业科技,2007,28(9):240~243,247

8. 刘刚.果胶的制备及在食品中的应用.吉林工程技术师范学院学报,2008,24(1):58~60

9. 刘刚,雷激,曾剑超,等.低甲氧基果胶的制备及果胶碱法脱酯应用发展概况.食品研究与开发,2008,29(9):150~153

10. 卢文清.果胶的制备及应用.安徽化工,1988(4):38~41

11. 王文,李积宏.苹果皮渣再生利用——果胶提取技术的研究.北京农业大学学报,1995,21(3):280~285

12. 陈锦屏.果品蔬菜加工学,西安:陕西科技出版社,1990

13. 马银海,杨昌红.萝卜红色素的稳定性研究.食品科学,1997,18(11):34~37

14. 王颉,张子德.红葡萄汁加工中色素的浸出及理化特性.食品科学,1997,18(2):32~35

15. 王华兴,等.山楂色素稳定性研究.食品与发酵工业,1992,6:49~52

16. 王璋,等.食品化学.北京:轻工业出版社,1991

17. 赵华,张金生,李丽华.植物精油提取技术的研究进展.辽宁石油化工大学学报,2006,26(4):137~139

18. 孙鹏,刘文文.植物精油提取和应用的研究进展.甘肃科技,2007,23(5):132,139~140

19. 郭娟,丘泰球,杨日福,等.亚临界水萃取技术在天然产物提取中的研究进展.现代

化工，2007,27(12):19~21

20. 赵文红,白卫东,白思韵.柑橘类精油提取技术的研究进展.农产品加工·学刊,2009(5):18~21,46

21. 汪秋安.柑橘属精油的制取与应用.香料香精化妆品,1998(3):25~29

22. 高彦祥.超临界 CO_2 萃取香精油的研究.食品与发酵工业,1996(6):8~12

23. 北京农业大学.果品贮藏加工学.2版.北京:农业出版社,1990

24. 陈学平.果蔬产品加工工艺学.北京:农业出版社,1995

25. 莫湘涛,张梅芬.生物法提取魔芋中葡甘露聚糖.湖南师范大学自然科学学报,1998,21(1):85~88

26. 胡敏,李波,龙萌,等.魔芋葡甘聚糖的提纯方法比较.食品科技,1999(1):31~33

27. 周亚辉.魔芋加工工艺和设备选型.农机与食品机械,1999(2):28~29

28. 王威,王春利.从山楂叶中提取黄酮类物质及其鉴定方法.食品科学,1994(3):53~55

29. 杨胜远,梁智群.银杏叶总黄酮提取纯化工艺的研究.食品科学,1998(2):24~25

30. 黄优生.山楂总黄酮提取工艺、提取物活性及指纹图谱研究.南昌大学硕士学位论文,2007

31. 龙春,高志强,宋仲容,等.银杏叶中有效成分的微波提取及抗氧化活性研究.云南大学学报(自然科学版),2006,28(S1):248~251

32. 张玉祥,邱蔚芬. CO_2 超临界萃取银杏叶有效成分的工艺研究.中国中医药科技,2006,13(4):255~256

33. 周强,汪秋安,邹亮华.柚皮中柚皮苷的超声提取方法研究.湖南科技学院学报,2008,29(8):41~43

34. 孙秀利,张力,秦培勇,等.微波法提取陈皮中橙皮苷.中药材,2007,30(6):712~714

35. F. A. Tomas-Barberan, R. J. Robins. Phytochemistry of fruit and vegetables. Oxford: Oxford University Press, USA ,1997;205~220

36. R. C. Wiley. Minimally processed refrigerated fruit and vegetables. New York : Springer-Verlag New York, LLC,1994

37. Gerald M. Sapers, Robert L. Miller. Browning inhibition in fresh-cut pear. Journal of Food Sci. , 1998,63(2):342~346

38. C. C. HUXSOLL, H. R. Bolin. Processing and distribution alternatives for minimally processed fruits and vegetables. Food Technology, 1989, 43(2):124~128

39. R. A. Myers. Packing consideration of minimally processed fruits and vegetables. Food Technology, 1989, 43(1):129~131

40. A. D. Kinger. Physiological and microbiological storage stability of minimally processed fruits and vegetables. Food Technology, 1989, 43(1):132~135

41. R. J. Bank, K. L. Carson, P. Thompson. Processing, packing and regulation of minimally processed fruits and vegetables. Food Technology, 1989, 43(2):136~139

42. Clara Camejo de Aparicio, Alexis Ferrer, et al. Extraction and characterization

of pectin in grapefruits of the Zulian region Venezuele. Revista-de-la-Faculted-de-Agro-nomia-Universidad-del-Zulia,1996，13(5):647~652

43. S. ISHII，K. KIHO，S. SUGIYAMA，H. SUGIMOTO. Low-methoxyl pectin prepared by pectinesterase from Aspergillus japonicus. Journal of Food Sci, 1979,44(2): 611

44. Elda Ma，Quijiano Cevera，Gaspar M. Mejía Sánchez. Integrated utilization of orange peel. Bioresouce Technology，1993，44(1): 61~63

9

其他果蔬制品

第 10 章

果蔬加工案例

>> **教学目标**

1. 了解苹果生产现状及品质特性
2. 了解苹果综合开发利用途径及生产方案设计

10.1.1　问题的由来

东部沿海某县于 20 世纪 90 年代初开始发展柑橘生产,一共发展了 6 670 hm²(10 万亩)柑橘,其中甜橙 1 000 hm²,中晚熟温州蜜柑 5 330 hm²,柚子及其他 330 hm²,目前所有的果园已进入盛果期,当地政府在农业产业化背景下划出专项资金,拟兴办柑橘加工厂,试论证项目可行性和加工产品方案。

10.1.2　解决问题的方法

思路:
(1)目前国内外主要柑橘加工产品的销量和前景;
(2)主要加工产品的技术可行性;
(3)本地目前的原料组成及周边地区的原料组成;
(4)综合利用的技术可行性。

分析结果:

(1)目前国内外主要柑橘加工产品的销量和前景　柑橘的主产国有巴西、美国、南美国家、以色列、中国和地中海地区国家等,柑橘的加工品主要有果汁、糖水橘瓣罐头、其他饮料、蜜饯等。其中果汁特别是冷冻浓缩橙汁是巴西、美国、南美国家、以色列的主要产品,品质较好,价格低廉。近年来从冷冻浓缩转向消费所谓的冷凉果汁,用不同气候地区的不同原料来制造直饮式果汁(NFC 果汁)的消费趋向。在柑橘原料中,果汁加工以甜橙、葡萄柚为最好,产品具有特有的香味和较浓的酸味。糖水橘瓣罐头则为中国、西班牙、日本的特产。近年来日本产量急剧下降,西班牙则仍有较大的产量,占据欧洲市场。我国的产品主要销往日本、北美,少量进入欧洲。糖水橘瓣罐头的主要原料为无核橘。

国内市场　我国的鲜果销售基本上已趋饱和,但优质产品和新品种仍然畅销。柑橘汁消费还刚刚开始,市场上 100% 的原汁仍不多。糖水橘瓣罐头则经历了一个大消费后趋于低谷,市场上难见优质的全去囊衣糖水橘瓣罐头。

(2)柑橘类主要加工产品的技术状况　柑橘的加工和综合利用途径可用图 10-1 表示,绝大部分技术均已成熟(表 10-1)。

(3)原料状况　本例中柑橘原料的组成已如上述,从原料的角度看,可以加工的主要产品显然为糖水橘瓣罐头,如果周边地区有大量的甜橙、葡萄柚,则可以考虑加工果汁。

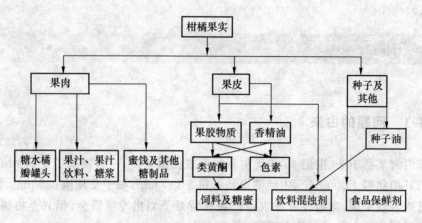

图 10-1　柑橘综合加工利用可能途径

表 10-1　柑橘主要加工品生产状况总结

加工产品名称	原料适性	生产状况
果汁、浓缩果汁、果汁饮料、糖浆	橙、柠檬、葡萄柚好,宽皮柑橘差	大量生产
糖水橘瓣罐头	宽皮柑橘	大量生产
果脯、蜜饯、果酱、马末兰	橙、宽皮柑橘果实、果皮	一定量生产
果胶	橙、柠檬果皮好,宽皮柑橘皮次	商业化生产
香精油	柠檬、橙、红橘好,其他次	商业化生产
色素	橙红或橙黄色的深色果皮	无商业化生产
类黄酮	果皮和部分其他残渣	部分商业化生产
饲料及糖蜜	果皮和生产的含糖水	部分商业化生产
饮料混浊剂	果皮或种子	无
种子油	种子	目前无
食品保鲜剂	葡萄柚种子	有专利,无商业化生产
干燥果皮	宽皮橘果皮	大量生产,作中药和调味料

（4）综合利用　柑橘的综合利用产品主要有果皮（渣）产品,如香精油、干燥果皮、果胶、黄酮类、饲料等。这些产品中除果胶和香精油以橙类果皮为好外,其余的相差不大。可根据市场需求状况选项生产。

▶ 10.1.3　总结

根据市场和原料的状态,本地区以兴办罐头厂,加工糖水橘瓣罐头为宜。适当考虑产品的综合利用。今后应注意发展适合的加工品种（系）、随时注意市场的变化。

10.2 苹果

10.2.1 问题的由来

辽东半岛某地区是传统的苹果生产基地。多年来,主要以国光、红玉、金冠、倭锦、元帅、红星等为主栽品种。近年来,通过对苹果种植产业的结构调整,引进了红富士、乔金纳等优良品种,使品种结构得以改善,但国光、红玉等品质相对较差的品种在种植面积上和产量上仍占有很大比例,又由于加工技术和消费观念的滞后,每年都造成数百万吨苹果的积压。当地政府根据苹果生产现状和国内外市场行情,在提高苹果质量的同时,决定招商引资,对苹果进行深加工。

10.2.2 解决问题的方法

10.2.2.1 思路

对苹果进行深加工是否可行主要从以下几个方面考虑。

(1)国内外苹果加工的现状与前景 苹果是世界上栽培面积最广、产量最多的果树之一。主产国有中国、美国、法国、意大利等。主要加工品有苹果浓缩汁、苹果饮料、糖水苹果罐头、果酱、苹果白兰地、苹果干等。现苹果浓缩汁是苹果加工品中产量最大的品种之一,国际上苹果加工品贸易主要以浓缩汁为主,产销最大的国家是美国、法国和德国等。近些年来由于第三世界一些国家苹果种植业的发展和苹果浓缩汁生产能力的提高,对一些发达国家造成了一定的冲击。我国是苹果生产大国,近十几年来,在苹果主产区增加了多条苹果浓缩汁生产线。由于国产浓缩汁价格低廉,每年都有部分产品出口到美国、欧洲、日本等国。苹果汁饮料是苹果加工的又一途径。目前我国苹果汁饮料琳琅满目,但缺乏高质量的产品,且以内销为主。苹果罐头和苹果酱以内销为主,部分产品出口到俄罗斯和东欧地区。近年来,苹果醋热销是一有发展前景的饮品。苹果酒产量较低,出口量几乎为零。

随着我国人民生活水平的提高,优质的苹果加工产品需求量越来越大,有些产品还正处在开发阶段,因此,苹果加工品市场前景看好。

(2)原料的供给和加工企业的布局 辽东半岛是苹果主产区,主要品种有国光、红玉等宜加工品种,产量达100多万吨,原料供应充足。本地区除有规模不大、生产单一的一些小型加工厂外,无大型综合加工企业,客观上为建立大型苹果加工企业提供了条件。

(3)对国内外苹果加工企业进行实地考察 根据国内外加工企业实际情况,组织专家对苹果加工品种类、生产规模、加工设备、技术路线的可行性等进行了充分论证,初步确定建一大型苹果综合加工厂。

10.2.2.2 问题的解决

根据市场调查结果和资金运作情况,详细制定生产方案和苹果综合加工利用途径。

(1)苹果主要综合加工利用途径

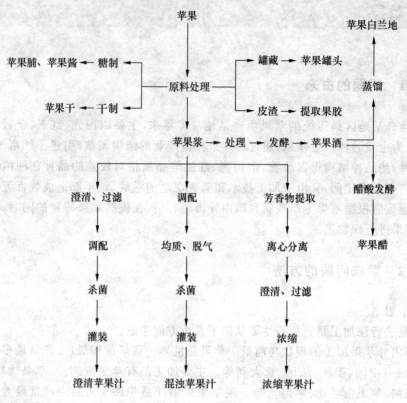

(2)生产方案

①苹果浓缩汁　新上一条每小时加工能力 20 t 的浓缩汁生产线。全年生产浓缩汁在 1×10^4 t 左右。

②苹果汁饮料　生产多种苹果汁饮料,其中 100% 原汁年产 $(3 \sim 5) \times 10^4$ t,混浊果汁年产 $(1 \sim 3) \times 10^4$ t。

③苹果醋　年产 1×10^4 t。

④苹果白兰地　年产 2 000 t。可充分利用果渣作原料。

⑤苹果罐头　苹果糖水罐头年产 5 000 t,什锦罐头 5 000 t。

⑥苹果酱　年产 2 000 t。

⑦果胶和其他副产品可根据市场和资金情况列入第二期工程考虑。

(3)资金投入　一期工程投入人民币 1.5 亿元,初步建成以浓缩汁为主,同时能生产饮料、果酒、果醋等产品的综合加工企业;流动资金 5 000 万元。

10.2.3　总结

经过充分论证,最后在上级主管部门的支持下,资金全部到位,共投入 2 亿元人民币,引进了国外先进的果汁生产线,厂址设在了苹果产地中心,水、陆交通便利的辽南某地。经过几年的努力,该企业的浓缩汁已出口到美国,无菌纸盒包装苹果系列饮料出现在全国各地超市,苹果醋更是一炮打响。该企业部分产品已成为知名品牌,年创利润在 2 000 万元以上。

10.3 番茄

10.3.1 问题的由来

1996 年,湖北某地为了调整农业产业结构,减少了粮、棉的种植面积,扩大了蔬菜的栽培面积,其中种植番茄 2 000 hm^2(3 万亩),使当年番茄的产量达到 3×10^5 t,造成了番茄鲜销的巨大压力。当地政府经过调研,决定从加工入手,进行番茄的深加工,以达到充分利用番茄原料、提高番茄的附加值的目的。现就这一问题展开分析。

10.3.2 解决问题的方法

(1)贮藏 番茄原产南美热带地区,性喜温暖,不耐低温贮藏。在适宜的温度下贮藏,保鲜期也较短,如在 10~13℃贮藏,绿熟果约 0.5 个月即完熟。为了延长番茄的加工期限,对番茄进行贮藏是非常必要的。番茄的贮藏需要在其绿熟期采收,即果脐泛白,但颜色仍为绿色,用刀切开,胎座组织不转红色(或黄色)。此时采摘的果实,成熟以后颜色正常,风味尚好,且有较长的贮藏寿命。番茄的贮藏方法,宜采用塑料大帐气调法,该法具有简便、实用、贮藏效果好的优点。控制帐内 O_2 和 CO_2 气体含量各为 2%~5%,并用 0.5%的过氧乙酸熏蒸消毒,可使番茄贮期达 2 个月左右。

(2)加工 由于番茄的贮藏期短,不能从根本上解决番茄过剩问题,只有通过对番茄加工转化,才是解决过剩问题的有效途径。

①国内外番茄加工概况:番茄由于产量大,经济效益好,加上果实色艳味美,适合于制作各种烹调食品。因此,番茄的消费量不断增加。从过去的三四十年看,番茄加工业像雨后春笋般迅速发展,遍及世界各地。意大利是第一个生产和消费大量番茄产品的国家。美国、西班牙和我国台湾省也有大量番茄加工。以美国的加州为例,由于加州具有最适合番茄生长的气候条件,现已成为世界上最大的番茄加工区,1985 年加州番茄的年加工量就已达 7.1×10^6 t。我国番茄加工主要在新疆地区,但加工量还不大。据轻工系统统计,1992 年新疆生产番茄酱 1.57×10^4 t,这与我国目前番茄年产 2×10^7 t 相比,相差甚远。开发番茄加工制品无论是满足人们饮食习惯改变的需要,还是充分利用原料都具有巨大潜力。

②番茄加工品种类及加工工艺:目前,主要的番茄加工品种类有调味番茄酱、辣味番茄沙司、番茄罐头和番茄汁等。

调味番茄酱:

A. 加工前处理 包括挑选、分级、洗涤、浸泡(热水 55℃浸 3 min,去除果表虫卵或幼虫）、去皮、去心等。

B. 打浆　用打浆机或旋转分离器进行打浆,种子等残渣留在打浆机内,果浆和汁通过过滤网流出。

C. 调味番茄酱的成分　在调味番茄酱中,除番茄外,还有糖、盐、洋葱和香料等。香料大致包括:肉桂、丁香、药椒、青椒、红椒、生姜、芥子等。

D. 配方　几乎每一个调味番茄酱制造者都有他们自己的配方,他们之间配方的差别主要在于加入香料的多少及其他风味成分的应用。表10-2介绍一种由美国调味番茄酱制造协会所推荐的配方。

表 10-2　生产 100 加仑的调味番茄酱成分表

成分	编　　号			
	No 1	No 2	No 3	No 4
果汁(gal) (相对密度 1.02)	182	182	254	290
糖(lb)	60	75	118	150
盐(lb)	13	15	20	24
醋(gal)	4	5	6.3	8
洋葱(lb)	适量	适量	27	26
丁香(oz)	16	16	25	21
肉桂(oz)	16	16	25	25
药椒(oz)	8	8	13	—
红椒(oz)	4	4	6	4
大蒜(oz)	适量	适量	4	4

在这此配方中,果汁的比重假定为 1.020,如果实际比重大于 1.020,则必须适当减少果汁用量。如果汁比重为 1.035,则配方№1、№2 的果汁用量为 100 加仑;№3 为 140 加仑,№4 为 160 加仑。

E. 蒸煮　按配方将各成分混合后,放入夹层锅中蒸煮,蒸煮时间不应超过 45 min,但也不能短于 30 min,否则很难将香料的风味提取出来。

F. 装罐、杀菌及冷却　调味番茄酱可装在各种规格的瓶子中,装罐时避免空气进入。在沸水中杀菌 15～20 min。杀菌完毕,迅速冷却。

辣味番茄沙司:辣味番茄沙司的一般特性与调味番茄酱相同,只是所用的番茄去皮、去心而不去籽。加入较多的糖和洋葱以及辣椒。其洋葱加入量比调味番茄酱多得多,有时甚至是它的 2 倍。辣味番茄沙司的加工与调味番茄酱基本相同。

番茄罐头:常见的番茄罐头为去皮或不去皮的整形番茄罐头。

A. 原料选择　以小果型(不超过 50 g)罐藏品种为原料,达成熟标准。下面是美国罐藏番茄的分级标准:

A 级——番茄沥干物的重量不少于罐藏容器总容量的 66％;

B 级——番茄沥干物的重量不少于罐藏容器总容量的 58％；

C 级——番茄沥干物的重量不少于罐藏容器总容量的 50％。

B. 硬化　硬化处理是控制罐藏番茄完整性的主要因素。常用的硬化剂有氯化钙、硫酸钙、柠檬酸钙和磷酸钙。也可以将 2 种或 2 种以上的钙盐混合使用。但加入量不得超过罐藏番茄重量的 0.026％。

C. 装罐　挑选色泽一致、大小均匀的番茄装罐。原汁整形番茄的汤汁为番茄汁加少量食盐、砂糖配制而成。加入汤汁时，应保持液温不低于 90℃。

D. 排气密封　热力排气，罐心温度不低于 75℃；抽真空排气，真空度为 0.04～0.067 MPa。

E. 杀菌冷却　杀菌温度为 100℃，时间 40～50 min，杀菌后快速冷却。

番茄汁：番茄汁是番茄果实经预处理后，再行榨汁、均质、脱气、杀菌等工序制成的饮料。目前多以混合汁为主。

◈ 10.3.3　总结

上述几种番茄加工制品从生产的可行性分析，调味番茄酱和整形番茄罐头生产量大，从消费习惯看，番茄是作为蔬菜而被人们接受的，故制作调味番茄酱更能适应消费者的需要，且加工此产品对原料的要求并不十分严格。整形番茄罐头(尤其是去皮整形罐头)，也是受消费者欢迎的产品，但加工此类产品对原料的要求非常严格，要求番茄具有较高的可溶性固形物含量($4.5～6.0°$Brix)，果皮和果肉都应具有鲜艳的红色，番茄红素含量 6 mg/100 g 以上，肉质肥厚，果心小种子少，耐煮制及较低的 pH 值($4.2～4.5$)等。因而在没有适合加工番茄罐头品种的前提下，进行番茄罐头加工其产品质量不能保证。番茄汁作为饮料有待于口感和风味的调整和改善。通过上述分析，可将调味番茄酱作为加工的主导产品。

▶ 参考文献 ◀

1. Braddock R J. Handbood of citrus by-products and processing technology. John wiley & Son Inc. New York，1999.

2. 1st International Symposium on Tropical Tomato，Taiwan，1978：254～269